JN271078

園芸作物保蔵論
―収穫後生理と品質保全―

茶珎 和雄（代表）
泉　秀実・今堀 義洋・上田 悦範
寺井 弘文・中村怜之輔・山内 直樹
編著

建帛社
KENPAKUSHA

Postharvest Physiology and Quality Maintenance of Horticultural Crops

Edited by

Kazuo Chachin

Hidemi Izumi

Yoshihiro Imahori

Yoshinori Ueda

Hirohumi Terai

Reinosuke Nakamura

Naoki Yamauchi

© Kazuo Chachin et al. 2007, Printed in Japan

Published by

KENPAKUSHA Co., Ltd.

2-15 Sengoku 4-chome Bunkyo-ku Tokyo Japan

序　　文

　第二次世界大戦後60年余りを過ぎ，世界的に物質的・経済的に著しい発展を遂げ，物に溢れた物質文明を享受しているかに思えるが，一方では食料生産力の低下や民族紛争に基づく食料不足に喘ぎ，栄養不足・飢餓状況や社会不安定のもとに苦しい生活を強いられている人々が世界人口の2割とも3割とも言われている。また物質生産とその消費は莫大な化石エネルギーなどの使用による二酸化炭素の，いわゆる地球温暖化の原因となる温室効果ガスの増加を伴い，地球規模の気候変動をきたすことが心配されてきた。最近，気候変動に関する政府間パネルの第4次評価報告書は，この地球温暖化が人為的活動の結果によるところが大きいことを示した。その他，廃棄物処理，水資源の確保などの問題も含め，地球環境問題に対処するには，私たちの生活における価値観の修正が求められる。

　生命を支える食にかかわることは，私たちにはもっとも身近で日常的な行為であり，今，価値観の修正の対象として取り上げるにふさわしい事柄と考えられる。現在，食のグローバル化が進められ，それに伴って食材の栄養的特質や機能に関する評価技術，輸送・貯蔵技術，安全性の確保にかかわる概念や技術なども発展してきた。しかし，そのことが一方では地球環境問題の発生に結びつくことも指摘される。日本でみれば低い自給率からの回復を目指した食材の持つ品質特性や生理化学的特質を基盤とした取扱いや食生活のあり方が注目されるところである。また健康保持とのかかわりで日本型食事が世界的に評価されているところから，その主体をなす植物性食材，穀類，野菜類，果実類などについて，その品質特性を科学的に知り活用することが求められている。

　本書は，園芸作物の野菜類，果実類，いわゆる青果物と花きを対象とし，これら生産物の流通，貯蔵，消費にかかわる構造や技術と作物のもつ生きものとしての生理的特性との関係を解説するとともに，これら作物の栄養・健康保持や生活環境の改善への寄与について記した。一方，現在問題となっている地球環境問題と園芸作物の取扱いや食生活とのかかわりについても言及した。全体を通して，本書では園芸作物の収穫後の生理学（Postharvest Physio-logy）の内

容に重点を置き，これら作物の生きものとしての特性をとらえることに力を注いだ。このような本書の内容が，農学系，食品・栄養学系，食品加工学系の学部学生，大学院生，教育研究に携わられている方々の参考書あるいはテキストとして活用していただければ幸いである。

　最後に多くの研究者の方々の論文，解説，総説，統計資料などを引用・参考とさせていただいたことに深く謝意を表し，また，本書を上梓するに際して，編集方針に沿ってご執筆いただいた各位に厚くお礼申し上げるとともに，本書の発行にご助力くださった建帛社編集部の方々に深く感謝申し上げる。

2007年2月吉日

編集委員一同

執 筆 者

■編著者　　　　　　所属：執筆分担

茶珍　和雄（ちゃちん　かずお）　大阪府立大学名誉教授
：1・1〜2, 2・1, 2・9, 4・2, 4・4, 5・4(1)(7), 6・5, 8・2, 12・1〜2

泉　秀実（いずみ　ひでみ）　近畿大学生物理工学部生物工学科：1・5, 4・18

今堀　義洋（いまほり　よしひろ）　大阪府立大学大学院生命環境科学研究科：4・13, 5・4(6), 6・3〜4

上田　悦範（うえだ　よしのり）　元大阪府立大学農学部：2・5〜6, 4・12, 4・14

寺井　弘文（てらい　ひろふみ）　神戸大学名誉教授：5・4(4)(5), 6・1〜2

中村　怜之輔（なかむら　れいのすけ）　岡山大学名誉教授：2・24, 5・5

山内　直樹（やまうら　なおき）　山口大学農学部生物資源環境学科：2・4, 2・8, 4・10

■著　者

秋元　浩一（あきもと　こういち）　名古屋学院大学商学部：5・1〜3

阿部　一博（あべ　かずひろ）　帝塚山学院大学人間科学部，大阪府立大学名誉教授：9・1〜2

池田　富喜夫（いけだ　ふきお）　元東京農業大学農学部：5・4(2), 11・1〜2

稲葉　昭次（いなば　あきつぐ）　元岡山大学大学院自然科学研究科（農学系）：4・15

今西　英雄（いまにし　ひでお）　大阪府立大学名誉教授：1・4, 10・1

川田　和秀（かわだ　かずひで）　元香川大学：8・1

久保　康隆（くぼ　やすたか）　岡山大学大学院自然科学研究科（農学系）：4・3, 4・6

小机　信行（こづくえ　のぶゆき）　元嶺南大学生活科学部：2・10

辰巳　崇禅（たつみ　しゅうぜん）　元宮崎大学農学部食料生産科学科：4・16, 6・6

立石　亮（たていし　あきら）　日本大学生物資源科学部植物資源科学科：4・8

土田　廣信（つちだ　ひろのぶ）　元愛知みずほ大学大学院人間科学研究科：2・3

寺下　隆夫（てらした　たかお）　近畿大学大学院農学研究学科：4・19

土井　元章（どい　もとあき）　京都大学農学部農学研究科：4・20, 10・2

馬場　正（ばば　ただし）　東京農業大学農学部農学科：4・1

濱渦　康範（はまうず　やすのり）　信州大学大学院農学研究科：1・3, 4・9

東尾　久雄（ひがしお　ひさお）　茨城大学農学部生産科学科：3・1

兵藤　宏（ひょうどう　ひろし）　静岡大学名誉教授：4・5, 4・11

松尾　友明（まつお　ともあき）　鹿児島大学名誉教授：4・17, 5・4(3)

水野^{みずの}	雅史^{まさし}	神戸大学大学院農学研究科：2・7
矢口^{やぐち}	行雄^{ゆきお}	東京農業大学地域環境科学部電子顕微鏡室：7・1〜5
山木^{やまき}	昭平^{しょうへい}	名古屋大学名誉教授：4・7
吉岡^{よしおか}	博人^{ひろと}	(独)農業・食品産業技術総合研究機構果樹茶業研究部門：3・2

目　　次

第1章　食および生活環境における園芸生産物の役割

1・1　生産および流通・貯蔵・消費上の特質 …………………………… 1
（1）食料の生産・流通・貯蔵の背景　1
（2）園芸生産物の特質　2

1・2　果実・野菜の生産と輸出入および消費の動向 ………………… 4
（1）果実・野菜の国内生産量および消費仕向量の動向　4
（2）果実・野菜の輸出入量の動向と問題点　6

1・3　食生活における青果物の地位 ……………………………………… 8
（1）世界における青果物の消費状況　9
（2）健康的食生活における青果物の位置　10

1・4　生活環境における観賞植物の役割 ………………………………12
（1）世界における切り花の活用と消費状況　12
（2）生活環境におけるアメニティと観賞植物　12

1・5　生産および収穫後の安全確保とそれにかかわる法規制の現状 ……15
（1）青果物の生産の場における安全性確保と衛生規範　16
（2）収穫後における青果物の安全性確保と衛生規範　20

第2章　果実・野菜の動的食品学

2・1　青果物の品質要素 ……………………………………………………23
（1）青果物の生育段階と利用　23
（2）青果物の品質要素とその安定性　24

2・2　水分，無機成分およびビタミン類 ………………………………26
（1）食品における水分の存在状態　26
（2）水分と青果物の生理および品質　28
（3）主な無機成分の種類と分布　30
（4）主なビタミンとその変化　31

2・3　炭水化物および細胞壁構成成分 …………………………………33
（1）炭水化物の種類　34
（2）低分子糖質の呈味と種類による甘味の差異　37

　　　　　（3）多糖類の変化と品質　38
2・4　遊離アミノ酸，タンパク質および核酸関連物質 ……………………40
　　　　　（1）遊離アミノ酸，タンパク質の変化と品質　40
　　　　　（2）核酸関連物質の変化と品質　41
2・5　有機酸，脂肪酸および脂質 …………………………………………42
　　　　　（1）有機酸の動向と酸味　42
　　　　　（2）植物性脂質とその働き　44
　　　　　（3）脂肪酸と風味　45
2・6　揮発性成分 ……………………………………………………………47
　　　　　（1）果実香気成分と風味特性　47
　　　　　（2）野菜におい成分と品質　48
2・7　食品成分の機能 ………………………………………………………48
　　　　　（1）食品成分の機能と生体調節作用の様式　48
　　　　　（2）機能性成分の変化と分布　50
2・8　色素および褐変 ………………………………………………………53
　　　　　（1）植物色素の種類　53
　　　　　（2）色素の変化と品質　56
　　　　　（3）褐変物質の形成と品質　58
2・9　品質の形成および劣化に関する酵素 ………………………………59
　　　　　（1）酵素の特性と種類　59
　　　　　（2）主な酵素の働きと品質　59
2・10　果実・野菜の加工と品質 ……………………………………………63
　　　　　（1）加工目的と加工原料　63
　　　　　（2）加工技術と製品の品質　65

第3章　果実・野菜の栽培環境条件と品質形成および貯蔵性

3・1　野菜類 ……………………………………………………………………73
　　　　　（1）栽培条件と品質形成　73
　　　　　（2）栽培条件と収穫後の貯蔵性　76
3・2　果実類 ……………………………………………………………………78
　　　　　（1）栽培条件と品質形成　79
　　　　　（2）栽培条件と収穫後の貯蔵性　83

第4章　園芸作物の収穫後生理

4・1　組織構造と生理 …………………………………………………………85
　（1）表皮系構造と生理　85
　（2）内部組織と生理　88

4・2　種々の物質代謝とその相互関係 …………………………………………90
　（1）主な代謝経路　90
　（2）物質代謝の相互関係と生理活性　90

4・3　蒸散作用と代謝活性 ………………………………………………………92
　（1）蒸散作用の機構　93
　（2）蒸散作用と生理活性　96

4・4　呼吸作用 ……………………………………………………………………98
　（1）呼吸作用とその意義　98
　（2）呼吸代謝とその経路　100
　（3）果実の追熟と呼吸のクライマクテリック　108
　（4）輸送・貯蔵条件と呼吸活性　111

4・5　植物ホルモンの作用と生合成 ……………………………………………113
　（1）収穫後における植物ホルモンの作用と生理的変化　113
　（2）エチレンの生合成経路　117
　（3）輸送・貯蔵条件とエチレンの作用　120

4・6　エチレン生成系酵素の発現と制御 ………………………………………122
　（1）エチレン生成系酵素の発現の機構　122
　（2）輸送・貯蔵環境ストレスとエチレン生成系酵素の発現調節　126

4・7　糖質および有機酸の代謝 …………………………………………………129
　（1）糖質の代謝　129
　（2）有機酸の代謝　132
　（3）輸送・貯蔵条件と糖質および有機酸の代謝変動　134

4・8　細胞壁構成成分の合成と分解 ……………………………………………136
　（1）細胞壁構造とその構成成分　136
　（2）細胞壁構成成分の変化と肉質　137
　（3）輸送・貯蔵条件と細胞壁構成成分の変化　141

4・9　フェノール物質の生合成と作用 …………………………………………142
　（1）主なフェノール物質の種類　143

　　　　　（2）主なフェノール物質の生合成と役割　144
　　　　　（3）輸送・貯蔵条件とフェノール物質の動向　146
　4・10　色素の合成と分解 …………………………………………………149
　　　　　（1）主な植物色素の生合成　149
　　　　　（2）主な植物色素の分解機構　151
　　　　　（3）輸送・貯蔵条件と植物色素の変化　153
　4・11　遊離アミノ酸およびタンパク質の代謝 …………………………155
　　　　　（1）主な遊離アミノ酸の合成と役割　155
　　　　　（2）タンパク質の分解とその機構　157
　　　　　（3）輸送・貯蔵条件と遊離アミノ酸およびタンパク質　158
　4・12　脂質の合成と代謝 ……………………………………………………160
　　　　　（1）脂質の合成と代謝　160
　　　　　（1）輸送・貯蔵条件と脂質の変化　164
　4・13　活性酸素の生成と作用および消去機構 …………………………165
　　　　　（1）活性酸素の生成と作用　165
　　　　　（2）活性酸素の消去機構　166
　　　　　（3）アスコルビン酸の合成と分解および生理作用　167
　　　　　（4）輸送・貯蔵環境ストレスと活性酸素の生成　171
　4・14　香気とにおいの生成 ………………………………………………172
　　　　　（1）香気・においの生成機構　172
　　　　　（2）輸送・貯蔵環境ストレスと香気の変動　176
　4・15　果実の追熟生理とその調節 ………………………………………179
　　　　　（1）果実の成熟・追熟機構　179
　　　　　（2）果実の成熟・追熟の分子生物学的解析　182
　　　　　（3）輸送・貯蔵条件と追熟の制御　191
　4・16　収穫後の生理機能の低下および生理障害 ………………………193
　　　　　（1）老化あるいは加齢に伴う変化　193
　　　　　（2）低温障害　194
　　　　　（3）高温障害　199
　　　　　（4）ガス障害　201
　4・17　高温ならびに低温ストレス耐性……………………………………203
　　　　　（1）短時間高温処理および短時間低温処理の生理的な効果　203
　　　　　（2）低温ストレス耐性の獲得機構　209

　　　　　　　　　　　　　　　　　　　　　　　　　　　目　　次　ix

　　　（3）高温ストレス耐性機構　212
4・18　カット青果物の生理 ……………………………………………………… 215
　　　（1）切断による生理的変化の特徴　215
　　　（2）輸送・貯蔵条件とカット青果物の生理　217
4・19　キノコ類の生理 ………………………………………………………… 221
　　　（1）キノコ類の生理特性　221
　　　（2）輸送・貯蔵条件とキノコ類の生理と品質　226
4・20　切り花の生理 …………………………………………………………… 229
　　　（1）切り花の生理的特性　229
　　　（2）輸送・貯蔵条件と切り花の生体制御　233

第5章　果実・野菜の流通

5・1　果実および野菜の流通 ………………………………………………… 237
　　　（1）流通経路と市場　237
　　　（2）低温流通機構　238
　　　（3）流通情報システム　239
　　　（4）輸送方法と輸送機関　241
　　　（5）集荷，保管および出荷における高度効率化管理システムの構築　242
5・2　収穫後の取り扱い ……………………………………………………… 244
　　　（1）収穫と調整　244
　　　（2）品質評価基準と規格　244
　　　（3）選　別　246
　　　（4）包　装　246
　　　（5）出　荷　248
5・3　品質評価技術 …………………………………………………………… 250
　　　（1）可視的および化学的方法　250
　　　（2）物理的方法（非破壊品質評価法）　253
　　　（3）選別システム　254
5・4　輸送・貯蔵における前処理 …………………………………………… 256
　　　（1）予　冷　256
　　　（2）乾燥予措　260
　　　（3）脱　渋　262
　　　（4）追熟加工　269

（5）高温処理　271
　　（6）化学物質処理　273
　　（7）鮮度保持材とその取り扱い　276
5・5　収穫後の輸送環境と品質管理 …………………………………………278
　　（1）輸送環境特性　278
　　（2）輸送環境湿度と品質管理　281
　　（3）輸送環境温度と品質管理　284
　　（4）輸送中の振動・衝撃およびその他の機械的傷害と品質管理　285

第6章　野菜・果実の貯蔵

6・1　自然環境条件を利用した貯蔵 …………………………………………289
　　（1）貯蔵技術の歴史的変遷　289
　　（2）自然環境条件の利用による貯蔵技術の状況　291
6・2　環境温度の調節による貯蔵 ……………………………………………292
　　（1）低温域における品質保持と貯蔵技術　293
　　（2）高温域における品質保持と貯蔵技術　296
6・3　環境ガス条件の変更による貯蔵 ………………………………………301
　　（1）MA貯蔵および包装貯蔵の効果と技術　302
　　（2）CA貯蔵の効果と技術　304
　　（3）貯蔵環境ガス条件の変更に伴う生理障害とその制御　309
6・4　薬剤処理による貯蔵 ……………………………………………………312
　　（1）使用される薬剤の性質と種類　312
　　（2）薬剤処理による品質保持効果　313
6・5　放射線処理による貯蔵 …………………………………………………314
　　（1）放射線照射による食品貯蔵とその原理　314
　　（2）放射線処理による食品貯蔵の現状と照射食品の安全性　316
6・6　収穫後の生理機能の変化および障害 …………………………………318
　　（1）収穫後の老化および加齢と品質変化　318
　　（2）品質保持効果の臨界と生理障害　320

第7章　ポストハーベスト病害における微生物の挙動と増殖制御

7・1　ポストハーベスト病害の概念 …………………………………………323
　　（1）機械的損傷　324

（2）生理的損傷　324
　　　（3）腐　敗　324
7・2　ポストハーベスト病害微生物の種類 ……………………………325
7・3　カビ・酵母 …………………………………………………………325
　　　（1）カビ・酵母の特徴　325
　　　（2）カビ・酵母の種類と分類体系　326
7・4　カビ・酵母による腐敗 ……………………………………………327
　　　（1）アルタナリア属菌が原因となる病害　328
　　　（2）リゾーブス属菌が原因となる病害　328
　　　（3）ラシオディプロディア属菌が原因となる病害　328
　　　（4）ペニシリウム属菌が原因となる病害　328
　　　（5）疫病菌が原因となる病害　329
　　　（6）炭疽病菌が原因となる病害　329
　　　（7）灰色カビ病菌が原因となる病害　329
7・5　細菌による腐敗 ……………………………………………………330
　　　（1）細菌の増殖と腐敗の徴候　330
　　　（2）細菌による腐敗　330

第8章　果実・野菜の輸出入における取り扱いおよび検疫

8・1　植物検疫 ……………………………………………………………333
　　　（1）植物検疫による防疫　333
　　　（2）青果物の植物検疫　334
8・2　輸出入量，輸送および品質管理 …………………………………336
　　　（1）輸出入量の推移　336
　　　（2）輸送手段と品質管理　338

第9章　カット青果物とその取り扱い

9・1　カット青果物の種類と消費状況 …………………………………341
　　　（1）商品的価値　341
　　　（2）種類・形態および消費動向　342
9・2　カット青果物の製造工程と品質管理 ……………………………345
　　　（1）カット青果物の特性　345
　　　（2）原料と製造工程　346

（3）品質管理　347

第10章　切り花の消費，輸送・貯蔵および品質管理

10・1 切り花の消費および流通 …………………………………………353
（1）生産および輸出入における種類および流通量の推移　353
（2）消費形態と生活環境　354

10・2 切り花の品質の評価と保持技術 ……………………………………355
（1）品質評価の基準と方法　355
（2）市場における流れ　358
（3）品質保持の方法　358

第11章　園芸作物の形質転換と収穫後の品質

11・1 作物の品種育成と品質形成 …………………………………………363
（1）品種育成の目的と方法　363
（2）獲得された形質の評価　365

11・2 バイオテクノロジーによる形質転換と品質形成 …………………367
（1）遺伝子組換えによる作物の育成技術とその特徴　367
（2）遺伝子組換え作物の評価　369

第12章　食品や農業生産に由来する廃棄物の処理と利用

12・1 廃棄物問題の概略 ……………………………………………………373
（1）産業・一般廃棄物の発生と法規制　373
（2）食品や農業生産に由来する廃棄物の性状と分類　374

12・2 食品や農業生産に由来する廃棄物の有効利用 ……………………375
（1）バイオマス資源としての有効利用　375
（2）包装・容器・農業用使用済みプラスチックの再生処理　375
（3）カンキツ・ブドウ，渋ガキなどにみる廃棄物の利用事例　376

第 1 章　食および生活環境における園芸生産物の役割

1・1　生産および流通・貯蔵・消費上の特質

（1）食料の生産・流通・貯蔵の背景

　日本人の食事の基本体系は，米を主食とし，それに種々の食材を使った副食を付け加えたもので，粗食の例として一汁一菜，常食は一汁三菜といわれるような形であった。そして，日本はアジア・モンスーン地域に位置し，周囲は海に囲まれている地理的条件下に，都市近郊に農村・漁村があり，米をはじめとし，新鮮な野菜，果実，魚介類などの食材が，豊富に，廉価に供給されてきた。第二次世界大戦後60年を過ぎ，日本にとっては過去には経験をしなかった歴史的変動のなかに，私たちの食生活の形式も急速な変化を受けた。終戦後，食料生産，食料供給量も十分でなかった約10年間を経て，経済的復活に伴い戦前状態への復帰，昭和30年代には家庭電化製品の開発に伴い食生活の合理化と洋風化が進んだ。その後，経済的発展が続くなかで，専業的農業就業人口の減少，消費地と生産地の二極化，GATT加盟を経てWTO（世界貿易機構）における農業交渉のなかで種々の食料の輸入増大，総合あるいは食品スーパーなどの各種食品小売業の進出，女性の社会的労働の増大，核家族化と世帯の僅少員化などを生んだ。そのなかで家庭における食生活にかかわる労働の外部化が進み，食料の生産・供給・消費の形態も変わり，内食，中食，外食という区別を生んでいる。一方，食料の流通においても，輸送手段，市場における対応，輸送中の品質保持技術なども，消費者のニーズに応えられるように改善と選択がなされてきた。

　このような食産業の変遷のなかで生じた食材の種類と供給量の増大は，偏った食や飽食の状態を生むと同時に，バランスのとれた食事を進めることにはならず，いわゆる生活習慣病の発症の問題を生むことになった。また，農業生産

における農薬汚染，収穫後に用いられる薬剤，遺伝子組換え食品，BSE（牛海綿状脳症），病原性大腸菌 O 157食中毒，病原性鳥インフルエンザなどにみられる問題発生とその対処のなかで，食の安全・安心の確保にかかわって IT の活用によるトレーサビリティシステム（生産流通履歴把握システム）の運用が進められている。そして，食品の安全性に関する情報を生産者，事業者や消費者等の関係者の間で意見交換を行い，問題の軽減・解消を図る手段としてリスク・コミュニケーションがとられるようになった。

食料の生産，流通，消費の過程で生じる問題は，私たちの健康保持にかかわることだけでなく，生産物や容器などの廃棄物や食べ残しなどの廃棄物処理に関する環境問題も含まれるので，今後もこのような問題の解消と安全で適正な消費が進められるように，関係者が食に関する多様な情報を正しく理解し，活用することが求められる。

（2）園芸生産物の特質
1）生産・流通・消費面の特質

園芸作物は，生産上では零細性，季節性，地域性などが高いこと，商品上では種類の多様性，鮮度保持の困難性，形状や内容成分など品質の不均一性，生鮮物と加工原料としての用途の二面性，農薬汚染の危険性などの問題があること，流通上では収穫後の集荷・分配に迅速性が求められることが指摘されてきた。しかし，現在では，品種改良や周年栽培技術の開発・改善や大産地の形成により季節を越えた野菜や花などの栽培・安定供給も可能になり，また生産物の品質評価・選別技術の向上，低温利用に基づく収穫後処理・輸送，品質の標準化と表示の明確化など，生産・流通・販売・消費に至るそれぞれの側面における技術発展により，従来の問題点は対処されつつある。一部には地域生産物のブランド化，地産地消運動，産地直送・宅配等により園芸生産はむしろ経済的に有利に展開される場面もみられる。

2）食物栄養学的特質

次に，食料事情のなかで生じた私たちの健康問題に注目してみよう。栄養摂取の上から，日本人のタンパク質（P），脂肪（F），炭水化物（C）の三大栄養素の供給熱量比率からみると，炭水化物を多く摂取するアジア諸国と肉類，油

脂類，牛乳，乳製品などを多く摂取する欧米諸国との間にあり，魚の摂取を含めた栄養バランスのとれた日本型食生活（PFC 比率：12〜13・20〜30・57〜68％）を進めてきたが，最近は脂肪の摂取量が多くなり，生活習慣病とのかかわりから問題とされている。一方，国民の健康の増進，生活の質の向上および食料の安定供給の確保を図るため，食生活指針（2000（平成12）年3月／文部省・厚生省・農林水産省決定）によって重点的な10項目が示された。そのうちの2項目に，「主食，主菜，副菜を基本に，食事バランスを」と「野菜，果物，牛乳，乳製品，豆類，魚なども組み合わせて」があり，多様な食品を組み合わせ，たっぷりの野菜と毎日の果物で，ビタミン，ミネラル，食物繊維をとることを求めている。カルシウム，鉄などのミネラル，ビタミン類は身体の発育や生理・代謝調節作用に影響し，食物繊維は生活習慣病の発生防止にも働くので，これらの栄養素の適正量の摂取が求められ，野菜や果実はこれらの栄養素のよい給源である。ちなみに，1人1日当たりの供給熱量に占める野菜と果実の割合は，それぞれ約3％と約2.5％で，エネルギーの供給源としての役割は小さい。

　2000（平成12）年4月に発せられた21世紀における国民健康づくり運動，「健康日本21」では，成人の1日の摂取量についてみると，カルシウムの摂取量は必要量を下回っているので，適正摂取に寄与する割合が高い乳・乳製品，豆類，緑黄色野菜をそれぞれ130g，100g，120g 以上の摂取目標を挙げ，またカリウム，食物繊維，抗酸化ビタミンなどの摂取は循環器疾患やがんの予防に効果的に働き，これらの栄養素の摂取には野菜の摂取が寄与する割合が高いことから，350g 以上を摂取目標としている。さらに，杉浦ら（2003）の総説に，果物はビタミン，ミネラル，食物繊維，カロテノイドやフラボノイドなどの機能性成分を含み，野菜と同様に生活習慣病の予防に有効であることから，「毎日くだもの200グラム運動」が展開されていることが述べられている。表1・1−1は2004（平成16）年の果実・野菜類の摂取状況をみたもので，野菜全体，緑黄色野菜，果実とも，このような摂取目標からかなり下回っており，男女とも思春期，青年期，働き盛りの年代で特に野菜・果実の摂取量を増すことが求められている。

表1・1-1　年齢階級別・性別による果実・野菜の摂取量（平均値，g／1人／日）

食品群		総平均値	年齢（歳）								
			1-6	7-14	15-19	20-29	30-39	40-49	50-59	60-69	70以上
野菜類	男	261.4	150.2	227.5	238.3	251.7	251.4	251.2	288.2	312.4	284.1
	女	247.1	138.1	225.2	212.2	223.0	219.4	236.6	277.6	295.9	271.3
緑黄色野菜	男	84.1	50.8	69.7	76.5	77.8	82.2	74.9	90.1	102.8	99.1
	女	84.0	49.5	67.1	71.1	73.5	72.8	78.5	91.0	108.6	95.4
その他の野菜	男	152.2	88.0	146.9	146.8	153.3	149.1	147.5	165.5	175.9	153.1
	女	140.5	75.8	146.6	124.6	132.3	129.5	136.1	160.6	157.8	144.6
果実類	男	108.1	117.2	120.4	108.5	70.1	49.2	79.5	102.7	151.9	154.1
	女	129.1	126.1	120.7	108.1	83.1	75.3	101.9	152.6	177.8	160.1

出典　健康・栄養情報研究会編：平成16年国民健康・栄養調査報告，第一出版，2006

3）快適な食環境の形成

　さらに，楽しい食を進めるために，その雰囲気への配慮も求められている。快適な食環境の形成には，食器の種類，食材・料理の組み合わせや配色，配膳の形などに加え，食の場全体の雰囲気作りのために生け花などを添えるなどの装飾も必要であり，緑，赤，黄，紫，白など豊富な色彩と特有の香りや形状をもつ食材や切り花などは，食のアメニティづくりの重要な要素でもある。

〔参考文献〕
・緒方邦安編：青果保蔵汎論，建帛社，1977
・農林水産省総合食料局編：平成12年度食料需給表，（財）農林統計協会，2000
・（財）農林統計協会編：食料・農業・農村白書（平成13年度），（財）農林統計協会，2002
・杉浦　実ら：栄養学雑誌，**61**(6)，343〜347，2003
・健康・栄養情報研究会編：平成16年国民健康・栄養調査報告，第一出版，2006

1・2　果実・野菜の生産と輸出入および消費の動向

（1）果実・野菜の国内生産量および消費仕向量の動向

　食料の生産や消費は，その国の人口の動向とともに変化することはいうまでもない。日本の人口は，9千万人台の昭和30年代，1億1千万人台になった昭和40年代末，1億2千万人台の昭和50年代末，そして2001（平成13）年に入って1億2千7百万人台になり，現在は少子化のため人口は減少する方向が示さ

れている。

　このような人口推移に対して，野菜の総生産量は1960（昭和35）年11,742千tから，1977（昭和52）年から1989（平成元）年に至る約12年間は16,000千tを越える生産量を維持していたが，その後は減少し，2000（平成12）年では13,722千tとなっている．現在生産量の多い野菜は，2000（平成12）年でみるとバレイショ（2,898千t），ダイコン（1,875千t），キャベツ（1,449千t），タマネギ（1,247千t），ハクサイ（1,036千t），次いでトマト，キュウリ，ニンジン，レタス，ネギ，ナス，ホウレンソウ，カボチャなどとなっている．1960（昭和35）年の生産量と比較すると，日本的食材であるダイコンは約2／3に，カボチャは1／2強に減少しているのに対して，食事の洋風化の影響もあり，その他の主要な野菜は著しく増加している．

　果実の総生産量においても，1960（昭和35）年の3,307千tから増加し，1972（昭和47）年から1982（昭和57）年の約10年間は6,000千tを越える生産量を示したが，その後は減少し，2000（平成12）年では3,847千tである．生産量の多い果実は，2000（平成12）年でみると，ミカン（1,447千t），リンゴ（927千t），ニホンナシ（390千t），カキ（286），ブドウ（242千t），イヨカン（186千t），モモ（158千t），次いでナツミカン，ハッサクなどとなっている．1960（昭和35）年からの経時的変化をみると，ミカンの生産量に最も大きな変動がみられ，この変化は果実の総生産量の変化に大きく影響したもので，1960（昭和35）年では1,034千tであったのが，その後生産量は増加し，1972～1975（昭和47～50）年と1977（昭和52），1979（昭和54）年は約3,500千t前後生産過剰の状況にまで至ったが，その後は急激に減少し，2000（平成12）年では1,143千tとなっている．この間，農産物の自由化が進められることによって，グレープフルーツ，オレンジなどのカンキツ類をはじめ，種々の果実類の輸入が増え，現在の生産量に至っている．この生産量が高位に推移したときに，アメリカでオレンジ果汁の製造に用いられていた冷凍濃縮果汁の製造技術を導入し，ミカン果汁の生産を高め，生産過剰に対応された．しかし，次いではじまった果汁の自由化によってこのような設備・技術も制限を受けることになった．

　消費仕向量は上記の生産量に次項で記す輸入量を加算した量とみなせる．野菜では加工用原材料として使われる割合は小さく，種類によって異なるが主に

表1・2-1　総合食糧，野菜および果実の自給率（％）の推移

	年度							
	昭和30	40	50	60	平成元	5	10	15
供給熱量総合食料	79	73	54	53	49	37	40	40
野　菜	100	100	99	95	91	88	84	82
果　実	100	90	84	77	67	53	49	44

出典　農林水産省総合食料局編：食料自給表，2003

青果用として，果実では国内生産量の6～7％が加工用に使われている。

　ちなみに，果実・野菜の国民1人当たりの消費量および自給率をみると，表1・2-1のように，1960（昭和35）年と2003（平成15）年の自給率を比較すると，熱量ベースでは約半減の40％を示し現在問題とされており，果実では半減を下回る44％，野菜では82％となっている。鮮度が強く求められる野菜では，種々の種類の生産が可能な国内生産で対応されている傾向にあり，一方比較的貯蔵性があり，日本では生産が困難なものを含めて，果実では輸入に依存する部分が大きいことが示されている。また，国民1人当たりの消費量は，近年，野菜では300g弱で，果実では100g強で推移しているが，1・1節で示したようにいずれも若年層や働き盛りの年代で摂取量が少ないことが問題である。

（2）果実・野菜の輸出入量の動向と問題点

　果実・野菜の輸出入量に関しては8・2節も参考にされたい。

1）輸出入量の動向

　果実・野菜の輸出量は少なく，野菜では1960（昭和35）年の19千tから1970（昭和45）年の12千t，果実では1960（昭和35）年の129千tから1970（昭和45）年の136千tであったが，その後は減少し1998（平成10）年では野菜は2千t，果実は13千tとなった。このような輸出量の傾向にあって，農林水産省の施策として良質の青果物の生産を高め，輸出拡大が進められている。これに対して果実・野菜の輸入量は増加し，野菜では1960（昭和35）年の16千t，1975（昭和50）年の230千tから1998（平成10）年の2,642千tに，果実では1960（昭和35）年の118千t，1975（昭和50）年の1,387千tから1998（平成10）年の4,112千tとなり，前項で示した現在の野菜や果実の自給率を反映し，輸入量の動向はほぼ

横ばいになっている。

2）輸出入に伴う問題点と利点

　果実・野菜の輸出入の動向に関連して，農産物の流通がグローバル化してゆくなかでの問題点や利点を考えると，まず利点として種々の果実・野菜の流通が広く図られることで，ある土地には成育しない食材の利用が可能となりその利用性が高められると同時に品質の世界的標準化が図られること，それによって経済性も付与されることなどが挙げられる。それに対して問題点は多い。

　問題点としては，需給バランスのとれた輸入は非常に困難であり，作物が競合する場合は国内の生産農家を圧迫すること，またこの数年の経緯から残留農薬等の安全面のチェックも必要である。食材を外国に依存することはその生産に伴う環境負荷を生産国に与えること，輸送に伴う環境負荷を生むことなど，環境問題との関係が取り上げられている。

　生産と環境問題に関しては，耕地を確保するための自然破壊，食材の生産に使用する水の問題がある。穀物 1 kg の生産に水 1 t が，牛肉 1 kg の生産には 7 t が必要であるともいわれ，さらに輸入食料を国内で生産していたら必要とされる水（仮想水）の量は約600億 t とも見積もられ，生産国の水資源の枯渇との関連が指摘されている。

　輸送に関しては使用するエネルギー消費に伴う二酸化炭素の排出が問題となる。消費する食料の量に食卓から生産地までの距離を掛け合わせた指標を用いるフードマイルズ運動がイギリスで行われており，これに依拠したフードマイレージ（単位は t・km）が日本でも試みられ，食料輸入と環境負荷との関係を把握しようとしている。これは輸入相手国別の食料輸入量に当該国から日本までの輸送距離を掛け合わせた数値を累積することで得られるものである。中田（2004）によると，2001年における日本の食料輸入総量は約5,800万 t で，累積したフードマイレージの総量は約9,000億 t・km で，これは日本国内の全貨物輸送量の約1.6倍にもなることが示され，日本に対してアメリカは約 3 割，ドイツは約 2 割，フランスは約 1 割強と，世界でもっとも大きい。また輸入食料は船舶輸送されるとして船舶の二酸化炭素排出係数（ 1 t の荷物を 1 km 運ぶのに排出する二酸化炭素の量）を用い，輸出国の輸送はトラックと船舶の半々であるとして推計すると，日本の食料輸入に伴う二酸化炭素量排出量は約17百万 t

となり，また日本国内における食料品輸送に伴う二酸化炭素排出量は約9百万tと試算されている。日本における2000年度の温室効果ガスの排出量に対して，それぞれ約1.3％，約0.7％に相当する。

　さらに余剰の食料は食品ロスや廃棄量の増大を生むことにもなる。食べ残したり消費期限が過ぎたりして廃棄した量の割合を率（％）で示した食品のロス率は，世帯全体では7.7％で，そのうち食品類別にみると，食品ロス率の高いものは，油脂類16.6％，果実類14.9％，野菜類13.9％，イモ類13.8％などとなることが示されている（粕谷，2001）。また，日本における1人1日当たりの食料供給熱量と摂取熱量との差が大きく，FAOの推定栄養不足熱量と比較し，食料消費における無駄の大きさが指摘されている。

　このように日本の食料輸入に伴って生じる問題は，食料需給や経済的なものを越えて，地球規模の環境問題や食料問題と深く関連していることに留意し，今後の食料自給の方向を誤らないように進めなくてはならない。

〔参考文献〕
・農産物流通技術研究会編：1999年版農産物流通技術年報，流通システム研究センター，1999
・農産物流通技術研究会編：2000年版農産物流通技術年報，流通システム研究センター，2000
・農林水産省総合食料局：平成12年度食料需給表，（財）農林統計協会，2000
・粕谷敦子：2001年版農産物流通技術年報，p.157，流通システム研究センター，2001
・農林水産省統計情報部編：園芸統計（平成13年度版），農林統計協会，2002
・中田哲也：2004年版農産物流通技術年報，p.85，流通システム研究センター，2004

1・3　食生活における青果物の地位

　青果物はプロビタミンAやビタミンCなどのビタミン類，カリウムなどミネラルをはじめとする栄養素の給源として重要であるだけでなく，鮮やかな色や香りで食卓を彩り嗜好を満たす作用，さらには生活習慣病のリスクを軽減するなど生体機能を正常に調節する作用がある。青果物はこのように多面的な食品機能をもつ食物として食生活における重要性は高いと考えられるが，現状と

しては推奨される摂取量を必ずしも満たしていない場合が多い。

(1) 世界における青果物の消費状況

先進12カ国の青果物消費状況を供給食料ベースで比較すると，イタリアは年間1人当たり野菜185.6kg，果実147.6kgで，これらの国々のなかでは消費量がもっとも多い（図1・3-1）。果実と野菜の消費バランスについてはスペインやフランスはイタリアと同様に野菜の消費が果実よりも多いが，ドイツ，オランダ，スウェーデンは果実の消費が多い。アメリカと英国は果実と野菜をほぼ同量摂取している。日本は野菜の消費が118.0kgであるのに対し果実は56.7kgと果実の消費が非常に少ない。なお，アメリカにおいては「The 5 a day」運動の成功によって青果物消費が伸び，2000年の野菜消費量が日本のそれを上回った。

日本人1人1日当たりの果実・野菜の消費量について年次変化をみると，近年では果実約120g/日，野菜約270g/日で横ばい傾向である（図1・3-2）。日本において果物は嗜好品，贈答品として扱われる傾向が強く，またジュースやアイスクリームなどと競合することが消費量の伸びを阻んでいるとみられる。

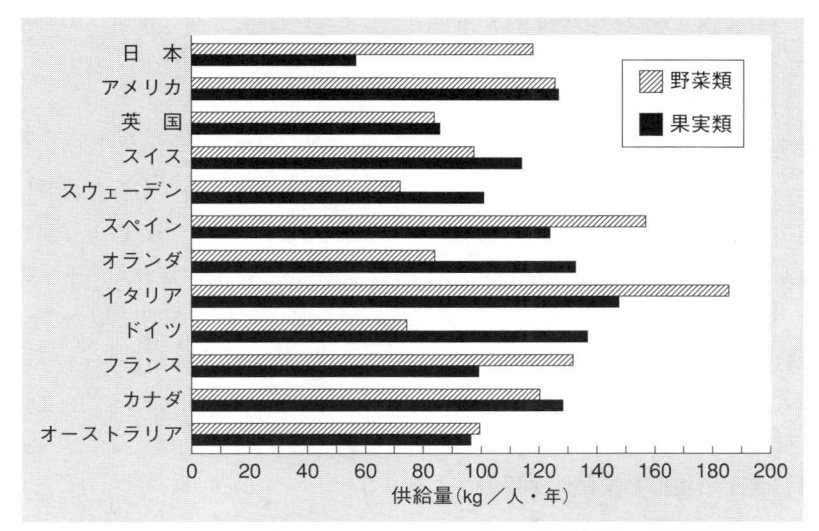

図1・3-1　国民1人・1年当たりにおける果実・野菜供給量の国際比較（2000年）
　　　資料　農林水産省総合食料局食料政策課の試算に基づく

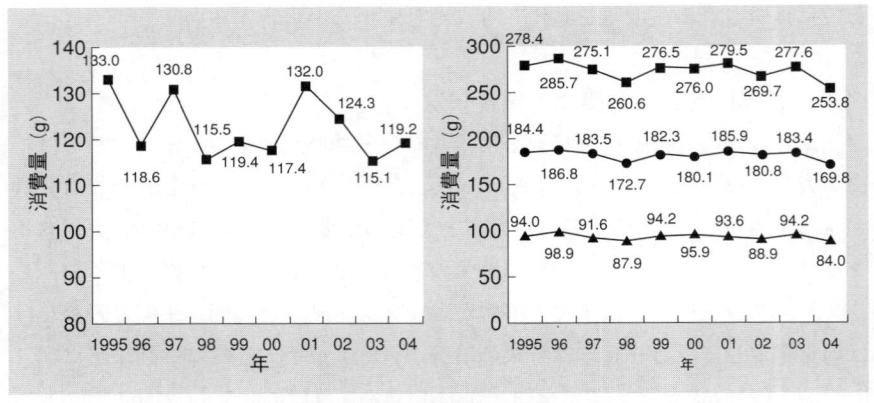

図1・3-2　果実・野菜類消費量の推移（1人1日当たり）
左：果実，右：野菜（■），緑黄色野菜（▲）およびその他の野菜（●）
資料　健康・栄養情報研究会編：平成16年国民健康・栄養調査報告，第一出版，2006

（2）健康的食生活における青果物の位置

　果実・野菜の摂取が健康的食生活において重要であることは経験的に知られていた面があるが，近年においては食と疾病に関する疫学調査の成果が蓄積され，一方では含有成分の機能性が解明されつつあり，青果物の健康への寄与について科学的な裏づけとともに言及されることが多くなった。

1）疫学調査が示す青果物の健康への寄与

　果実・野菜を多く摂取することが循環器疾患などの生活習慣病の予防に効果があるという統計的に有意な調査結果は多い。Hirayama[1]は日本の6地域におけるコホート研究により，緑黄色野菜の日常的摂取が多くのがんによる死亡リスクを引き下げることを示した。最近では，リンゴの摂取が肺がんの罹病率を低下させる[2,3]，アブラナ科野菜，緑葉野菜およびカンキツ類の摂取が虚血性心発作リスクを低下させる[4]，アブラナ科野菜の摂取が前立腺がん[5]あるいは膀胱がん[6]の罹病率を低下させる，トマト摂取が消化管がん[7]あるいは前立腺がん，肺がんおよび胃がん[8]の予防に効果があるといった報告がなされている。

2）食生活指針と国民健康運動

　世界がん研究基金とアメリカがん研究財団は食品栄養とがん予防に関する4,500の研究をとりまとめ，1997（平成9）年に「がん予防14か条」を発表し

た。このなかでは，野菜，果物，豆類，穀類を中心に多様な食品を摂るようにすることががん予防のための食事の基本である（第一条）とされ，また，多種類の野菜，果物を1日に400～800gまたは1日5品目を目標として毎日摂るように（第四条）と勧告している。日本においては，2000年3月に厚生労働省，文部科学省，農林水産省が連携して定めた「食生活指針」や，厚生労働省が推進している21世紀における国民健康づくり運動「健康日本21」のなかにおいて十分な野菜・果物を毎日摂取することが勧告されている。なお，「健康日本21」のなかで推奨されている野菜摂取目標値は350g/日である。

3）サプリメントと青果物

疫学調査の成果から，果実・野菜に含まれる抗酸化物質など植物化学成分の疾病予防効果に焦点が当てられるようになった。しかし，最近のいくつかの臨床研究においては，個別に分離された純粋化合物は一貫した予防的効果を示さないことや，場合によってはリスク増大などの有害な影響がある可能性も示されている[9),10)]。このようなことから，現時点において，通常の食品から摂取される範囲を超えての純粋化合物をサプリメントのような形で摂取することは賢明ではなく，果実・野菜から摂取することが最善であると考えられている[11)]。

〔引用文献〕

1) Hirayama, T. : Life-Style and Mortality, Karger, 1990
2) Knekt, P. et al. : *Am. J. Epidemiol.*, **146**, 223, 1997
3) Le Marchand, L. et al. : *J. Natl. Cancer Inst.*, **92**, 154, 2000
4) Joshipura, K. J. et al. : *J. Am. Med. Assoc.*, **282**, 1233, 1999
5) Cohen, J. H. et al. : *J. Natl. Cancer Inst.*, **92**, 61, 2000
6) Michaud, D. S. et al. : *J. Natl. Cancer Inst.*, **91**, 605, 1999
7) La Vecchia, C. : *Proc. Soc. Experim. Biol. Med.*, **218**, 125, 1998
8) Giovannucci, E. : *J. Natl. Cancer Inst.*, **91**, 317, 1999
9) Omenn, G. S. et al. : *J. Natl. Cancer Inst.*, **88**, 1550, 1996
10) Dagenais, G. R. et al. : *Curr. Cardiol. Rep.*, **2**, 293, 2000
11) Liu, R. H. and Wolfe, K. L. : FFI Journal, 208, 2003

1・4　生活環境における観賞植物の役割

「物の豊かさ」より「心の豊かさ」が強く求められる現代，花や緑（観賞植物）のもたらす景観やアメニティの向上機能，潤いと安らぎを与える心理的効果など利用面に強い関心が寄せられ，観賞植物のもつ人間や社会あるいは環境に対する機能を重視しようという流れが近年強まっている。

（1）世界における切り花の活用と消費状況

観賞を対象とする観賞植物のなかには，地上部全体あるいはその一部を切り取り，水に挿して利用する切り花，鉢に植えて利用する鉢物，公共の花壇や個人の庭などで使う花壇用苗ものなどがあり，花きと呼ばれている。その中でもっとも多く生産され，使われているのは切り花である。その切り花の消費をみると，EU，アメリカ合衆国，日本が三大消費地であり，それぞれ約130億，73億，39億ユーロの切り花が販売されているという。

国民1人当たりの切り花の消費額の調査結果をみると（オランダ花き協会），スイスの82ユーロをトップに，ノルウェー57ユーロ，オランダ54ユーロと続き，13位まではEU諸国が占めている。日本は30ユーロで14位，アメリカ合衆国は21ユーロで17位である。実際に，使われている本数をみると，オランダが150本余りと圧倒的に多く，その他の国では数十本程度と半分にも満たない。これは，オランダでは生花店や花を売る露店が街角に点在し，丈は短いものの，10本の切り花を1束にした花束が2～5ユーロ程度で販売されており，気軽に立ち寄って自宅で飾るために買い求めるのがふつうになっているからである。誕生日のプレゼントや訪問時の手みやげにも，花がふんだんに使われており，切り花の活用状況としては最高の姿をみることができる。

（2）生活環境におけるアメニティと観賞植物

花は本来，植物自身の種族保存のため，受粉の媒介者である昆虫や小鳥などを惹きつける装置として，美しく目立つ形態に進化してきたものである。虫媒花では花は大きく目立ち，花蜜まで用意している。その花になぜ人が惹きつけ

られるのだろうか。アンケート調査の結果（今西弘子，1997）によれば，花は生活に欠かせないものであると3/4以上の人が感じ，花に対し「高揚」ではなく，「癒し」，「鎮静」を期待しており，花の好みは「軽・薄・淡・小」，「3Y（やすらぎ・やさしさ・やわらかさ）」の花，「季節感」のある自然風の花とされている。

　花や緑は季節の変化を伝え，色や形・香りはさまざまな心理的影響を与え，生活に彩りを添えてくれる。その心理的な影響の一端をバラの生花と造花をみたときの印象を問うたアンケート調査の結果でみると，好み・感じを問うた4項目については，生花に対する評価は有意に高く，造花，対象物がない場合に対する反応は同じような傾向を示し，いずれの項目でも思わないという評価となる（図1・4-1）。心理状態を問うた項目では，「落ち着いている」，「緊張感

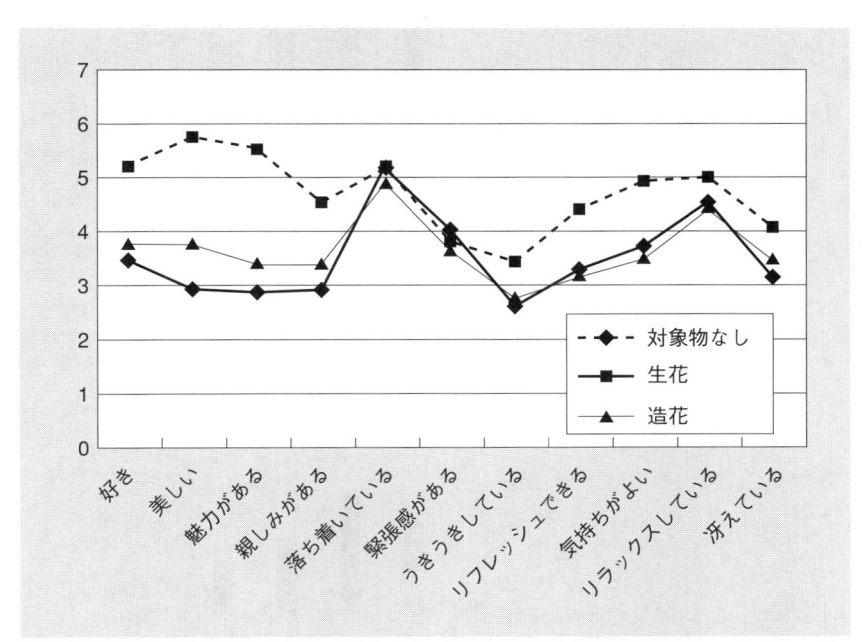

図1・4-1　バラの生花あるいは造花をみたときの好み・感じおよび心理状態を問うたアンケートの結果
7：とてもそう思う　6：そう思う　5：少しそう思う　4：どちらともいえない　3：あまり思わない　2：ほとんど思わない　1：まったく思わない　で評価，n=32
出典　後藤ら：人間・植物関係学会雑誌，**3**，別冊26〜27，2003

がある」という項目を除き，生花の評価はいずれも有意に高く，快適感をもたらし，アメニティの向上に役立つとみなされる。また脳波のデータを比較すると，生花をみているとき「気持ちがよい」と思うグループでα波の増加，そうでないグループでは逆にα波の減少が認められるという結果も得られている。このように，観賞植物のもたらすアメニティ効果は，アンケートによる心理的な評価だけでなく，脳波などの生理的な反応としてもとらえられるようになってきている。

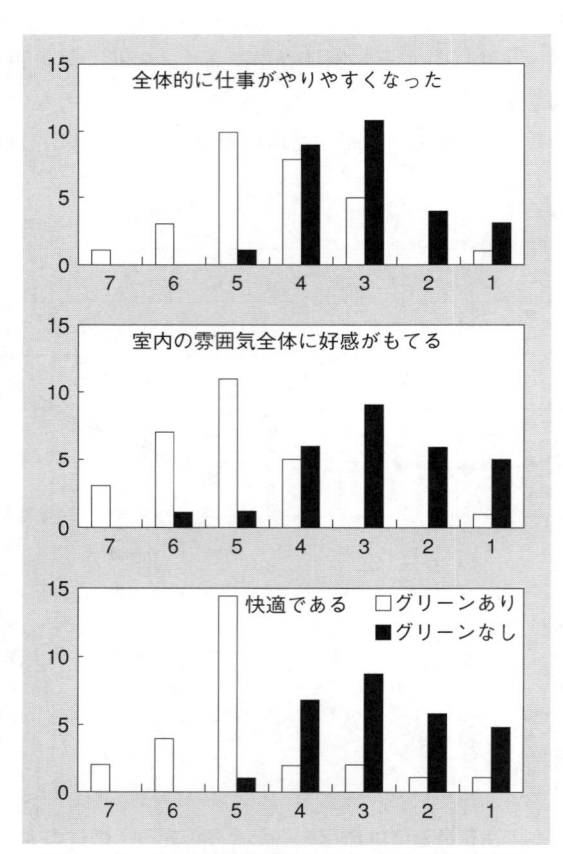

図1・4−2　観葉植物の有無による反応の比較

7：とてもそう思う　6：かなりそう思う　5：ややそう思う　4：どちらともいえない　3：あまり思わない　2：ほとんど思わない　1：全く思わない　で評価
出典　今西ら：園芸学研究，1，71〜74，2002

また，観葉植物を利用して，健康や生活の質の改善，アメニティの向上を図ることも可能である。身近な例をあげると，オフィスや室内に観葉植物を配置することにより，人間の快適性を向上させようという研究も進んでいる。例えば，観葉植物があると，そこで働く人々の快適感は大きく，撤去すると，仕事の能率が下がるほどではないが，やすらぎ感に欠け，さびしい，無味乾燥な感じがするという評価が出ている（図1・4-2）。また，観葉植物を室内に置くと，冬期の気温上昇・湿度上昇，夏期の体感温度の低下など環境調節的効果が得られる。ホルムアルデヒドなどの除去といった空気清浄効果も期待できる。さらに長時間のVDT作業をした後で，緑の植物をみることが眼の疲労回復に有効とされる。このような効果はグリーンアメニティと呼ばれている（仁科，1999）。

〔参考文献〕
・今西弘子：帝塚山学院大学教養課程研究紀要，5，49～64，1997
・仁科広重：農及園，74，34～40，1999
・今西弘子・生尾昌子・稲本勝彦・土井元章・今西英雄：園芸学研究，1，71～74，2002
・後藤　円・戸塚聖子・森戸英美・今西英雄：人間・植物関係学会雑誌，3，別冊26～27，2003
・Flower Council of Holland, Inside the Dutch Horticulture Industry 2005, http://www.flowercouncil.org./int/Bloemenbureau/Publications/FeitenCijhers/

1・5　生産および収穫後の安全確保とそれにかかわる法規制の現状

　青果物の安全性を脅かす危害として，残留農薬，食品添加物，ダイオキシン，遺伝子組換えおよび病原微生物などがあげられ，近年それらの一部が事故に結びつく事態が起こっている。青果物にかかわるこれらの危害のうち，残留農薬，食品添加物および遺伝子組換えについては食品衛生法およびそれに基づく省令・告示で，またダイオキシンについては厚生省と環境庁（当時）の合同専門家会合で，それぞれ日本における規格基準が定められている。例えば，食品衛生法による残留農薬基準は，国内食用農薬登録数約350種類のうち約250種

類で設定され,農産物の種類ごとに約9,000の基準が設けられている。さらに,2006(平成18)年5月からは,残留基準値の定められていない農薬に対しても,暫定基準(国際基準等に準拠)あるいは一律基準(0.01ppm)が設定され,これらの基準を超える食品は流通できないとするポジティブリスト制度が施行されている。また,ダイオキシンの耐容1日摂取量は,世界保健機関(WHO)の値と類似の体重1kg当たり1日4pgと制定されている。これらの法規に加えて,2003年7月には,食品の安全性の確保に関する施策を総合的に推進するための食品安全基本法が施行され,同時に内閣府に食品安全委員会が設置された。食品安全委員会は,食品による健康への危害に対する科学的評価(リスク評価)を実施し,リスク管理を行う農林水産省と厚生労働省との連携の下に,新たな規格基準の設定などを規制行政に反映させることを第一の役割としている。このような食品安全行政の下で,青果物の生産および収穫後の安全性確保に関する法規制が,今後は展開していくことと思われる。

現在のところ,農薬などの化学物質や遺伝子組換え体の検出技術と法規制への対応は,急速に進んでいる。一方,重大な食品事故の発生が懸念される微生物に関しては,食肉,魚介類,牛乳などの生鮮食品と加熱を要する加工食品においては規格基準が定められているが,非加熱の青果物および一次加工青果物のリスク管理と評価については,今後の確立を待たねばならない。

本節では,青果物の生産から消費に至るまでの微生物的安全性確保のための自主的衛生規範について,すでに実施されているアメリカの事例を中心に,同等な衛生管理法として発表されたEU,日本あるいは国際食品規格委員会(Codex)の概要を含めて記述する。

(1) 青果物の生産の場における安全性確保と衛生規範
1) 青果物の微生物汚染度

一般に,野菜類に付着の細菌数は果実類に比べて多く,その一般生菌数および大腸菌群数は,野菜の種類および部位によって大きく異なる[1]。寒天平板法による測定では,トマト,タマネギ,ニンニクでは細菌が検出されない場合があるのに対して,比較的菌数が多いキュウリ,ニンジン,キャベツ,レタスなどの外部(あるいは外葉)組織では,最大で10^6/g程度の一般生菌と10^5/g程度

の大腸菌群が検出される。非結球で互生葉の性状をもつホウレンソウのような例外を除いて，果菜類，根菜類，葉菜類のいずれも外部（あるいは外葉）組織の細菌数は，内部（あるいは内葉）組織よりも$10^2 \sim 10^3/g$程度多い。

野菜類のバクテリアルフローラは，植物病原細菌を含む*Pseudomonas*属，*Agrobacterium*属，*Pantoea*属や腸内細菌科の*Enterobacter*属，*Citrobacter*属，*Serratia*属などのグラム陰性菌が主体をなす[1),2)]。数は少ないが，グラム陽性菌として，*Bacillus*属，*Arthrobacter*属などの土壌細菌や*Leuconostoc*属などの乳酸菌も存在する。これらの多くは土壌や河水などの自然界に広く分布し，植物に付着することの多い腐敗原因細菌である[3)]。ただ，糞便由来とされる*En-*

表1・5-1 主にアメリカにおける青果物／一次加工青果物関連の食性疾患発症例

取り扱い段階	青果物／一次加工青果物	病原体	報告年度
栽培および収穫	非殺菌アップルサイダー	大腸菌 O157：H7	1993
保　存	刻みニンニク	ボツリヌス菌	1998
不明および／あるいは複数	スライススイカ	サルモネラ	1955
	スライススイカ	サルモネラ	1979
	スライススイカ	サルモネラ	1993
	スライスメロン	サルモネラ	1990
	スライスメロン	サルモネラ	1991
	トマト	サルモネラ	1991
	トマト	サルモネラ	1993
	非殺菌オレンジジュース	サルモネラ	1995
	アルファルファモヤシ	サルモネラ	1997
	アルファルファモヤシ	サルモネラ	1996
	グリーンオニオン	赤痢菌	1995
	アルファルファモヤシ	大腸菌 O157：H7	1997
	リーフレタス	大腸菌 O157：H7	1995
	非殺菌アップルジュース	大腸菌 O157：H7	1996
	非殺菌アップルサイダー	大腸菌 O157：H7	1997
	カイワレダイコン	大腸菌 O157：H7	1996
	ニンジン	毒素原性大腸菌	1994
	冷凍イチゴ	A型肝炎ウイルス	1992
	冷凍イチゴ	A型肝炎ウイルス	1997
	非殺菌アップルサイダー	クリプトスポリジウム	1994
	非殺菌アップルサイダー	クリプトスポリジウム	1997
	ラズベリー	サイクロスポラ	1996
	ラズベリー	サイクロスポラ	1997
	メスクランレタス	サイクロスポラ	1997
	バジル／バジル入り製品	サイクロスポラ	1997

出典　NACMCF：*Food Control*，**10**，117，1999

tercoccus casseliflavus や Klebsiella pneumoniae がキュウリ，ニンジン，ホウレンソウから，またヒトや動物の腸管・皮膚に存在することの多い Staphylococcus 属がキュウリ，ホウレンソウから検出された事例もみられる。さらにシュンギクから，稀に食性病原性の菌株を有することが知られる Bacillus cereus （セレウス菌）が検出されたこともあるので，これらの微生物汚染度に対しては注意を払う必要がある。

一方，アメリカでは特に1990年代以降に，青果物あるいは一次加工青果物に関連した食性疾患の発症事例が多く報告されている（表1・5-1）[4),5)]。2000（平成12）年および2001年にFDAが実施した約1,000検体の青果物に対する病原微生物調査（サルモネラ，大腸菌O157：H7および赤痢菌が対象）によると，その検出割合はアメリカ産青果物で約1％，輸入青果物で約4％と発表されている。これらの食性病原菌は，栽培中，収穫中およびその後の取り扱い中に，主に糞便から伝播したと考えられ，昆虫，野生・家畜動物，土壌，汚染水，厩肥あるいはヒトが媒介物となる可能性が示唆されている[4),6)]。

2）青果物の衛生管理法

アメリカでは，青果物の食性病原菌の除去を目的とした新しい衛生ガイドラインが必要とされ，適正農業規範（Good Agricultural Practices：GAP）と適正製造基準（Good Manufacturing Practices：GMP）を基本にしたガイダンス「生鮮青果物のための微生物的食品安全危害を最小限に抑えるガイド」がFDA/USDA/CDCから1998（平成10）年に発表された[7)]。GAPとは，青果物の栽培から出荷までの安全性確保のためにアメリカで考案された新しい規範で，GMPは，すでにアメリカの食品加工業者が義務としている衛生基準を出荷後の青果物に適用したものである[8)]。GAPは，野菜を例に取ると，栽培，収穫，選果，予冷，出荷および輸送中の微生物学的な潜在的汚染点(potential points of contamination：PPC)を明らかにして，汚染源と汚染源接種材料に対しての事前の対策を講じることと，万が一に食性疾患が発症した場合のトレースバック（追跡）システムから構成されている。栽培時と収穫時に特に重要なPPCは，土壌，肥料，水，野生動物・家畜，農業労働者および集荷容器・用具で，これらの汚染点の微生物制御対策と労働者の健康・衛生に関する教育プログラムが定められている。例えば，労働者からの交差汚染は，圃場にトイレを設置するこ

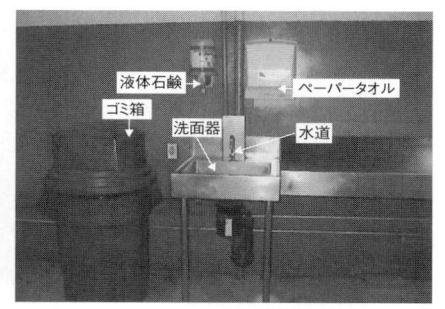

図1・5-1 アメリカ圃場内の移動式トイレ(左)と,アメリカ選果場内の手洗い設備(右)
出典 泉 秀実:月刊HACCP, 8(3), 70, 2002

と(図1・5-1,左)や選果場内に手洗い設備(飲用水,洗面器,液体石鹸,ペーパータオル,ゴミ箱を常備)を設置すること(図1・5-1,右)で予防を図っている。また,青果物の出所を明確にする追跡システムを確立することは,食性疾患の発生の予防とはならないが,その発生を防ぐための重要な補足機能となる。効果的な追跡システムは,農場から消費者までの青果物の動きを追跡できる識別技術(バーコード,スタンプ,タグなど)を利用したものである。アメリカでは,すでにいくつかの農場でGAPが実施され,生産現場での経験を経て,現在はFDA/USDAの推奨で,その普及のための教育プログラムを確立する段階に達している。

一方,EUでは1997(平成9)年に,青果物の安全性,農業の環境保護および労働者の安全・福祉などを総合的に含めたEurepGAP[9](ユーレップギャップ)が民間主導で確立され,流通を含めた量販店を中心に,その普及が進められている。これに対して日本では,2005(平成17)年には農林水産省消費・安全局から,野菜,果樹,穀類およびキノコを対象とした『食品安全のためのGAP』策定・普及マニュアル(初版)[10]が発表されると同時に,民間主導でEurepGAPをモデルにした日本版JGAPの普及活動も開始された。また,Codexからは2001年に「生鮮果実・野菜の衛生管理規約」[11]が作成され,これは食品衛生の一般原則を取り入れた広範な規範となっている。生産環境にあるもので,植物に接触するものはすべて病原体源となり得ることから,いずれの規範も微生物危害を最小限に抑えるための基準を示すことを目的としたものである。

（2）収穫後における青果物の安全性確保と衛生規範

収穫後の選果，予冷・予措などの前処理，出荷および輸送の各段階でも，微生物汚染が起こり，青果物のバクテリアルフローラに影響を与える。糞便からの交差汚染が起こらないように，GAPでは各段階でPPCを設け，収穫から輸送にかけては，洗浄水，集荷容器・用具，機器類，施設内空気，労働者，輸送車両および輸送中のほかの製品などがPPCとされている。アメリカでは，これらのGAPによる衛生管理を将来は加工食品と同様に，危害分析重要管理点（Hazard Analysis and Critical Control Point：HACCP（ハサップ））による衛生管理に発展させることを理想としている。

HACCPとは，食品の原材料から製造・加工および最終製品の貯蔵・流通に至るまでの各過程において，微生物的，化学的および物理的な危害が起こらないように監視するシステムで，食品の安全性と工場の衛生管理に重点を置いた衛生管理法である[12]。発祥地のアメリカでは，もっとも効果的で柔軟性のある加工食品の衛生管理法として，1997（平成9）年からは水産食品の製造に対して，1998年からは食鳥・食肉製品の加工に対してHACCPが義務づけられ，またEUでもこれらの食品に対して1996年からすでに義務化されている。日本では1996年以降に，乳・乳製品，食肉製品，魚肉練り製品，清涼飲料などの製造者に対して，厚生労働大臣からHACCPシステムに基づいた食品の製造・加工方法とみなす承認を得ることで，HACCPの自主的導入が推し進められた。これは「総合衛生管理製造過程」の承認制度として，食品衛生法のなかに取り組まれている。HACCPプランの作成にあたっては，基本となる7原則を満たすことが必要で，次のような手順を含む。①食品原材料から最終製品の消費までの間に起こり得る危害因子を同定，確認する，②危害分析によって同定されたすべての危害因子を調節する重要管理点（CCP）を決定する，③各CCPにおける管理基準を決定する，④各CCPの管理状態をモニタリングする手順を設定する，⑤CCPの管理基準から外れた場合の改善措置を設定する，⑥HACCPプログラムの記録化とその有効な保管システムを設定する，⑦HACCPシステムが正常に行われているかの検証を行う。

未加工の青果物の衛生管理法にHACCPを導入するには，現在のところ科学的データが十分ではないために，その前提条件であるGAP，GMPあるいは衛

生施設プログラムの適用が妥当であると判断されている。しかし，アメリカのカット青果物の工場ではすでに多くの製造者がHACCPシステムを取り入れ，またEUに青果物を輸出しているタイの選果場でもHACCPシステムが導入されている。食品事故の未然防止および事故発生時の適切な対応が可能となるHACCPシステムの導入が，今後の収穫後における青果物の安全性確保のうえで必要となるであろう。

〔引用文献〕
1) 泉　秀実：日食保蔵誌，**27**，145，2001
2) 泉　秀実：園学研，**4**，1，2005
3) Bartz, J. A. *et al*. (Bartz, J. A. *et al*. Eds.)：Postharvest physiology and pathology of vegetables, 2nd., Marcel Dekker, Inc., p. 519, 2003
4) NACMCF：*Food Control*，**10**，117，1999
5) NACMCF：*Int. J. Food Microbiol*．，**52**，123，1999
6) Beuchat, L. R.：*J. Food Prot*．，**59**，204，1996
7) CFSAN：Guidance for industry-Guide to minimize microbial food safety hazards for fresh fruits and vegetables, FDA/USDA/CDC, 1998
8) 泉　秀実ら（監訳）：適正農業規範（GAP）導入の手引き，イカリ環境文化創造研究所，2002
9) EUREPGAP：General regulations fruit and vegetables, version2. 1-Oct04, EUREPGAP c/o Food PLUS GmbH, 2004
10) 農林水産省消費・安全局：『食品安全のためのGAP』策定・普及マニュアル（初版），2005
11) Codex Alimentarius Commission：Report of the thirty-fourth session of the codex committee on food hygiene, p. 45, 2001
12) NACMCF：Hazard analysis and critical control point principles and application guidelines, FDA/USDA/NACMCF, 1997

〔参考文献〕
・泉　秀実：カット野菜実務ハンドブック（長谷川義典編），サイエンスフォーラム，p. 129，2002
・泉　秀実：防菌防黴，**34**，750，2006
・泉　秀実：防菌防黴，**35**，47，2007

第2章　果実・野菜の動的食品学

2・1　青果物の品質要素

(1) 青果物の生育段階と利用

　果実・野菜などの日常的に青果物として取り扱われているものは，五訂日本食品標準成分表の中で生鮮物を対象とすると，野菜類約143種，果実類約71種，イモ類約10種，キノコ類約16種が挙げられ非常に種類が多い。これらの作物の発達段階と利用についてみると，果実の多くは収穫後の取り扱いとの関係から完熟の前段階で収穫されるが，スダチ，カボス，レモンなど酢ミカンとして利用されるものはかなり未成熟段階で収穫され，また追熟果実ではバナナ果実のようにデンプンが果実に十分に蓄積した成熟の75％程度で収穫され収穫後の追熟を考慮して取り扱われるので，収穫熟度にかなり違いがあることも留意しておく必要がある。野菜類ではその利用部位，葉身，葉柄，塊根，塊茎，花蕾，若い莢，若い茎など器官の違いおよび発達段階の違いなどがあり，利用に供される状態がかなり異なる（図2・1-1）。このように，利用する段階の熟

	発　達　段　階			
	発芽―栄養器官の成長・肥大―花の分化・発育―果実の発育―果実の成熟・完熟			
	（茎，葉，根）			
果実類		スダチ・カボス		一般の果実
葉菜類	モヤシ　一般の葉菜類・ネギ類			
根菜類	直根類・塊根類			
花菜類		カリフラワー・ブロッコリー		
果菜類		キュウリ・ナス・	トマト・メロン・	
		ピーマン・オクラ	イチゴ・カボチャ	
種実類		サヤインゲン・サヤエンドウ	スイートコーン・	
			実エンドウ	

図2・1-1　果実・野菜の発達段階と利用
出典　斎藤隆ら：園芸学概論，文永堂出版，1992

度，発達段階や部位の違いがあることは，その状態に対応した品質要素を見極め，適切に評価することが求められる。

（2）青果物の品質要素とその安定性

　前述のように収穫時点における発達段階や形態の相違は青果物の生理活性に影響し，比較的に未発達段階で収穫される野菜類では生理活性は高く収穫後の水分や成分の損耗は速く，一方実エンドウ，エダマメなど未熟種実では収穫後に速やかに登熟過程の成分変化が起こり品質（旨味）は低下する。また完熟前に収穫される果実では流通過程に求められる品質と消費段階で食品として供される品質を区別して判断する必要がある。このように実用的に利用される種類が多いことや植物器官が異なることは，青果物の品質基準を複雑にする。その品質基準は，取り扱う関係者，言い換えれば利用目的によって異なることが示されているが，一般には消費者が利用する段階における品質，基本的には食品としての品質要素から考慮されるべきである。しかし，青果物は収穫後の外観から判断される鮮度が，その流通過程における品質の決定要因とされる場合が多い。青果物の鮮度のよさは，そのみずみずしさ，はり，損傷の程度などに依存する。青果物には前述したように植物器官としては未発達のものが多いので，収穫後に水分損失が起こりやすく，また損傷も受けやすいことに留意し，速やかな低温処理，包装など，適切な取り扱いによって鮮度保持を図ることが求められる。鮮度は，食品の品質全体からみると図2・1-2に示されるように，外観要素の一つとして考えられる。

　食品の品質は，図2・1-2に示されるように，元来，栄養的要素と嗜好的要素から評価されてきたが，現在ではこれらに生体調節要素が加えられている。このような品質要素にかかわる成分は，人体における働き，機能からみることができ，栄養成分による栄養機能（一次機能），嗜好成分による感覚心理的機能（二次機能）および機能成分による生体調節機能（三次機能）として，食品がもつ機能からみられる。いうまでもなく栄養成分や嗜好成分も生体調節機能を有するものが多く，果実や野菜類についてみればエネルギーの供給源としての価値は少ないが，ビタミン，ポリフェノール，食物繊維などの生体調節機能を有する成分の供給源としては非常に重要である。

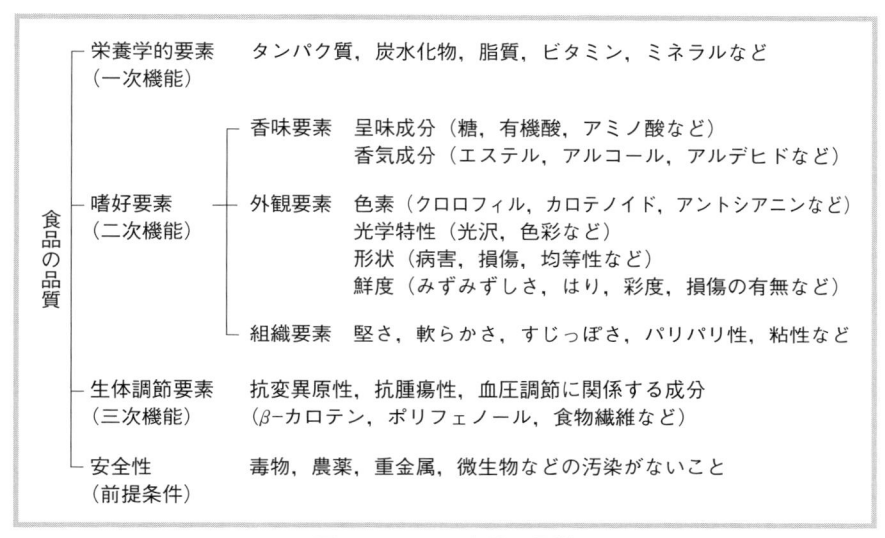

```
食品の品質 ┬ 栄養学的要素      タンパク質，炭水化物，脂質，ビタミン，ミネラルなど
         │ （一次機能）
         │
         │ 嗜好要素 ┬ 香味要素  呈味成分（糖，有機酸，アミノ酸など）
         │ （二次機能）│        香気成分（エステル，アルコール，アルデヒドなど）
         │         │
         │         ├ 外観要素  色素（クロロフィル，カロテノイド，アントシアニンなど）
         │         │          光学特性（光沢，色彩など）
         │         │          形状（病害，損傷，均等性など）
         │         │          鮮度（みずみずしさ，はり，彩度，損傷の有無など）
         │         │
         │         └ 組織要素  堅さ，軟らかさ，すじっぽさ，パリパリ性，粘性など
         │
         ├ 生体調節要素    抗変異原性，抗腫瘍性，血圧調節に関係する成分
         │ （三次機能）    （β-カロテン，ポリフェノール，食物繊維など）
         │
         └ 安全性         毒物，農薬，重金属，微生物などの汚染がないこと
           （前提条件）
```

図 2・1-2　食品の品質

出典　食品流通システム協会編：食品流通技術ハンドブック，恒星社厚生閣，1989，一部改変

　これらのうち，栄養摂取との関係から，ここでは食物繊維についてみる。食物繊維は，「ヒトの消化酵素によって加水分解されない食物中の難消化性成分」とされ，水溶性物質（細胞膜構造物質）と水可溶性物質（非構造物質）に分けられる。前者にはセルロース，ヘミセルロース，リグニン，不溶性ペクチン，キチンなど，後者には水溶性ペクチン，植物ガム，コンニャクマンナンなどの粘性物質，アルギン酸などの海藻多糖類，その他ある種の加工多糖類などがあげられ，食物繊維は野菜類，果実類など植物性食品に多く含まれる。望まれる食物繊維の摂取量は，1日成人1人当たり20〜25g（ほぼ10g/1000kcal）とされるが，現在の日本人の平均摂取量は十数gと推定され，数十年前の十分な摂取量と比較すると摂取量が減少しているので，食物繊維の摂取には特に注意が払われている。

　さらに生体調節機能を有する，いわゆる機能性成分については，最近数多くの研究結果から，免疫機能強化のような生体防御，糖尿病防止のような疾病防止，過酸化脂質生成抑制による老化防止，疲労回復などに関係することが示されている。青果物に含まれる成分には，食物繊維，カロテン，ポリフェノール

など生体調節機能を有するものが多く，健康な食生活を送るためには，特に果実や野菜類の日常的摂取が求められる。

一方，野菜をはじめ植物性食品には，ミネラルの有効性を低下させる成分が含まれていることや，反対にミネラルの有効性を増加させる成分が含まれていることに注目する必要がある。前者にはフィチン酸，食物繊維，タンニンやポリフェノール，シュウ酸などがあり，これらは2価の金属イオンのリガンドとなる可能性を有しているので，カルシウムや鉄の吸収を妨げることになる。後者にはアスコルビン酸の非ヘム鉄の吸収増加（三価の鉄を二価の鉄に還元）やクエン酸の亜鉛の有効性の確保などがあげられる。またペクチンは動脈硬化症など心疾患との関係が深いコレステロールの血中濃度を下げる効果があるとされるが，低メトキシル化するとカルシウムや亜鉛と結合し，これら陽イオンの吸収障害を引き起こすといわれるので，収穫後の青果物のこれら成分の質的変化と有効性も問題となると考えられる。

青果物の品質と食生活におけるその有効性を考えると，やはり新鮮な自然の食物として，より種類多くの青果物を摂ることが望まれる。

〔参考文献〕
・食品流通システム協会編：食品流通技術ハンドブック，1989
・斎藤　隆・大川　清・白石眞一・茶珍和雄：園芸学概論，文永堂出版，1992
・Postharvest Technology of Horticaltural Crops, A.A.Kader, University of California, Publication, 3311, 1992
・土井邦紘・辻　啓介：食物繊維，朝倉書店，1997
・ネスレ科学振興会：食とミネラル，学会出版センター，2001

2・2　水分，無機成分およびビタミン類

（1）食品における水分の存在状態

水は熱容量，熱伝導率，融解・蒸発潜熱，表面張力が普通の液体のなかでもっとも大きい化合物であり，さらに溶媒機能や生体高分子化合物との相互作用が大きい特性をもっている。細胞のなかのいたる所に分布しており，生体内化

学反応の場を提供することから,食品の水分は生理的・生化学的変化に大きく影響する。

　このような特性をもつ水は,食品中ですべて同じ状態で存在するのではなく,通常自由水（free water）と結合水（bound water）に分割されている。自由水は,含水系内の構成成分の影響をほとんど受けず,熱力学的にみて自由に移動することができる水を指す。一方,結合水は含水系内で接触する炭水化物やタンパク質などの高分子化合物に吸着されたり,親水基と水素結合していたりして,通常の水に比べて自由度が小さくなった形の水を指す。このような水は,含水系内での移動が制限され,凍結もしない。熱乾燥法で測定された食品の水分含量は,ほぼ自由水を指すものと考えられるが,厳密に自由水と結合水を分割することは困難である。

　食品中の水が通常の水としての活性をどの程度にもつかを示すのに,水分活性（water activity）という指標が用いられている。食品を狭い空間内に置いたときに示される水蒸気圧 P と,その温度での最大水蒸気圧 P_0 との比（P/P_0）として定義されている。P は,温度,食品の水分含量,食品の構成成分が水を引きつける力などに支配され,実際の水の活動性を示すところから食品の品質管理に際しては実用的な指標となる。純水では P と P_0 は等しく,水分活性は1となる。多くの微生物は一般に0.8以下で生育が阻害されるとされている。

　水分含量が多く,かつ水分活性が1に近い食品ほど,水の影響が大きく現れてくる食品となる。生体食品である果実・野菜は全体として水分含量が高く,果実80〜90％,野菜85〜95％のものが多い。水分活性からみると多くが0.98以上を示すといわれている。果実・野菜は酵素活性が高く,収穫後の取り扱い中での生理活性や成分変化が大きくて品質管理のうえで困難を伴うことも,このような水の特性に基づくものといえる。果実・野菜の加工貯蔵技術としての乾燥,濃縮,漬物などは,水分含量と水分活性を低くすることによって微生物の発育を阻害しようとするものである。

　果実・野菜に含まれる水の特性のもう一つ重要な点として,細胞内で水の存在する場所が偏在していることがあげられる。細胞の大部分を占める液胞の存在である。同じく生鮮食品でも,動物性食品とは大きく異なる点である。

　一般に,成熟した植物細胞は90％以上が液胞で占められるようになり,細胞

原形質はわずかの容積を占めるにすぎない。このような状況を液胞の空間充填機能と呼ぶ。液胞内部には糖，酸，色素をはじめ種々の代謝産物の溶液が充満している。果実・野菜の水分含量は主としてこの液胞内の水に由来するものであり，食味も主としてこの液胞内溶液に起因するものといえる。また，液胞内は浸透圧が高く，絶えず吸水力が生じているため膨圧が高く保たれ，細胞壁の緊張状態が保たれて組織に力学的強度を与えることとなる。果実・野菜の重要な品質であるみずみずしさや食べたときの爽快感の基となる。

　液胞は一層の液胞膜で囲まれており，内部に特定の構造がなく，内溶液の水分活性が高くて水の移動は自由である。収穫後に萎れが生じるような条件に置かれた場合，細胞原形質に含まれる水よりもまず液胞内の水から失われていくことになり，膨圧が失われる結果として外観的に萎れになることは推察に難くないであろう。

（2）水分と青果物の生理および品質

　収穫後の果実・野菜は，水の供給が断たれるため多かれ少なかれ萎れが生じる状況に置かれている。その結果，蒸散作用は本来の意義をほとんど失い，蒸散の強度も表面の開孔面積やクチクラ層の厚さに主として支配されることになる（4・3節参照）。

　低湿に伴う萎れと呼吸活性との関係についてはこれまでにも関心がもたれていて，かなりの調査データがあるものの必ずしも一致した見解が示されているわけではない。種類によって傾向が逆になったり，同一種類でも品種や研究者によって意見が異なったりもした。このことが，種類による差か，条件による差かもよくわからなかった。

　このような背景のなかで，中村らは低湿に伴う萎れと青果物生理との関係を整理することを試みた。まず，60種類の青果物を対象として異なった湿度条件下での呼吸活性とエチレン生成の変化を調べた。その結果，低湿に伴う萎れによって呼吸促進，呼吸抑制，差なしの類型に分かれることを明らかにし，エチレンの生成反応をも加味して表2・2-1に示したような分類を提案した。

　そのうえで，青果物の萎れの生理を次のように整理した。一口に青果物といっても，植物学的にみると果実，葉，茎，花，根，未熟種子，子実体など，部

表2・2-1 低湿条件に対する果実・野菜の生理的反応

エチレン生成/呼吸活性	誘導または促進	差なし	抑制
促進	バナナ,セイヨウナシ,キウイ,トマト,キュウリ,ナス,ピーマン,カボチャ,オクラ,パセリ,ダイコン,ニンジン,ワラビ,ニンニクの茎,タケノコ,ショウガ,グリーンピース	スモモ,ビワ,サクランボ,ウンシュウミカン,レモン,サツマイモ,ジャガイモ,サトイモ,ミョウガ,カリフラワー,セルリー,サヤインゲン	シュンギク,アスパラガス
差なし	ブドウ		オレンジ
抑制	イチゴ,ニラ,チンゲンサイ,タイサイ,シソ,ホウレンソウ,カイワレダイコン,シイタケ	ミツバ,ヨウサイ,エダマメ,エノキタケ	チュウゴクナシ,ニホンナシ,ウメ,キンカン,レタス,キャベツ,ハクサイ,タマネギ,ニンニク,ブロッコリー,キヌサヤエンドウ,ソラマメ

二酸化炭素排出量とエチレン生成量を低湿条件(60%RH)と高湿条件(95%RH)で測定し,その差から判断した。保持および測定温度20℃。
出典 中村怜之輔:日食保蔵誌,**26**(1),37~45,2000

位の差,発育相の差,外部形態や内部形態の差があり,生理活性も大きく異なっているものの集合体である。したがって,同じ低湿条件に置かれても萎れの速度や程度が異なるのは当然のことであろう。植物の水分欠乏は一つのストレスとなって種々の生理的反応を引き起こすことはよく知られていることである。青果物の場合も,萎れの量的・質的な差に伴ってストレスの強さも異なり,それに基づく生理的反応が異なってくるのはむしろ当然の結果といえる。

さらに,植物器官は,一般に多かれ少なかれエチレン生成能力をもっており,水分欠乏ストレスが生成誘導の引き金になることが知られているが,その感受性は種類,発育相,部位など植物側の生理的特性によっても異なってくる。したがって,ここに示された萎れに対する生理的反応の差は,水分欠乏ストレスの強弱と,植物側の感受性の差が複雑に重なり合った結果として生じるものと考えられる。

その他,水分欠乏ストレスによって肉質軟化が誘発されることも明らかにされている(5・5(2)項参照)。低湿に伴う萎れは単に外観品質低下要因にな

るばかりでなく，水分欠乏ストレスによって二次的に種々の生理的反応が誘発され，内的品質低下に深くかかわってくる。流通・保蔵工程で湿度保持は外的・内的の両面での品質保持技術として重要である。

(3) 主な無機成分の種類と分布

生体食品としての果実・野菜には多くの無機成分が含まれており，自身の生命維持のうえでそれぞれの役割を果たしているとともに，人の食品としてみた場合には栄養として大きい意義をもっている。

第6次改訂日本人の栄養所要量（2001）や国民栄養調査結果のデータから判断すると，成人の1日必要量に対する果実・野菜の貢献度は，カルシウムで20％，鉄で22％，カリウムで60％である。特に野菜の場合，カロテノイド含量の高いいわゆる緑黄色野菜に全体的に無機成分が多く含まれていることが知られており，これが緑黄色野菜が一つの食品群として重要視される理由でもある。

カルシウムの成人1日必要量は600～700mgとされているが，国民栄養調査結果によると平均摂取量は約530mgであり，飽食のなかにあって不足している唯一の栄養素である。野菜のカルシウムについての問題点として，野菜の種類によってはシュウ酸含量が高いものがある点である。もしシュウ酸カルシウムとして存在している場合には利用率が悪くなることが知られている。アブラナ科，ウリ科，セリ科の野菜では問題はないが，アカザ科（ホウレンソウ）では調理の段階を含めて留意する必要があるといわれている。

カリウムは，ナトリウムとのバランスのうえで重要な要素であり，Na/K比は2以下が望ましいとされている。日本のように食塩（ナトリウム）摂取量が比較的多い場合には，対ナトリウム比からみてカリウム摂取に留意する必要があり，果実・野菜の意義は大きいものがある。

食品に含まれる鉄は，動物性食品に多く含まれるヘム鉄と植物性食品に多い非ヘム鉄に分けられるが，生体の利用効率はヘム鉄のほうが高いといわれている。しかし，果実・野菜のようにビタミンC含量の高い食品では非ヘム鉄の利用効率が高くなることが知られており，鉄の給源としての果実・野菜の意義は大きい。

（4）主なビタミンとその変化

　果実・野菜は多くの種類のビタミンを豊富に含んでおり，ヒトの健康維持のうえで重要な役割をもっている。国民栄養調査に基づく食品群別栄養摂取比率でみると，ビタミンA活性要素の約65％，ビタミンCの約95％を果実・野菜に依存している。ビタミンA活性要素は脂溶性ビタミンであり，動物性食品からも摂取は可能であるが，ビタミンCについてはほぼ全量を果実・野菜に依存しており，さらにヒトはビタミンCを体内で合成することができないこともあって，ヒトの健全な生存のためには果実・野菜は必須食品に位置づけられる。

　ビタミンCは，生体内で酸化還元系としての作用をもち，ほかの酸化還元系と共役して水素供与体および受容体として重要な機能をもつことはよく知られているところである。さらに，このところ抗酸化活性が大きいことが知られるようになり，第6次改訂日本人の栄養所要量（2001）ではこれまでの成人1日必要量50mgから100mgに引き上げられた。通常の食生活をしていればこの必要量はほぼ達成可能ではあるものの，果実・野菜の必須食品としての意義は一層大きくなったことは間違いないであろう。

　果実・野菜のビタミンC含量は作物の種類によって大きく異なることはいうまでもないが，同一種類でも栽培種，発育度，部位，作型，各種栽培条件などによっても大きく異なってくることが知られている。また，流通工程の多様化に伴って，収穫後条件に起因する変化も無視することはできない。ビタミン供給源としての意義が一層大きくなるなかで，ビタミン含量を少しでも多くする生産条件や流通条件の確保が大切になってくる。

　1950（昭和25）年に刊行された日本食品標準成分表は，その後の食品の供給・消費動向に対応した形で改訂が繰り返され，2000（平成12）年には五訂版が公表された。この50年間の果実・野菜のビタミンC含量の変化を若干の種類について概観すると表2・2-2のとおりである。分析方法や含量表示方法に差があるために厳密な対比はできないが，大筋としての変化様相をうかがい知ることができる。果実では変化はほとんど認められないが，野菜では全体に減少傾向が認められ，特に四訂（1982）以降の減少が大きい。

　この傾向はホウレンソウで著しく認められ，もはやホウレンソウはビタミン

表2・2-2　日本食品標準成分表からみた果実・野菜のビタミンC含量の年次変動
(mg／可食部100g)

種類	初版(1950)	改訂版(1954)	三訂版(1964)	四訂版(1982)	五訂版(2000)
キャベツ	40	40	50	44	41
キョウナ	90	100	70	42	55
コマツナ	90	90	90	75	39
ハクサイ	40	40	40	22	19
パセリ	200	200	200	200	120
ホウレンソウ	150	100	100	65	35 (夏採20, 冬採60)
アスパラガス	20	30	30	12	15
ブロッコリー	—	—	110	160	120
サヤエンドウ	80	50	20	55	60
キュウリ	5	15	15	13	14
トウガラシ	200	200	100	90	120
トマト	20	20	20	20	15
ダイコン	20	30	30	15	12
ウンシュウミカン	40	40	50	35	35
ナツミカン	30	30	30	40	38
レモン	50	50	50	90	100
カキ	30	30	30	70	70
リンゴ	5	5	5	3	4
バナナ	10	10	10	10	16
マスクメロン	5	5	15	22	18
イチゴ	80	80	80	80	62
備考		還元型＋1/2酸化型	ヒドラジン法とインドフェノール法のいずれか．還元型	ヒドラジン法．総量	HPLC法 総量

資料　国民食糧及栄養対策審議会：日本食品標準成分表，1950　　　　　　　　　　　　（中村作成）
　　　総理府資源調査会：改訂日本食品標準成分表，1954
　　　科学技術庁資源調査会：三訂日本食品標準成分表，1964
　　　科学技術庁資源調査会：四訂日本食品標準成分表，1982
　　　科学技術庁資源調査会：五訂日本食品標準成分表，2000

C給源として貢献度の高い野菜であるとの過去の栄光は失われてしまった感がある。この原因については一概にはいえないものの，栽培種の変化，作型の多様化，施設化技術の多様化などがあげられるであろう。特に，施設化による周年供給の代償としてビタミンC減少が生じていることが明らかになり，五訂版では「夏採」と「冬採」に分けて表示されることになった。生産実態を反映した画期的な改訂であるといえる。ほかの野菜でも多かれ少なかれ同様のこと

が生じていることは容易に推察できることであろう。

　果実・野菜のビタミンA活性要素については，カロテノイドのなかでもβ-カロテンやβ-クリプトキサンチンが特にビタミンA活性が高く，プロビタミンAとも呼ばれている。さらに，このところ抗酸化活性が大きいことが知られるようになり，いわゆる機能性物質の一つとしての評価が高くなっている。

　ビタミン類や機能性物質の給源として，「The 5 a day」（1日に5サービング，400g食べよう），「健康日本21」（1日に果実200g，野菜400gを食べよう）などの果実・野菜を「もっとたくさん食べよう」運動が世界的に盛り上がっている。

〔参考文献〕
・日本施設園芸協会：野菜と健康の科学，養賢堂，1994
・野口　駿：食品と水の科学，幸書房，1955
・中村怜之輔：日食保蔵誌，**26**(1)，37～45，2000
・間苧谷　徹：果実の真実，化学工業日報社，2000
・中村　浩：野菜の魅力，化学工業日報社，2001

2・3　炭水化物および細胞壁構成成分

　植物は葉の光合成によりCO_2を同化して炭水化物を産生し，その一部は従属栄養組織の物質代謝エネルギーとなり，その他の一部はそのまま植物体内に貯えられ，また，大部分のものは縮合により高分子化し，細胞壁成分である植物構造多糖（セルロース，ヘミセルロース，ペクチン質）や貯蔵多糖（デンプン，フラクタン）に変換される。前者は細胞の機械的安定の保持に役立ち，後者は貯蔵器官に貯えられる。炭水化物の種類は，植物の生育，成熟，収穫後の各段階で著しい変化が生じており，食品としての品質価値（甘味，テクスチャーなど）を左右する大きな要因となっている。

　本節では，炭水化物の種類について簡単に述べ，次いで低分子糖質の呈味と種類による甘味の差異，さらに，多糖類の変化と品質について記述する。

(1) 炭水化物 (Carbohydrate) の種類

炭水化物の種類はきわめて多く，数十種類にも及び，多種多様の形態で存在しているが，表2・3-1に示したように，単糖類，少糖類（オリゴ糖類），多糖類および複合糖質に大別される。それらのうち，青果物に関係の深い炭水化物についてのみ述べることとする。

　ⅰ）**キシロース**（xylose）　モモ，セイヨウナシなどの果実中に遊離の状態で痕跡量検出されているが，主に細胞壁多糖キシログルカンやキシランの構成

表2・3-1　炭水化物の種類

(1) 単糖類 (monosaccharide)	
五炭糖（pentose）	D-キシロース（D-xylose），L-アラビノース（L-arabinose），D-リボース（D-ribose），D-2-デオキシリボース（D-2-deoxyribose）
六炭糖（hexose）	D-グルコース（D-glucose），D-フラクトース（D-fructose），D-マンノース（D-mannose），D-ガラクトース（D-galactose），D-ラムノース（D-rhamnose），D-フコース（D-fucose）
(2) 少糖類 (oligosaccharide)	
二糖類（disaccharide）	ショ糖（sucrose），麦芽糖（maltose），乳糖（lactose），トレハロース（trehalose）
三糖類（trisaccharide）	ラフィノース（raffinose），ケストース（kestose）
四糖類（tetrasaccharide）	スタキオース（stachyose），ニストース（nystose）
(3) 多糖類 (polysaccharide)	
ホモグリカン (homoglycan)	デンプン（starch）［アミロース（amylose，α-1, 4-グルカン）アミロペクチン（amylopectin）］，セルロース（cellulose，β-1.4-グルカン），カロース（callose，β-1，3-グルカン），マンナン（mannan），ガラクタン（galactan），キシラン（xylan），フラクタン（fructan）
ヘテログリカン (heteroglycan) ポリウロナイド (polyuronide)	A. 中性ヘテログリカン（neutral heteroglycan），グルコマンナン（glucomannann），ガラクトマンナン（galactomannan），アラビノガラクタン（arabinogalactan），キシログルカン（xyloglucan） B. 酸性ヘテログリカン（acidic heteroglycan），ペクチン（pectin, galacturonan），ホモガラクツロナン（homogalacturonan），ラムノガラクツロナンⅠおよびⅡ（rhamnogalacturonan Ⅰ and Ⅱ）
ムコ多糖 (mucopolysaccharide)	キチン（chitin）
(4) 複合糖質 (complex saccharide)	
プロテオグリカン（proteoglycan），糖脂質（liposaccharide），核酸関連物質など	

2・3 炭水化物および細胞壁構成成分　35

糖として存在する.

　ii) **リボース**（ribose）**および2-デオキシリボース**（2-deoxyribose）　リボ核酸や2-デオキシリボ核酸の構成成分として存在する糖で，遊離の状態では存在しない.

　iii) **グルコース**（glucose）　和用語ではブドウ糖と呼ばれるように，ブドウ果実中には約20%遊離の状態で含有する．この糖は果実，種実，茎葉，根など植物体のいたるところに存在し，その大部分はデンプン，セルロースなどの多糖類として，または，スクロースや配糖体の一成分として存在する．生物体の呼吸基質としての重要な役割をもっている.

　iv) **フラクトース**（fructose）　和用語では果糖と呼ばれるように，種々の果実中に存在している．グルコースとともに果実，野菜中に広く含まれる．フラクトースの甘味度は糖質のなかでもっとも高い．フラクトースは細胞質内でUDPグルコース結合してショ糖になる．また，茎，根の組織内ではショ糖がフラクトシール化され，フラクタンとして蓄積する.

　v) **スクロース**（sucrose）　和用語でショ糖と呼ばれ，グルコースとフラクトースからなる非還元性二糖である．光合成の主要産物の一つであり，すべての植物中に存在する．スクロースは葉肉細胞の細胞質で，主にスクロースリン酸シンターゼの作用によりUDPグルコースからフラクトースリン酸にグルコース残基を転移して合成され，ショ糖の形で根などほかの部分に転流される．甘味が強く，甘味度の基準物質でもある.

　vi) **マルトース**（maltose）　デンプンがβ-アミラーゼによって分解されて生じる還元性二糖で，麦芽の発芽時やサツマイモの貯蔵中に生成する．和用語では麦芽糖と呼ばれている.

　vii) **ラフィノース**（raffinose）　広く植物に存在する非還元性三糖で，ショ糖のグルコースC-6位にガラクトースが結合している．ビフィズス菌増殖を促進する作用がある.

　viii) **ケストース**（kestose）　ショ糖がフラクトシル化された非還元性三糖で，広く植物中に存在する．1-kestose, 6-kestose, neokestoseの3種があるが，1-kestoseが広く分布している.

　ix) **スタキオース**（stachyose）　シソ科のチョロギの根やマメ科植物種子

に存在する非還元性四糖（raffinose + galactose）で，ビフィズス菌増殖促進効果を示す。

　x）**ニストース**（nystose）　　ヤーコンやゴボウなどのキク科植物のほかタマネギに存在する非還元性四糖（1-kestose+fructose）で，ビフィズス菌増殖促進効果を示す。

　xi）**デンプン**（starch）　　デンプンはグルコースの $α-1,4$ 結合の直鎖成分（アミロース）20～25％と $α-1,6$ 結合で分枝したアミロペクチン75～80％から構成されている貯蔵炭水化物として，植物の種子，塊茎，塊根，未熟果実などの貯蔵器官に多量に含まれている。デンプンは植物組織の色素体（葉や緑色果実の葉緑体および従属栄養組織の白色体）で形成され，デンプン粒の形で貯蔵されている。デンプンは植物の種類により異なっており，Aタイプ（イネ科種子），Bタイプ（茎根）およびCタイプ（中間型）に分類されている。

　xii）**フラクタン**（fructan）　　ショ糖にフラクトース分子がフラクトシル化されたオリゴ糖と多糖の総称で，貯蔵炭水化物の種類である。フラクトフラノースが $β-1-2$ 結合で重合したイヌリン型と $β-2-6$ 結合型で重合したレバン型がある。前者はキク科，ユリ科などの根，根茎に含有し，後者はイネ科植物に存在する。

　xiii）**ペクチン質**（pectic substance）　　ペクチン質は植物の細胞壁の中葉（middle lamella）部と一次細胞壁に比較的多く存在する多糖である。糖質化学では，ホモガラクツロナン，ラムノガラクツロナンⅠおよびⅡの3種に分類されているが，食品学では，プロトペクチン（protopectin），ペクチニン酸（pectinic acid, pectinate），ペクチン（pectin），ペクチン酸（pectic acid）に分類されている。ペクチン質は果実の成熟中の軟化との密接な関係がいわれている成分である。

　プロトペクチンとは水に不溶性のペクチンで，その構造はポリガラクツロナンのカルボキシル基の間でCaやMgとイオン結合または配位結合して架橋を形成し，高分子化しており，また，カルボキシル基の一部はメチルエステルを形成している。未熟果実，イモ類などに存在する。

　ペクチニン酸とはメトキシル基含量がある程度以上存在するポリガラクツロナンで，コロイドを形成し，適当な条件下で糖および酸が存在するとゲルを形

成するペクチンである。ペクチンとは主成分がペクチニン酸からなる混合物で、水溶性ペクチンである。

ペクチン酸とはメトキシル基を全く含んでいないペクチン質であり、自然界ではカルボキシル基の大部分が塩を形成している。

xiv）**キシログルカン**（xyloglucan）　キシログルカンは植物が生長中の一次細胞壁のセルロースミクロフィブリルに密着して存在する主鎖がグルコースの$β-1,4$-結合からなっており、側鎖はキシロースからなっているヘミセルロースで双子葉植物に比較的多く含まれている。

xv）**セルロース**（cellulose）　グルコースが$β-1,4$結合した長い直鎖状の高分子で、その高分子が束状に集合し、ミクロフィブリルを形成し、すべての植物の細胞壁、特に二次細胞壁に多く存在する。一次細胞壁にも固形分当たり20〜30％程度は含まれている。その弾性、可塑性などの物性が細胞骨格維持に大きな役割を果たしている。一般に青果物は一次細胞壁からなっているが、ナシ果実、グアバ果実などにみられる石細胞には二次細胞壁中の成分に似たセルロース・リグニン複合体からなる硬い組織が存在することが知られている。

xvi）**カロース**（callose）　カロースは植物組織が打撲、損傷を受けた際に細胞膜で直ちにかなり多量に生合成される直鎖状の$β-1,3$-グルカンで、その長鎖が螺旋状にまいて植物体中の篩管の内状体（カルス板）を形成する。

（2）低分子糖質の呈味と種類による甘味の差異

低分子糖質（単糖類、二糖類）は甘味を呈し、果実などではその品質評価の主な要因とされており、一般には糖度によって評価される。青果物の甘味物質はグルコース、フラクトース、スクロースである。その他、リンゴなどの蜜症部位に集積するソルビトール、サツマイモ、麦芽などに存在するマルトース（麦芽糖）、キノコ子実体中に存在するトレハロースがある。マイナー成分としてはキシロース、アラビノース、ガラクトース、マンノースなどが検出されることもある。

これら糖質の甘味度はショ糖を100として表すと表2・3-2に示したように、フラクトースがもっとも甘いが、その甘味は温度によってかなり異なっており、10℃では、173を示すが、40℃では、ショ糖とほぼ同じ甘さになる。果

表2・3-2　各種糖質の甘味度

糖質	甘味度
ショ糖	100
グルコース	64～74
フラクトース	115～173
ガラクトース	32
マンノース	32
キシロース	40
マルトース	40
トレハロース	45
ソルビトール	60

出典　日本化学会編：化学総説 No. 40, p.50, 学会出版センター, 1999

実にはフラクトース含量が比較的高いものが多いので，果実を冷やして食べるのは理にかなっている。マンノースの32は α 型の甘味度であるが，この糖の β 型は苦味を呈する。

ショ糖はインベルターゼあるいは酸で容易にフラクトースとグルコースに水解され，この混合物を転化糖というが，この甘味はショ糖よりやや甘いことが知られている。

（3）多糖類の変化と品質

1）キシログルカンの変化と細胞壁マトリックスのゆるみ（loosing）

キシログルカンは細胞壁に強く結合している酵素 β-グルカナーゼによって生理活性（抗オーキシン効果，オーキシン様活性）を有するオリゴサッカライド（九糖と七糖）に分解される。この酵素はキシログルカンの分解に関与する唯一のものであり，植物細胞における機能として表2・3-3に示したように五つの役割があることが知られている[1]。

2）デンプンの分解に伴う糖度（甘味度）の上昇

未熟果実や緑熟果実ではデンプン含量が高い。例えば，バナナの未熟果では果肉の20～30％がデンプンを含んでいるが，成熟あるいは追熟が進行するに伴い果肉中のデンプン含量は1～2％に減少し，可溶性糖分含量が増加して甘味

表2・3-3　植物細胞壁エンド-1,4-β-グルカナーゼの機能

機能	局在	反応と役割	制御
細胞伸長，肥大	一次壁の内側	キシログルカンを分解しミクロフィブリルにゆるみをもたらす	オーキシンにより誘導
維管束分化	維管束	篩管・導管への分化と形成	エチレンで誘導
器官脱離	葉・果実のがく	離層を分化し落葉，落果	オーキシンで抑制
果実成熟	成熟する果実	果肉の軟化	エチレンで誘導
多糖の分解	種子（子葉部）	炭素源として利用	発芽時に誘導

が増加する。

デンプンの分解は基本的に異なる二つの酵素反応系(アミラーゼとホスホリラーゼによる分解系)で行われる。Youngらは果実成熟中のデンプンの分解には2種類のα-アミラーゼ，2種類のβ-アミラーゼおよび3種のホスホリラーゼが関与しており，また，未熟段階ではこれら加水分解酵素を阻害する数種の物質が存在していると報告している[2]。

3) 果実の生育，成熟に伴う果実肉質中の多糖，特にペクチン質の変化

果実の生育に伴って，一次細胞壁にプロトペクチンが蓄積され，中葉(middle lamella)にはペクチン酸塩が蓄積される。未熟な果実には可溶性ペクチンはほとんど存在せず，果実が成熟して果肉が軟化してくると一次細胞壁のプロトペクチンは可溶性ペクチンに変化し，また，中葉からはペクチン酸塩が消失する。したがって，果実の軟化には主にペクチンエステラーゼ，ポリガラクツロナーゼなどが強く関与しているとされていた。また，果実の軟化に関係ある加水分解酵素としてβ-ガラクトシダーゼ，α-アラビノシダーゼ，ヘミセルラーゼなども知られている[3]。

4) 打撲，摩擦，加熱などの刺激による細胞壁中のカロースの生成

植物組織に傷害，加熱などの刺激を与えると急速に細胞壁にカロースが沈着してくる。細胞が損傷を受けた際にCaイオン流入により細胞質内Ca濃度が上昇するとカロース合成が始動することが知られている[4]。

〔引用文献〕
1) Verma, D.P.S., Kumar, V. and Maclachlan, G.A., : Cellulose and Other Polymer Systems, Plenum, p.459, 1982
2) Young, R.E., Salminen, S. and Sornsrivichai, P., : Factors in Regulation of Maturation in Fruits, CNRS Rep. Paris, **238**, 271, 1975
3) 吉岡博人：果実の軟化機構，園学大会平成5年シンポ要旨，p.179, 1998
4) Dekazos, E.D. : *J. Food Sci.*, **37**, 563～567, 1972

2・4　遊離アミノ酸，タンパク質および核酸関連物質

　果実・野菜の遊離アミノ酸，タンパク質および核酸関連物質は，含有量としては多くないものの，食味に関与する成分として重要な役割を果たしている。また，収穫後における成熟・老化に伴い，タンパク質の分解による遊離アミノ酸生成，ならびに核酸関連物質の変化が品質に影響を及ぼすものと思われる。
　ここでは，これら遊離アミノ酸，タンパク質および核酸関連物質と品質とのかかわりについて説明する。

（1）遊離アミノ酸，タンパク質の変化と品質

　一般的に果実・野菜のタンパク質含量はわずかであるが，そのなかでもソラマメ，エダマメなど莢実類（約10％）およびモロヘイヤ，ブロッコリー（4～5％）などは比較的多く含まれている[1]。また，タンパク質の構成成分であるアミノ酸は含有量としては多くないものの遊離型として果実・野菜中に含まれており，多様な呈味を示すことが知られている[2]。L-グルタミン酸は旨味を，D, L-グリシン，L-アラニン，L-プロリンは甘味を，さらに L-ロイシンなどは苦味を示す。
　果実の遊離アミノ酸としては，アスパラギン酸，アスパラギンが多く含まれており，その他グルタミン酸，グルタミン，セリン，アラニン，バリン，ロイシンなどがみられる[3]。緒方らはこれら遊離アミノ酸含量から果実を五つのグループ（①アスパラギン系果実：バラ科の果実，ニホンナシ，モモなど，②シトルリン系果実：カキ，スイカなど，③グルタミン酸系果実：グルタミン酸とγ-アミノ酪酸の多い果実，トマトなど，④プロリン系果実：カンキツ類，ブドウ，セイヨウナシなど，⑤バリン・ロイシン系果実：バナナなど）に分類している。一方，緑色野菜ではグルタミンが多く含まれており，その他バリン，アスパラギン，アラニン，プロリンなどが含まれている。
　果実の貯蔵に伴いアスパラギンの変化がみられることが報告されており，オウトウでは貯蔵初期にアスパラギンの減少がみられる[4]。また，スモモではアラニンが貯蔵末期に急増することが認められている。

野菜では葉の老化に伴い遊離アミノ酸が増大することが，キャベツ，コマツナ，ホウレンソウなど多くの葉菜類で報告されている。トマトでは追熟に伴いタンパク質の減少がみられ，アスパラギン酸およびグルタミン酸の増加が認められている。一方，莢実類の実エンドウ，エダマメでは貯蔵中の鮮度低下に伴いアミノ酸が減少する。また，キノコ類では葉菜類同様，鮮度低下に伴いアミノ酸が増加するものが多く，シイタケではグルタミン，マッシュルームではグルタミン，プロリンの増加がみられる。

ブロッコリー花蕾の老化に伴い可溶性タンパク質の減少と遊離アミノ酸の増加がみられ，貯蔵前の短時間高温処理がこの変化を効果的に抑制することが認められている[5]。また，CA貯蔵によりハクサイ，ブロッコリーなどの鮮度が保持されると，アミノ酸の増加も抑制される。

（2）核酸関連物質の変化と品質

成熟・老化に伴い核酸の減少傾向がみられ，トマトの追熟過程ではRNAおよびDNA含量が減少することが報告されている[6]。このような核酸の分解により，ヌクレオチドであるグアニル酸（5′-GMP）などが形成される。ヌクレオチドは旨味を示すことから，その生成は品質に大きく影響しているものと推察される。ヌクレオチドと品質との関連性が特にみられるのはキノコ類であり，シイタケではシチジル酸（5′-CMP），アデニル酸（5′-AMP），ウリジル酸（5′-UMP），グアニル酸が含まれ，旨味成分としては特にグアニル酸が重要である[7]。シイタケを貯蔵すると，RNAは一時的な増加の後急減し，一方，ヌクレオチド含量は増大することが報告されている[8]。さらに，シイタケでは，乾燥過程で核酸分解酵素の作用によりグアニル酸が増加し旨味が増す[7]。

〔引用文献〕
1) 日本食品標準成分表（五訂），科学技術庁資源調査会編，2000
2) 栗原堅三：食品と味（伏木　亨編），光琳，p. 45，2003
3) 伊藤三郎：青果保蔵汎論（緒方邦安編），建帛社，p. 28，1977
4) 園芸学会編：新園芸学全編，p. 570，p. 578，養賢堂，1998
5) 風見大司・佐藤隆英・中川弘毅・小倉長雄：農化，65，27，1991

6) 山中博之・茶珍和雄・緒方邦安：園芸学会春季大会研究発表要旨, p.304, 1970
7) 数野千恵子・三浦　洋：日食工誌, **31**, 208, 1984
8) 南出隆久・岩田　隆：食品と低温, **11**, 5, 1985

2・5　有機酸，脂肪酸および脂質

(1) 有機酸の動向と酸味

　可食適期の果実の有機酸含量についてみると，クエン酸またはリンゴ酸を主に含む果実に分類される（表2・5-1）。一般に果実成熟の過程で，リンゴ酸の割合は減少する傾向にあり，クエン酸の割合は増加の傾向にあるので熟度により両者の割合が逆転する場合がある。ブドウは特異的に酒石酸を含んでいる。それ以外にもバナナは少量のシュウ酸を含んでおり，緑熟果ではリンゴ酸，クエン酸よりも含量が高く，追熟につれて急減する。また，ブルーベリーにはキナ酸が他の有機酸より多い分析例がある。

　有機酸は果実の風味に対して重要な働きをしている。果実は糖含量が多いほ

表2・5-1　果実中の有機酸の種類

リンゴ	リンゴ酸（80～90%）と少量のクエン酸
日本ナシ	リンゴ酸，芯の部分に大量のクエン酸を含む
洋ナシ	リンゴ酸，クエン酸
モモ	リンゴ酸，クエン酸
ウメ	リンゴ酸，クエン酸（緑熟果）/クエン酸，リンゴ酸（黄熟果）
サクランボ	リンゴ酸，クエン酸
ビワ	リンゴ酸（90%），クエン酸
ブドウ	リンゴ酸（66%），酒石酸（遊離型：33%）
バナナ	リンゴ酸，少量のクエン酸
スイカ	リンゴ酸（80%），クエン酸（15%）
カンキツ類	クエン酸，少量のリンゴ酸
メロン	クエン酸
パインアップル	クエン酸，リンゴ酸，酒石酸
イチゴ	クエン酸（80%），リンゴ酸（16%）
イチジク	クエン酸，リンゴ酸
ザクロ	クエン酸（60%），リンゴ酸（30%）
トマト	クエン酸

：微量に検出される有機酸として，キナ酸，シキミ酸，シュウ酸，コハク酸がある。
出典　緒方邦安編：青果保蔵汎論，建帛社，1977

ど好まれるが，酸もその果実に適当な量が存在することで風味を増す。糖酸比（糖度／酸含量）で，酸の風味に対する役割が示されている。酸含量は滴定酸を使用し，糖はブリックス屈折計（糖度）の読みで代用されることが多い。そのため糖度は実際の糖含量より1〜2％多く示される。ウンシュウミカンでは糖度が12以上，酸含量が0.8〜1.2，糖酸比が10〜15であると好ましいといわれる。リンゴは糖度11以上が好まれるが，酸含量については品種によりさまざまで，品種の特徴として受け入れられている。しかし酸含量0.2％以下になると味がぼけた感じになる。果実によってはカキ，ニホンナシのように酸含量が非常に少ないものがある。生食では美味であるが，ジュースなどの加工品にすると好まれない。

有機酸は果実の成熟につれて増加し，ある成熟期に最高値に達し，その後および収穫後には減少する動向を示す。収穫後は糖よりも早く代謝される。したがって，高酸含量で受け入れがたいカンキツであっても，少し貯蔵することにより味が向上することがみられる。果実の有機酸を分析するとミトコンドリアにおけるTCAサイクル上のすべての酸は痕跡程度に検出され，多量に存在するリンゴ酸，クエン酸は液胞に蓄積されている。それらが糖に先駆けて代謝されると考えられる。糖は代謝されると生成する二酸化炭素と消費される酸素の比（呼吸商，CO_2/O_2）は1であるが，有機酸が代謝されると1.33になるので有機酸が呼吸の代謝に使われているかどうかは，この値を計ることによってわかる。果実を常温下で放置すると，呼吸商は1.0以上になることが多い。

トマトなどの果菜類については果実と同様で，高糖度と適度な酸含量が好まれる。一般に葉物野菜では，酸含量については風味との関係は述べられていないが，ホウレンソウのようなアカザ科の野菜は総シュウ酸が0.5〜1.5g/100g新鮮重のレベルで蓄積し，サラダとして食べにくい。ホウレンソウの調理に際しては茹で汁は捨てることが望ましい。シュウ酸の生合成系は3系統ほど存在が知られており，そのうちの一つにアスコルビン酸からの経路がある。動植物共通なので，あまりサプリメントとして大量にアスコルビン酸を摂取すると尿道結石になることも考えられる。また有機酸ではないが野菜では硝酸含量が問題となり，窒素源として硝酸を肥料に入れることから野菜は高含量になる。

（2）植物性脂質とその働き

植物性の食料油脂および青果物に含まれる脂質の脂肪酸組成の一例を表2・5-2に示す。高度不飽和脂肪酸（リノール酸，リノレン酸）が比較的多いのが特徴的である。しかし動物はこれらをつくらないので植物から摂取しなければならない（必須脂肪酸）。栄養的に大切であるが近年では油脂の摂りすぎが問題視され，植物油も例外ではない。最適な脂質エネルギー比率は成人で20～25％といわれているが，日本人の摂取量はそれを超えてきている。植物性，動物性，魚類からの油脂等を摂取するが，脂肪酸の質を考えて摂取することが望ましい。飽和脂肪酸／一価不飽和脂肪酸／多価不飽和脂肪酸（3：4：3），n-6系多価脂肪酸／n-3系多価脂肪酸（4：1）と言われている（n-3，n-6については脂質合成の項参照）。中性脂質はグリセロールと3個の脂肪酸が結合しており，貯蔵養分として蓄えられる。上述の植物性の食用油脂の脂肪酸組成の

表2・5-2　植物油および青果物の脂肪酸組成（％）

	$C_{12:0}$	$C_{14:0}$	$C_{16:0}$	$C_{16:1}$	$C_{18:0}$	$C_{18:1}$	$C_{18:2}$	$C_{18:3}$	$C_{20:0}$	$C_{20:1}$	$C_{22:0}$
パーム油	0.5	1.1	44.0	0.2	4.4	39.2	9.7	0.2	0.4	0.1	
オリーブ油			10.4	0.7	3.1	77.3	7.0	0.6	0.4	0.3	
コーン油			11.3	0.1	2.0	29.8	54.9	0.8	0.4	0.3	0.1
バナナ		0.6	57.8	8.3	2.5	15.0	10.6	3.6			
アボカド			19.2	8.1	0.5	58.4	12.5	0.8		0.2	
リンゴ	0.4	0.9	22.4	0.2	3.2	3.1	61.3	4.0	1.9	0.3	1.2
イチゴ	0.1	0.4	7.4	0.2	2.0	14.1	41.4	31.2	2.1	0.3	
トマト		0.4	22.4	0.5	5.2	15.8	45.6	6.5	0.8	0.1	0.5
ジャガイモ		0.4	26.1	0.4	5.7	1.5	44.9	18.1	1.5		0.7
ホウレンソウ		0.4	13.6	1.8	0.5	5.2	15.0	51.4	0.5	0.7	0.6

出典　五訂増補食品成分表，2006

表2・5-3　生体膜の脂質の脂肪酸組成（％）

膜（植物）	PC	PE	CL	PI	PS	PG	MGD	DGD	SQD
細胞膜（ジャガイモ）	32	46	3	19					
ミトコンドリア膜（ジャガイモ）	43	30	8	7	3	3			
パーオキシゾーム（ジャガイモ）	61	20		4		15			
クロロプラスト（ホウレンソウ）	7	3		2		7	36	20	5

PC：フォスファチジルコリン　PE：フォスファチジルエタノールアミン
CL：カルジオリピン　PI：フォスファチジルイノシトール　PS：フォスファチジルセリン
PG：フォスファチジルグリセロール　MGD：モノガラクトシルジグリセライド
DGD：ジガラクトシルジグリセライド　SQD：サルフォキノボーシルジグリセライド
出典　Hitchcock, C. and Nichols, B.W.：Plant lipid biochemistry, Academic Press，1971

表2・5-2は主にこのような貯蔵脂質の脂肪酸である。青果物の脂肪酸組成と記載されているものは貯蔵脂質と膜脂質の合計である。膜脂質は主に極性脂質から成り立っており、グリセロールと普通の脂肪酸に加えて、リン酸や糖を含む脂肪酸が結合している。生体膜の基本構造はこのリン脂質からなり、脂質二重膜を構成している。この膜にタンパク質やステロールが加わって種々の膜を介しての選択的な透過性などの機能が生まれる。植物では特にクロロプラストの膜には糖脂質（表2・5-3）が多い。

生体膜は細胞形成上の基本構造なので、植物体が健全な時期ではそれほど膜脂質の脂肪酸の量や組成が変動することはない。青果物は木や根から分離されて老化しやすく、またストレスを受けやすい。その影響で、障害が発生する場合、その原因として膜構造の変質が示されている。また熱帯性の青果物は生体膜脂質の飽和脂肪酸の占める割合が多く、低温では流動性に乏しい膜を形成していると考えられているので低温障害を受けやすい。これは低温耐性の問題として輸送・貯蔵には重要である（4・16（2）参照）。

（3）脂肪酸と風味

脂質の多い果実としてアボカドがあり、含有脂質（約18%）が独特の風味を出している。オリーブ、ヤシ果実も同様である。また一般に種子には脂質含量が高く、種実類として食用に利用されているものは脂質が多く、風味の大きな部分を担っている。それ以外の果実野菜の脂質含量は微量であるので風味に感ずることはない。トマトの例ではトリグリセリド50〜100mg/100gfw、リン脂質150mg/100gfw程度である[1),2)]。野菜を生食すると新鮮なグリーンノートが感じられるが、これは組織の破壊によって、脂肪酸がリポキシゲナーゼの働きと、それに続く分解を起こし、青葉アルコールや青葉アルデヒドが生成するためである[3)]。トマトの新鮮な香りも同様な経路で生成される（図2・5-1）[4)]。同様な生成物が青果物の加工時および腐敗時に生成し、好ましくない青草臭、悪臭と感じられることもある。加工に際しマメ類でこのようなにおいが強く感じられる。野菜全体がまだ健全であっても一部腐敗していると悪臭が感じられて全体の品質を落とす。特に含硫揮発性成分を生成する青果物はこの青草臭と相まって悪臭がひどく、流通、貯蔵中には問題になる。

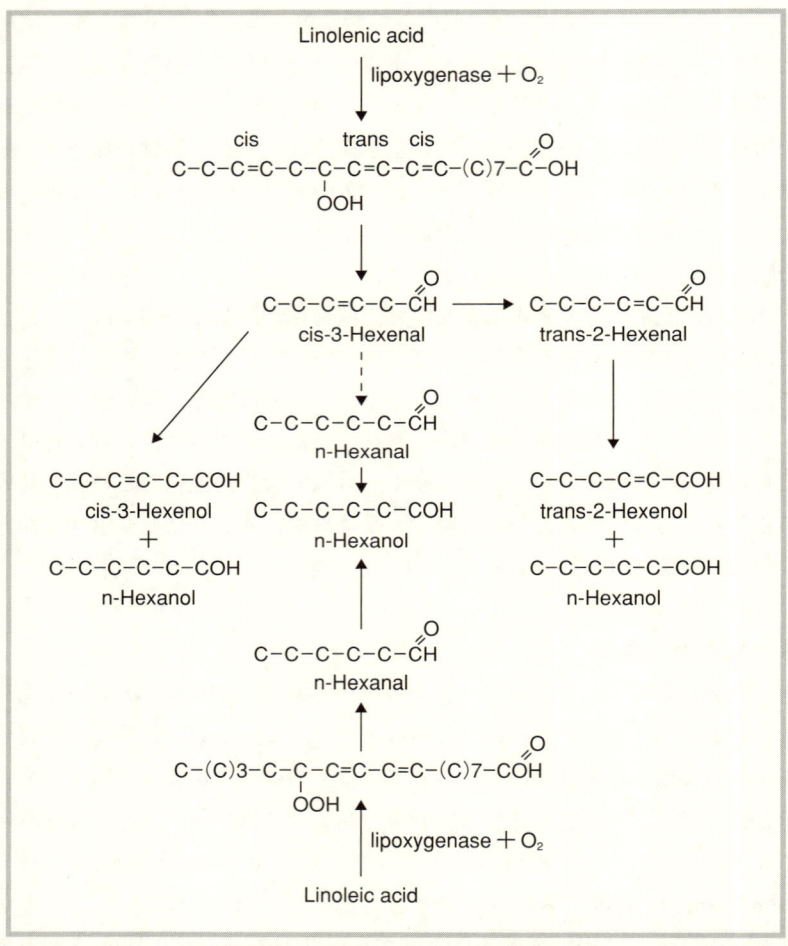

図2・5-1　トマトにおけるリノール酸，リノレン酸からアルデヒド，アルコールの生成
出典　Stone, E. J. *et al.* : *J. Food Sci.*, **40**, 1138, 1975

〔引用文献〕
1）上田悦範ら：日食工誌，**17**, 49, 1970
2）南出隆久ら：日食工誌，**17**, 104, 1970
3）Hatanaka, A. : *Phytochem.*, **35**, 1201, 1993
4）Stone, E. J. *et al.* : *J. Food Sci.*, **40**, 1138, 1975

2・6　揮発性成分

（1）果実香気成分と風味特性

　果実の風味には酸甘味，硬度とともに，香気が重要な働きを担っている。香気成分は果実により異なり，多種類の揮発性成分から成り立っている。軽やかににおう低分子のいわゆるトップノートから，口に含んではじめて感ずる高分子のベースノートなどからなり，また香気成分に関して人が感ずる強弱が違うため，高濃度に含まれる揮発性成分がその果実を特徴付ける香気成分とは限らない。機器分析の発達とともに多数の揮発性成分の同定が行われてきたが，平行して揮発性成分が香りにどの程度貢献しているのかを調べることが重要になる[1]。例えば，カンキツ類の精油成分のテルペン類のうちリモネンが60％以上も占め，それ自身も良い香気を発するが，個々の種類の特徴的な香りを示すのはもっと微量なテルペンである。テルペンのパターンはカンキツの種類によっても違うが産地によっても異なり，国，産地を区別するのに利用できるという報告もある[2]。他の果実でも品種によって香気成分の組成が異なることは一般にみられる。

　果実の香気は，200～300の揮発性成分から成っているが，紅茶やコーヒーのように複雑ではなく，その果実を想像できる揮発性成分が存在する（表2・6-1）。表によると，テルペン類とエステル類が大きなグループを占めているのがわかる。モモに特有なラクトン類は分子内でエステル結合した形をしている

表2・6-1　果実を特徴付ける揮発性成分

リンゴ	2-Methylbutyl acetate, Butyl acetate
バナナ	Isobutyl acetate, Isoamyl acetate, Eugenol
ブドウ	Methyl anthranilate, Linalool
モモ	Caprolactone, Decalactone
ナシ	Decadienoate ester
オレンジ	Sinensal, Valencene
レモン	Citral
グレープフルーツ	Nootkatone
イチゴ	Methyl ester, Furaneol, Mesifuran
メロン	2-Methylbutyl acetate, 2-Methylpropyl acetate

揮発性成分である。またイチゴのフラネオール，メシフランは甘い香りのするフラン類で，糖からの誘導体である。このような揮発性成分はパイナップルやメロンからもみつかっている。

（2）野菜におい成分と品質

野菜のにおいはハーブ類を除いてそんなに強くはない。しかしサラダとして生食するものが増えているので，におい成分も重要になる。

野菜を生食する場合，まず感じられるのは青臭いにおいである。キュウリのような未熟な組織を利用する場合特に顕著である。青葉アルデヒド，青葉アルコールともいわれている。この生成については脂質が関係しているので生成系は脂質の項を参照されたい。トマトの主要なにおいもこの部類に入る。ネギ属野菜は独特の硫黄臭を含むにおいが組織の破壊に伴って生成するが，種類により異なった揮発性含硫化合物が生成する。キャベツなどのアブラナ属の野菜も揮発性含硫化合物が重要である。アブラナ属野菜はまた，イソチオシアネートを生成し，その前駆物質（4・14節参照）を多く含むキャベツの品種は貯蔵性が勝るといわれている[3]。

〔引用文献〕
1) Hayata, Y. *et al.* : *J. Agric. Food Chem*., **51**, 3415, 2003.
2) Song, H. S. *et al.* : *Flavour and Fragrance Journal*, **14**, 383, 1999.
3) 矢野昌充ら：園学雑，**55**, 194, 1986.

2・7　食品成分の機能

（1）食品成分の機能と生体調節作用の様式

食生活が私たちの健康に大きく関与しているという考えは，「医食同源」という言葉があるように，とりもなおさず食品成分がさまざまな疾病の防御に寄与することを意味している。

食品に含まれる機能性成分については，すでに多くの報告がなされている。まず野菜類のうち，葉菜類では，キャベツに薬物代謝系酵素の誘導による解毒

作用[1]，レタスに肺がん予防の可能性[2]が報告されている。茎菜類では，セロリは疫学調査から胃がん・大腸がん予防効果を[3]，アスパラガスに含まれるフラクトオリゴ糖がビフィズス菌増殖活性を有している[4]という報告がある。果菜類については，トマトに抗酸化作用，抗がん作用および免疫応答系細胞の活性化などが報告され，成分としてはリコピンが注目されている[5]。またピーマンについても，胃がんの危険性を軽減することが報告されている[3]。花菜類では，カリフラワーやブロッコリーにエストロゲン代謝作用や抗がん作用が報告されている[1]。これらの野菜には，グルコシノレートが含まれており，摂取すると腸内で抗がん作用を示すイソチオシアネート[6],[7]に変換されることが知られている。根菜類では，タマネギに抗酸化作用，抗胃がん作用，腸内改善作用が，ニンジンには肺がんや胃がんに対する抑制効果が認められている[2],[3]。また，アメリカでは1990（平成2）年から，植物性食品によりがんを予防しようとするデザイナーフード計画が行われ，その結果上位にあげられているニンニクやショウガについては，それぞれに含まれているアリシン[8]とジンゲロール[9]が抗がん作用を示すことが明らかにされている。それ以外にも，ニンニクには，抗酸化作用，薬物代謝活性，抗血栓作用，抗菌性などが報告されている。

　果実類ではカンキツ類について多くの機能性が報告されている。例えば，ウンシュウミカンに代表されるβ-クリプトキサンチンは発がん抑制を示すことが報告されている[10]。それ以外にも，テルペン類であるリモネンに発がん抑制およびがん細胞増殖抑制作用[11]が，カンキツに特徴的なフラボノイド化合物であるヘスペリジンやナリンギンには血中のコレステロール濃度を減少させる効果が報告されている[12],[13]。カキにもミカンと同様にカロテンが多く含まれており，β-クリプトキサンチンもかなり含まれていることから，同様の効果が期待される。ブドウにはポリフェノール類であるアントシアニン，フラボノールやカテキンが含まれており，抗酸化作用がよく知られているが，それ以外にレスペラトロールに抗がん活性が確認されている[14]。グレープフルーツ中に含まれるジヒドロキシベルガモチンには血圧降下剤を増強させる作用が認められている[15]。

　キノコ類においても，さまざまな機能性の報告がある。特に抗腫瘍性に関しては，多くのキノコから活性成分が単離されている。それらの多くはβ-1,3結

合と β-1,6結合からなる多糖体で,シイタケ,マイタケ,ヒラタケ,ナメコ,エノキタケ,マツタケ,ホンジメジなどから分離されている[16)〜18)]。抗腫瘍性多糖そのものは,直接がん細胞に対して殺傷能力を示さないことから,宿主仲介性による免疫応答系細胞賦活化のためと考えられている。それ以外の生理活性としては,免疫増強,血糖降下作用,血圧降下作用,抗ウイルス作用などの報告がある[19)]。

（2）機能性成分の変化と分布
1）シイタケ

シイタケ中に含まれる抗腫瘍性多糖レンチナンは,図2・7-1に示すように β-1,3グルカンを主鎖とし,5個のグルコースに対して2個の β-1,6グルカンが側鎖として結合した,分子量約400,000〜800,000といわれている高分子多糖である。

シイタケに含まれる抗腫瘍性多糖レンチナンが貯蔵条件によってどのように変化するかを検討するため[20)],シイタケを有孔ポリエチレン袋に入れて1℃および20℃で貯蔵し,貯蔵当日および7日貯蔵後,熱水抽出画分を調整し,レンチナン含量を測定した。その結果,1℃貯蔵区ではほとんどその含量に変化は認められなかったが,20℃貯蔵区においては顕著な減少が認められた（図2・7-2）。また外観の変化も,20℃貯蔵区では5日目に商品価値がない状態に至ったが,1℃貯蔵区についてはほとんど変化はなく商品価値は保たれていた。同様の傾向はマイタケにおいても確認されている[21)]。さらに,20℃貯蔵区におけるレンチナン分解の原因を検討してみると,レンチナン含量の減少とグルカ

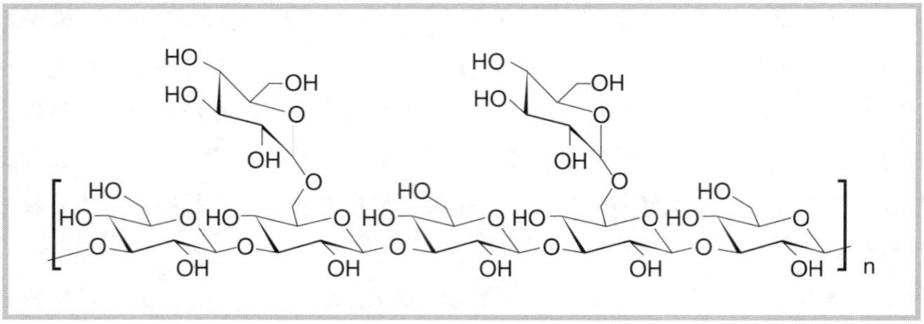

図2・7-1　レンチナンの構造

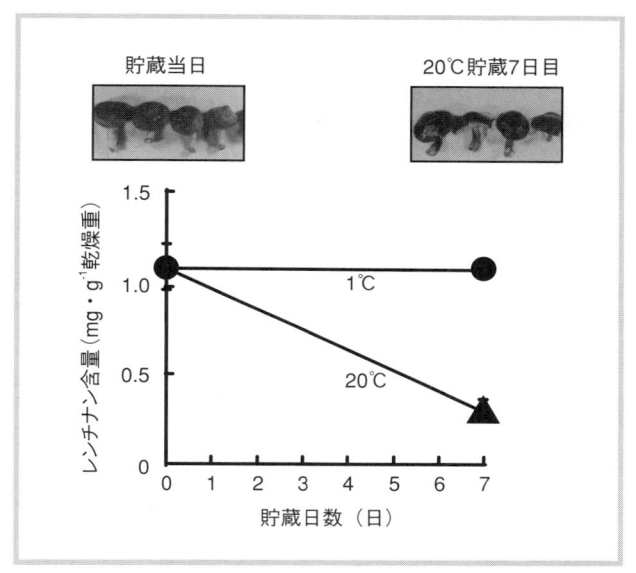

図 2・7-2　貯蔵温度がシイタケに含まれる抗腫瘍性多糖レンチナン含量に及ぼす影響
各貯蔵区のシイタケを熱水抽出後，抗レンチナン抗体を用いた ELISA 阻害法を用いて，レンチナン含量を測定した。上部の写真は，貯蔵当日と20℃貯蔵7日目の外観を示す。

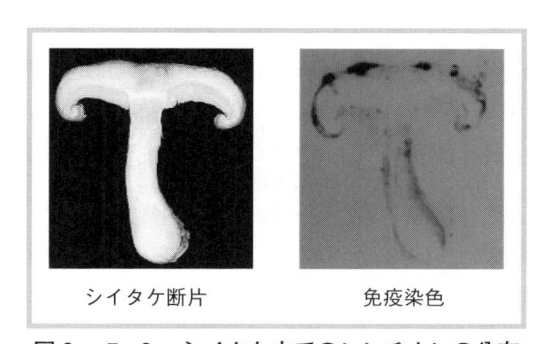

図 2・7-3　シイタケ中でのレンチナンの分布
スライスしたシイタケを PVDF 膜上に押しつけてブロッティングし，抗レンチナン抗体で免疫染色を行った。

ナーゼ活性の上昇には相関関係が認められた。そこで，本酵素を精製し，ウエスタンブロット法により酵素量を測定したところ，20℃貯蔵区で顕著な増加がみられたことことから，自己消化によりレンチナンは分解されていることが明らかとなった[22]。また，シイタケ子実体におけるレンチナンの分布を抗レンチ

ナン抗体を用いて免疫染色してみると，図2・7-3に示すように傘の表面上に集積しており，ひだの部分や柄の部分にはほとんど含まれていなかった。

2）タマネギ

タマネギ中に含まれるポリフェノール類のうち，ケルセチンは抗酸化作用，抗胃がん作用，腸内改善作用などを示す。そこで，このケルセチンの分布について検討してみた（表2・7-1）。HPLCを用いて定量した結果，第1，2葉に多く含まれており，第3葉からは急激に含量が減り，しかも心部に行くほどその含量は少なかった[23]。

表2・7-1　タマネギ中のケルセチンの分布

	ケルセチン含量（mg/100g　新鮮重）
第一葉*	112.0
第二葉	99.4
第三葉	8.7
第四葉	7.6
第五葉	5.1

*タマネギの外側から，第一葉，第二葉というふうに順次名づけた。

〔引用文献〕

1) Van Poppel, G. *et al.* : *Adv. Exp. Med. Biol.*, **472**, 159, 1999
2) Brennan. P. *et al.* : *Cancer Causes Control*, **11**, 49, 2000
3) Graham, S. *et al.* : *Nutr. Cancer*, **13**, 19, 1990
4) Gibson, G. R. : *Br. J. Nutr.*, **80**, 209, 1998
5) La Vecchia, C. : *Proc. Soc. Exp. Biol. Med.*, **218**, 125, 1998
6) Hecht, S.S. : *Adv. Exp. Med. Biol.*, **401**, 1, 1996
7) Morimitsu, Y. *et al.* : *Mech. Ageing Dev.*, **116**, 125, 2000
8) Hirsch, K. *et al.* : *Nutr. Cancer*, **38**, 245, 2000
9) Miyoshi, N. *et al.* : *Cancer Lett.*, **199**, 113, 2003
10) Nishino, H. *et al.* : *Biofactors*, **13**, 89, 2000
11) Gould, M.N. : *J. Cell. Biochem. Suppl.*, **22**, 139, 1995
12) Lee, S.H. *et al.* : *Ann. Nutr. Metab.*, **43**, 173, 1999
13) Lee, S.H. *et al.* : *Nutr. Res.*, **19**, 1245, 1999
14) Huang, C. *et al.* : *Carcinogenesis*, **20**, 237, 1999
15) Takanaga, H. *et al.* : *Clin. Pharmacol. Ther.*, **67**, 201, 2000
16) Chihara, G. *et al.* : *Nature*, **222**, 687, 1969

17) Nanba, H. *et al.* : *Chem. Pharm. Bull.*, **35**, 1162, 1987
18) Wasser, S.P. : *Appl. Microbiol. Biotechnol.*, **60**, 258, 2002
19) 水野　卓ら：キノコの化学・生化学，学会出版センター，1991
20) Minato, K. : *Int. J. Med. Mushroom*, **1**, 265, 1999
21) Mizuno, M. *et al.* : *Food Sci. Technol. Res.*, **5**, 398, 1999
22) Minato, K. *et al.* : *J. Agric. Food. Chem.*, **47**, 1530, 1999
23) Mizuno, M. *et al.* : *Nippon Shokuhin Kogyo Gakkaishi*, **39**, 88, 1992

2・8　色素および褐変

　果実・野菜には色素成分として主にクロロフィル，カロテノイドおよびフラボノイドが含まれており，これら色素類は栄養成分・機能性成分として重要であるとともに，果実・野菜の嗜好性成分として大きな役割を果たしている。クロロフィル・カロテノイドは有機溶媒に可溶な脂溶性色素であり，細胞内の色素体である葉緑体，有色体に含まれている。一方，水溶性色素であるフラボノイドには，フラボン，フラボノール，アントシアニンなど多くの色素類が含まれ，水溶性色素として細胞内では主に液胞に含まれている。
　ここでは，これら色素成分と品質とのかかわりについて説明する。

(1) 植物色素の種類
1) クロロフィル
　クロロフィルはクロロプラスト（葉緑体）中のチラコイド膜にクロロフィル・タンパク質複合体として存在し，光エネルギーを吸収した後，化学エネルギーに変換する光化学反応の中心的役割を担う色素である。果実・野菜にはクロロフィルとして a（青緑）および b（黄緑）が約3：1の割合で含まれている。また，クロロフィル誘導体としてクロロフィリッド a，フェオホルビド a，ピロフェオホルビド a，C-13^2-ヒドロキシクロロフィル a およびフェオフィチン a などがみられる[1]（図2・8-1）。

2) カロテノイド
　カロテノイドはクロロフィル同様，チラコイド膜に存在する。補助色素とし

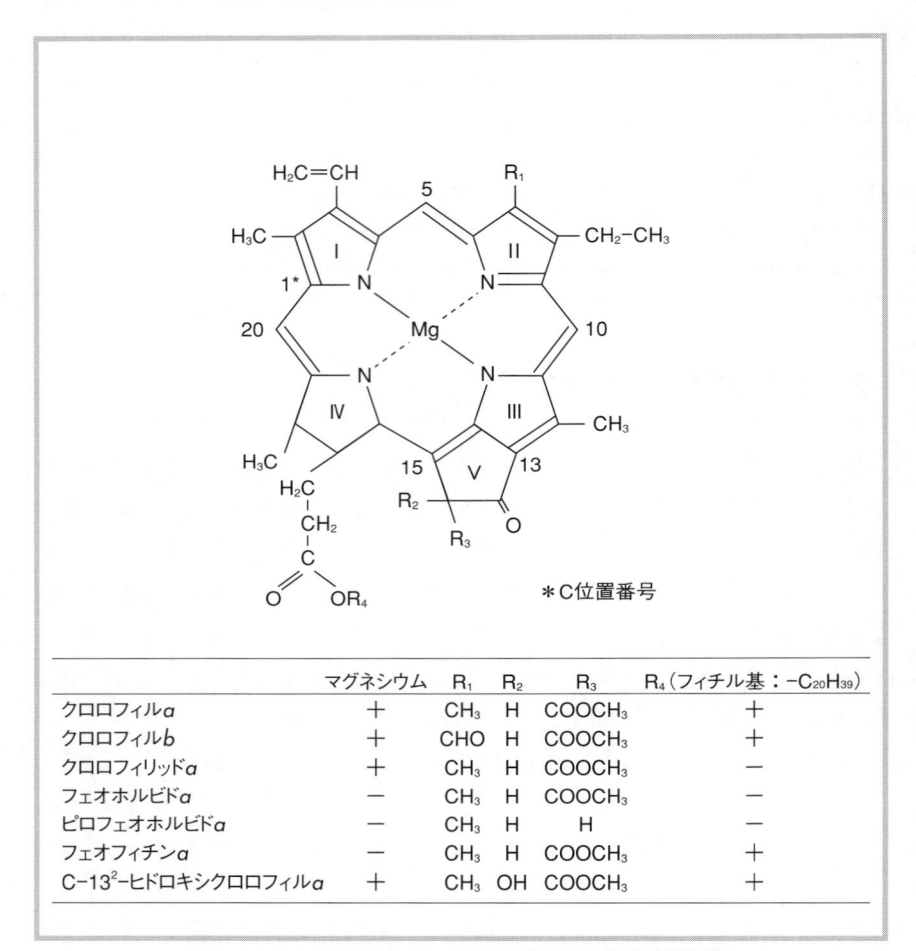

	マグネシウム	R_1	R_2	R_3	R_4 (フィチル基：$-C_{20}H_{39}$)
クロロフィルa	+	CH_3	H	$COOCH_3$	+
クロロフィルb	+	CHO	H	$COOCH_3$	+
クロロフィリッドa	+	CH_3	H	$COOCH_3$	−
フェオホルビドa	−	CH_3	H	$COOCH_3$	−
ピロフェオホルビドa	−	CH_3	H	H	−
フェオフィチンa	−	CH_3	H	$COOCH_3$	+
C-13^2-ヒドロキシクロロフィルa	+	CH_3	OH	$COOCH_3$	+

図2・8-1　クロロフィルおよび誘導体の化学構造式

て光エネルギーを吸収するとともに，活性酸素，特に一重項酸素を消去することでクロロプラスト中の酸化反応の進行を抑制している。カロテノイドはカロテン類とキサントフィル類（分子内に酸素を含む）に分類され（図2・8-2），赤，黄，橙色など鮮やかな色調を示し，多くの種類が果実・野菜に含まれている（表2・8-1）。

　果実・果菜が成熟すると，未熟果実のクロロプラストではチラコイドの崩壊

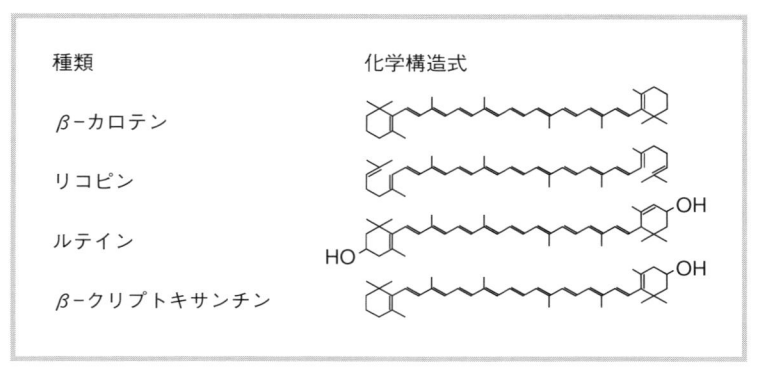

図2・8-2 カロテノイドの化学構造式

表2・8-1 果実・野菜のカロテノイド

カロテノイド	種類	色調	主に含まれる果実・野菜
カロテン類	α-カロテン	黄橙	ニンジン, カボチャ, ピーマン, カンキツ
	β-カロテン	黄橙	ニンジン, カボチャ, 緑色葉菜, ビワ, アンズ, パッションフルーツ, カンキツ
	γ-カロテン	黄橙	ニンジン, トマト, アンズ, カンキツ
	リコピン	赤	トマト, スイカ, カキ
キサントフィル類	ルテイン	黄橙	緑色葉菜, カボチャ, ブロッコリー, カンキツ
	ビオラキサンチン	黄橙	緑色葉菜, カボチャ, ブロッコリー, ピーマン, カンキツ
	β-クリプトキサンチン	黄橙	カンキツ, カキ, ビワ, パパイア
	カプサンチン	赤	トウガラシ, 赤ピーマン

に伴いクロロフィルが分解し，カロテノイドを含むクロモプラスト（有色体）に変化する．また，葉菜などのクロロプラストでは葉の黄化とともに同様の変化が生じ，ジェロントプラスト（チラコイドが崩壊した老化様クロロプラスト）に変化する[2]．

3）フラボノイド

果実・野菜にはフェニルプロパノイド，フラボン，フラボノールおよびアントシアニンなど多種類のフェノール性物質（フェノール性水酸基をもつ芳香族化合物）が存在している．そのなかでフラボノイドは C_6–C_3–C_6 の基本構造をもつ一連の化合物であり，果実・野菜中では主に配糖体として存在している（図

フラボノイド（アグリコン）	構造式
フラバノン	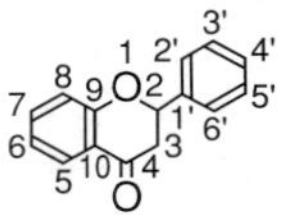
ナリンゲニン	5,7,4'-OH
ヘスペレチン	5,7,3'-OH,4'-OCH$_3$
フラボン	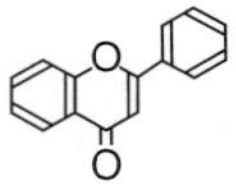
アピゲニン	5,7,4'-OH
ルテオリン	5,7,3',4'-OH
フラボノール	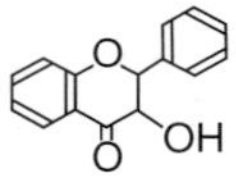
ケンフェロール	3,5,7,4'-OH
ケルセチン	3,5,7,3',4'-OH
アントシアニジン	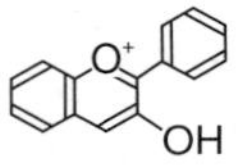
ペラルゴニジン	3,5,7,4'-OH
シアニジン	3,5,7,3',4'-OH
デルフィニジン	3,5,7,3',4',5'-OH
マルビジン	3,5,7,4'-OH,3',5'-OCH$_3$

図2・8-3　フラボノイドの化学構造式

2・8-3)。フラボン，フラボノールなどは無色から薄黄色を示し，果実・野菜の色調にはほとんど影響を与えない。一方，アントシアニンは赤，青，紫などの鮮やかな色を示し，果実・野菜の色調に大きく影響している（表2・8-2)。

（2）色素の変化と品質

　カンキツ，カキ，ブドウ，トマト，イチゴなど多くの果実・果菜類では，クロロフィル分解に伴い，それぞれに特有のカロテノイド・アントシアニンの生成が認められる。一方，バナナなどの果実では成熟に伴いクロロフィルの分解はみられるが，カロテノイドの生成はほとんどみられない。

表2・8-2 果実・野菜のアントシアニン

アントシアニン	アントシアニジン（アグリコン）	アグリコン以外の糖，フェノール酸など	果実・野菜
カリステフィン	ペラルゴニジン	グルコース	イチゴ
フラガリン	ペラルゴニジン	ガラクトース	イチゴ
クリサンテミン	シアニジン	グルコース	イチゴ，ベリー類，モモ，黒ダイズ
シアニン	シアニジン	グルコース（2分子）	赤カブ
シソニン	シアニジン	グルコース（2分子）＋コーヒー酸	赤シソ
ナスニン	デルフィニジン	ルチノース，グルコース＋p-クマル酸	ナス
エニン	マルビジン	グルコース	ブドウ

　果実・野菜の貯蔵中における色素の退色は，品質低下の大きな要因となっている。ホウレンソウ，パセリなどの葉菜類およびブロッコリーでは，収穫後，葉身および花蕾において急激な黄化現象，すなわちクロロフィルの分解がみられる[3)~5)]。しかしながら，ホウレンソウの貯蔵に伴うカロテノイド含量は，クロロフィルのような急減は認められず，徐々に減少する[6)]。このように，カロテノイドはクロロフィルに比べ，貯蔵に伴う急激な低下は生じないものと思われる。また，ニンジンのカロテノイドは貯蔵中保持されるか，むしろ増加傾向である[1)]。果実の場合，ビワでは，貯蔵に伴いβ-カロテン，クリプトキサンチン含量の変化はほとんどみられないが[7)]，キウイフルーツ中のキサントフィル，β-カロテンは低温貯蔵中に減少するとの報告が認められる[8)]。一方，カキ（品種'富有'）では低温貯蔵に伴い，β-クリプトキサンチンが増加したとの報告がみられる[9)]。このように，果実の種類により，収穫後，貯蔵中の変化は異なっている。

　アントシアニンに関して，コウサイタイでは貯蔵中に退色がみられ，品質低下の要因となっている[10)]。イチゴでは成熟・老化に伴い，アントシアニン含量の増加がみられ，果皮色が黒赤色となり品質が低下する[11)]。また，モモ，スモモでは貯蔵中の追熟過程で増加することが知られている[12),13)]。

（3）褐変物質の形成と品質

　果実・野菜の貯蔵に伴う褐変物質の形成は品質低下の要因となっている。褐変にはアミノカルボニル反応などの非酵素的褐変とフェノール性物質の酵素的酸化により生じる酵素的褐変があるが，果実・野菜の貯蔵中に問題となるのはほとんどが酵素的褐変である。関連する酵素は主としてポリフェノールオキシダーゼであり，ペルオキシダーゼもフェノール性物質の酸化に関与している。

　低温感受性の果実・野菜であるバナナ，パイナップル，ウメ，ピーマン（種子），ナス，オクラなどにおいて，低温下での流通・貯蔵時に低温障害による褐変がみられることはよく知られている。この褐変発生は，フェノール性物質であるポリフェノール類（クロロゲン酸類など）とポリフェノールオキシダーゼ活性が増大し，フェノール性物質は酸化され重合反応が生じ，高分子化することによる。また，フェノール性物質の生成系であるシキミ酸経路に関与するフェニルアラニンアンモニアリアーゼ（PAL）やシキミ酸デヒドロゲナーゼなどの酵素も活性化することが認められている[14]。サツマイモも低温貯蔵すると褐変が生じ，クロロゲン酸含量の増大と，還元物質であるアスコルビン酸含量の減少が報告されている[15]。このように，アスコルビン酸は酸化されたフェノール性物質を還元することで褐変抑制を行い，さらに，この抑制のために生じるアスコルビン酸の減少が褐変発生の大きな要因になっている。

〔引用文献〕

1) Gross, J. : Pigments in Vegetables, Van Nostrand Reinhold, p. 3, p. 174, 1991
2) Matile, P. and Hörtensteiner, S. : *Annu. Rev. Plant Physiol. Plant Mol. Biol*. **50**, 67, 1999
3) Yamauchi, N. and Watada, A.E. : *J. Amer. Soc. Hort. Sci*., **116**, 58, 1991
4) Yamauchi, N. and Watada, A.E. : *J. Food Sci*., **58**, 616, 1993
5) Yamauchi, N. and Watada, A.E. : *HortScience*, **33**, 114, 1998
6) Yamauchi, N. and Watada, A.E. : *Food Preser. Sci*., **24**, 17, 1998
7) 濱渦康範・茶珍和雄・黒岡　浩：日食低保誌，**17**，3，1991
8) 渡辺慶一・高橋文次郎：園学雑，**68**，1038，1999
9) 牛島孝策・千々和浩幸・林　公彦：園学雑，**68**（別2），203，1999
10) 山内直樹：食品と低温，**12**，49，1986
11) 曽根一純・山口雅篤・沖村　誠・北谷恵美：園学雑，**70**（別2），376，2001

12) 真部正敏・中道謹一・新貝亮之介・樽谷隆之：日食工誌，**26**，175，1979
13) 辻　政雄・原川　守・小宮山美弘：日食工誌，**30**，688，1983
14) 邨田卓夫：青果保蔵汎論（緒方邦安編），建帛社，p.260，1977
15) Lieberman, M., Craft, C.C., Audia, W.V. and Wilcox, M.S.：*Plant Physiol*．，**33**，307，1958

2・9　品質の形成および劣化に関する酵素

（1）酵素の特性と種類

　生体における酵素の作用は常温，常圧の比較的温和な条件の下で物質の変化を促進する触媒作用で，酵素反応には最適のpHや温度があり，また特定の基質に作用する基質特異性や特定の反応に作用する反応特異性がみられる。酵素の触媒反応は，酵素の活性中心で行われ，多くはその形成に酵素補因子を必要とし，それは酵素反応に不可欠なものである。補因子になるものには有機化合物と金属イオンがあり，有機化合物を補酵素と呼ぶ。酵素は立体構造を有し，それ自身複雑な調節を受けながら，物質代謝の調節にかかわっている。生体において働く酵素の種類はきわめて多く，国際生化学連合の酵素委員会は1961年に酵素の命名法を決め，系統的分類のため酵素番号を記す方法を導入し，系統名と常用名を併記されるようになった。

　その分類によると，酸化還元酵素（oxidoreductase, EC 1），転移酵素（transferase, EC 2），加水分解酵素（hydolase, EC 3），リアーゼ（lyase, EC 4），異性化酵素（isomerase, EC 5），リガーゼ（ligase, EC 6）の6群に分類され，さらにサブクラス，サブ−サブクラスに分け番号が記されている。

（2）主な酵素の働きと品質

　上記の酵素分類法に従って，次に青果物の品質変化にかかわる主な酵素について，その反応と品質への影響に関して述べる。

1）酸化還元酵素

　水素原子，酸素原子や電子の移動を触媒し，酸化還元反応や脱水素反応に関係する酵素である。次のような酵素を例として説明する。

ⅰ）**ポリフェノールオキシダーゼ**（polyphenoloxidase, OPP）　　カテキン，クロロゲン酸，カフェー酸などのオルトジフェノールを酸化する銅を含む酵素で，酸素の存在下でその作用により生じたキノンは褐変物質の生成に関係する。青果物の機械的傷害や生理障害を受けた部分にみられる褐変はOPPの作用との関係が深い。

　ⅱ）**ペルオキシダーゼ**（peroxidase）　　過酸化水素（H_2O_2）の存在下で種々の物質を酸化する鉄を含む酵素で，多くのアイソザイムが存在する。この系統に類する酵素のアスコルビン酸ペルオキシダーゼは野菜類の葉緑体のみでなくサイトゾルにも存在し，生体内に生じるH_2O_2の消去に働くと同時に，アスコルビン酸（ビタミンC）の減少にも関係する。

　ⅲ）**リポキシゲナーゼ**（lipoxygenase）　　不飽和脂肪酸の酸化に関与し，ヒドロペルオキシドを生じるとともに，リノレン酸の場合は青臭い不快臭の主成分のヘキサナールやノナジエナールの生成を伴う。植物の老化，枝豆の冷凍品の風味の低下に関係する。

　ⅳ）**カタラーゼ**（catalase）　　植物ではクロロプラストに多く存在するヘムタンパク質で，$2H_2O_2 \rightarrow O_2 + 2H_2O$の変化を触媒する。生体内で酸化力の強い$H_2O_2$の除去に働いている。

　ⅴ）**アスコルビン酸酸化酵素**（ascorbate oxidase）　　キャベツ，キュウリ，ニンジンなどで強い活性が認められ，L-アスコルビン酸$+O_2 \rightarrow$デヒドロアスコルビン酸の反応に関与し，青果物のビタミンCの減少にかかわる。

　ⅵ）**脱水素酵素**（dehydrogenase）　　生体内の物質代謝において，$AH_2 + B \rightarrow A + BH_2$の脱水素反応（基質の水素を受容体に移す）を触媒する酵素の総称である。TCAサイクルの有機酸の酸化に伴う脱水素酵素の還元型NADの水素は電子伝達系に渡されATPの産生に関与し，ペントースリン酸経路で生じる脱水素酵素の還元型NADPは種々の生合成過程において使われる。また，嫌気条件下で働くアルコール脱水素酵素はアセトアルデヒドとアルコールの生成に強く関係し，包装貯蔵中の青果物の生理障害の発生に関係する。

2）転移酵素

　反応物質の分子の一部を他の分子へ移す反応を触媒する酵素の総称である。例えば，アスパラギン酸アミノトランスフェラーゼ，別名グルタミン酸オキザ

ロ酢酸トランスアミナーゼ（略称 GOT）と呼ばれ，トマト果実ではこの酵素の活性は成熟に伴う旨味成分であるグルタミン酸の蓄積に働く。スクロースシンターゼは UDP-グルコースからフルクトースにグルコース残基を転移し，スクロースの生成に働くので，果実や野菜の甘味形成に重要な役割を果たす。また，果実のエステル生合成にはアルコールアシルトランスフェラーゼが作用し，アルコールに低級脂肪酸が転移されて種々のエステルが形成される。

3）加水分解酵素

糖質のグリコシド結合，タンパク質のペプチド結合，脂肪のエステル結合などの加水分解反応に関与する酵素である。次の成分変化でその事例をみる。

ⅰ）ペクチン分解酵素　果実・野菜の細胞壁構成成分であるペクチン質の分解に作用する酵素の総称であり，特に果実の組織軟化と密接な関係をもつ。主に次のような酵素が存在する。ペクチンエステラーゼ（pectinesterase, PE）はペクチンのメトキシル基を加水分解し，ペクチン酸とメタノールを生じる反応に作用する。ポリガラクツロナーゼ（polygalacturonase, PG）はペクチン質のポリガラクツロン酸鎖を切断する酵素で，α-1,4 グリコシド結合ランダムに切断する endo 型と末端から切断する exo 型が存在する。一般に未熟な果実にはこの酵素の活性は認められないが，果実が熟しはじめると顕著な活性増加が認められ，これと併行して果肉は軟化する。しかし，リンゴ，イチゴなどで果実の軟化と関連してグリコシダーゼの作用の役割が論じられている。

ⅱ）グリコシダーゼ（glycosidase）　多糖類や配糖体のグリコシド結合を加水分解し，糖とアグリコンを生じる酵素の総称である。広義には，セルラーゼ，アミラーゼ，インベルターゼ，キシラーゼ，ガラクトシダーゼなどを含み，デンプン，ショ糖，ペクチン多糖質などの分解に関係する。また，カンキツ類に存在するナリンギンやヘスペリジンなどの配糖体を分解するナリンギナーゼやヘスペリジナーゼも含まれる。

ウメの種子にはアミグダリンと呼ばれる青酸配糖体が含まれ，種実を破砕すると少し刺激性のある甘い香りが生じる。これは青酸配糖体が酵素的分解を受けベンズアルデヒドを生じたためである。その生成過程ではまずアミグダリンに β-グルコシダーゼが作用しマンデロニトリルを生じ，次いでヒドロキシニトリルリアーゼ（EC4.1.2.11）が作用し，ベンズアルデヒドと青酸を生じる。

iii）**ペプチダーゼ**（peptidase）　タンパク質のペプチド結合を加水分解する酵素の総称で，プロテアーゼ（protease）やプロテイナーゼ（proteinase）とも呼ばれたが，現在ではペプチダーゼに統一されている。ペプチド鎖内部のペプチド結合を切断するエンド型と，N末端側あるいはC末端側に作用するエキソ型がある。パパイアのパパイン，パイナップルのブロメライン，イチジクのフィシン，キウイフルーツのアクチニジンはこれらの果実に高い活性で存在することが認められ，調理において肉の軟化に利用される。葉菜の黄色化や果実の熟成に伴いペプチダーゼの作用による遊離アミノ酸の増加がみられる。

4）リアーゼ

基質中のC-O結合，C-N結合，C-S結合，C-C結合などを，加水分解によらず分解，切断する反応に関与する酵素である。脱炭酸酵素，フェニルアラニンモニアリアーゼ（PAL）など，果実や野菜の貯蔵中の物質代謝と関係の深いものがある。低酸素条件や長期間の貯蔵にける青果物では，ピルビン酸脱炭酸酵素の作用でピルビン酸の脱炭酸とアセトアルデヒドの生成が進行する。生成アルデヒドは毒性が強く，生理障害の発生の原因とされる。PALはフェニルアラニンの脱アミノに作用してtrans-ケイ皮酸を生じ，フェニルプロパノイド，フラボノイド，リグニンなどの形成に関係し，これらの代謝における律速酵素とされる。PALは種々のストレス，エチレンなどによって誘導される。ネギ類に存在するC-Sリアーゼはタマネギ，ニンニクなどの辛味や特有の風味形成に関係する酵素である。

5）異性化酵素およびリガーゼ

異性化酵素は同一基質内の原子の配列を変える作用があり，D-グルコースをD-フルクトースに変えるグルコースイソメラーゼがある。リガーゼはATPを利用して二つの基質を結合させる作用を有し，アセチルCoA合成酵素などがある。これらの酵素は代謝上重要な酵素である。

〔**参考文献**〕
・丸尾文治・田宮信雄監修：酵素ハンドブック，朝倉書店，1982
・一島英治編：食品工業と酵素，朝倉書店，1983

2・10 果実・野菜の加工と品質

現在,市場に出荷され,消費者の手に渡り調理・加工の素材になっている野菜の種類は約130種といわれている。最近の栽培技術の進歩や消費者の嗜好の多様化に伴って野菜の種類は増加傾向にある。日本で収穫された野菜のうち,53%が業務用加工製品に,45%が家庭消費に使用されている。このように総収穫量の5割以上が野菜の加工原料として利用されている。一方,果実の年間総生産量の20%,約120万tが加工用に向けられ,特に,ウンシュウミカンでは約30%が加工用である。

加工原料としての果実・野菜は,適切な時期に収穫,採取され速やかに加工処理するのが原則である。ここでは,現に行われている加工技術および加工処理条件が加工製品に及ぼす要因について概説することにする。

(1) 加工目的と加工原料
1) 加工目的

果実・野菜は生鮮食品と呼ばれ,日常生活になくてはならない食品素材である。ところが,一般に水分含量がほかの農産物と比較してかなり多く,収穫後常温に放置すると微生物や内部酵素の活動により急速に変質・腐敗が生じ品質の低下を招く。また果実・野菜は収穫時期や産地がほぼ限定され,さらに収穫後,生産地から消費地に至る輸送や貯蔵中に化学的,物理的な諸条件で品質低下をきたす。また年度により生産量に過不足が生じ,さらに形状の不ぞろいもみられる。このような現象は当然生物体である果実・野菜では起こりうるものであるが,それらを取り扱う生産者や業者,あるいは消費者にとってはよりよい利用活用法を望むのは当然である。言い換えると,いろいろな加工技術を導入して,果実・野菜を加工し長期間安全に保存可能な製品に仕上げ,常に安価に入手可能な状態にすることが必要である。また,本来,果実・野菜が有している各種の要素に,例えば,「栄養素や生体機能性の向上」,「難消化性材料を消化・吸収しやすくする工夫」,「嗜好性の向上」,「貯蔵性,簡便性」などの付加価値をつけることも重要な加工の目的となる。

2）加工原料

　良質の果実・野菜の加工製品を得るには根本的には原料材料の良否にかかっている。製品に多大な影響を及ぼす色調，風味，香りなどは商品性を左右する大きな要因となるので，最適な時期を選び収穫することが必須の条件となる。また，アスパラガス，マッシュルーム，ピース，イチゴなどのように収穫直後より急速に品質が劣化するものもあるので，収穫後速やかに加工処理に回すのが理想的である。なんらかの理由で加工処理が迅速にできない場合は，一時的に冷蔵室で貯蔵することも必要である。もちろん果実・野菜は含水量も多いことから傷つきやすく，またその部分から微生物や細菌繁殖も起こり急速に品質低下を招くので収穫から加工処理までは衛生的に取り扱うことが重要である。果実・野菜はあらゆる加工製品の原料として利用可能であるが，個々の原料特性を考慮するとおのずと加工製品に適合する原料が決まってくる。

　表2・10-1に加工製品に適応する主要な果実・野菜原料を示した。

表2・10-1　果実・野菜の加工製品別主要原料

原料	加工製品名	主要果実・野菜材料名
果実原料	果実缶・びん詰	ミカン，ハクトウ，セイヨウナシ，アマナツ，リンゴ，ビワ，サクランボ，パイナップル，ブドウ
	ジャム・マーマレード	イチゴ，リンゴ，アンズ，モモ
	飲料缶・びん詰	オレンジ，パイナップル，グレープ，リンゴ 果肉入り飲料，果粒入り果実飲料
	糖果	キンカン，アンズ，パイナップル，ブドウ
	乾燥果実	カキ，アンズ，プルーン，バナナ，リンゴ
野菜原料	野菜缶・びん詰	タケノコ，アスパラガス，スイートコーン，マッシュルーム，エノキダケ，グリンピース
	飲料缶・びん詰	トマト，ニンジン，混合野菜ジュース
	漬物	各種野菜
	乾燥野菜	ゼンマイ，ワラビ，ズイキ，フキ，タケノコ，ダイコン，タマネギ，ニンニク，ネギ，キャベツ，ニンジン，パセリ，セロリ
	冷凍野菜	スイートコーン，マメ類
	トマト加工製品	トマト（農林規格で製品の規格が定められている）

(2) 加工技術と製品の品質

1) 果実の加工技術

果実の加工製品としては，缶詰・びん詰，ジャム・ゼリー，果実酒，ジュース，ネクター，糖果などがある。最近，食の本物志向を背景に天然果汁の消費が伸びている。もちろん加工製品は果実の種類や加工品目ごとに日本農林規格（JAS）で規格化されている。JASによると，果実加工品としては，果実・びん詰類，ジャム・マーマレードおよび果実バター，果実漬物，乾燥果実，果実冷凍食品，その他に分類されている。ここでは，果実加工の技術の概説をすることにする。

ⅰ) ジャム類　ジャム類とは，果実・野菜または花弁を砂糖類などとともにゼリー化するようになるまで加熱したもので，ゲル化剤，酸味料，香料などを加えたものである（JAS，1988年）。また，ジャムは「ジャム」，「マーマレード」，「ゼリー」と「プレザーブスタイル」の4種類に分けられ，いずれも可溶性固形物が40％以上と規定されている。表2・10-2と図2・10-1にジャム類の分類とイチゴジャム製造工程の概略を示した。

ⅱ) 果汁飲料　果汁飲料は，天然果汁，果汁飲料，果肉飲料，果汁入り清涼飲料，果粒入り飲料，その他果汁飲料率が10％未満のものや，直接飲料（果汁でわずかに香りをつけた水に近い飲料）もこの分類に入る。代表的な果実飲料としては，ウンシュウミカン，ブドウ，リンゴ，モモ，ウメの果汁が知られて

表2・10-2　ジャム類の分類

製品名	内容説明
ジャム	・ジャム類のうちマーマレードおよびゼリー以外のもの。 ・2種類以上の果実等を使った場合は「ミックスジャム」と表示する。
マーマレード	・ジャム類のうち，カンキツ類の果実を原料としたもので，カンキツ類の果皮が認められ，しかも果皮の分布がおおむね均一であること。
ゼリー	・ジャム類のうち，果実等のさく汁を原料としたもの。
プレザーブスタイル	・ジャムのうち，イチゴ，その他のベリー類の果実を原料とするものであっては全形の果実，ベリー類以外の果実等を原料とするものにあっては5mm以上の厚さの果肉等の片を原料とし，その原形を保持するようにしたもの。

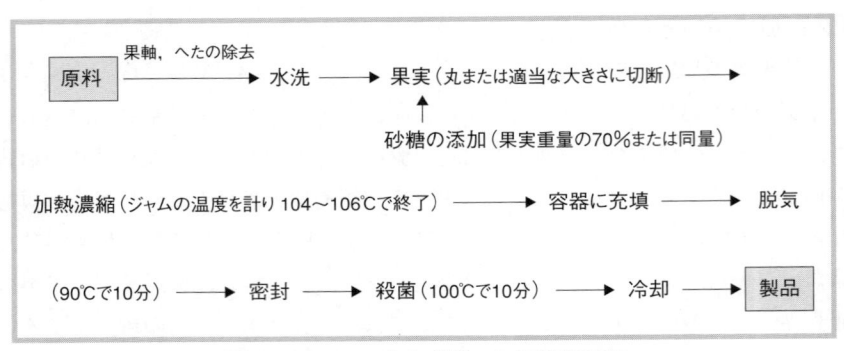

```
原料 ──果軸,へたの除去──→ 水洗 ──→ 果実(丸または適当な大きさに切断) ──→
                                              ↑
                                          砂糖の添加(果実重量の70%または同量)

加熱濃縮(ジャムの温度を計り104〜106℃で終了) ──→ 容器に充填 ──→ 脱気

(90℃で10分) ──→ 密封 ──→ 殺菌(100℃で10分) ──→ 冷却 ──→ 製品
```

図2・10-1　イチゴジャムの製造工程

いる。

　iii) 果実缶・びん詰　果実缶・びん詰の材料は，ミカン，ハクトウ，オウトウ，セイヨウナシ，アマナツ，リンゴ，ビワ，サクランボ，パイナップル，ブドウが主で，そのうちミカン缶詰の消費量がもっとも多い。ミカン缶詰の製法は多くの缶詰の製法とほぼ同一工程で製造される。ミカンは内果皮を剥皮しなければならない。この剥皮は酸（塩酸），アルカリ処理（水酸化ナトリウム）で行われる。なお，ミカン缶詰は貯蔵中に果肉表面および注入液に白濁がみられる。これはヘスペリジンが析出したもので，この防止策としてヘスペリジナーゼの利用やメチルセルロースの添加が行われている。

　iv) 乾燥果実および糖果　果実を乾燥することにより水分を除去し貯蔵性を高めることが主眼であるが，渋ガキを甘ガキに転換させる場合のように，商品性の向上を目的とするものもある。日本では，この種の食品として干ガキ，干リンゴ，干ブドウ，アンズ，クリなどの製品がある。一方，糖果は薄い糖液からしだいに高濃度の糖液に移行し，十分に糖液を浸み混ませた後に乾燥させた製品である。糖の結晶が製品表面上にでき，光沢のある上質の製品を「グラッセ」という。糖果には，サクランボ，クリ，ザボン，ミカンの果皮などの製品がある。

　v) 高圧を利用した加工法　最近，果実ジャムを製造する際，従来の加工法とは異なった方法で製造する技術（加圧）が開発され，加圧法による無加熱ジャムとして市販されている[1]。この方法は，果実，砂糖，ペクチンなどを混

合し,常温下で耐圧可能な容器(びん,プラスチック)に充塡,密封した後,常温で400～500Mpaの加圧下で10～30分間加圧処理して製品にする。この利点は加圧が常温で行われるため,加熱による熱変性や熱分解が起こらず,果実本来の新鮮な香り,色調が保持されるとともに,ビタミンCの95%以上が残存する。また,ブドウ球菌,サルモネラ,大腸菌や酵母菌も加圧ジャムでは殺菌されることも確認されている[2]。ただ,製造された製品は低温下で貯蔵すれば2～3カ月間は品質保持が可能であるが,常温下で貯蔵すると品質がしだいに低下する。したがって,製品の保存温度が製品の品質に大きく影響するので取り扱いには十分に注意する必要がある。また加圧製品は,原料果実の色調,香りなどの品質に関与する成分が製品に直接反映するので,原材料の良否を十分検討することが大切である。

2) 野菜の加工技術

一般に野菜類は呼吸活性が高いため,水分蒸散が激しく萎れやすい。また野菜は水分含量が多く,そのため微生物や細菌が繁殖しやすく変質・腐敗が生じやすい。このような特性から,日本では古くから野菜の貯蔵,加工法が工夫され色々な加工技術が生み出されてきた。ここでは主要な野菜の加工技術について述べる。

i) 乾燥法 昔から親しまれている「かんぴょう」,「切り干し大根」などに代表される自然乾燥を利用した加工野菜と,人工的に熱風で処理した熱風乾燥があり,これらはいずれも元の野菜に復元することを目的としたものではない。一方,最近では,凍結乾燥法を用いた復元性の優れた加工法がある。

a. 天日乾燥(伝統的加工製品) 野菜を天日で乾燥させ水分活性を低下させて長期保存を目的としたもので,伝統的食品にみられる。特有の風味,テクスチャーや色を有し現在でも広く用いられている。主なものとして,① 切り干し大根(加工中に苦味が取れ,甘味が増す),② かんぴょう(ユウガオが原料),③ 干シイタケ(乾燥中に5′-GMPが増加し,呈味が増す),④ その他(ゼンマイ,フキ,ワラビなど)の製品がある。

b. 熱風乾燥 通常,熱風乾燥する前にブランチング処理,または酸化防止剤溶液や糖溶液に浸漬処理を施し,60～70℃で5～10時間かけて乾燥する。この方法は乾燥経費が比較的安く,また原材料の多い場合でも適用されすい長

所があるが，乾燥操作中に材料の風味や香り，ビタミン類の消失が起こるなどの品質劣化を伴う危険性がある。また復元性も悪く，長期保存で色調に変化が生ずるなどの問題を含んでいる。

  c. 凍結乾燥　野菜を－30～－40℃で急速凍結した後，真空中で野菜内細胞水を昇華させてつくられる。できた製品は多孔質であるため復元性に優れ，また乾燥が0℃以下で行われるため，風味，色，ビタミン類などの変化が少ない。貯蔵性がよいため，最近はインスタント食品の具に広く利用されている。ただ，機械の購入コストや維持管理に相当の経費を要するので，製造単価がどうしても高くなる。

  ⅱ）**冷　凍**　野菜の品質に大きく影響を及ぼす酵素を不活性化（ブランチング）した後，－18℃以下で急速凍結させる方法である。一般に熱湯で3～5分の短時間処理を行う。凍結後の品質を左右するのは凍結温度で，可能な限り低い凍結温度がよい。またエダマメでは収穫してからブランチングおよび冷凍までの時間が品質に大きく左右することから，収穫後8時間以内に処理を行うことを推奨している[3]。カボチャの場合，切断条件が貯蔵中のβ-カロテン含量に大きく影響することが報告されている[4,5]。なお，日本における冷凍野菜の代表的なものは，ホウレンソウ，ニンジン，グリンピース，アスパラガス，カリフラワーなどである。

  ⅲ）**缶・びん詰**　タケノコ，グリンピース，アスパラガス，スイートコーン，マッシュルーム，トマト，フキ，ナメコなどを長期間保存するため水煮にした後，缶やびんに充填し水または薄い食塩水を入れて，脱気→密封→殺菌→冷却を施した製品である。「福神漬」や「えのきだけ」のような味付けを施した調理加工済み製品もある。

  ⅳ）**野菜飲料**　最近の健康飲料ブームを反映してこの種の製品が増加している。なかでもβ-カロテンが機能性を有することが知られてから，ニンジンやニンジンジュースをミックスした製品の消費が著しい。その他，トマトジュース，ほかの野菜を混ぜた混合野菜ジュースなどの消費も増加している。

  ⅴ）**漬　物**　野菜に塩，糠などを加えて，一定期間漬け込むことにより有害な微生物の繁殖を抑制するとともに，浸透作用，酵素作用，発酵作用などにより独特の風味をもつ製品ができる。また，しょうゆ，味噌，酢や特別な調味

液に漬け,独特の色調や風味を有する漬物もある。一説には,日本に800種の漬物があるといわれている。

vi) **真空調理**　1970年ころから真空で包装した食品素材を素材単独または調味液で下処理した後,プラスチックの袋に入れ真空機で真空状態(真空度,30 Torr)にし,65~95℃で湯煮し,その後急速に冷却する方法が開発された。この製品は必要なときにそのまま使用するか,加熱して使用する。この方法の利点として,① 一度に多数調理が可能,② 素材がもつ栄養成分,ビタミンの損失が少ない,③ 加熱時に煮崩れが起こりにくい,④ 素材の酸化防止が可能,⑤ 食中毒の防止,などがある。今後実エンドウや各種の野菜への適応が期待される[6)~8)]。

3) 製品品質(特に製品品質に及ぼす要因)

i) **収穫後の管理**　ほかの加工製品と同様に,野菜・果実の加工製品でも材料の良否が製品の品質に多大の影響を及ぼす。野菜は本質的に軟弱で傷みやすく,日持ちのしにくいものが多い。したがって,収穫後,直ちに加工処理をするのが好ましいが,現実には多少の日時を要する。そこで野菜を収穫した後は,できるだけ早く品温を下げることに留意する必要がある。また,収穫も外気温の低い時間帯,あるいは低くなる時間帯に行うのがよい。例えば,夏採ホウレンソウでは,16時以降に収穫し,収穫後は速やかに包装(萎れ防止)する。選別後は5℃以下に処理(予冷),5℃以下で輸送する。これにより品質低下を抑制することができる[9)]。また,イチゴでは4~11月は8時までに,12~3月は9時までに収穫することが推奨されている[10)]。いずれにしても可能な限り気温の低い時刻に収穫し,速やかに包装,輸送などを行い,新鮮な原料を加工処理することが重要である。

ii) **ブランチング処理**　一般に野菜を乾燥・冷凍する場合,洗浄,切断などの調整を行った後,ブランチング処理をする。野菜の乾燥中や冷凍貯蔵中には酵素作用(リポキシゲナーゼ,ポリフェノールオキシダーゼ,ペルオキシダーゼ,アスコルビン酸オキシダーゼ)により品質変化(においの発生,風味の低下,褐変・変色)が生じ,製品の商品性が低下する。したがって,乾燥・冷凍する前に,品質低下に関与する酵素を失活させておく必要がある。一般には,熱湯または蒸気により加熱し,酵素を不活性化させる方法が広く採用されている。ブ

ランチングの温度と時間は，各野菜のpHや酵素の種類と強さによって異なる。そのため対象野菜の特性を十分把握しておく必要がある。ブランチングしたブロッコリーを光条件下で貯蔵すると，光照射により生成した活性酸素の影響でクロロフィルの分解が進むとともに，抗酸化物質の低下をもたらし品質の低下を招くとの報告[11]もあり，ブランチング処理後の取り扱い方も重要である。

ⅲ）**カット野菜・果実**　　最近，日本の食生活の多様化により，外食産業，特にファミリーレストラン・ファーストフードなどの市場が食品産業の重要な位置を占めている。カット野菜も，外食産業の営業用食品原料としての需要が増大している。一般家庭でも簡便性（調理操作の手間が短縮，直ちに調理素材が利用可能状態，廃棄物の軽減など）や個食化などのニーズにも合致し，スーパーマーケットやコンビニエンスストアなどで広く販売されている。カット野菜・果実は，野菜や果実をカット処理（剥皮のみ，角切り，千切り，みじん切り）し，単独あるいは数種を混合して包装加工した製品である。これらの製品はいずれもカット（切断）により材料に生理・化学的変化（呼吸作用の増大，エチレン生成の誘導，褐変の発生）が生ずるので，その取り扱い方に細心の注意が必要である。ニンジン，レタス，ピーマンなどではカットの仕方（切断形状，切断切片の幅，切断の際の切れ味）が，加工製品の品質に大きく影響すると報告されている[12]～[14]。

一方，カット野菜の品質保持の面から考えると，褐変の発生防止と微生物の制御が重要である。褐変防止策として，Hicks[15]らは，ソルビン酸塩，デヒドロ酢酸，亜硫酸水素塩処理が有効であると報告しているが，逆に処理材料に萎凋がみられる欠点もある。また，最近，微生物繁殖抑制のためには，オゾン水，次亜塩素酸ナトリウム水，強酸性電解水の効果が認められている[16]～[18]。

ⅳ）**漬　物**　　漬物は生鮮野菜に適量の食塩を加え，一定期間漬け込んで製造する加工食品である。1965（昭和40）年ごろは保存的漬物が多く，塩分10％以上であったが，最近，健康維持の面から低食塩化が進み，保存的漬物でも3～6％程度の浅漬が主流になってきた。ところが，浅漬は塩分濃度が低いため，流通，貯蔵中に微生物が増殖し，注入液に濁りを生じ品質の低下を招く。この濁りの主体は微生物によるものが多い。この濁りを防止するため，抗菌作用を有するソルビン酸ナトリウムの添加や，アリルイソチオシアネートと高圧を併

用した方法が有効であるとの報告[19]もある。

　一方，日本の代表的な漬物であるタクアン漬は，独特のタクアン臭があり，このにおいを除去するための研究がなされてきた。最近，酵母の発酵を利用して，においの主成分であるメチルメルカプタンを消滅させる技術が開発され注目されている[20]。また細切りした野菜に2～3％の食塩と1％グルタミン酸を加え，16～20℃で4～5日漬け込むと，血圧低下作用を有するγ-アミノ酪酸が生成される。このような健康に有益な機能性を有する漬物の開発も行われつつある[21]。

〔引用文献〕
1) サクラハチミツのホームページ：http://www.yk.rim.or.jp
2) 大村邦夫：日本農芸化学会．関東支部シンポジューム，1999
3) 増田亮一ら：日食工誌，**35**，763，1988
4) 近　雅代・榛葉良之助：日食工誌，**36**，629，1989
5) 辻村　卓ら：日食保蔵誌，**23**，35，1997
6) 関西電力ホームページ：http://www.kepco.co.jp
7) 生野世方子・山内直樹：調理科学，**24**，103，1991
8) 生野世方子ら：調理科学，**24**，103，1991
9) 北海道中央農試成績概要，174，2000
10) 佐賀県農業試験研究センター研究報告，2000
11) Ueda, E. *et al.* : *Food Preservation Science*，**26**，91，2000
12) 阿部一博ら：日食工誌，**40**，101，1993
13) 太田英明・菅原　渉：調理科学，**25**，334，1992
14) 周　燕飛ら：日食工誌，**39**，161，1992
15) Hicks, J.R. and Hall, C. B. : *Proc. Fla. State Hortic. Soc.*，**85**，219，1972
16) 永島俊夫ら：日食低温誌，**15**，132，1989
17) 太田義雄ら：日食工誌，**42**，722，1995
18) 小関茂樹：食科工誌，**47**，722，2000
19) 小川哲郎ら：食科工誌，**45**，346，1998
20) 西脇俊和ら：日食科工学会総会講演要旨集，p.57，2003
21) 大野一仁：愛知県工業技術センター研究報告，**32**，52，2003

第3章 果実・野菜の栽培環境条件と品質形成および貯蔵性

3・1 野菜類

(1) 栽培条件と品質形成

野菜の品質形成にかかわる栽培環境条件として，①遺伝的因子（品種，系統など），②栽培技術（養水分管理，収穫時期，接ぎ木など），③栽培環境条件（気温，日射量，紫外線，土性など）などがある。実際には，これらの因子が単独で作用していることはなく，相互に作用するなかで野菜の品質が形成される。自然環境条件から完全に隔離された植物工場，あるいはハウス・ガラス室などの施設や養液栽培装置などを利用する施設栽培を除けば，野菜生産は栽培環境条件の影響を受けることは避けられない。このため，適当な品種や系統を選定し，栽培技術を改善することで野菜の高品質化が図られている。

1) 品種・系統

一般に品種や系統が品質に及ぼす影響はきわめて大きく（図3・1-1），その他の栽培条件は品種のもつ固有の能力発現にかかわる。このため，多くの野菜で品種・系統比較が行われ，新品種の育成が進められてきた。選定される品種も消費ニーズの変化とともに変遷し，耐病性や収量だけでなく食味が重視されるようになり，最近においては，特定の機能性成分含量を高める品種育成も始められている。また，バイオテクノロジーを利用した野菜の品質改変は「生産物の安全性」について国民の理解を得ることが大きな課題となっているが，遺伝資源の利用に加え，遺伝的変異の幅を飛躍的に拡大するうえで有用な手段として期待されている。外国では，遺伝子組換えにより品質改変された野菜が市場に流通している。

2) 作期

葉根菜類の多くは播種期によって春まき〜冬まき栽培に，大部分の果菜類は

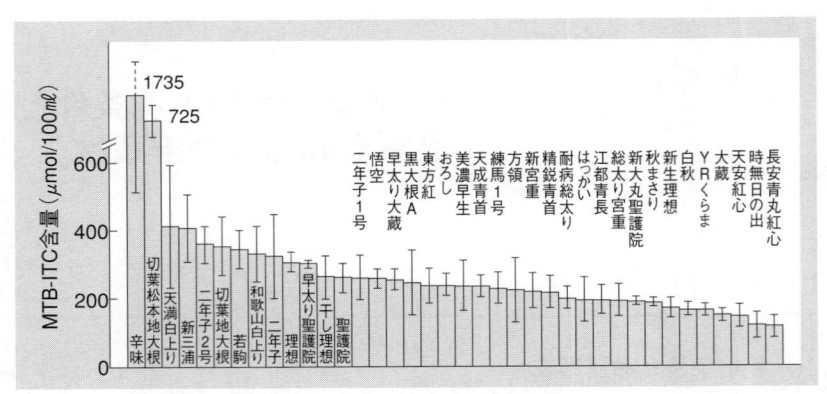

図3・1-1 野菜茶試圃場において同一条件下で栽培された38品種のダイコンの辛味成分（MTB-ITC）含量
値は3個体の平均値とレンジを示す。MTB-ITC：4-methylthio-3-butenyl isothiocyanate.
出典　岡野邦夫ら：園学雑，**59**，551，1990

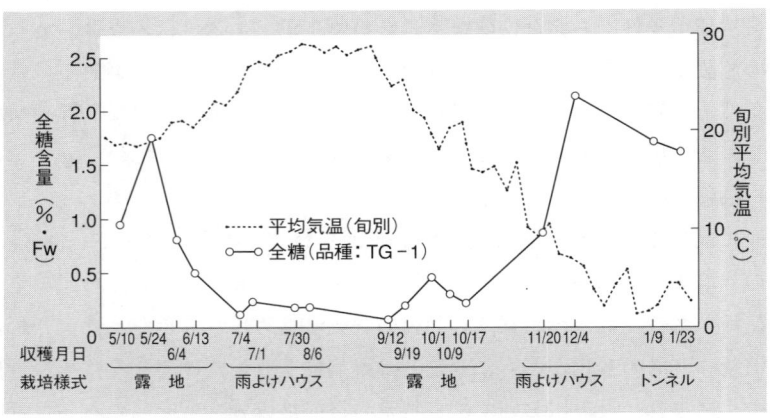

図3・1-2 栽培時期によるホウレンソウの糖含量および気温の変化
出典　亀野　貞ら：中国農研報，**6**，157，1990

　温度を中心とした環境調節技術によって普通，早熟，半促成，促成および抑制栽培に分類される作型を組み合わせることで，旬にかかわりなく野菜が周年供給されている。しかし，トマトやニンジンに含まれるカロテノイド色素の生合成には適温域があり，合成が始まるときに生合成の適温を迎える作期のもので着色が良好となる。また，キャベツやホウレンソウでは，夏季高温時には呼吸

表3・1-1　根域水分制御システムにおけるトマト果実特性

潅水設定量	日平均潅水量(mm)	糖度(%)	酸度(%)	硬度(Kg)	食味	平均果重(g)
少	0.97	11.03	1.57	2.14	極良	50.7
中	1.28	9.71	1.26	1.79	極良	62.0
多	2.10	7.03	0.61	1.42	良	92.6
慣行	1.28	5.70	0.60	1.30	ふつう	110.1

出典　阿部晴夫ら：群馬農業研究, D園芸8, 11, 1994

活性による消耗のため糖含量が減少し，冬期においては生育期間が長くなるため糖含量が高まり，耐寒性を獲得する（図3・1-2）。日射量も品質に影響を及ぼすし，葉における光合成が抑えられる寡日照の厳寒期に収穫されるイチゴやトマトの糖やビタミンC含量は低い傾向にある。

3）土壌水分

トマトやメロンなどの果菜類の高品質化を図る簡便な手法として，土壌水分含量の制御による高糖度化が生産現場において広く行われている。水ストレスの付与に伴う果実糖度の上昇は，一般に「果実肥大時における水不足による結果としての糖度上昇」と受けとられており，強い水ストレスを作物に与えると収量は減少する（表3・1-1）。このため，土壌水分を精密に制御する栽培技術が必要となり，温室メロンでは隔離床栽培が取られている。一方，養液栽培においては，栽培特性から作物が水分を過剰吸収する傾向にある。このため，生育とともに培養液濃度を高める養液管理が行われており，塩ストレスを与えることで水ストレスと同様な効果がもたらされている。なお，培養液に食塩を加えることによっても同様な効果が期待できる。

4）施肥

一般に施肥との関係については，生育不良を起こさない範囲であれば，それほど大きな品質変動要因となることはない。しかし，土壌および植物体中の窒素化合物含量と糖含量とは反比例の関係にあることがキャベツやメロンなどで認められている。また，ホウレンソウの硝酸は追肥時期の影響を強く受け，シュウ酸含量は窒素肥料における硝酸態窒素に対するアンモニア態窒素比が高くなると減少する。このため，良好な生育を維持しつつ，低減させる適正な施肥

管理がホウレンソウの低硝酸・シュウ酸化に求められている。

5）そ の 他

接木は果菜類を中心に土壌伝染性病害の回避，吸肥性の改善および低温期の生育促進などのために行われている。しかし，キュウリでは，果実表面におけるブルーム（白粉状のロウ物質）の発生を抑制し，果実に光沢をもたせることが主目的となっている。

一方，紫外線はフラボノイドやアントシアニンの生合成に影響を及ぼし，紫外線をカットするとナスやイチゴの着色が不良となる。また，雨よけホウレンソウ栽培では病害の防止と生育促進のため紫外線カットフィルムの利用が普及しているが，機能性成分として注目されているフラボノイドの合成は抑えられる。

（2）栽培条件と収穫後の貯蔵性

野菜のなかには，タマネギやジャガイモのように休眠現象のために貯蔵性のある品目もあるが，多くの野菜は水分含量が高く，収穫後も生理活性が高い状態にあり，収穫後の鮮度の低下や品質劣化が激しく，貯蔵性は乏しい。この野菜の貯蔵性も品種や作期，収穫期の早晩（熟度），施肥，収穫時刻などの栽培条件により変動する。

1）品　種

メロンでは，収穫後に呼吸が増加し追熟する露地用ネットメロンに比べて，温室メロンは呼吸が上昇することなく追熟が完了する特徴をもっており，温室メロンのほうが日持ちする。また，キャベツやレタスは品種により貯蔵性の違いがみられ，結球表面葉の糖（主たる呼吸基質）含量と貯蔵性に密接な関係がある。

2）その他の栽培条件

一般にキャベツは「夏採」に比べて，「冬採」のほうが糖含量が高く，貯蔵性がある。しかし，ホウレンソウや葉ネギでは，「夏採」のものは「冬採」のものより糖含量は少ないものの呼吸量が少ないため，収穫後の貯蔵性に相違はみられない。

タマネギ，レタスおよびダイコンでは有機質肥料は化学肥料よりも貯蔵性を

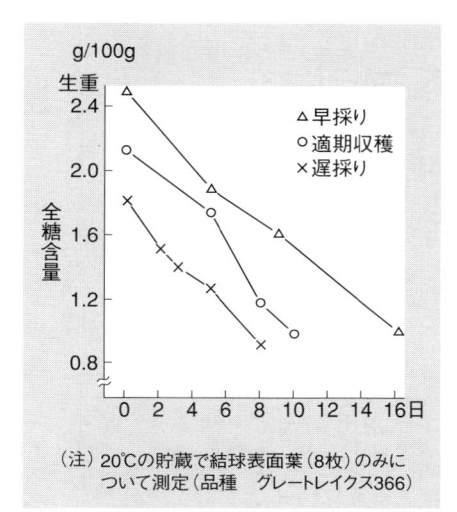

図3・1-3 収穫後におけるレタス全糖含量の減少
出典 矢野昌充：昭和58年度園芸学会シンポ講演要旨, 156, 1983

高める作用があるが，窒素過剰はマイナスとなる。このことは前項の窒素過多で作物の糖含量が減少することと符合する。しかし，その関係はキャベツでは明らかではない。

レタスの場合には早採のものほど貯蔵性が高い（図3・1-3）。逆に，ハクサイは早採すると収穫後も生理活性が高く，結球内部の芯の伸張も大きく，貯蔵に適さない。一方，トマトやイチゴなどは熟度が進むと果肉が柔らかくなるため，遠距離輸送が必要なときには完熟する前に収穫し，出荷されている。

収穫時刻が早いと品温が低く，呼吸や蒸散量が少なく，収穫後の鮮度や品質低下は少ない。このため，産地では，日が昇り気温が上昇するまでの早朝に収穫し，予冷出荷することが多くの野菜で行われている。

〔参考文献〕
・矢野昌充：農及園, **59**, 500, 1984
・青果物予冷貯蔵協議会編：園芸農産物の鮮度保持, 農林統計協会, 1992
・浅野次郎：土肥誌, **64**, 456, 1993
・日本施設園芸協会編：野菜・果実・花きの高品質化ハンドブック, 養賢堂, 1995
・永田雅靖：日食科誌, **27**, 223, 2001

3・2　果　実　類

　果実品質は，樹種や品種の違いなど遺伝的形質に負うところが大きいが，栽培環境や栽培技術の良否によっては，その樹種・品種が本来もつ優良な遺伝的形質を十分に発揮できない場合もある。逆に遺伝的形質の欠点を栽培技術で補える場合もある。高品質果実を生産するには，整枝・せん定，施肥量・施肥時期，着果量の調節などによって，樹体と果実の生育を適切に制御し，各品種のもつ優良な形質を十分に発揮させることが大切である。多くの光合成産物や養水分を果実に集積させることは高品質化につながるが，むやみに果実への分配を高めると，枝や根の成長，花芽分化等を阻害して樹勢を衰えさせ，翌年の果実品質や生産量を低下させる原因になる。したがって，永年性作物である果樹においては，樹体全体の生育バランスを考え，樹体各部の健全な生育を図ることが，連年にわたって高品質果実を安定的に生産するためにきわめて重要である。

　一方，果実は収穫後の貯蔵・流通期間に成熟・老化が進んで品質が低下する。新鮮でおいしく，栄養豊かな果実を消費者へ供給するには流通過程で生じる品質変化を念頭に置きながら，消費段階での品質を考える必要がある。一般に完熟した果実は未熟なものに比べて収穫時の果実品質は高いが，貯蔵性は劣る。また，貯蔵環境の不備や生育中の樹体栄養の偏りなどが原因となって生理障害が発生し，著しく品質が低下する場合もある。低温管理やフィルム包装などによって鮮度の保持を図るとともに，個々の果実の鮮度保持限界を知り，それに基づく生産・出荷・販売計画を立てることも必要である。

　近年，近赤外分光分析法やCCDカメラによる画像処理などを利用した非破壊内部品質評価技術を利用した選果機が普及している。大きさと着色で選別されてきた選果から内部品質を重視した選果へ大きく変化しようとしている。これらの選果機は選果データをコンピュータに蓄積し，生産者・園地ごとの生産量・品質・出荷日・支払い金額などの膨大なデータベースを構築できるものである。これらのデータを解析し，販売戦略を構築したり，栽培技術改善へフィードバックするなど，多様な利用が可能である。それに伴い，流通・販売を見

据えた生産現場の取り組みがより重要となる。

(1) 栽培条件と品質形成
1) 果実の大きさと栽培条件

　普通，果樹は多くの花をつけるため，そのままでは果実間の養分競合によって，商品価値のある大きさの果実を生産することはできない。一定の大きさの果実を生産するには生育中の果実を間引く摘果作業が不可欠である。果実の大きさは主に細胞数と細胞自身の大きさで決定されるが，リンゴなどでは細胞間隙の容積も大きさと関連する。細胞数を決めるのは細胞分裂の回数であるが，一般に果実の細胞分裂は開花後1カ月程度で停止する。細胞分裂数が少ないと，その後の細胞肥大が順調に進んでも一定以上の大きさにはならない。したがって摘果時期は細胞分裂が終わるまでに実施したほうがより効果的である。摘果の程度は樹種や品種によって異なるが，1果当たりの葉数（葉果比）を基準にするのが合理的であり，多くの果樹では葉果比20～40を目安にしている。葉果比に表される着果量を頂芽数に換算して適正着果量としている場合もある（表3・2-1）。

　果実の生育初期は葉が十分展開していないため，主に前年度に樹体内に蓄えられた貯蔵養分に頼って生長している。そのため，前年度の着果過多などによって樹体内養分の消耗が大きい場合や，病害虫などの発生によって早期に落葉すると，貯蔵養分が欠乏し，細胞分裂を制限する要因となる。果実の収穫後

表3・2-1　リンゴの品種別の適正着果基準の例

品　　　種	適正着果基準（頂芽数）
ふ　　じ	4～5
つ　が　る	3～4
千　　秋	4～5
王　　林	3～4
紅　　玉	3～4
ジョナゴールド	3～4
陽　　光	4～5
さ　ん　さ	4～5
世　界　一	5～6
祝	4～5

表3・2-2 リンゴ'ふじ'の栽培地と果実品質

	北海道	青森	宮城	福島	茨城
硬 度	15.7	16	14	13.4	13.7
糖 度	13.9	14	13.6	13.9	14.4
酸 度	0.47	0.37	0.39	0.26	0.34
大きさ	207	317	284	353.4	337
収穫日	11月8日	11月2日	11月16日	11月22日	11月5日

に，いわゆる礼肥を施して光合成を促進し，貯蔵養分の蓄積を高めることは，翌年の効果の生育を確保するためにも有用である。また，細胞分裂期を温暖に経過すると細胞分裂が促進されるため，暖かい地域で栽培される果実は大玉の傾向にある（表3・2-2参照）。

肥大生長は，主に葉の光合成産物や根から供給される養水分を，細胞内の液胞に蓄積しながら成長する。したがって整枝・せん定などによって，樹形を整えすべての葉に十分に光を当てるとともに，適度な施肥と水分の供給が重要である。しかし，極端な強せん定や必要以上の施肥は，新梢の二次生長や徒長枝の発生を助長して養分を消費するため，かえって果実の肥大は劣る。果実と樹体成長のバランスをとることが重要である。

2）果実の甘さと栽培条件

葉で合成された炭水化物は，カンキツ類やカキなどではショ糖となって転流するが，リンゴやナシ，モモなどのバラ科果樹は主にソルビトールが転流糖となる。果実へ転流した糖は，果実細胞内の酵素の働きでグルコースやフラクトース，ショ糖に代謝変換され，液胞膜に存在するキャリアータンパク質の働きによって，糖の濃度勾配に逆らって液胞内に蓄積される。このときの膜に存在するH^+-ATPaseやH^+-ピロリン酸ホスファターゼなどのプロトンポンプの働きで形成される糖とは逆のプロトンの濃度勾配によるエネルギーに依存して蓄積される（図3・2-1）。

高糖度の果実を生産するには，整枝・せん定によってすべての葉に十分な光を当て，光合成を盛んにするとともに，適切な葉果比を設定してそれぞれの果実への糖の分配を高め，病害虫の被害などによる葉の機能低下や落葉を防ぐことが重要である。また，果実への炭水化物などの蓄積が，炭水化物を消費する枝などの他器官の生長とも競合関係にあることも考慮する必要がある。普通，

300〜500mM

S S H$^+$ S アポプラスト
　　　　　　　　成熟果406mM
サイトゾル ATP　　　　未熟果128mM
　　　　ADP H$^+$
PP$_1$ P$_1$　　　S

液胞　　H$^+$　　　S
　　成熟果936mM
　　未熟果326mM

◎：原形質膜H$^+$－ATPase,　　◯：H$^+$/糖－コ・トランスポーター
　　（キャリアータンパク質），　　　◎：トノプラストH$^+$－ATPase,
◎：H$^+$/糖－アンチ・トランスポーター（キャリアータンパク質），
◎：H$^+$－PP$_1$ase,　●：糖キャリアータンパク質，S：糖

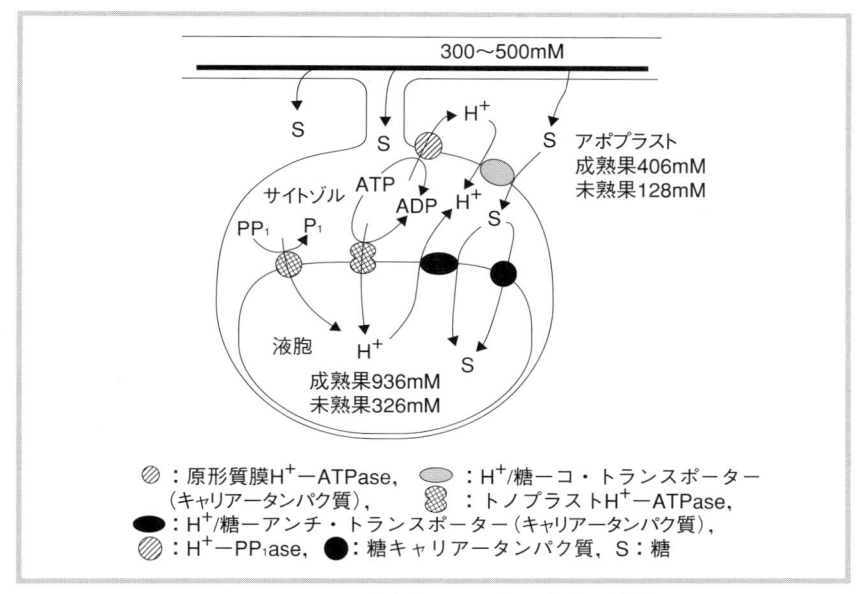

図3・2-1　液胞内への隔離・蓄積の機構

　枝の伸長は果実の成熟期前に停止し，その後は葉の同化産物はもっぱら果実に分配されるが，前述のとおり窒素施肥の過多や強せん定などによって枝の二次伸長のみられる場合は果実の肥大生長が劣り，糖度も低くなる。一方，果実の糖濃度は果実肥大後期〜成熟期における樹体水分が大きく影響し，この時期の水分吸収を抑制する（水分ストレス）ことによって糖度が高まることが知られている。これを利用した栽培技術としてウンシュウミカンなどでマルチ栽培（図3・2-2），屋根かけ栽培，高うね栽培，根域制限栽培，コンテナ栽培などが開発されている。また，わい性台木を利用したわい化栽培は，作業の省力化に有効であるばかりでなく，同化産物がより多く果実へ分配されるため，リンゴなどで糖度が高くなることが知られている。一般に栽培地域と糖度との関連については，暖地で糖度が高い傾向にある。気温は糖含量よりも糖組成に大きな影響を与え，リンゴやナシでは暖地産のものはショ糖含量の割合が低く，還元糖が増える傾向がある。酸度は生育温度に敏感で，一般に温度が高いと低下する。したがって暖かい地域で栽培された果実は甘味は増すが，酸味が低くさ

図3・2-2 ウンシュウミカンのマルチ栽培による高糖度化
写真提供 森永邦久

わやかさに欠ける傾向にある。

3）果実の着色と栽培条件

　果実の色は，商品性を左右する大きな要素であり，アントシアニンやカロテノイドなどの色素の発現によって，それぞれの果実独特の色調を示す。ブドウ，イチジク，オウトウ，リンゴなどの赤，紫，紫黒色は，アントシアニンによる。アントシアニンの生成は，普通は一定の成熟度に達した後にみられるが，そのときに光の存在が絶対的な条件となる場合が多い。ブドウの一部の品種では，光を全く必要としないものもある（キャンベル・アーリー，マスカット・ベリーAなど）が，リンゴなどでは光がないと全く着色しない。そのため，リンゴでは成熟期に果実の周辺を葉摘みしたり，樹冠下に反射板を敷いて，着色を促進する作業が行われる。一般にアントシアニンの生成適温は，15〜20℃といわれ，秋の低温が着色促進に重要な働きをしている。そのため暖地ではブドウやリンゴなどで着色不良となることがある。また，アントシアニンの生成は果実の糖代謝や窒素代謝と関連すると考えられており，果実糖度の少ない条件や窒素施肥が多い場合にもアントシアニンの生成が抑制される。リンゴなどで行われる袋掛けは，病害虫防除の目的で行われていたが，果皮のクロロフィルの合成を抑制するとともに，除袋後のアントシアニン合成を促進して着色を改善する効果があるため，リンゴなどでは着色改善の目的で行われる。

カンキツや，カキ，バナナなど黄色はカロテノイド色素によるものである。カロテノイドの発現も果実の成熟に伴い増大し，光の存在によって促進されるが，アントシアニンほど強い光を必要としない。カロテノイド合成の最適温度も25℃程度であり，高温では特にリコピンの生成が抑制される。近年，アントシアニンやカロテノイドは，がん予防などの機能性成分としても注目を集めている。

（2）栽培条件と収穫後の貯蔵性
1）果実の軟化と栽培条件

果実の軟化は，果実の成熟・老化過程にみられる生理的な現象であり，品種や栽培環境条件の違いによっても影響を受ける。軟化は，成熟に伴う細胞壁多糖類の可溶化によって細胞間の結合力が低下し，組織の機械的強度が弱まることが原因である。細胞壁の可溶化は，成熟に伴うペクチン分解酵素（PG）の誘導によって生じると考えられていたが，アンチセンスRNA技術によってPGの発現を阻害しても軟化が進行することから，PG以外の要因が関連すると考えられるようになった。詳しいメカニズムは明らかでない。

一般に，多くの果実で早生品種ほど果肉の軟化が早く，貯蔵性が劣る。したがって貯蔵に適する品種の多くは，晩生品種である。また，暖地で生育した果実は成熟期が早くなり，寒冷地で生育した果実に比べると果実硬度が低い（表3・2-2）。また，軟化速度も早いため貯蔵性は劣る傾向にある。青森県がリンゴの一大生産県となった理由の一つは，気候が冷涼で生産されたリンゴの貯蔵性が高く，年間を通じて貯蔵果実を出荷できるためである。同じ品種では，大果が小果に比べると軟化が早く，貯蔵性が一般に低い。また，窒素施肥が多い場合も果実の軟化が早く，貯蔵性が低くなる。

2）貯蔵中の生理障害の発生と栽培条件

長期貯蔵ができるリンゴやミカンでは，熟度の進行のほかに貯蔵中に発生する生理障害によっても貯蔵期間が制限される。生理障害の発生は樹体の成育状況や施肥管理などの栽培条件に密接に関連する。リンゴの果皮が茶色く変色するやけ病やミカンの果皮が褐変する虎斑症（こはん）は，未熟な果実を貯蔵した場合に発生が多く，リンゴの果肉褐変は，熟度の進んだものを貯蔵した場合に発生が多

い。また，大きな果実は小さなものに比較してこれらの生理障害が発生しやすい。生理障害の発生原因は，生育時における養分の過不足と関連が深く，リンゴの斑点性の生理障害であるビターピットや果肉褐変は，カルシウムの不足が関連すると考えられている。窒素施肥が多すぎるとカルシウムの吸収が阻害され，これらの障害が発生しやすいといわれる。

　以上のように，果実の貯蔵性は果実の生育中の施肥管理や収穫熟度によって大きく影響を受けることから，完熟果実や大きな果実，生理障害の発生しやすい園地などの果実は早めに出荷するなど，栽培環境や土壌条件，収穫熟度などを検討したうえで販売戦略を立てることも重要である。また，収穫熟度は果実軟化や生理障害の発生による貯蔵期間と密接に関連するため，貯蔵期間を考慮した収穫適期を選ぶことも必要である。

〔参考文献〕
・間苧谷　徹ら：新編果樹園芸学，化学工業日報社，2003
・金山喜則ら：化学と生物，**31**(9)，578〜586，1993

第4章　園芸作物の収穫後生理

4・1　組織構造と生理

　植物体の生理活性は，収穫後の環境を一定にしても，植物体自体の要因により大きな変異を示す。例えば野菜類の呼吸速度は，根菜類から葉茎菜類まで数十倍の開きがある[1]。蒸散速度の差はさらに大きく，場合によっては数百倍もの違いがみられる[2]。これらの差違は，品種，種類，器官，発育段階などさまざまな要因によってもたらされるが，組織構造上の違いが大きく関与している。

　組織構造上の違いとして重要な要因の一つは，表面積／体積の比である。例えば野菜類では，塊茎・塊根類の$0.5〜1.5 cm^2 cm^{-3}$から，葉菜類の$50〜100 cm^2 cm^{-3}$までさまざまな値をとるが，この比の大きいものほど生理活性が高く，日持ちは悪くなる[3]。この比の値は，もし形状が同じであればサイズが小さいほど大きくなり，丸いものより細長いもののほうが大きくなる。

　植物体と外界の境界をなす表皮系構造は，生理活性を規定するもう一つの重要な要因である。ガス交換，水分蒸散といった内部の生理作用に大きく関与するだけでなく，外部からの微生物の侵入や損傷に対して保護の役割を果たしている。以下この要因について詳述する。

（1）表皮系構造と生理
1）表皮系構造

　表皮系構造は，植物体のもっとも外側にある表皮細胞と，表皮細胞の上に積層するクチクラ，さらにその上に滲出するワックスからなる（図4・1-1）。

　ⅰ）**表皮細胞**（epidermal cells）**と気孔**（stomata）　　表皮は植物体を覆う部分で，多くは一層の細胞層からなる。この表皮細胞の一部が特殊化して孔辺細

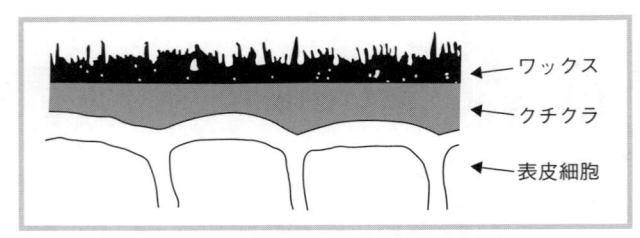

図4・1-1　植物の表皮系構造の模式図

胞をつくり，これが二つセットになって一つの気孔となる。気孔の開閉によって植物体と外界の間のガス交換と水分蒸散が調節される。気孔の数は早い生育段階で決まるので，気孔密度は成長とともに減少する。葉では，1 mm^{2}当たり百数十個存在することもあり，開孔部の面積は葉面積の1％以上に及ぶ[4]。一方果実では，多くても1 mm^{2}当たり十数個程度で，なかにはブドウのように生育初期には気孔が観察できるが，生育が進むにつれ裂開・スベリン化し，気孔として機能しなくなる場合もある[5]。また，気孔は収穫後閉じられることが多く，収穫後生理における役割はそれほど大きくないと考えられている。

ⅱ）**クチクラ**（cuticle）**とワックス**（wax）　クチクラは表皮細胞を覆っている膜層で，表皮細胞から分泌された脂肪酸物質からなる。クチクラの主成分であるクチンは有機溶媒に溶けず，化学的安定性は非常に高い。特に微生物の侵入に対して保護の役割を果たしている。クチクラ層の厚さは，果実では3～8 μm と比較的厚いが[6]，葉では十分発達せず1 μm 以下のことが多い[7]。

一方ワックスはクチクラ層に埋め込まれているか，クチクラ表面に分泌されている。特に表面に分泌されたものを表面ワックス（epicuticular wax）という。ブドウなどで果粉（bloom）と呼ばれるのは，この表面ワックスである。ワックス量は，葉より果実に多く，葉で1 mm^{2}当たり数十 μg，果実で百数十 μg である[8]。ワックスはクロロフォルム，エーテル，ベンゼンなどに溶出するが，生育環境中でもオゾン，硫黄酸化物や酸性雨などで変化を受ける[9]。ワックスを有機溶媒で除去すると，水分や溶質の透過性が，数倍から数百倍増大する[10),11]。このようにワックスはガス交換，水分蒸散を防ぐ大きなバリアとなっている。

ⅲ）**周皮**（periderm）**と皮目**（lenticels）　植物が傷害を受けると，その部

分の細胞が分裂する能力を取り戻してコルク形成層に分化する。ここからつくられる数層の細胞群を周皮と呼び，表皮に代わる新たな保護層になる。周皮の細胞は，細胞壁にスベリンを含み，水を通さない。サツマイモを収穫後に高温高湿貯蔵するキュアリングは，周皮形成を促すために行われる処理である。

周皮の一部に細胞がまばらに集まっている部分がある。これは皮目と呼ばれ，空気間隙が多く，気孔に代わってガス，水分透過を許す開孔部となる。リンゴ，ナシ果実などにみられ，気孔のようにガス交換，水分蒸散を自ら調節する能力をもたない。成熟が進むにつれてクチン，スベリンの沈着が進み，またワックスでふさがれたりして，開孔部として機能しないこともある。

iv）**毛状突起**（trichome）**と毛**（hairs）　表皮組織の突起物で，単細胞から多細胞まで，形状もいろいろである。生理的役割はよくわかっていないが，表面温度を下げて，蒸散抑制に関与するともいわれる[12]。

2）ガス交換と水分蒸散のパスウェイ

表皮系構造のうち，実際にどの構造がガス交換，水分蒸散のパスウェイになっているかを知ることはポストハーベスト技術を確立するうえで重要である。ガス交換は，主として気孔などの開孔部を通して行われるが，水分蒸散の場合，開孔部だけでなく，クチクラを通しても外界と出入りがある。クチクラを通して起こる蒸散はクチクラ蒸散と呼ばれ，気孔を通して行われる気孔蒸散と区別されている。一般的にいえば，収穫前の段階ではクチクラ蒸散よりも気孔蒸散のほうが重要な意味をもっているが，収穫後生理においては，気孔の役割は小さくなり，代わってクチクラ，ワックスがパスウェイとして重要な役割を担うようになる。

その他にガス交換，水分蒸散において無視できない構造がある。果実につく果梗とがくである。それぞれが開孔部をもつので，果面に開孔部をもたない果実のカキ，ブドウ，野菜のナス，ピーマン，トマトなどで重要な役割を担っている。例えばカキ，ナスの呼吸は80％以上ががく（へた）で行われる[13]。またピーマンでは，果面からの蒸散（クチクラ蒸散）は全体の69％で，果梗，がくからそれぞれ15％，16％の水分が損失する[14]。同様にトマトでは33％がクチクラ蒸散で，残りの大部分はがくからの蒸散である[15]。

このようにガス交換，水分蒸散のパスウェイは，それぞれの作物により異な

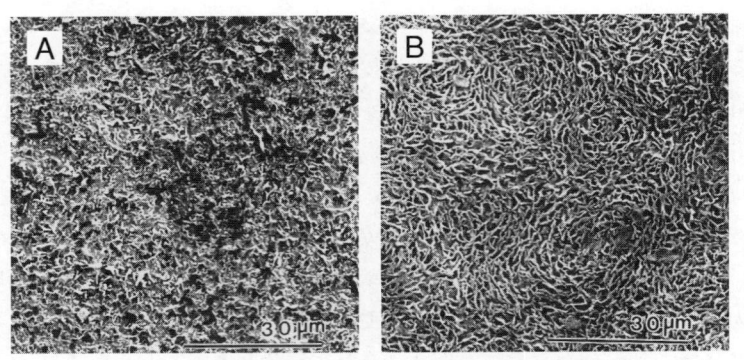

図4・1-2 収穫後にみられるブドウ表面ワックス結晶構造の変化
A：収穫直後　B：収穫24日後

る。各作物の各部位における表皮系構造を正確に観察し，どのパスウェイが重要であるかを定量的に把握することが重要である。

3）収穫後の表皮系構造の変化

表皮系構造は，収穫後ダイナミックに変化する。収穫後の呼吸量は，クライマクテリック型果実を除いて減少傾向にあるが，これは収穫に伴う水ストレスに反応して，気孔が閉じられることと関係している。リンゴを貯蔵すると，果皮表面が油っぽく感じるようになるが，このときワックス量は収穫直後のほぼ倍になっている[16]。ブドウでは，収穫後表面ワックスの結晶構造が大きく変わり，その形状が蒸散量を大きく左右するといわれる[17),18)]（図4・1-2）。このようにワックスは収穫後その量・形状を比較的変化させやすいが，クチクラは変化を受けにくい。例えばピーマンの水分損失率は，クチクラの厚さではなく，ワックス量に規定されており[19]，ポストハーベスト技術としては，特にワックスの量・形状に着目して，これをコントロールすることが重要である。

(2) 内部組織と生理

内部組織もまたガス交換と水分蒸散に少なからず影響を与える。内部組織においてガス交換の行われる通路は，組織内に発達した細胞間隙で，ガス分圧の差による拡散で移動が起こる。細胞間隙は，果実全容量の25%にも達するリンゴから，ジャガイモのようにたかだか1%程度のものまでさまざまである[20]。

一方内部組織中の水分は，細胞間隙中に水蒸気分圧差がほとんどないため，

液体の水としてシンプラストないしアポプラスト経由で移動する。蒸散速度を規定するほど水の内部移動速度が違うという証拠はなく、今のところ内部組織よりは表皮系構造のほうが蒸散速度に大きな影響を与えていると考えられている。

〔引用文献〕
1) Kader, A. A. and Saltveit, M. E. : Postharvest Physiology and Pathology of Vegetables (Bartz, J. A. and Brecht, J. K., eds.), Marcel Dekker, 2003
2) Satstry, S. K. et al. : *ASHRAE Trans.*, **84**, 237, 1978
3) Burton, W. G. : Post-harvest Physiology of Food Crops, Longman, 1982
4) Kramer, P. J. and Boyer, J. S. : Water Relations of Plants and Soils, Academic Press, 1995
5) Nakagawa, S. et al. : *J. Japan. Soc. Hort. Sci.*, **49**, 1, 1980
6) 渡部俊三：農及園, **45**, 1637, 1970
7) Jeffree, C. E. : Plant Cuticles, (Kerstiens, G., ed.), Bios Scientific Publishers, 1996
8) Baker, E. A. : The Plant Cuticle (Cutler, D. F. et al., eds.), Academic Press, 1982
9) Grace, J. and van Gardingen, P. R. : Plant Cuticles (Kerstiens, G., ed.), Bios Scientific Publishers, 1996
10) Schulman, Y. et al. : *J. Hort. Sci.*, **45**, 471, 1970
11) Riederer, M. and Markstadter, C. : Plant Cuticles (Kerstiens, G., ed.), Bios Scientific Publishers, 1996
12) Cutter, E. G. : Microbiology of Aerial Plant Surfaces (Dickenson, C. H. and Preece, T. E., eds.), Academic Press, 1976
13) 樽谷隆之：香川大農紀要, 19, 1965
14) Ben-Yehoshua, S. and Rodov, V. : Postharvest Physiology and Pathology of Vegetables (Bartz, J. A. and Brecht, J. K., eds.), Marcel Dekker, 2003
15) Cameron, A. C. : Gas Diffusion in Bulky Plant Organs, PhD Dissertation, University of California, Davis, 1982
16) Ju, Z. and Bramlage, W. J. : *Posthavest Biol. Technol.*, **21**, 257, 2001
17) Possingham, J. V. et al. : *Aust. J. Biol. Sci.*, **20**, 1149, 1967
18) 馬場　正ら：園学雑, **68** (別1), 185, 1999
19) Lownds, N. K. et al. : *HortScience*, **28**, 1182, 1993
20) Marcellin, P. : *Bull. Soc. Fr. Physiol. Veg.*, **9**, 29, 1963

〔参考文献〕
・Burton, W. G. : Post-harvest Physiology of Food Crops, Longman, 1982
・樽谷隆之・北川博之：園芸食品の流通・貯蔵・加工，養賢堂，1995
・Kerstiens, G., ed. : Plant Cuticles, Bios Scientific Publishers, 1996
・Bartz, J. A. and Brecht, J. K., eds. : Postharvest Physiology and Pathology of Vegetables, Marcel Dekker, 2003

4・2　種々の物質代謝とその相互関係

　生物に共通し生命活動に不可欠な代謝は一次代謝と呼ばれ，それには高エネルギーリン酸化合物，アミノ酸，タンパク質，核酸，脂質などの供給や利用にかかわる代謝が含まれる。これに対して，それぞれの生物に限定される特有の性質の発現にかかわる代謝を二次代謝と呼び，果実や野菜では色調，香味，肉質などの品質形成にかかわる代謝であり，これらの発現にかかわる物質は二次代謝物質に当たる。これらの代謝の結果として表される総生理活性は呼吸活性として概略的にとらえられてきた。

(1) 主な代謝経路

　果実や野菜の一次代謝や二次代謝およびその生産物の生理化学的特質に関しては，それぞれを取り扱う項で解説されるので，ここでは図4・2-1にみられるように，一次代謝にかかわる解糖系，TCAサイクル，ペントースリン酸経路および電子伝達系を中心に，それらの代謝中間物質が二次代謝系に入り，色素，香味成分，ポリフェノール，細胞壁構成成分などの形成につながっており，これらの代謝の流れが正常にバランスのとれた状態で進行することによって特有のよい品質が形成されること，また逆に抑制すれば保存期間を延長することができることになることに注目したい。

(2) 物質代謝の相互関係と生理活性

　グルコースが分解される過程で生じる中間物質は，他の代謝系に導入され，また逆にそれらの代謝系の物質が解糖系やTCAサイクルに合流し，高エネ

4・2 種々の物質代謝とその相互関係　91

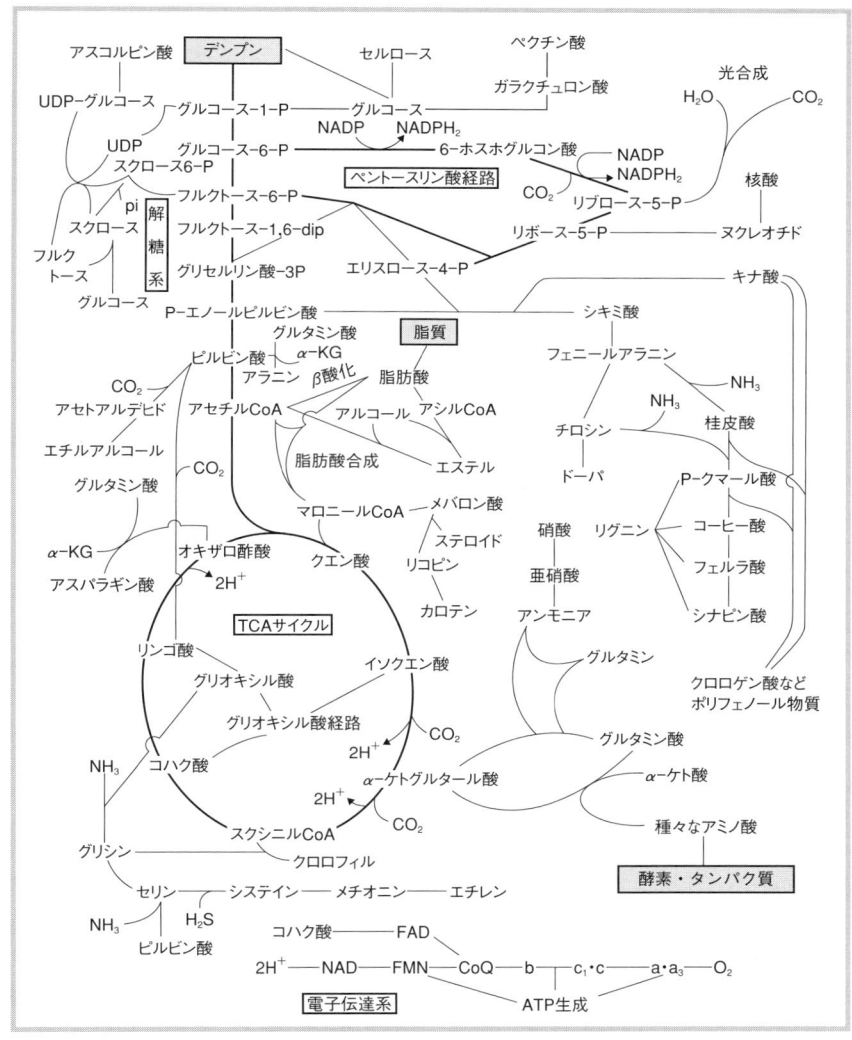

図4・2-1　種々の代謝系の相互関係

ギーリン酸化合物であるATPの生成にかかわる。このように生体内の代謝は単独の流れではないので，青果物の生理と品質形成を考える場合，後述の代謝調節と合わせて物質代謝の相互関係を理解しておく必要がある。例えば，青果物の代謝は収穫されるまでは光合成系と密接に関係をもち，単糖類，少糖類，

多糖類などを構成成分あるいは貯蔵物質として保有するものでは，それらの合成・分解においては同じ代謝系を活用し，一次代謝と二次代謝の関係を保ちながら，すなわちエネルギーの獲得と利用を図りながら品質形成にかかわる物質の産生を進行させている。

アボカドは多量の脂肪を有する果実で，その合成と分解は別の経路をとるが，合成のはじめと分解の最終にはアセチルCoAがかかわり，また青果物一般に含まれるアミノ酸はタンパク質の構成成分で，その生成はアンモニアの同化とともにケト酸とアミノ酸との間のアミノ基転移によるので，解糖系やTCAサイクルの活性と密接に関係しており，特定のアミノ酸が大きく変化することもある。トマトでは赤色に着色するのとほぼ平行して旨味成分のグルタミン酸の増加が認められ，未熟種実やマメでは旨味に関係するアミノ酸（アラニンなど）がタンパク質の形成に使われて，収穫後に急減し旨味が消失する。

さらにフェニルアラニンとチロシンの生成はペントースリン酸経路を介して行われ，フェノール物質の生成は主としてフェニルアラニンアンモニアリアーゼ（PAL）の作用によるフェニルアラニンの脱アミノ反応から始まる。この段階がポリフェノール物質の生成の律速段階として認められている。ポリフェノール物質生成の促進は，種々のストレスによるシキミ酸の生成にかかわるシキミ酸経路とPALの活性化が関係する。

〔参考文献〕
・緒方邦安編：青果保蔵汎論，建帛社，1977
・Kays, S. J.：Postharvest Physiology of Perishable Plant Products, Avi, 1991
・信濃卓郎訳：呼吸と作物の生産性，学会出版センター，2001（Amthor, J. S.：Respiration and Crop Productivity, Springer-Verlag, 1989）

4・3　蒸散作用と代謝活性

一般に青果物は水分含量が高く，果実では85〜90％，野菜では90〜95％が水分である（表4・3-1参照）。蒸散は気化熱として多量のエネルギーを必要とする物理的現象であるので，多量の水分の存在は温度の急激な変化を抑制する

表4・3-1　青果物の水分含量，表皮構造および蒸散速度

	水分含量	気孔の有無	皮目の形	クチクラの厚さ	蒸散速度	奨励貯蔵法
ナス	94.1	不明		0.8〜1.5	＋	90〜95
トマト	95.0	無		2.0〜4.0	－	85〜90
ピーマン	93.5	不明		0.3〜0.5	＋	90〜95
キュウリ	96.2	有		1.0〜1.5	＋＋	90〜95
メロン	87.2	有	＋＋＋	0.3〜0.5	＋	90〜95
キャベツ	92.7	有			＋＋＋	90〜95
ハクサイ	95.9	有			＋＋＋	90〜95
ジャガイモ	79.5	無			＋＋	90〜95
ニンジン	90.4	無	＋＋＋		＋＋＋	90〜95
リンゴ	85.8	有	＋＋	5.0〜8.0	－	90
ニホンナシ	88.6	有	＋＋	5.0〜7.0	＋	90〜95
モモ	89.3	有	－	〜5.0	＋	90
カキ	83.1	無	－	5.0〜8.0	－	90
ブドウ	84.4	無	－	3.0〜5.0	＋	85
ミカン	88.9				＋	85

作用を示す。生育中の作物は根から吸収を行い，地上部からの蒸散による水分損失を補填している。しかし，青果物として収穫された作物では，蒸散による水分損失は引き続いて起こるが，表面の水滴などからの吸水など，ごく特殊な場合を除いて，水分の補給は絶たれる。青果物にとって収穫後の蒸散による水分損失は，重量減（メベリ）による直接的な損失だけではなく，多くの青果物において，収穫時の重量に対して5％以上の減量は，新鮮さを示す張りや光沢の消失，しわの発生につながり商品性を失う原因となる。また，収穫後の水分損失は，青果物に対して単に物理的な作用だけでなく，種類や発育段階によっては，呼吸などの代謝作用，エチレン生成などにも影響を与える生理的作用を示す場合もある。

（1）蒸散作用の機構

1）相対湿度と水蒸気圧差

空気は78％窒素，21％酸素，0.03％二酸化炭素およびアルゴンなどの微量成分に加えて水蒸気を含んでいる。水蒸気の割合は0から飽和水蒸気量まで変化する。飽和水蒸気圧（量）は，温度と気圧の関数であり，1気圧の下では30℃で4.3kPa（kilo Pascal），20℃で2.4kPa，10℃で1.3kPaである（図4・3-1参

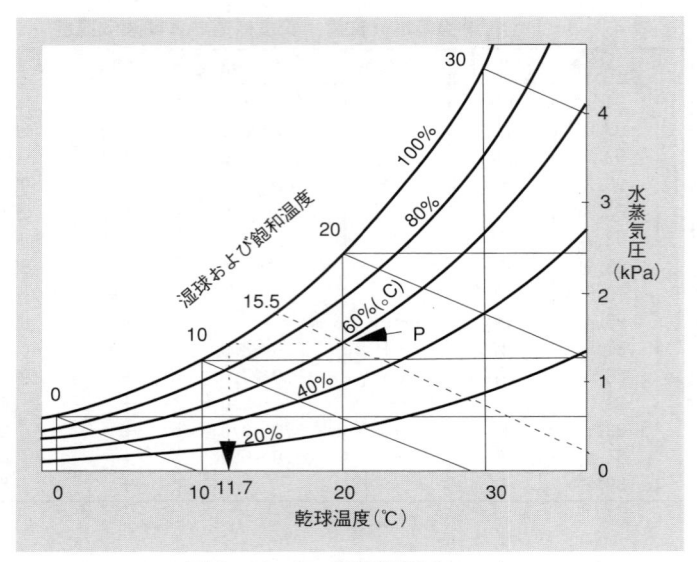

図4・3-1 乾湿計用チャート
図中の％つき数字は相対湿度。斜め斜線は湿球温度の軸。
P→の点のとき，乾球温度20.0℃，湿球温度15.5℃で相対湿度60％，露点11.7℃。

照)。湿度を表す値としてもっともよく使われる相対湿度（relative humidity, RH）は，飽和水蒸気圧に対する現在の水蒸気圧の割合と定義されている。例えば，図4・3-1の点Pに示すように気温（乾球温度）20℃，湿球温度15.5℃のとき，飽和水蒸気圧は2.4kPa，実際の蒸気圧は1.44kPaであり，相対湿度は1.44÷2.4≒60（％）となる。飽差は2.4−1.44＝0.96（Pa），露点は11.7℃となる。

密閉された温度一定の空間に，青果物のような水を含む物体を置いた場合には，十分な時間が経過すれば蒸発により水蒸気になる水分子と水蒸気から液体の水になる水分子の数が一定になる均衡に達する。このときの相対湿度が均衡相対湿度（equilibrium relative humidity）であり，置かれた物体が純水の場合には均衡相対湿度は100％になる。しかし，青果物に含まれる水分のうち，一部の水分子は化学的に結合しており，自由水も糖，有機酸，アミノ酸などの溶質を含んでいるので，実際の均衡相対湿度は100％以下になり，多くの青果物の場合に約97％程度であると考えられている。この差はわずかではあるが，青果

物の貯蔵環境において相対湿度が100％にならなくても，蒸散による減量が停止することを意味している。均衡相対湿度と実際の相対湿度の差を蒸気圧差（vapor pressure difference, VPD）という。ある温度での飽和蒸気圧を Pa，実際の蒸気圧を pa とすると，青果物の VPD=Pa×0.97）－pa と算出され，蒸散の激しさとほぼ比例する。ただし，実際の青果物の蒸散程度は，青果物の表面積，表面構造や組成にも大きく左右される。

2）蒸散と表皮構造

蒸散は青果物の表面から起こるが，種類によって体積に対する表面積の割合，表面の構造，表面物質の種類によって蒸散の起こりやすさは大きく異なる。大まかには葉菜類，果菜類，根菜類，果実類の順で蒸散が起こりにくくなるが，表面の構造と表面物質によって異なり，ニンジンのように根菜であるが蒸散が激しいものもある（表4・3-1参照）。

青果物の表皮と周辺組織からなる表皮系は，図4・3-2に示すようにロウおよびロウ類似物質（クチン）が蓄積したクチクラ（cuticle）層に覆われているが，クチクラ層が破れ下層にコルク細胞（細胞壁中にスベリン（suberin）が沈着した細胞）が発達した皮目が発達している場合もある。トマト，カキ，リンゴなどのように光沢のある果実では，クチクラ層の表面にワックス（パラフィン系，オレフィン系高級炭化水素，高級アルコールと脂肪酸のエステル，リン脂質など）が蓄積している。このワックスが白く顆粒状になったものが果粉で，ブ

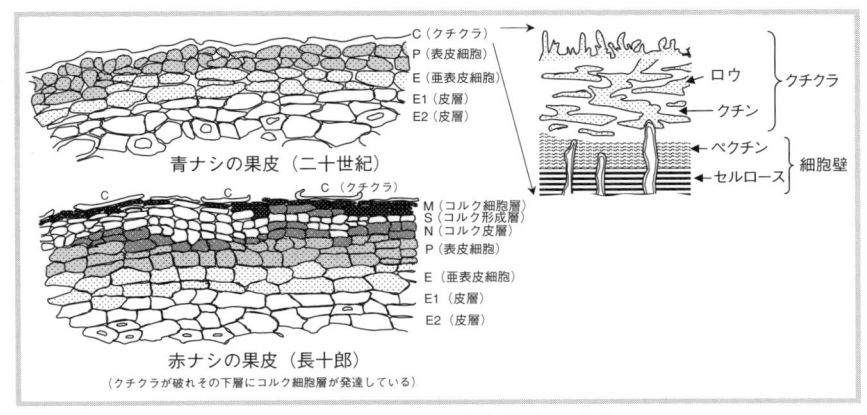

図4・3-2　果実の表皮構造の模式図

ドウ、リンゴなどにみられる。クチクラ層、コルク層およびワックスは水蒸気透過に対する強い障壁になるので、これらが表面に発達している組織では水分蒸散が強く抑制されている。クチクラ層などは、生育段階が進むほど発達するので熟成した果実では十分に発達しており水分透過性が低くなっているが、未熟な段階で収穫されるキュウリなどの果菜類では発達が不十分で、収穫後の蒸散が激しい。葉や一部の果実表面には気孔があり、植物の生育中にはガスおよび水蒸気の主要な通り道になっている。青果物が収穫されると蒸散による水分損失が補填されないため、ほとんどの場合に気孔は閉じるが、低温感受性作物が急速に冷却された場合には、開口したままになっている場合もある。青果物が収穫前後に機械的傷や微生物の侵入による傷を受けると、水分損失の障壁となっているクチクラ層やコルク層が破れ、蒸散が顕著に促進される。サツマイモを収穫直後に高湿高温下に置くキュアリングは、収穫時に傷ついた部位に癒傷コルク層を形成させるものである。

(2) 蒸散作用と生理活性
1) 呼吸活性

収穫後に予措乾燥を行うと多くの青果物で呼吸活性の抑制がみられる。この呼吸活性の抑制は、湿度環境に対する青果物の生理的な適応によるものか、表皮系が若干乾燥することにより気孔や皮目、細胞間隙などの開口度が低下しガス交換が低下することによるものかは明らかではない。いずれにせよ、ハクサイやタマネギでは低湿度環境下に貯蔵すると顕著に呼吸活性が抑制される。ウンシュウミカンなどのカンキツ果実では過湿環境で貯蔵すると呼吸活性が促進され、浮皮果になりやすいので、貯蔵前に果皮表面を軽く風乾させる予措乾燥が行われる。

2) エチレン生成

収穫後の蒸散による水分損失は青果物にストレスとして作用し、エチレン生成を刺激する場合が多い。カキ果実の場合には、収穫後の水ストレスによりへた部で少量のエチレン生成が誘導され、さらにそのエチレンが果実における自己触媒的エチレン生成を刺激し、そのエチレンが果実の軟化を誘導することが示されている（図4・3-3参照）。したがって、カキ果実の場合には収穫後の

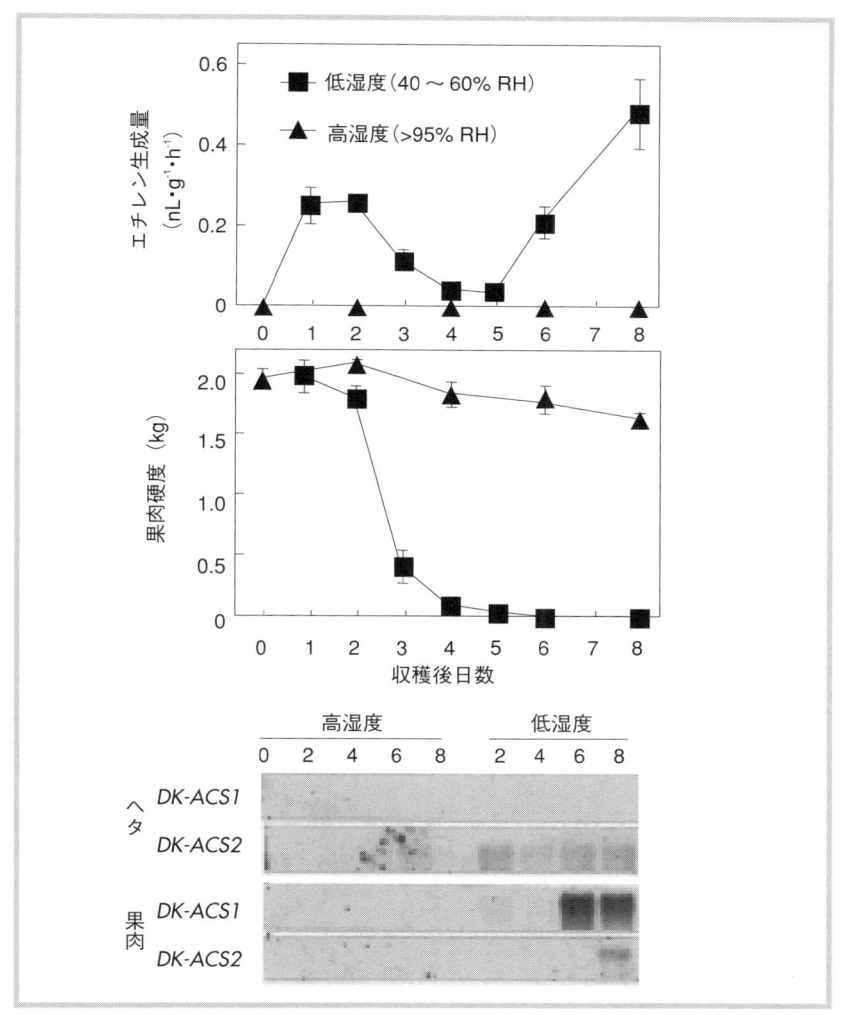

図4・3-3 貯蔵湿度環境がカキ'刀根早生'果実のエチレン生成と軟化およびACC合成酵素遺伝子発現に及ぼす影響
出典 Nakano, R. et al. : *Postharvest Biol. Technol*., 25, 293〜300, 2002

水分蒸散を有孔ポリ袋包装などで抑制することによって,収穫後の軟化(熟ガキの発生)が顕著に抑制される。

3）着　色

　追熟，貯蔵中の湿度環境は，一部の果実では着色にも影響を与える。バナナでは，低湿下で追熟させると褐変が生じ，くすんだ色になるので，均一かつ鮮明な黄色の果皮色を得るために，エチレンによる追熟誘導操作は加湿した環境下で行われる。

4）微生物繁殖

　ほとんどのカビなどの微生物は相対湿度90％以下になると成長が止まり，85％以下になると胞子発芽も起こらない。そこで，多くの果実物の最適貯蔵湿度は85～95％に設定されてきた。しかしながら，これらの湿度範囲でも前述のように一定の蒸散は起こり，5％以上の水分損失は青果物の品質を大きく低下させる。また，実際の貯蔵環境では温度変動があるので露点に達し，カビなどの繁殖を助長する青果物表面に水滴が発生する場面も起こるので，長期貯蔵には限界がある。最近，100％近い高湿度環境と低温，低濃度（100ppm以下）オゾン，マイナスイオン処理を組み合わせた「高湿冷温貯蔵」が開発された。この貯蔵方法を用いると，従来の貯蔵法に比べてカビなどの発生を抑え貯蔵期間を大幅に延長でき，オウトウ，モモ，ブドウなどを数カ月間も貯蔵できることが示されている。

〔参考文献〕
・樽谷隆之：2.蒸散生理（緒方邦安編：青果保蔵汎論），pp.57～68，建帛社，1977
・Willis, R. B. H. *et al*.：Postharvest. 5. Water loss and humidity, pp.53～59，1982
・農産物流通技術年報2002年度版，流通システム研究センター，2002
・Nakano, R. *et al*.：*Plant Physiol*., **131**, 2003

4・4　呼吸作用

（1）呼吸作用とその意義

　収穫された果実や野菜などの青果物においては，水分，養分や太陽の光の供給はほとんどないので，通常，生体内の物質産生は少なく，生長もほとんど停止する。一方，青果物は生命維持や継続的成長方向の物質代謝を営む。この物

4・4 呼吸作用　99

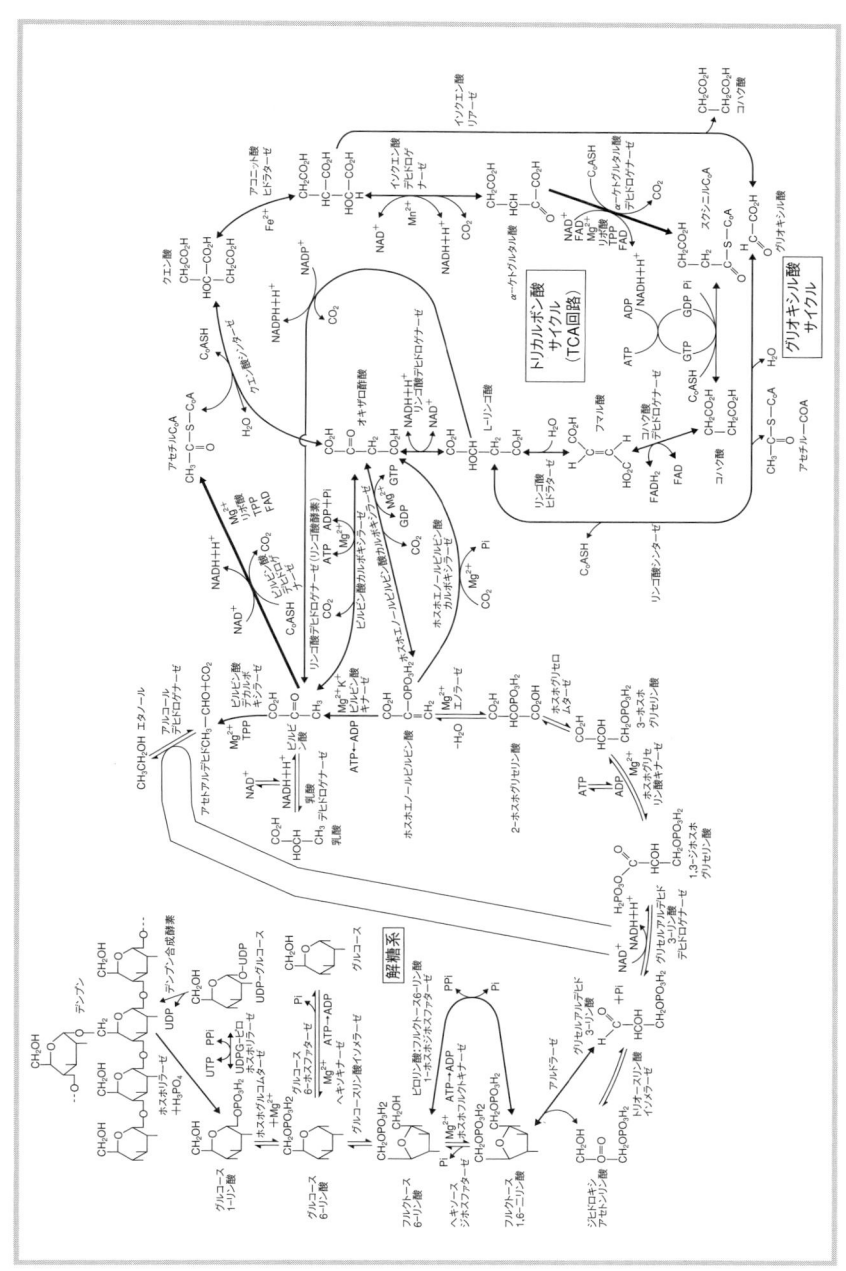

図 4・4-1　解糖系、トリカルボン酸サイクル、グリオキシル酸サイクルおよびアルコール代謝

出典　緒方邦安編：青果保蔵汎論、建帛社、1977、一部改変

質代謝においては生育過程において蓄積された成分が使われ，また蒸散による水分の損失も生じるので，鮮度や品質の変化が速やかに起こる。全般的に呼吸活性の高い青果物は萎びや品質変化が速いこと，また物質代謝の変化は呼吸活性に反映されることなどから，青果物の生理的状態を把握するために呼吸活性の測定が行われてきた。呼吸作用はグルコースを基質とし，それが完全酸化された場合，一般的に次のように表される。

$$C_6H_{12}O_6 + 6\,O_2 \rightarrow 6\,CO_2 + 6\,H_2O + 686\text{kcal}$$

図4・2-1に示されるように，このような呼吸代謝の過程においては，還元型 NAD (nicotinamide-adenine dinucleotide)，還元型 NADP (nicotinamide-adenine dinucleotide phosphate) の生成や種々の物質の合成に必要な代謝中間産物が生成され，還元型 NAD は主として電子伝達系を介して高エネルギーリン酸化合，ATP の生成に関係し，生成された ATP は物質の輸送や合成などに利用され，また還元型 NADP は生合成反応に必要な還元力として使用されるなど，呼吸代謝は青果物の生命活動および品質特性の形成を支えるうえで欠かすことのできない生化学的反応と深く関連する。このように光合成で得た炭水化物を生体が利用可能なエネルギーに変換をすることや生体成分の合成と分解を進行させることが，青果物の呼吸の目的・意義としてとらえることができる。また，水は生体内で溶媒として物質の代謝や移動に関与するので，呼吸代謝に伴って生じる代謝水も生理上重要な意味をもっている。

（2）呼吸代謝とその経路
1）呼吸代謝の概略

植物組織における呼吸はデンプンあるいはグルコースなどの炭水化物が主に呼吸の材料になる。その代謝経路は図4・2-1および図4・4-1に示されるように，嫌気的条件と好気的条件でも働く解糖系と好気的条件で作動するクエン酸回路および ATP の産生にかかわる電子伝達系(呼吸鎖)からなる。通常 ATP 産生を伴わないグルコースのもう一つの分解経路としてのペントースリン酸経路も重要である。解糖系とペントースリン酸経路は細胞質で行われ，TCA サイクルと電子伝達系はミトコンドリア（図4・4-2）で行われる。

解糖系で1分子のグルコースは一連の代謝過程で三炭糖リン酸を経て2分子

4・4 呼吸作用　101

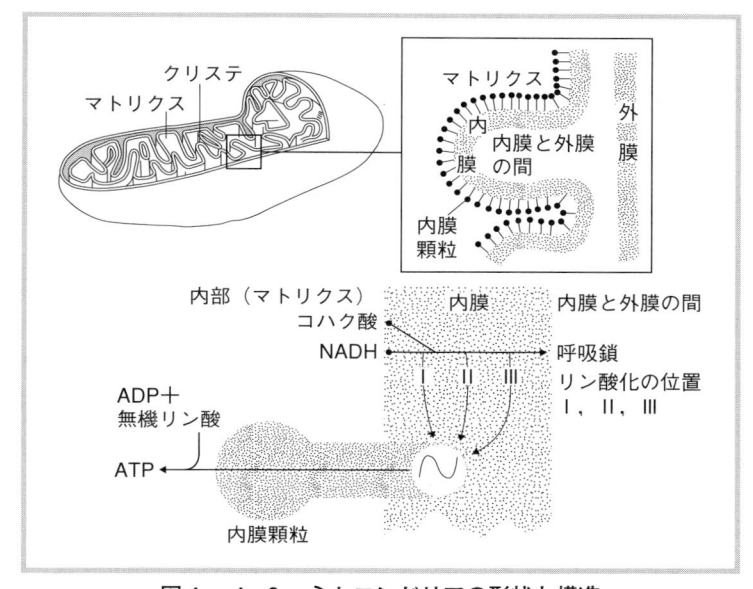

図4・4-2　ミトコンドリアの形状と構造
出典　田宮ら訳：コーン・スタンプ生化学，第3版，東京化学同人，1974

のピルビン酸に転換される。酸素が非常に少ない状態ではピルビン酸はエチルアルコールになる。動物の代謝では乳酸が産生されるが，植物でも乳酸の生成は認められている。ここまでの反応を解糖系といい，発見者の名に因んでEmbden-Meyerhof経路あるいはEMP (Embden, Meyerhof, Parnas) 経路とも呼ばれる。次いで2分子のピルビン酸は酸化されてアセチルCoAになり，ここでアセチルCoAとオキザロ酢酸との反応でクエン酸が生成され，トリカルボン酸回路（TCA回路，クレブス回路ともいわれる）を回転して酸化され，一方二酸化炭素が生成される。この過程は脱水素酵素の作用による脱水素反応で，その水素は電子伝達系で酸素に渡され，水を生成する。このとき電子伝達系と共役する酸化的リン酸化反応によりADPからATPが産生される。

ペントースリン酸経路は，酸化的な経路と還元的な経路に分けられ，酸化的な経路ではグルコース6-リン酸と2分子のNADPをリブロース5-リン酸と2分子のNADPHとCO_2を生じる。還元的な経路においては3，4，5，6，7炭糖のリン酸化合物が生成される。この経路の重要さは，多くの還元的な生

合成反応で必要である NADPH の供給，ヌクレオチドや RNA の構成成分として必要なリボース 5-リン酸，芳香族アミノ酸やリグニンの先駆体となるエリスロース 4-リン酸を生成することなどにある。このようなことから，グルコースの代謝のうち，ペントースリン酸経路がどのような割合で作動しているかを知ることが生理上重要な課題として取り上げられる場合がある。

さらに糖新生（gluconeogenesis）と呼ばれる過程が存在する。この過程はグルコースしかエネルギー源として利用できない脳，神経系，赤血球などをもつヒトでは主に肝臓で，一部は腎臓で行われている。TCA 回路で生成したオキザロ酢酸はミトコンドリア膜を通過できないのでリンゴ酸として細胞質へ移行し，再びオキザロ酢酸に変換された後，ホスホエノールピルビン酸カルボキシラーゼの作用を受けてホスホエノールピルビン酸となり，解糖系を逆行する。この逆行反応を進めるために解糖に働く酵素とは別に，フルクトース-1,6-ビスホスファターゼ（ヘキソースジホスファターゼ）とグルコース-6-ホスファターゼが作用する。青果物における糖新生に関する研究は少ないが，ブドウ，マンゴーなどで糖新生にかかわるこれらの酵素活性が成熟に伴い高まることが認められている。

2）呼吸量，呼吸商および呼吸調節比

このような呼吸代謝に伴い消費される酸素と排出される二酸化炭素を測定することにより，呼吸活性を呼吸量でもって表すことが一般的に行われてきた。青果物の取り扱いに関連して呼吸活性を表す場合，測定が簡易な二酸化炭素の排出量が多く採用され，場合によっては酸素の消費量も測定されている。しかし，呼吸代謝の研究を進める場合，組織切片，ホモジネートやセルフリー系，単離ミトコンドリアや呼吸関連酵素などの活性が調べられている。

呼吸活性を総体として消費される酸素と排出される二酸化炭素でみる場合，それらの比，CO_2/O_2（呼吸商，RQ）から，次のように呼吸状態が推察できる。

RQ＝1 の場合，上記のように糖質（グルコースとして）が呼吸の基質として使われている。

RQ＞1 の場合，主に有機酸（リンゴ酸として）使われ，極端に RQ が高くなる場合は無酸素呼吸を始めている。

$$C_4H_6O_5 + 3\,O_2 \rightarrow 4\,CO_2 + 3\,H_2O \quad (RQ=1.33)$$

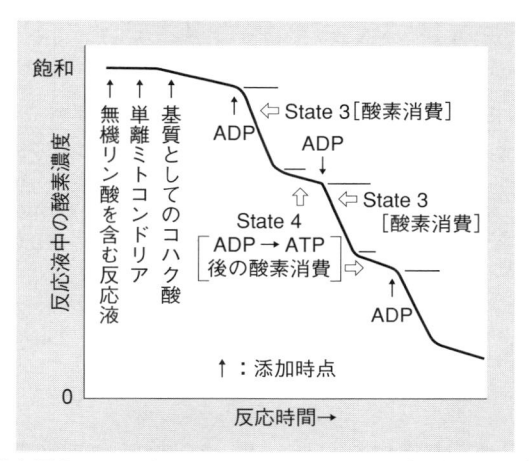

図4・4-3 酸素電極によるミトコンドリアのコハク酸酸化および酸化的リン酸化

$C_6H_{12}O_6 \rightarrow 2\ C_2H_5OH + 2\ CO_2\ (RQ = \infty)$

RQ＜1の場合，主に脂肪（脂肪酸，ステアリン酸として）が使われる。

$C_{18}H_{36}O_2 + 26O_2 \rightarrow 18CO_2 + 18H_2O\ (RQ = 0.7)$

呼吸代謝は複合的なものであるので，RQ値は参考程度にみられるが，青果物の取り扱い過程においてはRQ値が高くなる場合が多く，非常に高いときはアルコール代謝が進行しており，アセトアルデヒドのような有害物質による障害発生も予想されるので注意しなければならない。

呼吸の中枢であるミトコンドリアを用いて呼吸活性が測定される場合（図4・4-3），呼吸調節比（添加ADPによる酸素の消費量/ADPがATPに転換した後の酸素消費量，State 3/State 4，呼吸調節率ともいう）やADP/O比（添加ADPの分子数に対する消費酸素の原子数の比）を用いて，ミトコンドリアにおける呼吸と酸化的リン酸化との共役の強さが測定され，基質の酸化能力と合わせてミトコンドリアの機能変化などが検討される。

3）電子伝達系（呼吸鎖）と酸化的リン酸化

青果物の呼吸は，呼吸代謝（主にTAC回路）に由来する還元型NAD（NADH）や還元型フラビンタンパク（$FADH_2$）などからの電子を電子伝達系を介して酸素に渡し，このとき得られるエネルギーを高エネルギーリン酸化合物，ATPの形で獲得する機構，酸化的リン酸化系と強く結びついている（図

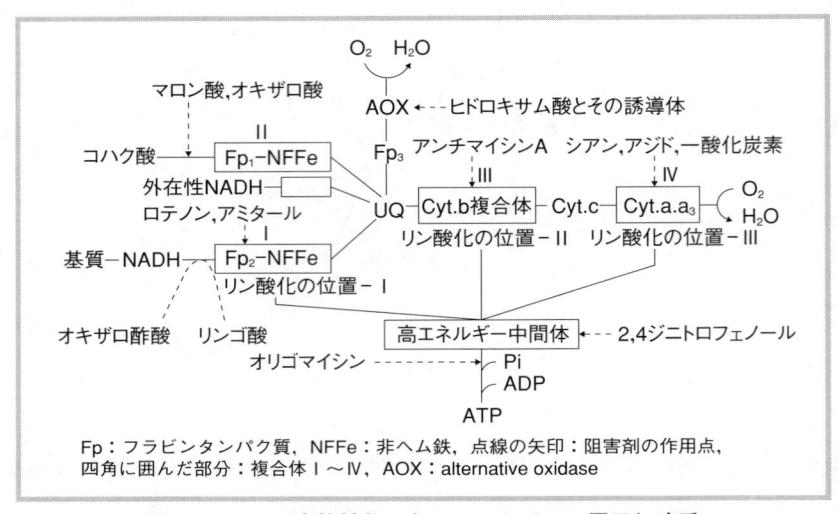

```
              O₂  H₂O
               ↘ ↗
   マロン酸,オキザロ酸    AOX ←--- ヒドロキサム酸とその誘導体
        ¦          ‖
        ↓          Fp₃   アンチマイシンA   シアン,アジド,一酸化炭素
  コハク酸 ─ Fp₁-NFFe                ¦                    ¦
   外在性NADH ─ □                   ↓                    ↓    O₂
     ロテノン,アミタール     UQ ─ Cyt.b複合体 ─ Cyt.c ─ Cyt.a.a₃ ↗
       ¦      Ⅰ                リン酸化の位置-Ⅱ  リン酸化の位置-Ⅲ    H₂O
  基質─NADH ─ Fp₂-NFFe
              リン酸化の位置-Ⅰ
  オキザロ酢酸  リンゴ酸       高エネルギー中間体 ←--- 2,4ジニトロフェノール
             オリゴマイシン ------- Pi
                                ADP
                                ATP
```

Fp：フラビンタンパク質，NFFe：非ヘム鉄，点線の矢印：阻害剤の作用点，
四角に囲んだ部分：複合体Ⅰ～Ⅳ，AOX：alternative oxidase

図4・4-4　高等植物のミトコンドリアの電子伝達系
出典　宮地重遠編集：現代植物生理学(2)代謝，朝倉書店，1992，一部改変

4・4-4）．その過程を構成する電子伝達体は，NAD^+，フラビンタンパク質，非ヘム鉄，ユビキノン（CoQ），チトクローム b，c，c_1，a–a_3 などがあり，脱水素反応で遊離する一対の水素原子は一対の H^+ イオンとなり，そして一対の電子がチトクローム系に入り，最終的に酸素原子一個を還元して水を形成することになる．この過程には電子伝達に関係する複合体Ⅰ，Ⅱ，Ⅲ，Ⅳが存在し，Ⅰ，Ⅲ，Ⅳは H^+ チャンネルとATP合成酵素（ミトコンドリアATPase）を構成しており，ミトコンドリア内膜に形成された H^+ の濃度差を駆動力としてADPのリン酸化（酸化的リン酸化）を行うと考えられている．ここで電子伝達系におけるATPの生成量をみると，NADH1分子の酸化に伴いATP3分子が，$FADH_2$（複合体Ⅱ）からはATP2分子が合成されるとされている．さらに高等植物ミトコンドリアは外在性NADHを直接酸化するフラビンタンパク質を含むが複合体Ⅰとは異なる脱水素酵素を有することが示されているので，この場合（解糖系のグリセルアルデヒド-3-リン酸の酸化で得られるNADH）はユビキノン-複合体へ電子が渡されるのでATP2分子が生成されることになる．なお嫌気性条件下ではこのNADHはアセトアルデヒドの還元と共役し，エチルアルコールの生成を促進する．

また，シトクローム系（複合体ⅢとⅣ）を経ない電子伝達系が存在することが知られており，この経路ではATP生成はなく，副次経路（alternative pathway）と呼ばれ，alternative oxidase（AOX）が末端に働く。この系を経て起こる呼吸は，シアンによって阻害されないので，シアン耐性呼吸あるいはシアン非感受性呼吸と呼ばれてきたものである。Wagner（1995）の総説によると，この系は多くの植物で存在することが明らかにされているが，その存在意義に関しては議論されている段階であり，ATP生成に制限されない代謝中間物質の生成，熱発生，還元型ユビキノン/全ユビキノン（Qr/Qt，電子のプール量・割合）などに関係し，傷害，低温や浸透圧的ストレス，乾燥などの種々のストレスで増加するとされる。ここで活性酸素種の生成は，呼吸鎖構成成分の還元状態に関係し，高度の還元状態で促されるとされることから，副次経路の流れはスーパーオキシドやH_2O_2生成の潜在的能力を減少させると示唆されている。果実や野菜の呼吸代謝における副次経路に関する研究も行われているが深くは追求されておらず，茶珍ら（1982）は発芽抑制レベルのγ線照射バレイショの呼吸に関する一連の研究で，個体やミトコンドリアの呼吸が照射後一時的に活性化されるが，その後正常域に戻り，このときに副次経路の呼吸系の急激な発達と復元現象が併行して起こることを示しており，放射線照射という特殊なストレスに対する反応であるが，前述の示唆と合わせてみるとストレスに対する反応として興味がもたれる。なお，植物組織を用いた呼吸の実験では，副次経路の阻害剤であるサリチルヒドロキサム酸とシトクローム経路の阻害剤のシアンの両者で阻害されない酸素吸収が認められており，これは残存呼吸（residual respiration）と呼ばれているが，その内容に関しては明らかでない。

4）グルコースの酸化に伴う変化とエネルギー収支

　解糖系やTCA回路におけるATP形成は基質分子あるいは基質分子内の酸化還元によって生じる場合と電子伝達に共役して起こる場合とがあり，前者のATP合成の仕方は基質段階のリン酸化といわれ，後者の方法は電子伝達に共役したリン酸化（酸化的リン酸化）と呼ばれている。

　解糖過程は嫌気的および好気的条件下で進行し，6炭糖のグルコースの分解（リン酸化）で2分子のATPが消費され，生じた三炭糖1分子当たり2分子のATPの生成，すなわちグルコース1分子当たり4分子のATP生成があり，こ

の過程では産生と利用の差し引きで2分子のATPが産生されることになる(基質段階のリン酸化)。また3炭糖のグルセルアルデヒド3-リン酸の脱水素酵素の作用によって生じるNADHは前述のように複合体ⅢとⅣを介してATPを生成(酸化的リン酸化)するので，ATP 4分子(2 ATP×2)を生じる。

ピルビン酸からアセチルCoAが生成される過程で得られるNADHは，複合体Ⅰへ電子が渡されるので，この過程で合計ATP 6分子(3 ATP×2)が得られる。

TCA回路が1回転する過程で，イソクエン酸，$α$-ケトグルタル酸，コハク酸，およびリンゴ酸の4段階の酸化で生じるNADHは，複合体を介してATP産生にかかわるが，コハク酸の酸化に由来するNADHは複合体Ⅱを通してATP生成にかかわるので，これらの酸化的リン酸化に伴い産生されるATPは9分子(3 ATP×3)と2分子(2 ATP×1)の11分子となり，グルコースは解糖系で3炭糖2分子に分解されているので，グルコース1分子からはこの2倍の22分子のATP産生がある。またスクシニルCoAシンテターゼの作用により合成されるGTPはADPをリン酸化し1分子のATPを生成することができるので(基質段階のリン酸化)，グルコース1分子からはATP 2分子の生成がある。

以上のように，グルコースの酸化の過程において生成されるATP分子の合計は，解糖系に由来する6分子，ピルビン酸の酸化に伴う6分子，およびTCA回路の由来する24分子を合わせて36分子となる。

$$\text{グルコース} + 36Pi + 36ADP + 6 O_2 \rightarrow 6 CO_2 + 42H_2O + 36ATP$$

ATP 1分子の生成に少なくとも7.3kcalを要するとしたとき，グルコース酸化による標準自由エネルギー減少686kcalと比較すると，エネルギー変換効率は次のようになる。

ATP合成による自由エネルギーの保存 = $7.3 × 36 = 263$ (kcal)

効率 = $(263 ÷ 686) × 100 = 38\%$

しかし，この効率は最小値を示すと考えられ，生理条件下の生体内におけるATP，ADP，Piなどの濃度を考慮すると，グルコース酸化によるエネルギー保存の効率はかなり高く，60%以上になるとも見積もられている。このようにかなり高い効率でエネルギー変換と保存がされていることになるが，残りは呼

吸熱（生体熱）として放出される。またその後の代謝に伴う ATP の加水分解により保存エネルギーが熱として失われることも考える必要がある。いずれにしても，呼吸熱は，青果物を一つの単位で取り扱う場合，青果物自体の品温の上昇を速め，そのことが青果物の呼吸活性を高め，さらに呼吸熱の蓄積を招き，いわゆる"むれ"を引き起こし，品質低下の大きな原因となる。

5）呼吸代謝の調節

一般に生体における物質代謝は二重三重の調節機構を備え，合目的性をもってエネルギーの無駄な消費を防ぎながら作動している。呼吸代謝においても表 4・4-1 に示すように，酵素活性，補酵素量，基質のプール量，-S-S-/-SH 比，$NADH_2/NAD^+$ 比，$NADPH_2/NADP^+$ 比，ATP/ADP 比，活性化物質や阻害物質の作用，酵素前駆体の活性酵素への変化，酵素タンパク質や補酵素の合成，ホルモン作用，無機イオン濃度の変化，細胞および細胞内小器官の構造変化などの影響を受けて巧妙に調節されていると考えられる。ここで TCA 回路の最後の段階で生成されるオキザロ酢酸が，コハク酸脱水素酵素を阻害することや NADH を利用してリンゴ酸生成に向くことなどから，このサイクルの調節（フィードバック阻害）に強く関係しているとする考えを追加しておく。

呼吸代謝においては解糖系におけるフルクトース 6-リン酸からフルクトース 1,6-二リン酸（F-1,6-P_2）の生成段階に作用するホスホフルクトキナーゼ（PFK，あるいは ATP-PFK）活性は強い調節を受けており，この段階は解糖系の律速段階とされている。この段階の活性変化と次項で述べる呼吸のクライマクテリック現象との関係を，典型的な呼吸のクライマクテリックライズを示すバ

表 4・4-1　エネルギー代謝の調節機構

調節部位	調節の機構
電子伝達系と酸化的リン酸化系	ADP の有無が，内膜の電気化学的 H^+ 勾配を媒介として電子伝達系のオン・オフを行い，呼吸基質の浪費を防ぐ。
解糖系と TCA 回路	代謝中間物，NADH，アセチル CoA，ATP などの濃度により酵素活性を調節して，呼吸基質の供給を調節する。
ミトコンドリア	ミトコンドリアの新生あるいは内膜の発達（クリステの拡充）を行って，細胞のエネルギー需要に対応する。酵素タンパク質の生合成と膜形成を伴う。

出典　宮地重遠編集：現代植物生理学(2)代謝，朝倉書店，1992

ナナ果実で調べられた結果では，この現象に伴い PFK の活性化と急激な F-1,6-P_2の蓄積があることが認められている。一方，この段階にはピロリン酸：フルクトース 6-リン酸 1-ホスホトランスフェラーゼ（PFP，あるいは PPi-PFK）が関与すること，およびこの酵素がフルクトース 2,6-二リン酸（F2,6-P_2）によって活性化され，F2,6-P_2がフルクトース-1,6-ビスホスファターゼ活性を抑制することが知られたことから，クライマクテリック現象へのこれらの酵素や物質の影響についても調べられているが，その結果の解釈は明確でなく，Beaudry ら（1987）はバナナ果実を用いた研究において PPi-PFK よりも ATP-PFK が主体的に関与していると述べている。

(3) 果実の追熟と呼吸のクライマクテリック
1) 追熟現象とその意義

追熟という言葉は，果実の成熟現象において，特に収穫後の果実の成熟（ripening after harvest）現象に関して使われている。一般に果実の発育は，受粉後細胞分裂を開始し細胞数を増し，細胞分裂停止後は果実の肥大・充実過程を経て成熟段階に入る。果実の成熟（maturation）は，その肥大・充実期の後半から果実が熟して食べごろになる（ripening）期間の間を指している。その後過熟状態に至る過程，すなわち老化過程を経て崩壊する。植物生理学上からは果実が熟しはじめるころから老化の過程に入っているとみるべきであろう。ここで英語の ripening は，食品利用の分野全般的にみると，チーズの熟成，畜肉の熟成など酵素や微生物の作用によって特有の香味を有する品質が形成されることを指して使われている。果実の ripening も成熟過程の後半の物質代謝の変化に基づく特有の香味形成が起こるときの事象であるので，果実の熟成という表現が使いうると考えられる。

私たちが実際に使用している果実の成熟度をみるとかなりかなり幅がある。これを大別すると，成熟の前段階で収穫しその後に追熟させて利用するもの（熟成に伴い特有の香味が形成され品質が向上するもの）と，他方，収穫時点でほぼ完熟に近い状態にあり食用価値があるもの（収穫後に品質が向上しないか，向上してもそれほど顕著でないもの）に実用的観点から分けることができる。前者の果実にはバナナ，アボカド，マンゴー，セイヨウナシ，リンゴ，モモ，トマ

ト，メロンなどがあり，後者にはカンキツ，イチゴ，ニホンナシなどが挙げられる。前者に属すものには熱帯・亜熱帯起源で低温感受性の高いものが多く，それらは収穫後の取り扱い温度に注意を払わなければならないが，流通過程では生理的には成熟の前段階にあるので，エチレンの生成抑制や除去など成熟に関する促進因子の制限や貯蔵環境条件の変更により成熟生理活性を抑制し，追熟期間を効果的に延長することができる。世界的に広く流通しているバナナにその実用的手段と効果をみることができる。

2）呼吸型による果実の分類

収穫後の果実の生理的変化に関しては古くから興味がもたれ，歴史的にはイギリスの Kidd と West の1920年代のリンゴ果実に関する生理学的研究にみることができる。彼らは種々の熟度で収穫したリンゴ果実の二酸化炭素排出量は一旦減少し，その後急激に増加してピークを描いて減少する現象をとらえ，この呼吸の増加を果実の生涯のなかで生長から老化段階に至る過程における急激な転換期，the climacteric と考えた。また同氏らはこのような呼吸の上昇は果実が樹上にあっても，その程度は小さいが，同様に生じることを認め，この呼吸の上昇（climacteric rise in respiration）を機に不可逆的事象が内的に生じるので，果実の生長から老化に至る転換期の有効な判定基準になることを示した。その後，多くの研究者によって収穫後の果実の呼吸代謝が調べられ，Biale (1960) は実用的観点からクライマクテリック型（クラスⅠ）の果実とノン・クライマクテリック型（クラスⅡ）の果実に分類した。クラスⅠにはアボカド，バナナ，チェリモヤ，フェイジョア，マンゴー，ポポー，パパイア，パッションフルーツ，サポジラなどを，クラスⅡにはイチジク，ブドウ，グレープフルーツ，レモン，オレンジ，パイナップルなどをあげた。さらにその後の研究でそれぞれのクラスに種々の果実が追加されているが，果実の利用方法や収穫後の取り扱い状況などによって収穫熟度は異なることから，この両者に明確に類別でき難い場合もある。岩田ら (1969) は，果実の呼吸型について検討し，クライマクテリック型（一時上昇型）とノン・クライマクテリック型（漸減型）に，末期上昇型を加えることを提案した（図4・4-5）。全般的に熱帯・亜熱帯果実で追熟可能な果実は，呼吸のクライマクテリックライズを示し，この部類に属すものが多い。クライマクテリックのピークは鋭いものから緩やかなも

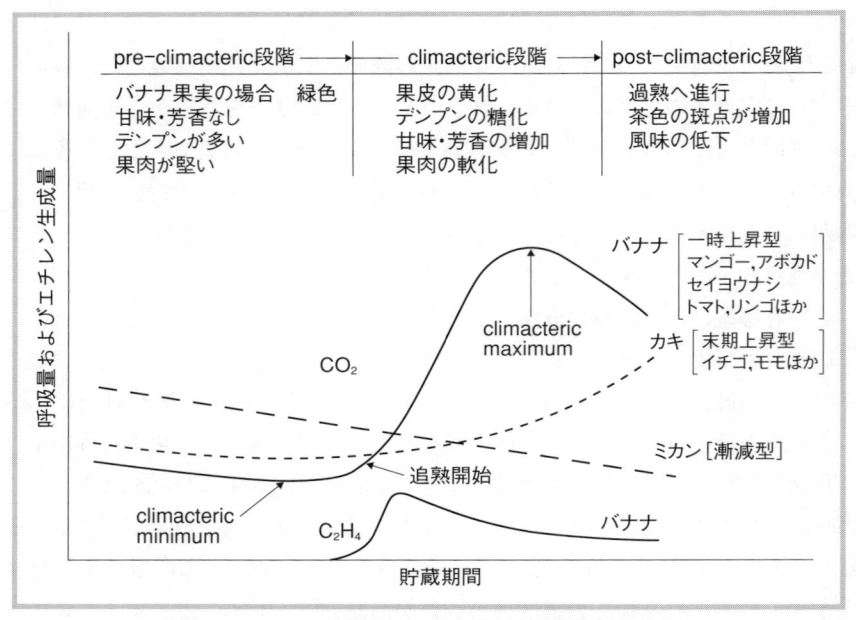

図4・4-5　収穫後における果実の呼吸型と分類

のがあり，その形は異なる。

　このような呼吸のクライマクテリックライズ（一時上昇）の研究と併行して，エチレンの作用についても追及され，エチレンがクライマクテリックの誘導の原因物質か，あるいは結果物質かという論議がされていたが，エチレンの極微量測定が可能になったことで，クライマクテリックに先立ってエチレンの生成が高まり，また微量のエチレンの生理的影響も明らかになり，クライマクテリックの誘導因子として認められるようになった。

　一方，呼吸のクライマクテリックライズに伴う果実の生理的変化についても研究された。多くの研究者による多角的な研究結果をみると，クライマクテリック現象に伴い，解糖系の活性化（糖リン酸の流れの促進やクロスオーバーポイントによる調節点の判定，ホスホフラクトキナーゼの段階の活性化），ミトコンドリアにおける呼吸基質の酸化能力や電子伝達系の活性化の変化（ATP/ADP比の変化），生体膜における物質透過性の変化，細胞構造の変化，ペントースリン酸経路とTCA回路の活性変化など，多様な生理的変化が併行して起こり得

ることが示された。

　また，呼吸のクライマクテリックライズを示す果実ではこの呼吸の上昇の前後で種々の成分変化が比較的急速に起こり，果実は熟成し，品質は向上する。これらの変化に関連する酵素の活性化や合成のあることも実証されている。これに対して，ノン・クライマクテリック類の果実では，一般的に呼吸の上昇はなく，品質の向上を伴う変化があったとしても，その代謝活性の変化は緩やかである。

　以上のような収穫後の果実の呼吸型，エチレン生成の変化を図4・4-5に，典型的な呼吸のクライマクテリックライズを示し，併行して外観や物質代謝の変化が起こり特徴的な品質を示すバナナ果実を中心に示した。

(4) 輸送・貯蔵条件と呼吸活性

　収穫後の果実や野菜の呼吸活性は，種類，熟度，部位など（青果物自体による要因）によりかなり異なり，また輸送・貯蔵環境条件（環境要因）によっても大きく影響される。ここでは，貯蔵環境要因として，温度，湿度，ガスの種類と濃度，損傷などが呼吸活性に及ぼす影響についてみる。

1) 温　　度

　温度は呼吸活性に及ぼすもっとも重要な要因である。その影響の程度は一般に Q_{10}（温度係数）で表される。Q_{10} は10℃上昇差における呼吸量の比で，生物の生活温度帯では低い温度域における値は高い温度域のそれよりも高い。その平均的値は2～3で，0～10℃で約3，20～30℃では約2，30℃以上では2を下回ることが示されているが，生活温度帯における総生理活性は高温域のほうが高い。このことは青果物の品質保持のためにはできるだけその最高氷結温度に近づけたほうがよいことを示す。しかし，青果物には氷結温度以上の低温下（ほぼ10℃前後以下）で生理障害（低温障害と呼ぶ）を引き起こすものが比較的多く，一方35～40℃のような高温域では高温障害を受ける。また前述の呼吸のクライマクテリック現象は，生理障害が発生するような高温域や低温域ではみられなくなり，このような温度域の間では温度が高いほうがそのピークは鋭く描かれる。Q_{10} 値はこのような現象を理解し，青果物それぞれに対応して活用することが必要である。

2) 酸素と二酸化炭素

　酸素は生物にとって生命を維持するために必要なものであるが，青果物の保存期間を延長するためには，環境酸素濃度を低下させて呼吸活性を抑制する必要がある。その濃度は少なくとも数％にすることが求められるが，低すぎると無機呼吸をはじめ，アルコール代謝が誘導され，有害なアセトアルデヒドやエチルアルコールの生成が高まり，生理障害を招く。

　二酸化炭素は組織に溶け，そのpHを低下させる。二酸化炭素はエチレンの作用を拮抗的に阻害すること，重炭酸イオンとしてある種の酵素活性を抑制することが知られているが，20％以上にもなるとpHの低下と相まって，アルコール代謝にかかわるピルビン酸脱炭酸酵素やアルコール脱水素酵素の活性を高め，無機呼吸と同じような結果を引き起こす。

　これら二つの気体の影響と濃度は，作物の種類によって異なり，CA貯蔵に関する研究を通して詳しく研究されているので，CA貯蔵（6・3節）を参照されたい。

3) エチレン

　エチレンは種々の生理作用を示し，クライマクテリック類の果実の呼吸活性に及ぼす影響は大きく，これらの果実の呼吸の上昇と成熟を促進する。このエチレン作用の程度は，濃度，曝露時間，果実の種類や熟度段階，温度などによって変わる。いったんエチレンによって成熟が促進されると（呼吸のクライマクテリックは誘導され，呼吸のピークの発現は速められる）果実自体からのエチレン生成も高まり，環境エチレンを除去してもその効果はほとんどない。ノン・クライマクテリック類の果実では，一般にエチレンが存在していると呼吸は増大するが，エチレンが除かれると呼吸は低下する。このようなエチレンの呼吸への影響は，材料の種類によって変わるが10〜100ppmで飽和される。

4) 水 分 含 量

　果実や野菜の水分含量は85〜95％と高く，蒸散による水分の損失は萎び（萎凋）を招く。葉物野菜や表皮構造の未発達の果実では蒸散がはげしく，呼吸活性は高く，貯蔵性は小さい。一般に，青果物のように水分含量の高いものでは，水分含量の低下は呼吸活性や生理活性を低下させるとされるが，最近の研究では，水ストレスがエチレンの生成を誘導し，青果物の軟化に影響すること

5) 機械的損傷

青果物の取り扱い中にみられる押し傷，擦り傷，落下衝撃，静的加重，切り傷などは，呼吸量を増加させるだけでなく，エチレン生成や微生物の侵害の機会を増すことにもなる。最近，カット青果物の利用が多くなっており，これらの呼吸活性は非常に高いことに注意する必要がある。

〔参考文献〕
- Biale, J. B.: *Advances in Food Reaearch*, **10**, 293～354, 1960
- 岩田　隆ら：園学雑, **38**(3), 279～286, 1969
- Hulme, A. C. 編：The Biochemistry of Fruits and their Products(1), Academic Press, 1970
- 田宮信雄ら訳：生化学, 第3版, 東京化学同人, 1974 (Conn, E. E. and Stumpf, P. K.: Outlines of Biochemistry, John Wiley & Sons, 1974)
- 緒方邦安編：青果保蔵汎論, 建帛社, 1977
- Friend, J. and Rhodes, M. J. C. 編集：Recent Advances in the Biochemistry of Fruits and Vegetables, Academic Press, 1981
- 茶珍和雄・岩田隆：食品照射, **17**(1,2), 1～11, 1982
- Kays, S. J.: Postharvest Physiology of Perishable Plant Products, avi, 1991
- 宮地重遠編集：現代植物生理学(2)代謝, 朝倉書店, 1992
- Seymour, G. B. *et al.* 編：Biochemistry of Fruit Ripening, Capman & Hall, 1993
- Wagner, A. M. and Krab, K.: *Physiol. Plant*, **95**, 318～325, 1995
- Millenaar, F. F. *et al.*: *Plant Physiol.*, **118**, 599～607, 1998
- 信濃卓郎訳：呼吸と作物の生産性, 学会出版, 2001 (Amthor, J. S.: Respiration and Crop Productivity, Springer-Verlag, 1989)

4・5　植物ホルモンの作用と生合成

(1) 収穫後における植物ホルモンの作用と生理的変化

植物ホルモンはこれまで確立されてきたオーキシン，サイトカイニン，ジベレリン，アブシジン酸，エチレンに加えて，現在ではブラシノステロイド，ジャスモン酸が同定されている。植物ホルモンは植物の種子の発芽から，生長，

表4・5-1 植物ホルモンとその性質

植物ホルモン	構造（名称）	生理作用
オーキシン	（インドール-3-酢酸）	伸長成長，器官形成と分化，不定胚形成，頂芽優勢，単為結実，肥大成長
ジベレリン	（ジベレリンA_1：GA_1）	伸長成長（細胞伸長，細胞分裂），休眠打破，発芽，花芽形成，開花，果実着果，肥大，単為結実
サイトカイニン	（ゼアチン）	細胞分裂，シュート形成，側芽活性化，老化抑制，着果，果粒肥大
アブシジン酸	（アブシジン酸）	種子形成，休眠（種子，芽），気孔閉鎖，水ストレス（乾燥）耐性，老化促進
エチレン	（エチレン）	伸長抑制，成長制御（3重反応），接触形態形成，上偏成長，伸長促進（水生植物），成熟，老化（果実，野菜，花），落葉，落果，種子発芽，開花促進，傷害，感染応答因子
ブラシノステロイド	（ブラシノライド）	伸長成長，細胞分裂，細胞増殖，器官分化，発芽，ストレス耐性
ジャスモン酸	（ジャスモン酸）	傷害，感染応答因子，老化，離層形成，蘂形成，塊茎形成

発育，分化，老化と植物の一生の間に重要な役割を有している。収穫後の青果物（果実，野菜，花）の代謝の変動，生理・生化学的変化は主として成熟（追熟），老化の過程を経過するので，植物ホルモンのなかでもエチレンが主要な調節因子，制御因子としての役割を有している（成熟，老化ホルモン）。収穫後の青果物は輸送，貯蔵の取り扱いのなかで傷害や病害（微生物の感染）を受ける。傷害，病害ストレスに対する反応としてエチレン，ジャスモン酸の生成，作用は重要である。

　植物ホルモンは通常植物組織中の量が微量であるので生合成，代謝の研究は容易ではない。現在まで上記の7種類の植物ホルモンの生合成経路はほぼ確立され，反応経路にかかわる酵素の性質，生成も明らかにされてきた。また最近の分子生物学の研究の進歩により，それぞれの酵素の遺伝子の構造，発現の調節が明瞭に認識されるようになった。一方植物ホルモンの作用における受容体，作用発現に至る経路のシグナル伝達，情報伝達の研究も分子のレベルで明らかにされてきた。以下に植物ホルモンの代表的化合物の構造と生理作用を要約する（表4・5-1）。

　クライマクテリック型果実（リンゴ，アボカド，メロン，バナナ，トマト，キウイフルーツ，チェリモヤ，セイヨウナシ，モモ，アンズ，ウメ，プラムなど）は収穫後，果実の成熟が誘導あるいは加速される。このとき呼吸速度が増大する（呼吸のクライマクテリック）。呼吸の増加を伴う果実の成熟はエチレンにより誘導される。その一例をアボカド果実の成熟（追熟）の例で示す（図4・5-1）。アボカド果実は樹上では成熟が起きず，果実は収穫後成熟し，可食となる。ノン・クライマクテリック型果実（カンキツ類が代表的である）では収穫後エチレンの生成の増大，呼吸の増加はみられない。しかし，これらの果実にエチレンを与えると呼吸は上昇し，クロロフィルの分解が進行する。すなわち外生エチレンの作用を受ける。

　果実が樹上で生育が盛んなときにはオーキシン，ジベレリン，サイトカイニンのレベルは高く，これらのホルモンは生長，発育に重要な役割を有している。しかし，果実の生長が停止し，成熟段階に入るとエチレン生成が急速に増大する。その際アブシジン酸のレベルも高くなる。アボカド果実では成熟（追熟）がエチレン生成の増大により誘導されるときに，アブシジン酸の含量も増

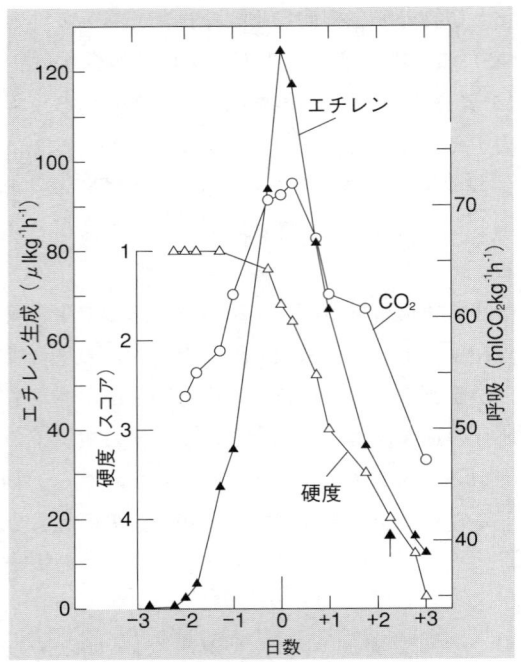

図 4・5-1　アボカド果実の収穫後のエチレン生成，呼吸上昇，果実硬度の低下
果実収穫後エチレン生成量が最大に達した日を 0 日とした
出典　Adato, I. and Gazit, S. : *Plant Physiol*., **53**, 899, 1974

加する。アブシジン酸を外生的に与えるとトマト果実の成熟は促進される。このアブシジン酸の効果は，与えたアブシジン酸によってエチレン生成が促進されるためと考えられる。イチゴやカンキツ類のようなノン・クライマクテリック果実でも成熟に伴ってアブシジン酸の含量が増加する。

　収穫した野菜が老化するときにもエチレンが重要な作用を有している。ブロッコリーの小花（花蕾）は収穫後常温に貯蔵すると，アスコルビン酸が急激に分解し，その量は低下する。アスコルビン酸の分解に遅れて，クロロフィルの分解が顕著になり，小花は黄化する。クロロフィルの分解を伴う黄化（老化）にはエチレンが密接にかかわっている。ブロッコリーを収穫して常温に貯蔵するとエチレン生成は上昇し，ピークに達した後に減少する。ブロッコリー小花のエチレン生成はサイトカイニンにより抑制され，ジャスモン酸により促進さ

れる。ブロッコリー小花のエチレン生成にはACC酸化酵素（ACO）が重要な制御要因となっている。ブロッコリー小花でエチレン生成が促進される際に，ACO遺伝子の発現が誘導され，ACOの活性が顕著に増大する[1]。ACO遺伝子の発現に対して，サイトカイニンは抑制的に作用し，メチルジャスモン酸は促進的に働くことが示された。野菜は収穫後植物体からの水，無機物，有機物，栄養物質，ホルモンなどの供給が断たれるため大きな代謝の変動を受ける。収穫の際に受けた茎葉の傷害の影響も深い。これらの代謝の変動とともに，老化促進ホルモンであるエチレンが生成されることにより老化が急速に進行する。これに対し，サイトカイニンは老化の進行を抑制し，品質保持に有効である。採取した花（切り花）においても，カーネーション，ペチュニア，ハイビスカス，スイートピー，アサガオなど収穫後エチレン生成が誘導される花では老化が進行し，花は急速に萎凋する。

（2）エチレンの生合成経路

　エチレンの生合成経路は高等植物ではメチオニン-ACC経路によることが普遍的に認められている。エチレンの研究は古く，1900年代の初めから出発しているが，生合成研究の本格的な出発は1960年代に入ってからである。その理由として，エチレンの測定，定量にガスクロマトグラフィーが応用されるようになったからである。これにより微量なエチレンが精度よく定量されることが可能となった。前駆物質として放射性同位元素を有する化合物が用いられ，エチレンへの取り込み，中間体の同定がなされた。有機反応機構より各反応が説明され，最終的に各反応の酵素を同定し，その性質を明らかにすることにより経路の証明がなされた。メチオニン-ACC経路の確立にはLieberman, Yangらその他多くの研究者が貢献した。とりわけカリフォルニア大学デービス校のS. F. Yangのグループの研究はこの経路の確立に大きく貢献した[2]。メチオニン-ACC経路によるエチレンの生成とその関連代謝を図4・5-2に示す。

　この経路のもっとも重要な中間体はACC（1-アミノシクロプロパン-1-カルボン酸）で，ACCの存在はAdamsとYangにより発見された[3]。ACCはS-アデノシルメチオニン（AdoMet）からACC合成酵素（ACS）の反応により生成される。生成されたACCはACC酸化酵素（ACO）によりエチレンに転換す

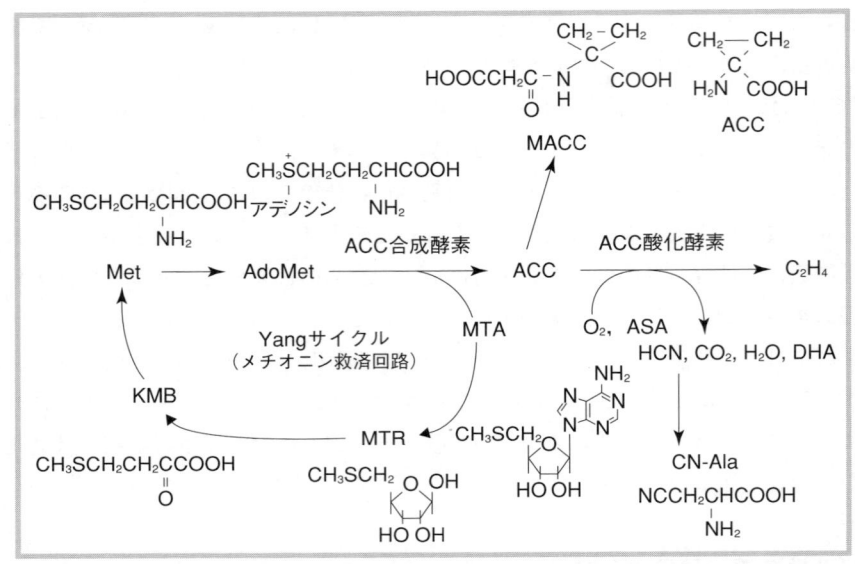

図4・5-2　メチオニン–ACC経路によるエチレン生合成の反応と関連代謝
Met：メチオニン，AdoMet：S-アデノシルメチオニン，ACC：1-アミノシクロプロパン-1-カルボン酸，ASA：アスコルビン酸，DHA：デヒドロアスコルビン酸，MTA：5′-メチルチオアデノシン，MTR：5-メチルチオリボース，KMB：2-ケト-4-メチルチオ酪酸，MACC：N-マロニルACC，CN-Ala：β-シアノアラニン

　る。ACSはメチオニン（Met）がATPによりアデノシル化されて生成するAdoMetをACCと5′-メチルチオアデノシン（MTA）に解裂させる。この反応には補酵素としてピリドキサールリン酸を必要とする。MTAは5-メチルリボース（MTR）とアデニンに加水分解される。生成したMTRはリン酸化，酸化分解（ギ酸が遊離する）を経て2-ケト-4-メチルチオ酪酸（KMB）に至る。KMBはトランスアミナーゼによりアミノ基が転移しメチオニンに転換する。ACSの反応で生成したMTAが再びメチオニンに戻る一連の反応はサイクルになっており，エチレンの生成のために消費されたメチオニンを再生する救済経路となっている。この経路はYangサイクルとして知られている。

　ATPによりアデノシル化されたMet（AdoMet）はACSによりMTAとACCに解裂する。MTAはYangサイクルを通りMetに再生される。再生されたメチオニンの3と4の炭素はアデノシル化に用いられたATPのリボースの4′と

5′の炭素に由来することとなる。

　ACCはACC酸化酵素（ACO）によりエチレンに酸化分解する。ACOの反応の基質はACC，酸素，アスコルビン酸（ASA）で，生成物はエチレン，二酸化炭素，シアン，水，デヒドロアスコルビン酸（DHA）である。ACOの反応には補酵素として二価鉄イオン（Fe^{2+}）と二酸化炭素が必要である。ACOの反応ではエチレンとともにシアン（HCN）が生成する。シアンは植物体にとって有毒（呼吸阻害剤）であり，したがって速やかに代謝される。すなわち，シアンはシステインと反応してβ-シアノアラニン（CN-Ala）となり，無毒化される。β-シアノアラニンはさらに代謝されてアスパラギンとなる。ACOは分子状酸素，アスコルビン酸，二価鉄イオンを必要とする酸素添加酵素とみなされる。ACSによって生成されたACCはエチレンに転換される一方で，ACCはアミノ基がマロニル化され，N-マロニルACC（MACC）となる。MACCはACOの基質とはならない。MACCの植物組織中の濃度はACCと同様に生理的に変動はあるが，ACCよりはるかに高い濃度で存在することがある。

　エチレンは果実の成熟，老化，野菜，花の老化，萎凋，発芽，生長制御，形態形成，落葉，落果などの生理変化に際して生成される。また一方，植物は傷害，病害，物理的負荷，低温，乾燥，冠水，重金属，有毒ガスなどさまざまな外界からの要因（ストレス）によってエチレンを生成する（ストレスエチレン）。エチレンがさまざまな要因，因子に対応して生成されるとき，メチオニン-ACC経路でもっとも律速に作用し，エチレン生成を制御している酵素はACSとACOである。これら二つの酵素は性質は異なるが，エチレン生成を誘導する要因に速やかに反応して，遺伝子の発現を通して酵素タンパク質を合成し，酵素の活性を顕著に増加させ，エチレン生成を制御している。エチレンが急激に生成されるとき，しばしば自己触媒的に合成が起きる。すなわち生成したエチレンはエチレンの合成に促進的に作用する。この機構は生成したエチレンがACSとACOの発現（タンパク質合成）を高めることにある。内生エチレン，外生エチレンは植物細胞の膜構造体に存在するエチレン受容体（receptor）に結合し，シグナル伝達を通して，核における遺伝子発現を誘導し，mRNAの合成を促進し，酵素タンパク質の合成を促進する。

　高等植物におけるエチレン生合成はメチオニン-ACC経路が普遍的である

が，下等植物ではメチオニン-ACC 経路では説明できないほかのエチレン合成系の存在が報告されている。高等植物のなかでも黒斑病菌に感染したサツマイモ塊根組織では不飽和脂肪酸（リノレン酸）が基質になり，リポキシゲナーゼによる過酸化，炭素鎖の切断，銅イオンの存在下におけるラジカルの酸化の反応を受けてエチレンが生成される機構が考えられている[4]。

（3）輸送・貯蔵条件とエチレンの作用

収穫後青果物はエチレンを生成するので，エチレン生成を抑制し，生成されたエチレンの蓄積を少なくし，またエチレンの作用をできるだけ抑えた状態で輸送，貯蔵し，取り扱うことが，青果物の鮮度を保ち，品質を保持するために必要である。一方でバナナ果実，キウイフルーツ，トマト果実など，エチレン処理により追熟を誘導する果実ではエチレン処理を効果的に行うことが必要である。エチレンは低濃度でも（～1 ppm）十分に作用するので低濃度エチレンに長時間さらすことによりエチレンの作用を受ける可能性がある。換気の悪いところにエチレンを生成する青果物と共存（混載）させると作用を受けやすい。収穫後の鮮度保持のためにはできるだけ速やかに品温を下げ，低温下で流通，貯蔵をすることが望ましい。またガス環境を調節すること（CA，MA 条件）も望ましいことである。これらの方法はエチレンの生成を抑制し，エチレンの作用を制御することに有効である。エチレン作用の阻害剤を使用することも効果をもたらす。最近エチレン作用の阻害剤として 1-MCP（1-メチルシクロプロペン）が注目されている。収穫したブロッコリーに 1-MCP を処理することにより有意にブロッコリーの貯蔵期間を延ばすことができる。

青果物のエチレンに対する感受性は生育，老化の進展とともに高くなる傾向にある。例えばトマト果実では，果実の生育度（開花後の日数の経過）が進行するにつれてエチレンを処理してから果実の成熟が始まるまでの日数が短くなる。エチレンに対する果実の感受性は果実の種類によっても異なる。キウイフルーツはエチレンにより成熟が促進されるが，成熟誘導のためのエチレン処理はキウイフルーツの場合は通常より特に高濃度で長時間の処理が必要である[5]。キウイフルーツでは外生エチレンに反応して ACC 酸化酵素は容易に発現をするが ACC 合成酵素は高濃度，長時間，適温処理において発現誘導が観

察される．結球レタスにエチレンを与えると葉の表面に赤褐色，黄褐色の斑点が生ずる．これはエチレンによるレタスの生理障害で，褐色斑点症（russet spotting, RS）と呼ばれる．収穫したレタスをエチレンを活発に生成する青果物と一緒に運搬，貯蔵するとこの症状が発生する．褐色斑点が形成された葉組織にはクロロゲン酸，イソクロロゲン酸などのポリフェノールが集積する．ポリフェノールの生成に先行してフェニルアラニンアンモニアリアーゼ（PAL）の活性が上昇する．エチレンによるPALの活性増大とRSの形成の間には密接な関連があることが見出された[6]．この例のようにエチレンは酵素の誘導を通して青果物の代謝の変動をもたらしている．

〔引用文献〕
1) Kato, M., *et al*.: *Postharvest Biol. Technol*., **24**, 69, 2002
2) Yang, S. F. and Hoffman, N. E.: *Annu. Rev. Plant Physiol*., **35**, 155, 1984
3) Adams, D. O. and Yang, S. F.: *Proc. Natl. Acad. Sci*., **76**, 170, 1979
4) Hyodo, H., *et al*.: *Bot. Bull. Acad. Sin*., **44**, 179, 2003
5) 矢野昌充：日食保蔵誌，**29**, 51, 2003
6) Hyodo, *et al*.: *Plant Physiol*., **62**, 31, 1978

〔参考文献〕
・Thimann, K. V. 編：Senescence in Plants, CRC Press, 1980
・Mattoo, A. K. and Suttle, J. C. 編：The Plant Hormone Ethylene, CRC Press, 1991
・Abeles, F. B., Morgan, P. W. and Saltveit, M. E.: Ethylene in Plant Biology, Academic Press, 1992
・高橋信孝・増田芳雄編：植物ホルモンハンドブック（上）（下），培風館，1994
・Davies, P. J. 編：Plant Hormones. Physiology, Biochemistry and Molecular Biology, Kluwer Academic Publishers, 1995
・Buchanan, B. B., Gruissem, W. and Jones, R. L. 編：Biochemistry & Molecular Biology of Plants, American Society of Plant Physiologists, 2000
・瓜谷郁三編：ストレスの植物生化学・分子生物学，学会出版センター，2001
・小柴共一・神谷勇治編：新しい植物ホルモンの科学，講談社サイエンティフィク，2002

4・6 エチレン生成系酵素の発現と制御

　植物はそのライフサイクルの多様な場面でエチレンを生成し，自らの生長，発育，成熟・老化を調節するとともに，傷害，微生物の侵入，水ストレスなどの外界からの種々の刺激に対する反応においてもエチレンを生成し，その生長と代謝を調節し適応している。植物におけるエチレン生成を誘導する主要な要因としては，成熟・老化のような生理的齢，傷害などのストレスおよびオーキシンがあげられる。

　4・5節で示したように，植物におけるエチレン生成の律速酵素はACC酸化酵素とACC合成酵素であるが，多くの場合にエチレン生成量を規定しているのはACC合成酵素であると考えられている。これまでに調査された植物では，両酵素とも複数のイソ酵素からなり，それをコードするイソ遺伝子はマルチジーンファミリー（多重遺伝子族）を形成している。

（1）エチレン生成系酵素の発現の機構
1）ACC酸化酵素
　ⅰ）遺伝子発現レベルでの制御　　ACC酸化酵素もACC合成酵素と同様にマルチジーンファミリーによってコードされており，トマトでは4種，メロンでは3種のイソ遺伝子がクローニングされている。これらのイソ遺伝子は器官・刺激特異的に発現することが示されている。メロンの *CM-ACO1* は果実成熟，傷害やバクテリア感染などのストレスおよびエチレン処理によって葉や果実で発現が促進されるのに対し，*CM-ACO2* は黄化芽生えの胚軸で弱く，*CM-ACO3* は花器官で強く発現する。トマトでは4種のACC酸化酵素遺伝子のうち，*LE-ACO1* と *LE-ACO4* の2種が果実で発現し，いずれもエチレンによって顕著に促進される。ただし，エチレンをほとんど生成していない組織に外生的にACCを添加すると即座にエチレン生成が始まることから，いずれかの遺伝子が少なくとも少量は恒常的に発現しており，活性があるタンパク質を蓄積していると考えられる。また，これまで調査されたいずれの果実でも，エチレン処理によって少なくとも1種のACC酸化酵素遺伝子の発現が顕著に高まっ

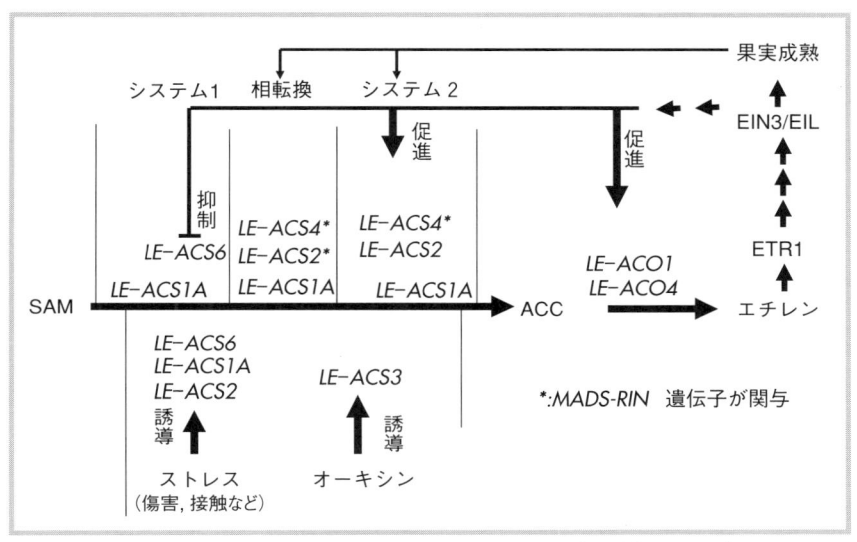

図 4・6-1 トマト果実におけるエチレン生合成制御のモデル

た。このエチレンによる ACC 酸化酵素遺伝子発現の促進は，エチレンの自己触媒的生成の一環を担っている（図 4・6-1）。

ⅱ）**酵素活性レベルでの制御**　ACC 酸化酵素は，長い α ヘリックスと 8 カ所の β シート部を含む約 36kDa のタンパク質であり，Fe(Ⅱ)イオンが配位した活性中心をもっている。また，活性には補因子として炭酸ガスとアスコルビン酸を要求する。果実などの肉厚の組織では炭酸ガスを与えても，すでに十分量の炭酸ガスが存在することから活性は上がらないが，葉などの組織中に炭酸ガスが極少量しかない組織では炭酸ガス濃度も活性の規定要因になっている。バナナ果実は成熟開始時にエチレン生成の一過的急増とその後の低下がみられる。この成熟開始直後のエチレン生成の低下に際して，十分量の ACC と *in vitro* で測定できる ACC 酸化酵素活性が存在することから，この低下は ACC 酸化酵素の活性に必要な鉄イオンとアスコルビン酸の不足に起因すると考えられている（Liu ら，1999）。

ACC 酸化酵素による ACC からエチレンの合成過程は，酸素による酸化過程でもあるので，低酸素環境は ACC 合成酵素の働きを低下させ，無酸素環境では ACC は蓄積するがエチレン生成は停止する。

2）ACC 合成酵素

i）遺伝子発現レベルでの調節　図4・6-2はこれまでに種々の植物でクローニングされたACC合成酵素遺伝子のアミノ酸配列に基づいた系統樹を示している。これらのイソ遺伝子は，大きく三つのグループに分けられ，同じグループに属する相同性の高い遺伝子はその発現パターンも似ている。グループ1は接触刺激や傷害，グループ2は果実成熟や傷害，グループ3はオーキシ

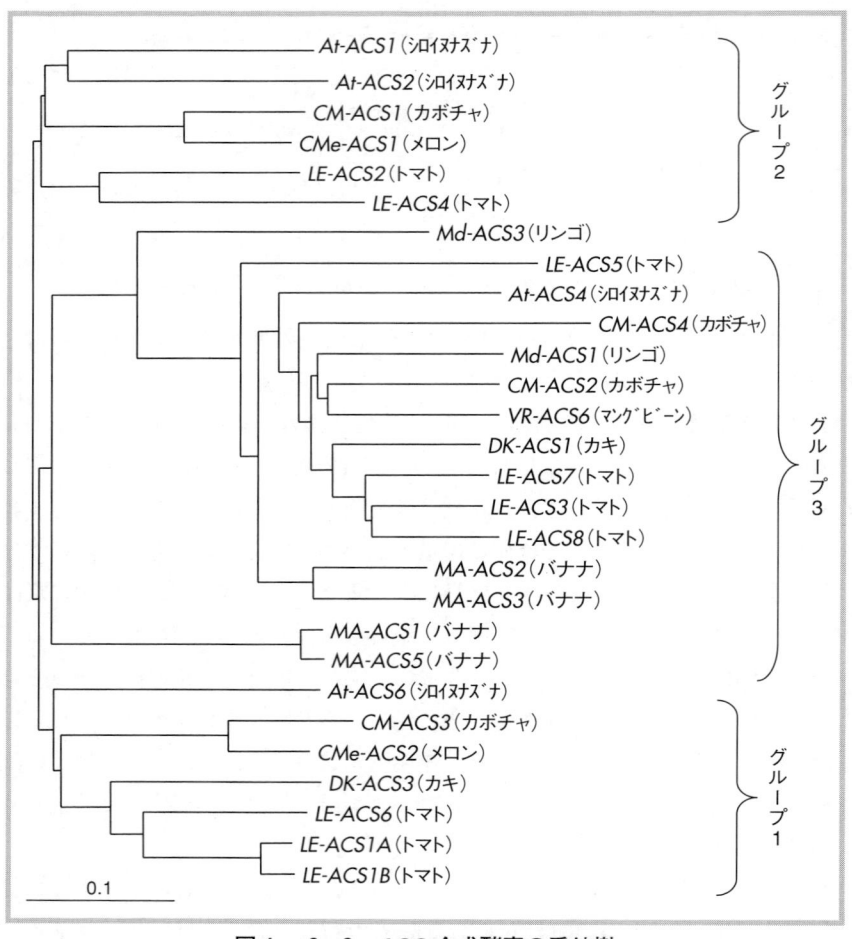

図4・6-2　ACC合成酵素の系統樹
グループ分けはShiuら（1998）を参考にした。

ンや冠水によって発現が増加する遺伝子で構成されている（佐藤，2003）。

　ACC合成酵素はエチレン生成におけるもっとも重要な律速因子であり，ほとんどの場合エチレン生成量の増減はACC合成酵素活性およびその遺伝子発現量を反映している。前述のようにACC合成酵素をコードする遺伝子はマルチジーンファミリーを形成しており，トマトでは少なくとも9種の遺伝子がクローニングされている。トマト果実の成熟エチレン（システム2エチレン）には*LE-ACS2*と*LE-ACS4*が，未熟時の微量エチレン（システム1エチレン）には*LE-ACS1A*と*LE-ACS6*がかかわっている。*LE-ACS2*と*LE-ACS4*の発現は，エチレン処理によって誘導され，逆にエチレン作用阻害剤の1-MCP処理によって顕著に抑制される。一方，*LE-ACS6*の発現は，成熟エチレン生成が始まると低下し，1-MCP処理によってエチレン作用を阻害すると回復する。したがって，*LE-ACS2*と*LE-ACS4*の発現はエチレンによる正のフィードバック制御（自己触媒的制御）を受けており，逆に*LE-ACS6*の発現は負のフィードバック制御（自己抑制的制御）を受けていると考えられる。メロンやセイヨウナシ，アボカド果実などでもトマト果実と同様に，成熟エチレンが関与するACC合成酵素遺伝子の発現はエチレンによる正のフィードバック制御を受けていることが示されている。バナナやモモ，イチジク果実でも，ほかの果実と同様にプレ・クライマクテリック段階でエチレンを処理すると，エチレン生成とACC合成酵素遺伝子の発現が促進される。しかし，成熟に伴って誘導されたエチレン生成やACC合成酵素遺伝子の発現は1-MCP処理によっても抑制されず，むしろ促進される場合もある。したがって，これらの果実では成熟エチレン生成が始まった後は，少なくともエチレンによる正のフィードバック制御は作動していないと考えられる。

　傷害などのストレスによってトマト果実では*LE-ACS2*と*LE-ACS6*の発現が誘導されるが，この遺伝子発現は1-MCP処理による影響は受けず，エチレンによるフィードバック制御を受けていないと考えられる。

　このように，各ACC酵素イソ遺伝子は，発育段階・刺激・器官特異的に発現し，それぞれの発現はエチレンによって全く異なる制御を受け，エチレン生成を調節している。

　ⅱ）**酵素タンパクレベルでの調節**　　ACC合成酵素は，273番目前後のリジ

ン残基に補酵素であるピリドキサルリン酸が結合した活性中心をもち，生体内では二つのタンパク分子が結合した二量体で働いている。抽出したACC合成酵素タンパク質は，試験管内で基質であるSAMを加えACC生成反応をさせると，急速に（10〜30分で半減）活性が低下する。これは，触媒反応の約3万回の反応に1回の割合で酵素タンパク分子がSAMと不可逆的に結合し失活するためである。このような特性は，自殺特性と呼ばれ，ピリドキサルリン酸を補酵素とする酵素グループの特徴である。エチレンは果実成熟や傷害および病原体の侵入などのストレスに対する防御反応に重要な働きをしているが，老化も誘導するので，過剰なエチレン生成は植物体に致命的な悪影響をもたらす。したがって，必要なときに生成し，必要がなくなると速やかに生成を停止する必要がある。ACC合成酵素の自殺特性はエチレン生成の急速な停止に重要な役割を担っていると考えられる。

　最近，アラビドプシス変異体の解析から，ACC合成酵素はETO 1と名づけられたタンパク質と結合しており，このタンパク質に変異が起きると，ACC合成酵素が分解されにくくなる。さらに，大部分のACC合成酵素のC末端部分にR/SL/VS（アルギニンまたはセリン・ロイシンまたはバリン・セリン）という保存配列（460番目付近に位置）があり，このセリン残基はリン酸化されていること，ここに脱リン酸化が起こると，酵素タンパク質は分解に向かうことが明らかにされている。

（2）輸送・貯蔵環境ストレスとエチレン生成系酵素の発現調節
1）輸送環境ストレスとエチレン生合成

　青果物は，選別・箱詰め作業における接触や圧迫，傷害，輸送中の衝撃，乾燥や高・低温など種々のストレスにさらされる。これらのストレスは，エチレン生成を誘導・促進する要因である。トマト果実は，手の接触などの微細な刺激によっても，微量のエチレンを生成するが，このエチレン生成には*LE-ACS1A*と*LE-ACS6*が関与することが示されている（図4・6-3）。また，より強い物理的刺激である傷害を受けると，接触刺激と同様に10分以内に*LE-ACS1A*と*LE-ACS6*が一過的に発現し，その後*LE-ACS2*の発現が誘導され，さらに大量のエチレン生成が起こる。切断による傷害エチレンの生成は局所的であ

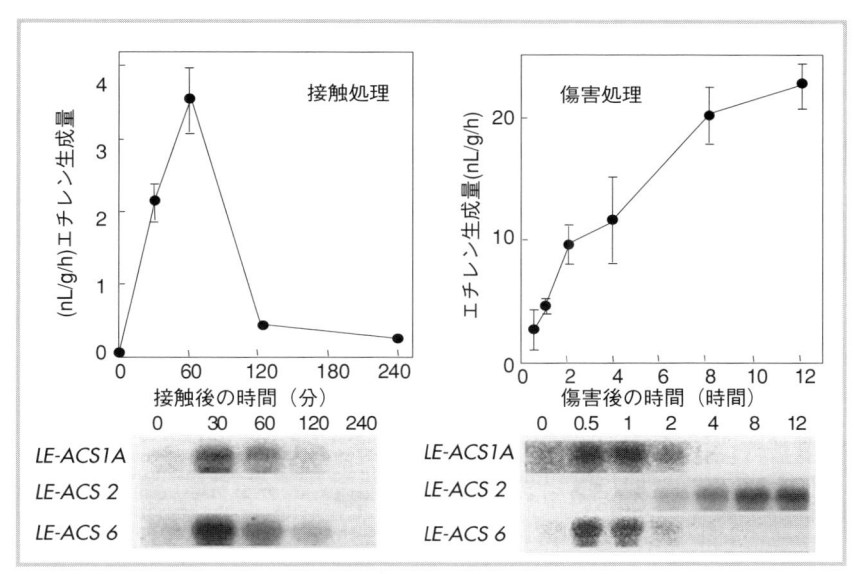

図4・6-3 接触および傷害処理がトマト果実のエチレン生成量とACC合成酵素遺伝子発現に及ぼす影響（緑熟段階の果実に処理）
出典 Tatsuki, M. and Mori, H. : *Plant Cell Physiol.*, **40**, 709〜715, 1999

り，カボチャでは切断を受けた面から1 mm以内でACC合成酵素遺伝子発現が高まることによるとされている。カキ果実では，収穫時期や品種によって，収穫後の水分蒸散による水ストレスがエチレン生成を誘導し，急速な果実軟化（熟柿の発生）につながる（4・3（2）蒸散作用と生理活性の項参照）。水ストレスは，まずへた部の*DK-ACS2*の発現を誘導し，少量のエチレンを生成する（図4・3-3参照）。このエチレンが果肉部に侵入し自己触媒的発現特性をもつ*DK-ACS1*を刺激，果肉でのエチレン生成を促進し，急速な果実軟化につながる。有孔ポリ袋包装などによって最初の原因である水分蒸散を抑制すると，この急速な軟化を防ぐことができる。

2）貯蔵環境ストレスとエチレン生合成

一般に低温貯蔵は，青果物の熟度進行を遅らせることによって，成熟エチレンの誘導，すなわち成熟エチレン生成にかかわるACC合成酵素遺伝子の発現開始を遅らせる。しかしながら，各青果物が耐えられる限界温度の以下の低温（4・16（2）低温障害の項参照）は，むしろストレスとして作用し，ストレス

応答性 ACC 合成酵素遺伝子の発現を誘導しエチレンを生成する。ただし、セイヨウナシでは低温貯蔵を行うと ACC 合成酵素遺伝子の発現が誘導されエチレンが促進される。これは低温ストレスによるエチレン誘導であるが、果肉褐変やピッティングなどの低温障害症状は伴わない。そこで、セイヨウナシでは、果実成熟の促進と均一化を目的とした低温処理が行われており、一部の品種ではこの低温処理が成熟誘導に必須である。

CA 貯蔵および MA 貯蔵における高濃度炭酸ガスと低濃度酸素環境は、適切なガス濃度の範囲内（6・3（2）CA 貯蔵の項参照）では、ACC 合成酵素および ACC 酸化酵素の遺伝子発現を抑制する。ただし、高すぎる濃度の炭酸ガス環境は、ストレスとして作用し、逆に ACC 合成酵素の遺伝子発現および酵素活性を刺激し、エチレン生成を促進する。

CA 貯蔵では炭酸ガスや酸素濃度の調整に加えてエチレン吸収装置によるエチレン除去が併用される場合がある。また、ニホンナシやキウイフルーツの貯蔵には過マンガン酸カリウムなどを主体としたエチレン吸収剤が利用されている。これらは環境中のエチレンを除去して、自己触媒的エチレン生合成を遅らせることを目的としたものである。また最近、強力なエチレン作用阻害剤である 1-MCP の商業的利用が可能となり、リンゴなどで顕著な貯蔵延長作用が認められている。これは結果的に自己触媒的エチレン生合成の循環を断ち切り、ACC 合成酵素の活性化を遅らせるものである。

〔参考文献〕
・Nakatsuka, A. *et al*.: *Plant Physiol*., **118**, 1998
・Shiu, O. Y. *et al*.: *Proc. Natl. Acad. Asci. USA*, **95**, 1998
・Liu, X. *et al*.: *Plant Physiol*., **121**, 1257～1265, 1999
・Tasuki, M. and Mori, H.: *Plant Cell Physiol*., **40**, 709～715, 1999
・Kato, M. *et al*.: *Plant Cell Physiol*., **41**, 440～447, 2000
・Nakano R. *et al*.: *Plant Physiol*., **131**, 2003
・佐藤隆英・水野真二：エチレン生合成の調節機構, 植物の生長調節, **38**, 187～202, 2003

4・7 糖質および有機酸の代謝

(1) 糖質の代謝
1) 品質に影響する糖

　果実等，貯蔵器官への糖の蓄積はその甘味にかかわるだけでなく，さまざまな成分の基質として重要なため，糖の蓄積の多少は果実品質（大きさを含む）の全体に大きな影響を及ぼす。園芸作物（主に果実）の品質に影響を与える糖の種類は意外に少なく，スクロース，フルクトース，グルコース，ソルビトールそしてデンプンである。マンニトール，ラフィノース，スタキオース，ガラクチノールなどは転流糖としては利用されるが，貯蔵組織にはあまり蓄積しない。これらの糖の甘味度および甘さの質は異なり，甘味度はスクロースを100とするとフルクトース（130），グルコース（70），ソルビトール（60）となる。またその組成・含量は果実の種類（表4・7-1），生育ステージによっても大きく異なる。例えば，ナシ果実においてはスクロースを蓄積する品種とヘキソースを蓄積する品種が存在し[1]，スクロースは果実の成熟に伴って急激に蓄積することが知られている。トマト，カキ，リンゴなども同様な傾向を示す。

2) 糖代謝酵素の性質と機能

　マンニトールやラフィノース／スタキオースも転流するが，前者はマンニト

表4・7-1　果実（完熟果）の糖組成　（単位：g）

果実	品種	スクロース	グルコース	フルクトース	ソルビトール
ウメ	白加賀	—	0.17	0.13	0.30
オウトウ	ナポレオン	0.21	4.25	3.15	2.25
スモモ	ソルダム	4.42	1.58	1.54	1.01
モモ	白桃	6.96	0.85	1.14	0.12
ネクタリン	—	5.51	0.80	0.91	1.78
リンゴ	つがる	2.31	1.86	5.19	—
ナシ	二十世紀	1.95	1.76	4.87	0.78
ブドウ	巨峰	0.77	7.23	8.27	—
カキ	富有	8.48	4.00	2.32	—
ウンシュウミカン	早生系	2.41	1.76	2.27	—
バナナ	キャベンディッシュ	10.71	2.04	1.82	—

出典　小宮山美弘ら：日食工誌，**32**，522，1985

ール脱水素酵素によりフルクトースに，後者は$α$-ガラクトシダーゼによってガラクトースとスクロースに分解され，そのままでは蓄積しない。果実に蓄積する糖は上述のようにデンプンを含んで主に5種類であるので，これらの代謝調節について述べる。

ⅰ）**インベルターゼ**　酸性と中性インベルターゼがあり，前者には細胞壁結合（アポプラスト）型と液胞型，後者には細胞質型が存在し，スクロースをグルコースとフルクトースに分解する。細胞壁結合型はアポプラストのスクロースを細胞内に取り込ませるために重要な酵素である[2]。また液胞型はスクロースをヘキソースに換えることで浸透圧調節にも役立っている[3]。

ⅱ）**スクロースリン酸合成酵素，スクロース合成酵素**　スクロースリン酸合成酵素はフルクトース6リン酸とUDPグルコースを基質としてスクロースを合成する酵素であり，多くの果実でスクロースが蓄積するときに積極的に働く[4]。スクロース合成酵素は一般にスクロースの分解方向に働き，転流してきたスクロースの代謝変換そしてデンプンや細胞壁多糖類合成の基質となるUDPグルコースの供給[5]にも重要な働きをしている。しかし，モモやナシ果実ではスクロースの蓄積にも重要な役割を果たしている[6]。

ⅲ）**ソルビトール6リン酸脱水素酵素，ソルビトール脱水素酵素**　バラ科の果樹に存在し，前者はグルコース6リン酸をソルビトール6リン酸に変換しホスファターゼを介してソルビトールを供給する。後者は果実内に転流したソルビトールをフルクトースに代謝変換する果樹にとって重要な酵素である[7],[8]。

ⅳ）**フルクトキナーゼ**　果実にはフルクトースが多く蓄積するが，本酵素はフルクトースをフルクトース6リン酸に変換，代謝させ，その蓄積を制御するのに重要な役割を果たす[9]。

ⅴ）**デンプン合成酵素，アミラーゼ，ホスホリラーゼ**　セイヨウナシ，リンゴ，キウイフルーツ果実などでは，デンプン合成酵素によって一時的に多量のデンプンを蓄積する。アミラーゼやホスホリラーゼは成熟・追熟過程で作用し，デンプンを糖化し甘くするため，特に重要である。また，スクロース合成やデンプン合成の基質であるUDP（ADP）グルコースを供給するUDPG-ピロホスホリラーゼも重要な酵素である（図4・7-1）。

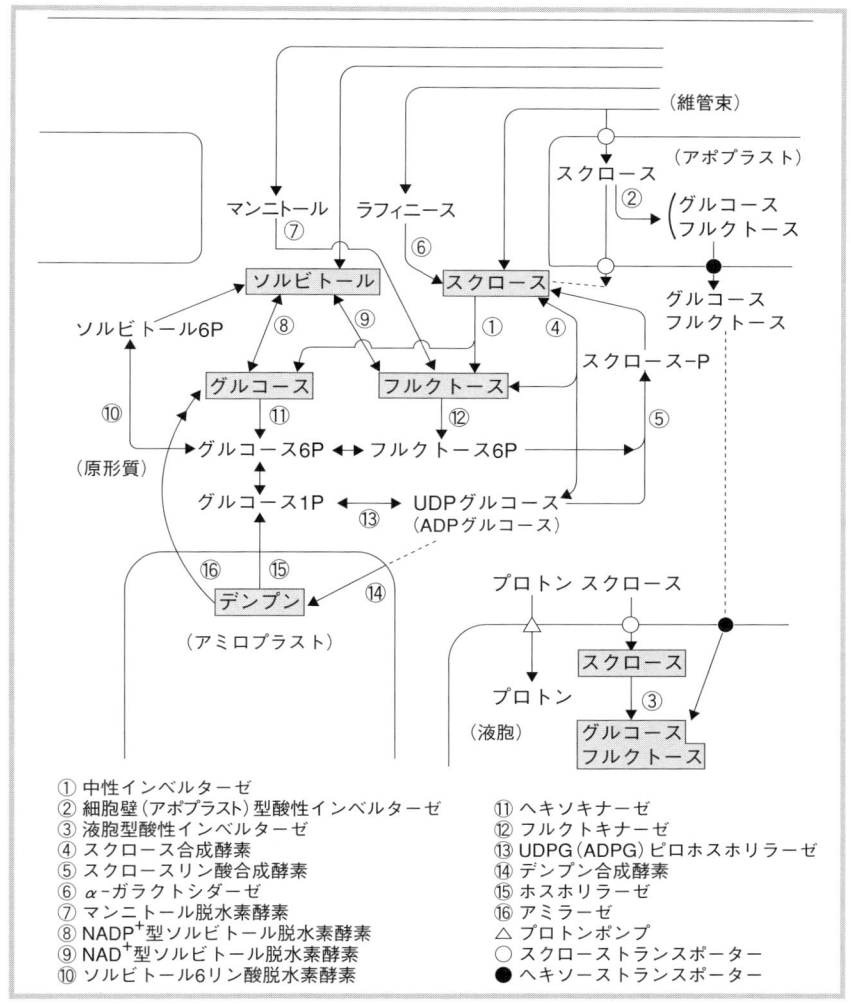

4・7 糖質および有機酸の代謝　131

図4・7-1　糖代謝系と蓄積

① 中性インベルターゼ
② 細胞壁（アポプラスト）型酸性インベルターゼ
③ 液胞型酸性インベルターゼ
④ スクロース合成酵素
⑤ スクロースリン酸合成酵素
⑥ α-ガラクトシダーゼ
⑦ マンニトール脱水素酵素
⑧ $NADP^+$型ソルビトール脱水素酵素
⑨ NAD^+型ソルビトール脱水素酵素
⑩ ソルビトール6リン酸脱水素酵素
⑪ ヘキソキナーゼ
⑫ フルクトキナーゼ
⑬ UDPG（ADPG）ピロホスホリラーゼ
⑭ デンプン合成酵素
⑮ ホスホリラーゼ
⑯ アミラーゼ
△ プロトンポンプ
○ スクローストランスポーター
● ヘキソーストランスポーター

　上記糖の代謝調節に関与する酵素には，糖の存在によりその発現が誘導されるもの，あるいは糖がなくなるとその発現が誘導されるものがある[10]。例えば，酸性インベルターゼやスクロース合成酵素は，ある植物組織ではグルコース，フルクトース，スクロースがなくなると，そしてほかの植物組織ではそれらが過剰に存在すると誘導される。これは恐らく両酵素ともアイソジーンを構

成しているためと思われる。スクロースリン酸合成酵素はスクロースがないときに発現が誘導される。また，α-アミラーゼはスクロース，グルコース，フルクトースがないと誘導され，一方，β-アミラーゼはこれらが多いと誘導される。デンプン合成酵素はこれらの糖の存在によって誘導される。また，マンニトール脱水素酵素はグルコースによって発現が抑制され，ないと誘導される[11]。このように，糖の有無によって活性は制御されている。さらに，糖の細胞内への透過や糖のリン酸化に関与する，糖のトランスポーターやヘキソキナーゼが糖シグナルとして働き，上記糖代謝酵素などの発現を遺伝子レベルで制御している[12]。さらに，これらの酵素のあるものは器官特異的，発育ステージに特異的に発現することが知られている。

3）糖の蓄積機構

可溶性糖の大部分は液胞内に集積され，その濃度は1 mol 近くになることもある。そして糖を高濃度に集積することによって浸透圧を高め，これによって大きな膨圧を形成することができる。この膨圧は細胞の肥大生長など，細胞の運動に大きな役割をもつ。また液胞内には酸性インベルターゼが存在し，この酵素の発現によって液胞内のスクロースをヘキソースに変換することによって，浸透圧や甘味に大きな影響を与える[3]。このように高濃度に液胞内に糖を蓄積するためには，糖を運び込むための大きなエネルギーとトランスポーターが必要である。エネルギーは一般にはプロトン勾配によって形成され，プロトン-ATPase やプロトン―ピロホスファターゼがその形成に重要な役割を占めている。また，トランスポーターについては，原形質膜に局在するものとしてスクローストランスポーター，ヘキソーストランスポーター，マンニトールトランスポーターおよびソルビトールトランスポーターの存在が示され，数多くの遺伝子が単離されている。多くのものはプロトン／糖のシンポーターである。しかしながら，液胞膜に存在する糖のトランスポーターについては，その存在は示唆されているがタンパク質および遺伝子はまだ単離されていない。

（2）有機酸の代謝

1）品質に影響を与える有機酸

有機酸の種類は多いが，どの果実中にも多く含まれているものはリンゴ酸，

クエン酸であり，酒石酸，シュウ酸，キナ酸などはある果実に特異的に含まれている．アスコルビン酸も有機酸に属するがここでは扱わない．一般に有機酸は幼果，未熟果に多く含まれ，果実の成熟に伴って低下する傾向にある．

2）有機酸代謝酵素の性質と機能

上述した有機酸および代謝酵素を図4・7-2に示す．

i）ホスホエノールピルビン酸カルボキシラーゼ，リンゴ酸脱水素酵素，クエン酸合成酵素　果実のリンゴ酸，クエン酸合成に重要な酵素であり，この三つの酵素が働くことによってTCAサイクルの回転に必要な基質メンバーの供給に影響せずに有機酸を生成することができる．

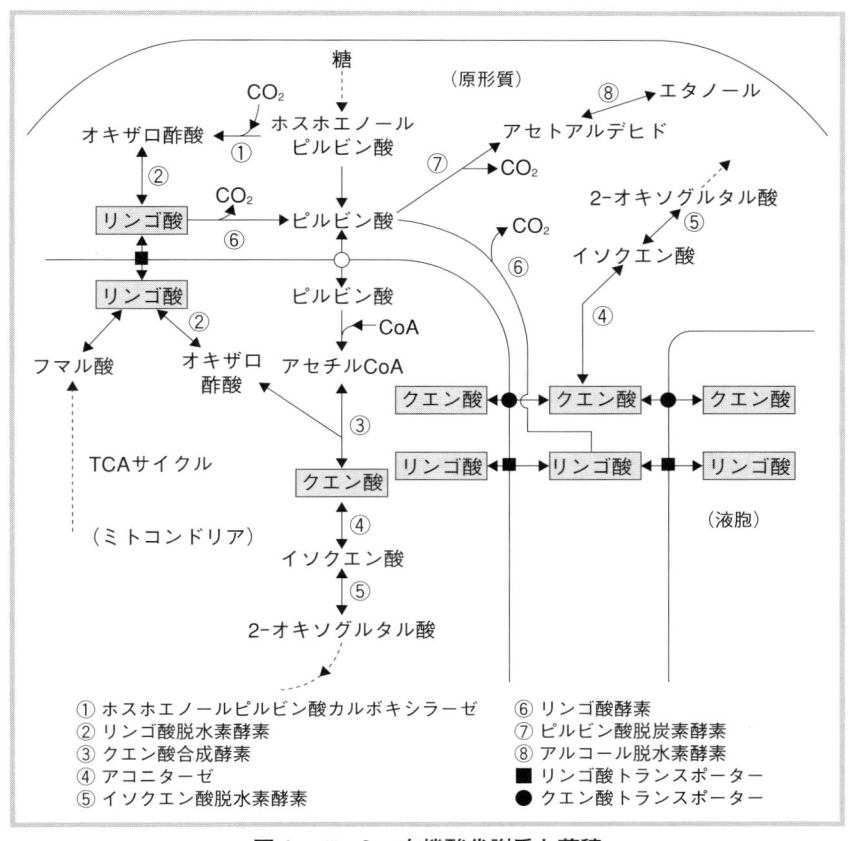

図4・7-2　有機酸代謝系と蓄積

ⅱ）**アコニターゼ，イソクエン酸脱水素酵素**　ミトコンドリアに局在するものはクエン酸の蓄積に重要であり，サイトゾルに局在するものはクエン酸の分解に重要である。

ⅲ）**リンゴ酸酵素**　蓄積したリンゴ酸を脱炭酸してピルビン酸に変換する。

ⅳ）**ピルビン酸脱炭酸酵素，アルコール脱水素酵素**　果実の嫌気呼吸の重要な酵素であり，ピルビン酸を脱炭酸してアルコールに変換する（図4・7-2）。

3）有機酸の蓄積機構

リンゴ酸やクエン酸が蓄積する機作には不明なところが多いが，いずれの有機酸も液胞内に蓄積することは明らかである。蓄積機構として考えられるのは，①PEPカルボキシラーゼおよびクエン酸合成酵素活性が上昇するため，②ミトコンドリアのアコニターゼ，イソクエン酸脱水素酵素活性が低下するため，③ミトコンドリア膜や液胞膜に局在するクエン酸およびリンゴ酸のトランスポーターの活性が上昇するため，などの可能性が考えられる。逆に有機酸が積極的に分解する原因としては，①リンゴ酸酵素活性の上昇，②サイトゾルに存在するアコニターゼ，イソクエン酸脱水素酵素活性が上昇するなどが考えられる（図4・7-2）。しかしながら，植物種や発育ステージによってその分解作用は異なっている。

（3）輸送・貯蔵条件と糖質および有機酸の代謝変動

1）輸送・貯蔵中の糖・有機酸の変化

一般に収穫した果実は輸送・貯蔵中に呼吸基質として有機酸や糖を消費する。それゆえ，予冷，冷蔵，高炭酸ガス，低酸素，フィルム包装，減圧などによってその消費を軽減して少しでも長く鮮度を保持することが考えられている。多くの作物では呼吸による糖・有機酸等の消費にかかわる酵素活性は温度が10℃低くなると1/2になるというQ_{10}の考え方があり，0℃近くに保持すれば30℃に比べて約1/8の活性に抑えられる。その結果，糖・酸の消費，その他成分の変動が減少する。それゆえ，低温に保持することが基本となっている。その他，高炭酸ガス，低酸素，脱エチレン，振動（wounding）の軽減，な

ども鮮度保持に大きな役割をもっている。そこで，これらの外的因子による糖や有機酸代謝酵素がいかに影響されるかについて述べる。

2）環境条件の変化に伴う糖・有機酸代謝酵素の変動

多くの酵素活性はQ_{10}に基づいて温度の低下とともに低下する。しかしながら，キウイフルーツのスクロースリン酸合成酵素は低温によってそのmRNA合成が促進され[13]，ジャガイモでは低温によってデンプン分解のホスホリラーゼの発現が誘導されるなど，低温によって発現が誘導されるものもある。一方，酸素濃度に敏感に反応して発現する酵素がある。例えば，スクロース合成酵素には無酸素あるいは低酸素によって発現が誘導されるアイソザイムがある[14]が，酸性インベルターゼのあるアイソザイムは無酸素状態ではその発現は抑制を受ける[15]。さらに，酸性インベルターゼのアイソザイムには物理的な傷害（wounding）によりその発現が誘導されるものもある[16]。また，エチレン除去は鮮度保持に大きな影響をもつが，ここで取り上げた糖代謝関連酵素がエチレンにより発現誘導されるとの報告はない。

有機酸代謝関連酵素では，アルコール脱水素酵素は無酸素条件下で誘導されること，またコハク酸脱水素酵素は高炭酸ガス条件下で阻害されることはよく知られている。無（低）酸素条件下においてはTCAサイクルの酵素のあるものはその作用が抑制されるため，TCAサイクルは停止し，アルコール脱水素酵素の誘導により嫌気呼吸が活発となる。また，woundingによって呼吸活性が高くなり，それに連動して有機酸代謝酵素の活性も高くなることが考えられる。リンゴ酸酵素，ピルビン酸脱炭酸酵素そしてアルコール脱水素酵素などはエチレンによりその活性が誘導され，クライマクテリックライズとも密接に関連している。このように糖や有機酸の代謝酵素は貯蔵中，輸送中で生じるさまざまな環境条件によって変動し，品質に大きな影響を及ぼすことが考えられる。それゆえ，これらを制御することによって品質を保持することが可能である。

〔引用文献〕
1) 梶浦一郎ら：育種学雑誌, **29**, 1, 1979
2) 大山暁男：野菜・茶業試験場報告, **15**, 17, 2000

3) Klam, E. M. *et al*. : *Plant Physiol*., **112**, 1321, 1996
4) Hubbard, N. L. *et al*. : *Physiol. Plant*., **82**, 191, 1991
5) Chourey, P. S. *et al*. : *Mol. Gen. Genet*., **203**, 251, 1986
6) Tanase, K. and Yamaki, S. : *Plant Gell Physiol*., **41**, 408, 2000
7) Kanayama, Y. *et al*. : *Plant Physiol*., **100**, 1607, 1992
8) Yamada, K. *et al*. : *Plant Cell Physiol*., **39**, 1357, 1998
9) Kanayama, Y. *et al*. : *Plant Physiol*., **113**, 1379, 1997
10) Koch, K. E. : *Annu. Rev. Plant Physiol. Plant Mol. Biol*., **47**, 509, 1996
11) Prata, P. T. N. *et al*. : *Plant Physiol*., **114**, 307, 1997
12) Smeekens, S. : *Annu. Rev. Plant Physiol. Plant Mol. Biol*., **51**, 49, 2000
13) Langenkämper, G. *et al*. : *Plant Mol. Biol*., **36**, 857, 1998
14) Zeng, Y. *et al*. : *Plant Physiol*., **116**, 1573, 1998
15) Zeng, Y. *et al*. : *Plant Physiol*., **121**, 599, 1999
16) Zhang, L. *et al*. : *Plant Physiol*., **112**, 1111, 1996

4・8　細胞壁構成成分の合成と分解

(1) 細胞壁構造とその構成成分

　細胞壁は，種々の多糖類，リグニン，タンパク質から構成される。一部の園芸作物ではリグニンの蓄積が肉質に影響するが，多くの場合，肉質の変化に大きく寄与する構成成分は多糖類といわれている。多糖類はさまざまな種類が存在し，その構造や糖の構成は植物種によっても異なっているが，果実細胞壁には特にペクチンが多く含まれる。

　ペクチンの主成分はガラクツロン酸が α-1,4結合したポリガラクツロン酸と呼ばれる酸性多糖類であり，ガラクツロン酸は果実成熟の初期には高度にメチルエステル化されている。成熟時にペクチンメチルエステラーゼが作用し，脱エステル化されることでペクチンの低分子化に働くポリガラクツロナーゼの作用を受けるようになる。ペクチン主鎖を構成するポリガラクツロン酸同士はラムノース残基によって連結され，ラムノース残基からは，アラビノースやガラクトースからなるアラビノガラクタンなどの側鎖多糖類を分枝している。また，ポリガラクツロン酸はカルシウムを介した架橋構造をとっており，みかけ

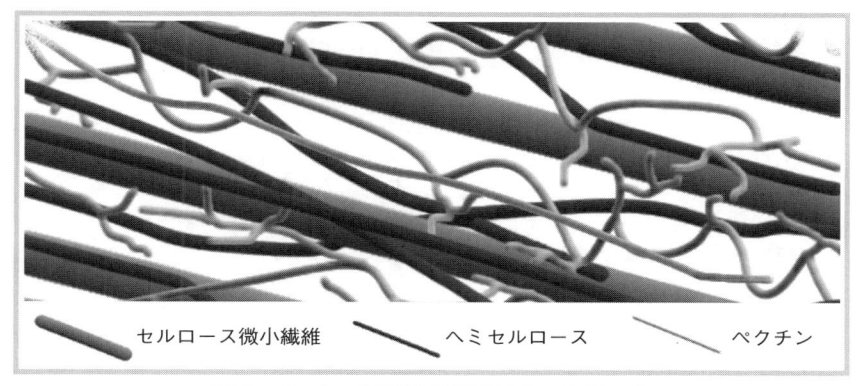

図4・8-1　細胞壁多糖類のネットワーク

の分子量が大きくなっている。ヘミセルロースはセルロースと結合していると考えられ、双子葉植物においては、その主成分はキシログルカンである。キシログルカンはβ-1,4結合したグルカン主鎖のグルコース残基にキシロースがα-1,6-結合している。またキシロース残基にはガラクトースやフコース残基が結合している。キシログルカンのほかにはグルコマンナン、キシラン、アラビナン、ガラクタンなどがヘミセルロースの成分とされている。セルロースは、β-1,4結合したグルコースを基本骨格とし、数本からなるセルロース繊維がさらに水素結合によってまとまってセルロース微小繊維を形成している。微小繊維の非結晶部分にキシログルカンなどが水素結合している。これらの構成多糖類は互いに、そして複雑に結合し、細胞壁を構成している（図4・8-1）。

（2）細胞壁構成成分の変化と肉質

　果実の肉質はその果実に特有であり、また、成熟や収穫後における変化もさまざまである。細胞壁の構成成分も果実の種類によって違いがみられることからも、細胞壁成分の変化と肉質との関係は作物の種類によって異なると考えられる。成熟時におけるもっとも大きな肉質の変化は果肉の軟化であり、軟化に伴う細胞壁構成成分の変化やそれに関与する酵素、遺伝子について生理・生化学的知見が得られている。個々の細胞壁代謝酵素と細胞壁多糖類との関係について図4・8-2に示した。ここでは、肉質の変化のうち、特に軟化現象に注目し、比較的種々の果実で共通的に観察されている点について述べる。

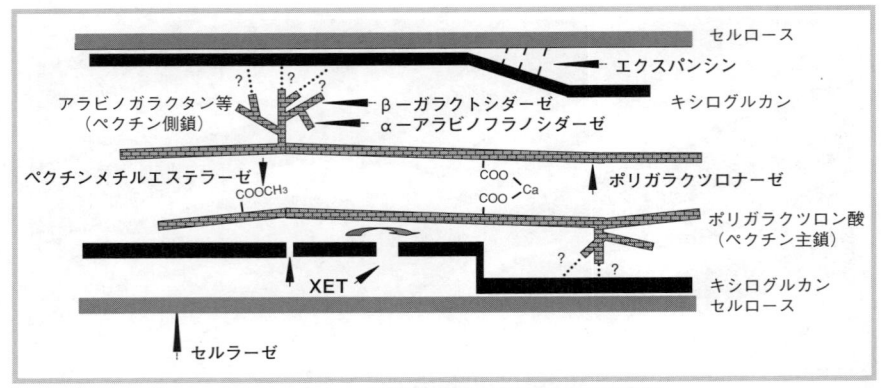

図4・8-2　細胞壁構造と細胞壁代謝酵素

1）ペクチンの可溶化と分解

ペクチンはミドルラメラに含まれて隣接する細胞同士を接着する役割を果たし，また，果実細胞壁に多量に含まれる。多くの種類の果実で，果実成熟の初期に，ペクチンの可溶化とペクチン側鎖からのガラクトースやアラビノースの遊離が観察される[1]。また，成熟の進行に伴ってペクチンが低分子化する。ペクチンが可溶化あるいは低分子化することで，細胞同士の接着に影響を与え，果肉強度の低下を引き起こしていると考えられる。このように，ペクチンは果実の成熟時に劇的に変化することから，果肉の軟化にもっとも影響を与えていると考えられ，ペクチンの構造変化に関与する酵素が注目されてきた。

ポリガラクツロナーゼはペクチン主鎖を構成するポリガラクツロン酸を加水分解する。エンド型とエキソ型のポリガラクツロナーゼが存在するが，エンド型が成熟時のペクチンの低分子化に作用している。ポリガラクツロナーゼ活性は，ふつう成熟前の果実からは検出されず，果実の追熟や軟化に伴って増大する。活性は果実の軟化程度（軟化部分）の分布と一致し，また，タンパク質の発現順序もこれに一致する。rin と呼ばれるトマトは通常の熟期になっても成熟の進行がみられない突然変異体であるが，rin 果実ではポリガラクツロナーゼ活性がみられず，軟化の進行もみられない。また，果実から抽出した細胞壁を in vitro でポリガラクツロナーゼによって分解させると，in vivo におけるペクチンの分解が再現される。このようなことから，ポリガラクツロナーゼが果

実の軟化を誘導するキー酵素であると考えられていた。しかしながら，ポリガラクツロナーゼのアンチセンス遺伝子を導入したトマトや rin 果実にセンス遺伝子を導入した形質転換の実験から，ポリガラクツロナーゼは単独で軟化を引き起こす酵素でないことが示された[2),3)]。ポリガラクツロナーゼによるペクチンの低分子化は果肉の軟化よりも食味などの肉質の変化に影響を与えていることが示されている。

トマトの緑熟果ではペクチンの90％がメチルエステル化されているが，成熟すると35％程度までエステル化度が低下する。これを触媒するのがペクチンメチルエステラーゼである。ペクチンメチルエステラーゼのアンチセンス遺伝子を導入した形質転換体トマトでは，ポリウロニドの低分子が抑制され，また，キレート可溶性のペクチンが減少する[4),5)]。これらは，エステル化度の維持によってポリガラクツロナーゼの作用が阻害されたり，イオン的に結合しているペクチンが減少することによると考えられる。ペクチンメチルエステラーゼの活性抑制は果実の硬度低下には影響を及ぼさなかったが，ジュースを製造したときの可溶性固形物含量や粘性を増大させるといった加工適性に貢献し，肉質変化への影響が大きいことが示されている。

細胞壁多糖類からのガラクトースの遊離には β-ガラクトシダーゼが関与している。同一種の果実中にも数種のアイソザイムが存在し，細胞壁多糖類からのガラクトースの遊離能力や成熟に伴う活性変動，また，その遺伝子の発現様式もさまざまである[6)〜9)]。トマトではクロマトグラフィー上で三つのアイソザイムに分画され，そのうちの β-ガラクトシダーゼ II が果実細胞壁からガラクトースを遊離する能力が高く，また，成熟に伴って活性が上昇する。一方，トマトから七つの β-ガラクトシダーゼアイソザイムの cDNA がクローニングされ，トマトの形質転換体を用いてその機能が解析されている。そのうち β-ガラクトシダーゼ II をコードする *TBG4* のアンチセンス遺伝子を導入したトマトでは果実の軟化が通常よりも抑制された。成熟の初期に特定の β-ガラクトシダーゼアイソザイムがペクチン側鎖からガラクトースを遊離することが，その後の果実の軟化に必要であることを示している[10)]。

2）ヘミセルロースの変化と果実の軟化

ペクチンの変化以外にヘミセルロースの変化も成熟時に観察される。ヘミセ

ルロースを構成する多糖類のうち，その主成分であるキシログルカンが果実の軟化時に低分子化することから，キシログルカンの代謝に働く酵素も肉質の変化に重要であると考えられている[11]。しかしながら，キシログルカンの低分子化に直接作用する酵素についてまだよくわかっていない。キシログルカンの代謝に関連する酵素としてエンド型キシログルカン転移酵素・加水分解酵素 (XTH) やエクスパンシンが知られている。XTH はキシログルカン鎖同士のつなぎ換えや加水分解を行い，生長に伴って異なった発現パターンを示すジーンファミリーを形成している。トマトの生長初期に発現する XTH をコードする *LeEXGT1* の発現を抑制すると最終的な果実の大きさが小さくなり，可溶性固形物含量が増大する。また，過剰発現させると果実の大きさは大きくなる[12]。一方，成熟時に発現する *LeXETB1* の発現を抑制しても，果実の肉質はあまり変化しない[13]。これらのことから，XTH の肉質への影響は明らかではない。

XTH のほかにキシログルカンの代謝に関与するタンパク質であるエクスパンシンはキシログルカンとセルロース微小繊維間の水素結合をゆるめる働きを担うといわれている。トマトの成熟時に特異的に発現する *LeExp1* の発現を抑制すると，成熟に伴うキシログルカンの変化には影響しないが，成熟後期のポリウロニドの低分子化を抑制し，さらに，果実の軟化を通常よりも抑制する。一方，*LeExp1* を過剰発現させるとポリウロニドの低分子化には影響しないが，キシログルカンの低分子化と果実の軟化が通常よりも促進される。これらの結果は，エクスパンシンが直接ペクチンの低分子化やキシログルカンの低分子化に働くのではないが，これらの現象を引き起こすためにはあらかじめエクスパンシンが作用する必要があることを示している[14]。

3) セルロースの変化

細胞壁を構成する多糖類のうちセルロースは，数種の果実で成熟に伴う含有量の低下がみられるが，多くの果実ではわずかな低分子化がみられる程度でほとんど変化しないことから，肉質の変化にはあまり影響しないとされている。通常，セルラーゼと呼ばれているものはカルボキシメチルセルロースを基質として活性測定が行われており，生体内のセルロース分解については疑問な点が多い。セルラーゼの生体内での基質はセルロースよりもむしろヘミセルロース，特にキシログルカンではないかといわれているがよくわかっていない。セ

ルラーゼをコードする *LeCel1*，*LeCel2* のアンチセンス遺伝子を導入した形質転換体トマトが作出されたが，ともに果実の軟化程度には変化がみられず，セルラーゼの肉質への影響ははっきりしない[15),16)]。

4）細胞壁代謝酵素と肉質

これらの結果から，少なくともトマトでは，β-ガラクトシダーゼやエクスパンシンの働きが果実の肉質変化，特に軟化のステップにおいて重要な役割を果たしていると考えられる。また，肉質そのものの変化に対しては先述のようにこれらの酵素が直接的に作用しているとは考えにくく，現時点ではポリガラクツロナーゼやペクチンメチルエステラーゼがその変化に関与していると考えられている。成熟時にみられる細胞壁の変化は，さまざまな種類の酵素が働くことによって生じており，また，構造変化のいくつかはあらかじめほかの細胞壁代謝酵素が作用していることが必要である。すなわち，種々の細胞壁代謝酵素がある順序で，あるいは，協力し合って作用することで細胞壁の構造変化を引き起こし，果実の軟化や果実本来の肉質を形成する。上述した例は主にトマトについて記したが，細胞壁の構成成分や成熟に伴うその変化は植物種によっても異なるため，個々の園芸作物について細胞壁の代謝機構を明らかにすることで，その果実に特有の肉質の変化を説明できるであろう。

（3）輸送・貯蔵条件と細胞壁構成成分の変化

一般的に園芸作物を低温下で貯蔵すると，呼吸量が抑制され，また，成熟ホルモンであるエチレンの生成がきわめて低くなる。クライマクテリック型の果実では，エチレン生成によって追熟が進行し，エチレンの生成に伴って多くの遺伝子が新規に発現する。細胞壁代謝酵素はジーンファミリーを形成していることが多く，特定のアイソザイムの発現はエチレンに依存しているため，低温下での輸送や貯蔵は，結果的に，細胞壁の構造変化を最小限にとどめ肉質の維持に貢献していると考えられる。しかしながら，セイヨウナシなどでは長期間低温下に貯蔵すると，その後の軟化に変化がみられ，通常と異なる肉質が形成されることが知られている[17)]。また，成熟にエチレンを必要としないノン・クライマクテリック型の果実でも成熟に伴って肉質は変化する。このような果実の肉質形成におけるエチレンの役割はまだ明らかでない。

細胞壁の構造変化とそれに関与する酵素類についての全貌はまだ明らかにされておらず，どの酵素が，どの程度，肉質の形成に影響しているかはよくわからない。現在のところ，個々の酵素あるいはアイソザイムの発現と温度条件・エチレンの依存性については示されていても，最終的な肉質の変化と結びつけるには不明な点が多い。

〔引用文献〕
1) Gross, K. C. and Sams, C.E. : *Phytochemistry*., **23**, 2457, 1984
2) Smith, C. J. S. *et al*. : *Nature*, **334**, 724, 1988
3) Giovannoni, J. J. *et al*. : *Plant Cell*, **1**, 53, 1989
4) Tieman, D. M. *et al*. : *Plant Cell*, **4**, 667, 1992
5) Hall, L. N. *et al*. : *Plant J*., **3**, 121, 1993
6) Carrington, C. M. S. and Pressey, R. : *J. Amer. Soc. Hort. Sci*., **121**, 132, 1996
7) Kitagawa, Y. *et al*. : *Physiol. Plant*., **93**, 545, 1995
8) Smith, D. L. and Gross, K. C. : *Plant Physiol*., **123**, 1173, 2000
9) Tateishi, A. *et al*. : *J. Japan. Soc. Hort. Sci*., **70**, 586, 2001
10) Smith, D. L. *et al*. : *Plant Physiol*., **129**, 1755, 2002
11) Sakurai, N. and Nevins, D. J. : *Plant Cell Physiol*., **38**, 603, 1997
12) Asada, K. *et al*. : *HortScience*., **34**, 533, 1999
13) de Silva, J. *et al*. : *J. Exp. Bot*., **45**, 1693, 1994
14) Brummell, D. A. *et al*. : *Plant Cell*, **11**, 2203, 1999
15) Lashbrook, C. C. *et al*. : *Plant J*., **13**, 303, 1998
16) Brummell, D. A. *et al*. : *Plant Mol. Biol*., **39**, 161, 1999
17) Murayama, H. *et al*. : *Postharvest Biol. Physiol*., **26**, 15, 2002

4・9　フェノール物質の生合成と作用

　フェノール物質とは広く植物界に分布するフェノール性水酸基をもった化合物の総称である。近年，保健機能を有する食品成分として「ポリフェノール」という言葉がしばしば使用されるが，これは分子内にフェノール性水酸基を複数個もつフェノール物質を指している。青果物においても保健機能成分として注目されるようになったが，一方では変色（褐変，黒変など）や渋味をもたら

4・9 フェノール物質の生合成と作用　143

す原因となることから品質低下にかかわる成分でもあり，注意が必要である。

（1）主なフェノール物質の種類
1）フェノール酸

　コーヒー酸（カフェ酸），p-クマール酸，フェルラ酸などはヒドロキシケイ皮酸類あるいは単にケイ皮酸類と呼ばれ，コーヒー酸がもっとも普遍的である。フェルラ酸は一般にヘミセルロースとエステル結合して存在する。コーヒー酸もしばしばエステル型で見出され，キナ酸とのエステルであるクロロゲン酸（5-カフェオイルキナ酸）は多くの青果物やコーヒーに存在する。また，ブドウ果実にはコーヒー酸と酒石酸のエステルであるカフタリック酸が存在する。

　没食子酸は低分子の単純フェノール酸である。没食子酸あるいはその酸化生成物はブドウ糖などとエステル結合することにより加水分解型タンニンを形成する。ガロタンニン（マンゴー果実）やエラジタンニン（ブラックベリー，ラズベリー，イチゴ，ワインなど）に代表される加水分解型タンニンは後述する縮合型タンニンに比べると分布が限られている。

2）フラボノイド

　フラボノイドは植物性の食品中にもっとも多く見出されるポリフェノールであり，フラボン，フラボノール，イソフラボン，アントシアニン，フラバノール，プロアントシアニジンおよびフラバノンの7種類に分類できる。

　これらのうちあるものは分布が限られており，イソフラボンはダイズが主たる給源である。フラバノンはカンキツ類にヘスペリジンやナリンギンとして見出される。ポリメトキシフラボノイドはカンキツに特徴的な成分である。

　ほかのフラボノイドは多くの食素材に普遍的に見い出される。フラボノールの一種ケルセチンは多くの青果物に含まれ，タマネギに特に多い。フラボンは比較的限られた分布を示すが，赤ピーマン（ルテオリン）やセルリー（アピゲニン）にみられる。フラバノールの主要なものはカテキン類であり，プロアントシアニジン（縮合型タンニン）はカテキン類の多量体である。プロアントシアニジンはさまざまな重合度のものが混在しており，高重合体は渋味の原因物質である。これらはリンゴ，ナシ，ブドウ，カキ，カリンなど落葉果樹の果実

類に多く見出されるが，バナナにも含まれる。アントシアニンはリンゴ，モモ，オウトウ，イチゴ，プラム，ラズベリー，ブドウ，ブルーベリーなどの色素成分である。

　3）スティルベン

　スティルベンは食用植物における分布は広くないが，ブドウ果皮や赤ワインに含まれるレスベラトロールは抗がん作用を示す成分として注目されている。

（2）主なフェノール物質の生合成と役割
1）フェノール物質の生合成

　シキミ酸経路によって形成される二つの芳香族アミノ酸（チロシンおよびフェニルアラニン）のうち，一般にフェニルアラニンが高等植物における多くのフェノール物質の前駆物質となる。フェニルアラニンから $trans$-ケイ皮酸への転換を触媒するフェニルアラニンアンモニアリアーゼ（PAL）はフェノール物質生合成における鍵酵素である（図4・9-1）。続くケイ皮酸4-ヒドロキシラーゼ（C4H）およびヒドロキシケイ皮酸CoAリガーゼ（CoAL）による触媒もほとんどすべてのフェノール物質の生合成に必須のステップである。これにより形成される p-クマロイルCoAはリグニンやフラボノイド，スティルベンなどの前駆物質である。フラボノイドのなかでアントシアニンの生合成については遺伝子レベルで研究が進んでいる。プロアントシアニジンの生合成は十分に解明されていないが，Staffordら[1]は，まずロイコアントシアニジンより「ターミナルユニット」としてのカテキン類が生合成され，これにロイコアントシアニジンが「エクステンションユニット」として順次結合していく説を提案している。

2）フェノール物質の役割

　植物がフェノール物質を生合成し蓄積する理由については不明な点も多いが，例えばレスベラトロールはブドウが病原菌から身を守るためのファイトアレキシンとしての役割をもつといわれる。また，フラボノイド類も抗菌作用をはじめ，紫外線障害からの防護作用，ほかの植物種子の発芽・生育阻害作用などをもつことが知られ，アントシアニンのような色素に至っては鳥などの捕食者に果実の種子を運搬させるためのアトラクタント（魅惑物質）としての役割

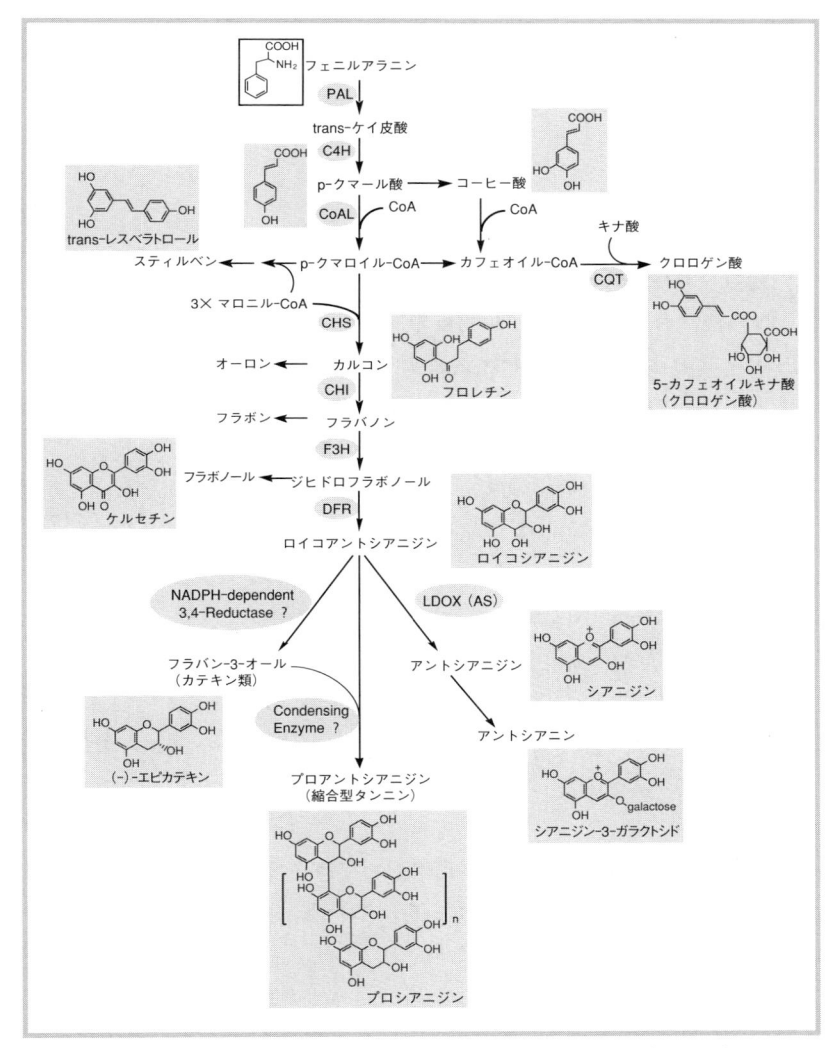

図 4・9-1　一般的なフェノール物質の生合成経路（概略図）

PAL, フェニルアラニンアンモニアリアーゼ；C 4 H, ケイ皮酸 4-ヒドロキシラーゼ；CoAL, ヒドロキシケイ皮酸 CoA リガーゼ；CHS, カルコンシンターゼ；CHI, カルコンフラバノンイソメラーゼ；F 3 H, フラバノン 3-ヒドロキシラーゼ；DFR, ジヒドロフラボノール 4-レダクターゼ；LDOX, ロイコアントシアニジンジオキシゲナーゼ；AS, アントシアニンシンターゼ

プロアントシアニジンの生合成については，Stafford（1986）による

があるといわれる。このようなことから，フラボノイド類は自らを防御し生存条件を有利に運ばせるための戦略物質であると考えられている。一方，ヒドロキシケイ皮酸の一種であるフェルラ酸は細胞壁においてヘミセルロースやペクチン質などの多糖類と結合して存在し，組織の硬化に関与していると考えられている。

(3) 輸送・貯蔵条件とフェノール物質の動向
1) 収穫後におけるフェノール物質の消長

i) リンゴおよびセイヨウナシ果実　　Awadとde Jager[2]の総説によれば，リンゴ果実の貯蔵中のフェノール物質の消長は研究者ごとに報告が異なるものの，総フェノール物質レベルでは収穫後の低温貯蔵中に比較的安定であると考えられる。ただし，個々のフェノール成分についてはそれぞれ変化が異なるようであり，プロシアニジン少量体などは減少するものと思われる。セイヨウナシ果実ではカテキン類，プロシアニジン二量体およびクロロゲン酸などの低分子成分は低温貯蔵中に減少するようである[3),4)]が，総フェノール物質としては変化が明確でない場合もある[4),5)]。また，増加の例として，'バートレット' の4℃貯蔵2カ月における総量の増加[3)]，'アンジュー' の−1℃貯蔵160日におけるクロロゲン酸の増加[6)]がある。なお，CAあるいはMA条件はフェノール物質の生合成を阻害し，増加を抑制あるいは減少を促進するものと思われる[3),4)]。

ii) その他の青果物　　ライチ果実においては主要フェノール物質であるフラバン−3−オール単量体，二量体およびシアニジン−3−グルコシドが常温あるいは4℃貯蔵中に減少することが報告されている[7)]。タマネギではフラボノール配糖体の含量・組成は4℃貯蔵6カ月において変化がなかった[8)]。また，5カ月間のCA貯蔵（99％窒素，1％酸素，4.4℃）においても総ケルセチン含量はほとんど変化しなかったが，通常の24℃貯蔵では一時的に増大したと報告されている[9)]。グリーンアスパラガスにおいては21℃貯蔵3日にフェルラ酸および関連化合物が3倍以上に増加し，特に茎の基部から細胞壁中において顕著であった[10)]。これらのフェノール物質は細胞壁成分とエステル結合しており，リグニン沈着とともにアスパラガスの硬化にかかわっているものと考えられてい

ⅲ) **カット青果物**　カットしたフダンソウの MAP（7％酸素＋10％二酸化炭素）においてはアスコルビン酸含量は8日の貯蔵期間に約50％が減少したが，総フラボノイド含量は影響がなかった。また，カットホウレンソウにおいても通常大気および MAP の両方で総フラボノイド含量は7日間の貯蔵中にきわめて安定であった[2]。スライスピーマンの例では2℃－14日の貯蔵中に総フェノール物質含量の顕著な増加が認められたが，CA 条件（2％酸素，10％または20％二酸化炭素）および MAP では増加が抑制された[11]。

2) 環境条件調節によるフェノール物質の制御

ⅰ) **脱渋**　渋ガキの渋は水溶性のプロアントシアニジンポリマーが本体であり，口中粘膜や唾液中のタンパク質との結合力が強いため，収斂性の渋味を感じる。渋ガキの脱渋は，アルコール処理や二酸化炭素処理を施すことによって果実中にアセトアルデヒドを生じさせ，これがプロアントシアニジンを凝集させて不溶性の巨大分子へと導くものである。

ⅱ) **収穫後における増加ならびに誘導**　ネクタリン，チェリー，ブドウ，ブルーベリー，クランベリー，ザクロ，イチゴなどにおいては収穫後のアント

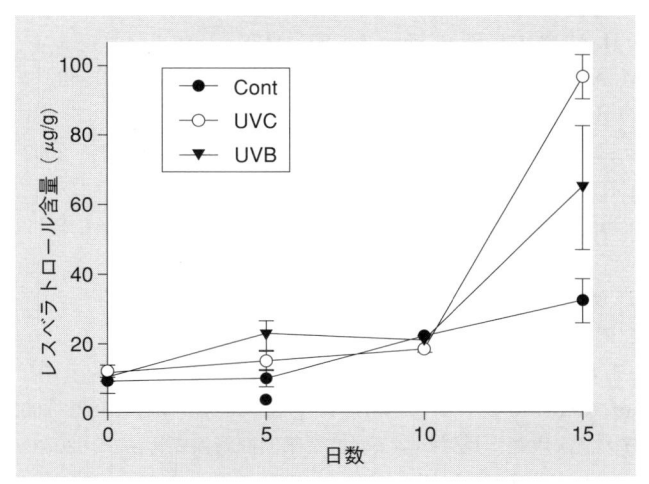

図4・9-2　低温貯蔵中のブドウ'ナポレオン'における果皮 *trans*ーレスベラトロール含量の変化ならびに UV 照射の影響
　　　　資料　Cantos, E. *et al.* : *J. Agric. Food Chem.*, **48**, 4606, 2000

シアニン色素の増加が報告されている。高二酸化炭素条件はアントシアニンの蓄積に阻害的とされる。ほかのフェノール成分では，イチゴのエラーグ酸やブドウのレスベラトロールについて増加が認められている。Cantosら[12]はブドウ'ナポレオン'の収穫後にUV照射と変温処理を施すことにより果皮のレスベラトロール含量が処理前の10倍近くまで増加したことを報告している（図4・9-2）。

3) 組織褐変とフェノール物質の動向

組織褐変は植物の細胞が損傷を受けた場合に，細胞中の酵素ポリフェノールオキシダーゼ（PPO）がフェノール物質を酸化してキノン体とし，これが非酵素的に酸化重合して褐色の巨大分子を形成するものである。褐変は物理的傷害のみならず，不適切な貯蔵条件下における生理障害（低温障害，炭酸ガス障害など）の発生時にも観察される。褐変時にはクロロゲン酸やカテキン類などがPPOの基質として消費されるため，これらの含量は減少する。また，PPOの基質とならない重合度の大きいプロアントシアニジンも非酵素的酸化重合の時点で褐色色素の形成にかかわることが示唆されている。

〔引用文献〕

1) Stafford, H. A. *et al.*: *Plant Physiol.*, **82**, 1132, 1986
2) Awad, M. A. and de Jager, A.: *Postharvest Biol. Technol.*, **27**, 53, 2003
3) Amiot, M. J. *et al.*: *J. Agric. Food Chem.*, **43**, 1132, 1995
4) Hamauzu, Y. and Sakai, I.: *Food Preservation Science*, **28**, 25, 2002
5) Veltman, R. H. *et al.*: *J. Plant Physiol.*, **154**, 697, 1999
6) Blankenship, S. M. and Richardson, D. G.: *J. Amer. Soc. Hort. Sci.*, **110**, 336, 1985
7) Zhang, D. *et al.*: *Postharvest Biol. Technol.*, **19**, 165, 2000
8) Price, K. R. *et al.*: *J. Agric. Food Chem.*, **45**, 938, 1997
9) Patil, B. S. *et al.*: *J. Am. Soc. Hortic. Sci.*, **120**, 909, 1995
10) Rodriguez-Arcos, R. C. *et al.*: *J. Agric. Food Chem.*, **50**, 3197, 2002
11) 張　東林・濱渦康範：長野県園芸研究会第34回講演要旨, 78, 2003
12) Cantos, E. *et al.*: *J. Agric. Food Chem.*, **48**, 4606, 2000

4・10 色素の合成と分解

　多くの果実・果菜では成熟に伴いクロロフィルが分解し，特有のカロテノイドもしくはアントシアニン色素の合成がみられる。また，葉菜やブロッコリーでは収穫後のクロロフィル分解に伴い顕著な黄化がみられ，品質低下の主な要因となっている。

　ここでは，果実・野菜の主要な色素であるクロロフィル，カロテノイドおよびフラボノイドの合成ならびに分解について説明し，さらに，輸送・貯蔵中の色素分解と品質とのかかわりについて述べる。

(1) 主な植物色素の生合成
1) クロロフィル

　植物でのクロロフィル生合成はクロロプラスト中で行われ，グルタミン酸からの5-アミノレブリン酸形成で開始される。次に，5-アミノレブリン酸はポルフィリン形成に移行し，プロトポルフィリンからMg-プロトポルフィリンが生成される。その後，プロトクロロフィリッド a から光依存型のNADPH-プロトクロロフィリッドオキシドレダクターゼによりクロロフィリッド a となり，最後の段階で，クロロフィルシンテターゼによりゲラニルゲラニル二リン酸がクロロフィリッド a にエステル化され，クロロフィル a となる。クロロフィル b は，クロロフィル a から形成される[1,2]（図4・10-1）。さらに，クロロプラストで形成されたプロトポルフィリンは，ミトコンドリアでのヘム色素形成にも関与している。

2) カロテノイド

　植物でのカロテノイド生合成はクロロプラスト，クロモプラストなどの色素体で行われる。まず，アセチルCoAからメバロン酸を経てゲラニルゲラニル二リン酸となり，その後フィトエン，フィトフルエンを経てリコペンが生成される。リコペンから a-カロテンもしくは β-カロテンが生成され，その後 β-カロテンはヒドロキシル化されゼアキサンチンとなり，エポキシ化が生じビオラキサンチンに変化する[1,3]（図4・10-2）。

```
グルタミン酸 ·······▶ 5-アミノレブリン酸 ·······▶ プロトポルフィリン
                                                        │ Mg²⁺
                                                        ▼
                                              Mg-プロトポルフィリン
                                                        ┊
         クロロフィルb                                    ┊
              ↑           プロトクロロフィリッド             ┊
         クロロフィルシンテターゼ  オキシドレダクターゼ        ┊
         クロロフィルa ◀── クロロフィリッドa ◀── プロトクロロフィリッドa
              │    ゲラニルゲラニル    NADP NADPH 光
              │    ニリン酸
              │    フィトール    Mg-デキレターゼ   フェオホルビダーゼ
              │ O₂                    ↓              ↓
              ↓   クロロフィリッドa ──▶ フェオホルビドa ──▶ ピロフェオホルビドa
         クロロフィラーゼ        Mg²⁺     O₂
                              還元型Fd  フェオホルビドa
                              酸化型Fd  オキシゲナーゼ (Fe³⁺/Fe²⁺)
         ペルオキシダーゼ,              RCC
         オキシダーゼ,          還元型Fd          低分子化(無色化)
         非酵素的酸化           酸化型Fd RCCレダクターゼ モノピロールなど
              │                      FCC
              ▼                       │
         C-13²-ヒドロキシクロロフィルa  ▼
                                      NCC

         低分子化(無色化)          低分子化(無色化)
         モノピロールなど           モノピロールなど

              RCC: Red chlorophyll catabolite
              FCC: Fluorescent chlorophyll catabolite
              NCC: Nonfluorescent chlorophyll catabolite
               Fd: フェレドキシン
```

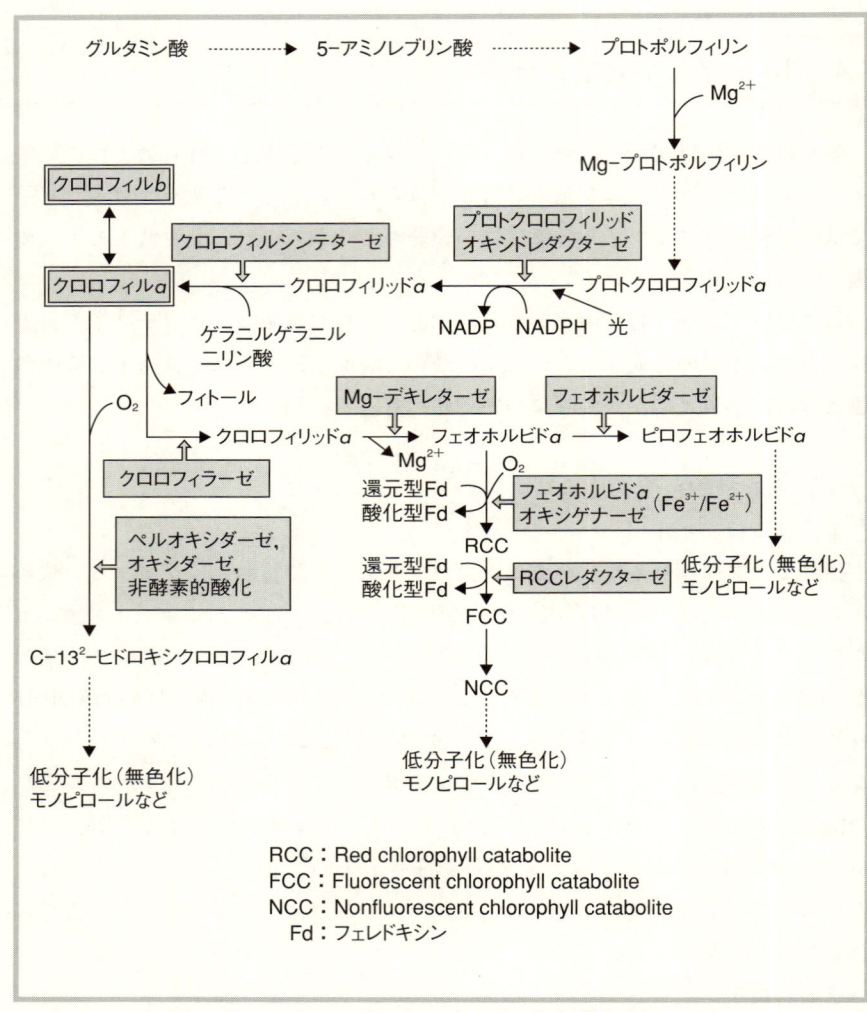

図4・10-1　クロロフィルの生合成と分解

3) フラボノイド

フラボノイドの生合成はシキミ酸経路を経て生成されるフェニルアラニン，チロシンなどの芳香族アミノ酸が，フェニルアラニンアンモニアリアーゼ（PAL）によりケイ皮酸，p-クマル酸を生成することにより開始される。次

4・10 色素の合成と分解　　151

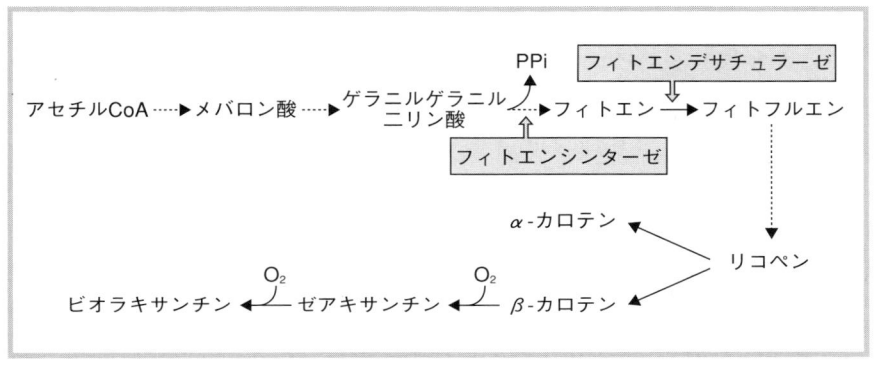

```
アセチルCoA ┄┄▶ メバロン酸 ┄┄▶ ゲラニルゲラニル ─┐PPi  ┌フィトエンデサチュラーゼ┐
                                  二リン酸        ▶ フィトエン ──▶ フィトフルエン
                                          フィトエンシンターゼ
                                                                        ┆
                                        α-カロテン ◀─┐                   ▼
        ビオラキサンチン ◀─╱─ ゼアキサンチン ◀─╱─ β-カロテン ◀─┴── リコペン
                        O₂              O₂
```

図4・10-2　カロテノイドの生合成

に, *p*-クマル酸とマロニル CoA から *p*-クマロイル CoA が生成され，さらにカルコンが形成される。このカルコン生成に関与するのがカルコンシンターゼ (CHS) であり，フラボノイド生成のキーエンザイムである。カルコンから，フラバノン，ジヒドロフラボノール（フラバノノール）を経てフラボノール生成，もしくは直接フラボン生成が行われ，多種類のフラボノイド生成が行われている。一方，アントシアニンは，ジヒドロフラボノールからロイコアントシアニジンを経てアントシアニジンとなり，その後，ヒドロキシル化，メチル化，アシル化などにより多くのアントシアニジンが生成される。アントシアニジンから配糖体が形成され，アントシアニンとなる。*p*-クマル酸からのフラボノイド，アントシアニンへの生合成経路に関しては，4・9節，図4・9-1を参照。

　フラボノイドを含むフェノール性物質の生合成に関連する酵素類は，クロロフィル，カロテノイドとは異なり，細胞質およびクロロプラストに存在している。上記の反応系を経て生成されたフラボノイドは，細胞質から液胞に輸送される。液胞がフラボノイド類の主要な存在部位であるが，クロロプラストなどの色素体中や細胞壁中にもフラボノイドが含まれている[4)~6)]。

（2）主な植物色素の分解機構
1）クロロフィル
　果実・野菜における貯蔵中のクロロフィル分解物の変化を調べると，クロロ

フィリッド a，C-13^2-ヒドロキシクロロフィル（酸化型クロロフィル）a および フェオホルビド a などの増減がみられる。このクロロフィル誘導体の変化から，クロロフィル分解系として，クロロフィラーゼが関与する分解系と酸化分解系が考えられる[7),8)]（図 4・10-1）。

　植物における主要なクロロフィル分解系はクロロフィラーゼによるクロロフィリッド a の形成により開始され，次に Mg-デキレターゼなどによりフェオホルビド a，さらにフェオホルビド a オキシゲナーゼによりポルフィリン環が開環し，赤色分解物，続いて蛍光分解物が形成され低分子化し，無色化する[9)]。Matile らのグループによる多くの研究からこれらの分解系が明らかとなり，クロロフィルから蛍光分解物まではクロロプラスト内で生じていること，また，蛍光分解物は液胞に運ばれ，低分子化することもわかった。しかしながら，シロザから得られたクロロフィラーゼ遺伝子のアミノ酸配列が小胞体へのシグナルペプチドを有していることから，クロロフィラーゼが小胞体経由で液胞内に存在する可能性が示唆された[10)]。また，ダイズ子葉，ウンシュウミカン，ブロッコリー花蕾の老化に伴い，クロロプラスト内のプロストグロビュール，小胞などがクロロプラスト外に出た後分解されること，その分解の場が液胞である可能性が高いことが報告された[11)～13)]。これらの結果は，クロロフィル分解の場はクロロプラストだけではなく，液胞での分解の可能性も考えられ，今後の研究が待たれる。

　果実・野菜の収穫後の老化に活性酸素が関与することが報告されており，クロロフィル a も酸化分解の関与が示唆されている。この酸化分解には活性酸素，脂質酸化物などによる直接酸化，ペルオキシダーゼ，オキシダーゼ（リノレン酸などの不飽和脂肪酸が反応に関与）などの酵素的酸化の関与が考えられる。特に，ペルオキシダーゼについては多くの報告がみられ，p-クマル酸，アピゲニン，ナリンゲニンなどのパラ位に水酸基をもつフェノール性物質が基質となり，生成したラジカルがクロロフィル分解に関与することが認められている[14),15)]。p-クマル酸は多くの植物に遍在するフェノール性物質であることから，このペルオキシダーゼによる分解が多くの植物でも生じている可能性が高い。また，ペルオキシダーゼはクロロプラストならびに液胞に存在していると思われ[16)～18)]，分解の場はクロロプラストか液胞であるものと推察される。この

酸化分解による分解系は，中間体としてC-13^2-ヒドロキシクロロフィルaが形成された後，ポルフィリン環が開環し，蛍光物質形成がみられると報告されている[19),20)]。さらに，酸化分解はクロロフィルのみならず，その誘導体にも作用しているものと思われる。

クロロフィルbの分解はaと同様に老化に伴い生じるが，分解物の生成はほとんどみられない。これは，クロロフィルaおよびbは，7-ヒドロキシクロロフィルaを経由して相互転換しており，クロロフィルbはaに転換された後，分解しているものと考えられる[21)]。

2）カロテノイドおよびフラボノイド

貯蔵葉菜類の鮮度低下に伴いカロテノイドは徐々に減少がみられる。葉緑体におけるカロテノイドの分解は，まず脂肪酸などとエステル化されることによる。このエステル化カロテノイドはプラストグロビュールに存在し，その後，酸化分解が生じ，無色化するものと思われる。この酸化分解には活性酸素などによる酸化と，リポキシゲナーゼにより酸化された脂肪酸がカロテノイドに作用する酸化が存在し，老化に伴うカロテノイド分解に関与しているものと考えられる[1)]。

フラボノイドの分解は，非酵素的酸化とポリフェノールオキシダーゼやペルオキシダーゼによる酵素的酸化により生じているものと思われる。また，フラボノイドはpHの変化や金属イオンの存在により変色しやすいが，これは貯蔵中よりも加工する際の変色の要因となっている[22)]。

（3）輸送・貯蔵条件と植物色素の変化

果実・野菜の輸送・貯蔵中の色素変化は，品質と深く関連している。一般的に低温貯蔵は果実・野菜の品質保持に有効であり，ホウレンソウなどの葉菜およびブロッコリーの低温貯蔵は，葉や花蕾の黄化，すなわちクロロフィル分解が抑制され，品質が保持される[23)]。また，収穫後の予冷処理も低温貯蔵と同様，黄化抑制に効果的である。しかしながら，バナナ，パイナップル，マンゴー，オクラ，ナスなど，低温感受性の果実・野菜を一定温度以下の低温で貯蔵すると，低温障害であるフェノール性物質の酸化による褐変が生じ，品質低下がみられる[24)]。

また，収穫後の一時的な高温処理によりその後の品質が保持されることが多くの果実・野菜で報告されている[25]。ブロッコリー花蕾への短時間高温処理は貯蔵中の黄化を抑制するが，これは高温処理によりペルオキシダーゼおよびクロロフィラーゼなどのクロロフィル分解酵素活性が抑制されることによっている[26]。

　CA貯蔵も色素分解を抑制し，品質変化を制御する。パセリをCA貯蔵すると葉の黄化が抑制され，クロロフィル a の減少とクロロフィリッド a の増加も抑制される[27]。また，ブロッコリー花蕾でもCA貯蔵に伴いクロロフィル a の減少抑制とその誘導体変化の抑制がみられる。さらに，これらの青果物では老化に伴いキサントフィル類のエステル化が進行するが，CA貯蔵ではエステル化が抑制され，品質の保持が認められる[28]。

〔引用文献〕

1) Gross, J.: Pigments in Vegetables, p. 21, p. 92, p. 112, Van Nostrand Reinhold, 1991
2) 竹谷　茂：細胞機能と代謝マップ　I．細胞の代謝・物質の動態（日本生化学会編），p. 242, 東京化学同人, 1997
3) 五十嵐脩：細胞機能と代謝マップ　I．細胞の代謝・物質の動態（日本生化学会編），p. 232, 東京化学同人, 1997
4) 大庭理一郎ら編著：アントシアニン―食品の色と健康―, p. 26, 建帛社, 2000
5) McClure, J. W.: The Flavonoids. (Harborne, J. B. *et al.*, eds), p. 970, Chapman and Hall, London, 1975
6) 味園春雄：細胞機能と代謝マップ　I．細胞の代謝・物質の動態（日本生化学会編），p. 152, 東京化学同人, 1997
7) 下川敬之：植物細胞工学, **6**, 5, 1994
8) 山内直樹：日食保蔵誌, **25**, 175, 1999
9) Matile, P. and Hörtensteiner, S.: *Annu. Rev. Plant Physiol. Mol. Biol.*, **50**, 67, 1999
10) Tsuchiya, T., Ohta, H., Okawa, K., Iwamatsu, A., Shimada, H., Masuda, T. and Takamiya, K.: *Proc. Natl. Acad. Sci. USA*, **96**, 15362, 1999
11) Guiamét, J. J., Pichersky, E. and Nooden, L. D.: *Plant Cell Physiol.*, **40**, 986, 1999
12) 下川敬之：科学研究費補助金成果報告書（課題番号12660030），2003
13) Terai, H., Watada, A.E., Murphy, C.A. and Wergin, W.P.: *HortScience*, **35**, 99, 2000

14) Kato, M. and Shimizu, S.: *Plant Cell Physiol.*, **26**, 1291, 1985
15) Yamauchi, N. and Minamide, T.: *J. Japan. Soc. Hort. Sci.*, **54**, 265, 1985
16) Kuroda, M., Ozawa, T. and Imagawa, H.: *Physiol. Plant.*, **80**, 555, 1990
17) Funamoto, Y., Yamauchi, N. and Shigyo, M.: *Postharvest Biol. Technol.*, **28**, 39, 2003
18) Takahama, U. and Egashira, T.: *Phytochemistry*, **30**, 73, 1991
19) Yamauchi, N. and Watada, A.E.: *J. Japan. Soc. Hort. Sci.*, **63**, 439, 1994
20) 馬 旭偉・下川敬之:園学雑, **67**, 261, 1998
21) Hörtensteiner, S.: *Cell. Mol. Life Sci.*, **56**, 330, 1999
22) 片山 脩・田島 眞:食品と色, p.71, 光琳, 2003
23) Wang, C.Y.: Postharvest Physiology and Pathology of Vegetables. (J.A. Barts and J.K. Brecht, eds), p.599, Marcel Dekker, 2003
24) 邨田卓夫:青果保蔵汎論（緒方邦安編）, p.260, 建帛社, 1977
25) Lurie, S.: *Postharvest Biol. Technol.*, **14**, 257, 1998
26) Funamoto, Y., Yamauchi, N., Shigenaga, T. and Shigyo, M.: *Postharvest Biol. Technol.*, **24**, 163, 2002
27) Yamauchi, N. and Watada, A.E.: *J. Food Sci.*, **58**, 616, 1993
28) Yamauchi, N. and Watada, A.E.: *HortScience*, **33**, 114, 1998

4・11 遊離アミノ酸およびタンパク質の代謝

(1) 主な遊離アミノ酸の合成と役割

　アミノ酸はタンパク質の構成成分として必須の生体構成物質である。遊離アミノ酸としてタンパク質合成の前駆物質，タンパク質の分解物質として存在する。一方，遊離アミノ酸はホルモン（オーキシン，エチレン），ポリフェノール，フラボノイド，アントシアン，リグニン，ポリアミン，アルカロイドなどの合成の前駆物質である。アミノ酸生合成の骨格は解糖経路，TCA回路（クエン酸回路），ペントースリン酸経路，光合成カルビン回路などに由来する。タンパク質を構成するアミノ酸は20種類で，個々のタンパク質（酵素タンパク質）中のアミノ酸配列は固有のもので，遺伝子（DNA）の塩基配列により規定される。タンパク質を構成する20種類のアミノ酸の名称および各アミノ酸の3文字記号，1文字記号を以下に記す。

グルタミン酸 (Glu, E), グルタミン (Gln, Q), ヒスチジン (His, H), プロリン (Pro, P), アルギニン (Arg, R), アスパラギン酸 (Asp, D), アスパラギン (Asn, N), トレオニン (Thr, T), イソロイシン (Ile, I), メチオニン (Met, M), リシン (Lys, K), セリン (Ser, S), グリシン (Gly, G), システイン (Cys, C), トリプトファン (Trp, W), チロシン (Tyr, Y), フェニルアラニン (Phe, F), アラニン (Ala, A), ロイシン (Leu, L), バリン (Val, V)。

グルタミン酸, プロリン, グルタミン, ヒスチジン, アルギニンは α-ケトグルタル酸に, アスパラギン酸, アスパラギン, リシン, メチオニン, トレオニン, イソロイシンはオキザロ酢酸に, アラニン, ロイシン, バリンはピルビン酸に, セリン, グリシン, システインは3-ホスホグリセリン酸に, トリプトファン, チロシン, フェニルアラニンはホスホエノールピルビン酸およびエリトロース4-リン酸に由来する。

これら20種類のアミノ酸のほかに, 果実の遊離アミノ酸のなかには4-ヒドロキシメチルプロリン, γ-アミノ酪酸, β-アラニン, 1-アミノシクロプロパン-1-カルボン酸, シトルリン, ヒドロキシプロリン, オルニチンなどの存在が知られている。果実中の遊離アミノ酸の各アミノ酸の存在比は果実の種類, 品種, 収穫時期, 栽培地などにより異なっている。リンゴ, セイヨウナシの果汁のなかにはアスパラギン酸, アスパラギン, グルタミン酸, セリンなどが多く存在し, オレンジ果実の可溶性アミノ酸はアルギニン, アスパラギン, アスパラギン酸, グルタミン酸, グルタミン, プロリンなどが主要である。グルタミン酸, グルタミン, アスパラギン酸, アスパラギンはN-運搬, N-貯蔵のアミノ酸で, アミノ基転移の源である。光条件ではグルタミンは増加し, アスパラギンは減少する。その逆に暗所ではグルタミンは減少し, アスパラギンは増加する。

メチオニンはATPによりアデノシル化されS-アデノシルメチオニン (AdoMet) となる。AdoMetはメチル化反応（メチル基転移）の基質であり, ポリアミン合成の基質でもある。AdoMetはACC（1-アミノシクロプロパン-1-カルボン酸）合成酵素によりACCと5′-メチルチオアデノシン (MTA) に転換され, ACCはACC酸化酵素によりエチレンへと転換する。エチレン生合成の際, MTAはYangサイクルにより再びメチオニンにリサイクルされ, この系

はメチオニンのレベルを保つために重要な役割を有している。このことはAdoMet がポリアミン合成の反応に関与する場合にもみられる。

　植物二次代謝の主要産物であるポリフェノール，フラボノイド，リグニンは芳香族アミノ酸フェニルアラニンが出発物質となる。フェニルアラニンはシキミ酸経路によりホスホエノールピルビン酸とエリトロース 4-リン酸から合成される。フェニルアラニン代謝の最初の反応，すなわちフェニルアラニンの脱アミノを触媒する酵素（生成物は t-ケイ皮酸），フェニルアラニンアンモニアリアーゼは生理的に重要な役割を有しており，さまざまな環境要因により活性の誘導が調節される。

（2）タンパク質の分解とその機構

　合成されたタンパク質は代謝され，特定の半減期を有して分解する。生体内で生じた異常なタンパク質は分解され，正常化が保たれる。分解されたタンパク質のアミノ酸は再び合成に用いられる。タンパク質分解酵素（プロテアーゼ）はタンパク質のペプチド結合を加水分解する。プロテアーゼ（protease）という名称はタンパク質分解酵素の総称で，分解する基質によりプロテイナーゼ（proteinase）とペプチダーゼ（peptidase）に区別して用いられる。プロテイナーゼはタンパク質内部のペプチド結合を加水分解する反応（endopeptidase）に用いられる。プロテイナーゼはセリンプロテイナーゼ，システインプロテイナーゼ，アスパラギン酸プロテイナーゼ，メタロプロテイナーゼに分類される。これらのプロテイナーゼはそれぞれ活性中心にセリン，システイン，アスパラギン酸，金属イオンが存在する。加水分解して生成するアミノ酸が単一あるいはジペプチドなどの場合，これらのタンパク質分解酵素はエキソペプチダーゼ（exopeptidase）と呼ばれる。アミノペプチダーゼは N-末端よりアミノ酸を遊離し，カルボキシペプチダーゼは C-末端よりアミノ酸を加水分解し，遊離する。

　貯蔵タンパク質はタンパク質が再利用されるときには一度分解され，機能を有するタンパク質に再合成される。例えば種子が発芽するときにはホルモンによってタンパク質分解酵素の生成が誘導され，貯蔵タンパク質が分解を受け，タンパク質合成の素材（アミノ酸）が生み出される。

タンパク質分解酵素の活性を阻害するタンパク質が存在する。この植物におけるプロテイナーゼインヒビター（proteinase inhibitor, PI）の主要な役割の一つは侵入する微生物や害虫のタンパク質分解酵素を抑えることにより植物を保護する目的があると考えられる。昆虫の食害に対応して植物組織で PI 誘導因子が生成され，この因子は傷害を受けていないほかの場所にも転移し，そこで PI の生成を引き起こし，植物を攻撃する害虫から植物体を守る役割を有している。PI 誘導因子として明らかにされた物質は18-アミノ酸のポリペプチドから成るシステミンである[1]。システミンは昆虫による傷や他の傷害により生成され，植物組織でジャスモン酸の生成を通して PI の生成を誘導する。

（3）輸送・貯蔵条件と遊離アミノ酸およびタンパク質

収穫した園芸作物は貯蔵，輸送の間にタンパク質，アミノ酸の変動が起きる。収穫後エチレン生成，クライマクテリック呼吸を伴って成熟が促進される果実では特定のタンパク質の合成が顕著であるが[2]，一般に収穫後，果実，野菜，花では老化が進行し，その際タンパク質の分解も進行する。とりわけ老化が急速に進行する野菜ではタンパク質の分解も明白で，遊離アミノ酸の変動も大きい。呼吸により基質として糖が消費されるので老化が進行した段階では，糖の低下を補うためにアミノ酸がアミノ基転移反応により有機酸に転換し，TCA 回路（クエン酸回路），解糖経路を通り呼吸の基質として利用される。

アスパラガスの若茎（spear）は収穫後急速に老化が進行し，品質が低下する。収穫後の生理変化には呼吸，アスコルビン酸，可溶性炭水化物，タンパク質などの低下が観察される。アスパラガス若茎におけるタンパク質と遊離アミノ酸含量の変化について述べる[3]。タンパク質含量は収穫後 6 〜12時間までに約10%増大し，その後48時間では最初のレベルの85%までに低下した。遊離アミノ酸の総量は貯蔵後 6 時間して20%程減少したが，24時間後にはほぼ最初のレベルに戻り，48時間後には150%までに増加した（表4・11−1）。遊離アミノ酸の成分の中で特徴的な事実は，グルタミンは収穫時の主要な遊離アミノ酸であったが，その量は貯蔵（20℃，暗所）とともに急速に低下し，それと対照的にアスパラギン含量が著しく増大した[3]。一方アンモニア（アンモニウムイオン）の量は収穫後24時間してから急激に増大し，48時間後には収穫時の15倍ま

表4・11-1 アスパラガス若茎を収穫後，20℃，暗所に貯蔵したときの遊離アミノ酸含量の経時的変化

アミノ酸	収穫後の時間				
	0	6	12	24	48
Alanine	2.3(0.07)	1.8(0.12)	1.7(0.12)	1.5(0.06)	2.0(0.09)
Arginine	4.3(0.23)	3.3(0.12)	2.5(0.15)	3.5(0.27)	4.9(0.42)
Asparagine	6.5(0.36)	8.2(0.94)	7.2(0.21)	20.8(1.45)	28.6(1.57)
Aspartic acid	2.4(0.18)	2.7(0.17)	2.4(0.13)	2.0(0.06)	3.2(0.03)
Glutamic acid	5.7(0.09)	3.9(0.41)	5.8(1.47)	2.6(0.13)	2.9(0.12)
Glutamine	21.8(1.07)	12.7(1.43)	10.5(1.23)	7.4(0.98)	5.8(0.46)
Glycine	0.5(0.01)	0.4(0.02)	0.4(0.01)	0.7(0.05)	1.1(0.00)
Histidine	0.5(0.03)	0.4(0.03)	0.4(0.03)	0.7(0.03)	1.5(0.06)
Hydroxyproline	0.1(0.01)	0.1(0.01)	0.1(0.01)	0.1(0.02)	0.1(0.01)
Isoleucine	0.3(0.03)	0.2(0.03)	0.4(0.04)	1.4(0.08)	3.2(0.17)
Leucine	0.5(0.03)	0.4(0.01)	0.5(0.05)	1.4(0.08)	2.3(0.09)
Lysine	0.2(0.02)	0.3(0.00)	0.4(0.01)	1.6(0.08)	3.0(0.17)
Methionine	0.8(0.14)	0.7(0.03)	0.6(0.03)	0.7(0.01)	1.1(0.06)
Phenylalanine	0.4(0.04)	0.4(0.04)	0.4(0.01)	1.5(0.11)	3.9(0.15)
Proline	2.7(0.33)	0.8(0.12)	0.3(0.02)	0.4(0.02)	0.5(0.06)
Serine	3.3(0.03)	3.4(0.12)	3.9(0.15)	5.9(0.03)	8.6(0.19)
Threonine	1.0(0.01)	1.2(0.01)	1.4(0.07)	2.1(0.00)	2.3(0.00)
Tryptophan	trace	0.1(0.01)	0.1(0.00)	0.5(0.01)	1.4(0.02)
Tyrosine	0.1(0.01)	0.2(0.03)	0.2(0.01)	0.3(0.00)	0.5(0.02)
Valine	1.6(0.04)	1.3(0.04)	1.4(0.07)	3.0(0.04)	5.7(0.18)
Total	55(2)	43(2)	41(3)	58(3)	83(2)

アミノ酸は乾物重1gあたりのmgで表されている。（ ）内は標準誤差を示す
出典 King, G. A. et al.: Physiol. Plant, 80, 393, 1990

で達した。アスパラガスの若茎を暗所に20℃で貯蔵した際にグルタミンが減少し，アスパラギンが顕著に増大した結果は次のように説明される。明所に栽培中に生成，蓄積されていたグルタミンは収穫後，暗所で貯蔵されることによりアスパラギン合成酵素によりアミド基をアスパラギン酸に転移し，アスパラギンを合成したものと考えられる。一方レベルの高くなったアンモニウムイオン（高濃度のアンモニアは植物細胞に有毒である）もアスパラギン合成酵素によりアスパラギン酸のアミド基に転移し，アスパラギンを合成したと考えられる。

　ブロッコリーの小花（花蕾）も収穫後，常温，暗所で貯蔵すると急速に老化が起きる。小花ではアスコルビン酸の減少が著しく，エチレン生成とともにクロロフィルは分解し，小花は黄化する。貯蔵中タンパク質含量は減少する。タ

ンパク質の減少とともに遊離グルタミン,アスパラギンの量が増大した。タンパク質分解酵素(プロティナーゼ)の活性は収穫後著しく増大した。ブロッコリーを低温下で貯蔵すると,タンパク質分解酵素の活性を低く保ち(生成の誘導を抑えて),タンパク質の分解を抑制することができる。

〔引用文献〕
1) Ryan, C. A.: *Biochim. Biophys. Acta*, **1477**, 112, 2000
2) Alexander, L. and Grierson, D.: *J. Exp. Bot.*, **53**, 2039, 2002
3) King, G. A. *et al.*: *Physiol. Plant.*, **80**, 393, 1990

〔参考文献〕
・Hulme, A. C. 編:The Biochemistry of Fruits and their Products, Vol. 1, Academic Press, 1970
・Stumpf, P. K. and Conn, E. E. 編:The Biochemistry of Plants, Vol. 6, Academic Press, 1981
・Buchanan, B. B., Gruissem, W., Jones, R. L. 編:Biochemistry and Molecular Biology of Plants, American Society of Plant Physiologists, 2000

4・12 脂質の合成と代謝

(1) 脂質の合成と代謝

脂肪酸を見ると偶数の炭素数のものが多いので,原子2単位で合成されているようにみえる。すなわちアセチル CoA が結合していくようにみえるが,実際は脂肪酸合成複合酵素上でマロニル CoA (炭素数3) が結合すると同時に脱炭酸することにより2炭素ごとに延伸する (図4・12-1)。脂肪酸の合成は動物ではサイトゾル中で NADPH や ATP のエネルギーを利用し,進行するが,植物ではクロロプラスト内のストロマ中で光合成によって生ずる NADPH や ATP のエネルギーによって進行する。パルミチン酸 (16:0) まで一気に合成され,動物ではその後の飽和鎖の延伸やステアリン酸 (18:0) からオレイン酸 (18:1) を合成することができるが,植物はさらに二重結合を生成し,オレイン酸からリノール酸 (18:2),リノレン酸 (18:3) をつくる。脂肪酸の二重結合の位置は普通,カルボン酸側から名づけられるが,合成経路から見て

メチル基側から数えるほうがわかりやすい。すなわち、リノール酸はメチル基側からすると最初の二重結合は6番目にあるのでn-6系列といわれている。さらに延伸や不飽和化が進みアラキドン酸（20：4）や動物ではホルモンであるエイコサノイドが生成する。リノレン酸は二重結合がメチル基側から3番目にあるのでn-3系列を形成し、延伸、不飽和化によりエイコサペンタエン酸（EPA, 20：5）、ドコサヘキサエン酸（DHA, 22：6）を生成する。これらは魚油に多く含まれる。

脂質の分解の一つの形式は、既節に述べたようにストレスを受けたときや、組織の破壊時に現れるリポキシゲナーゼによるものである。グリーンノートの香りの生成と同じである（図2・5-1参照）。もう一つの分解形式はβ酸化と

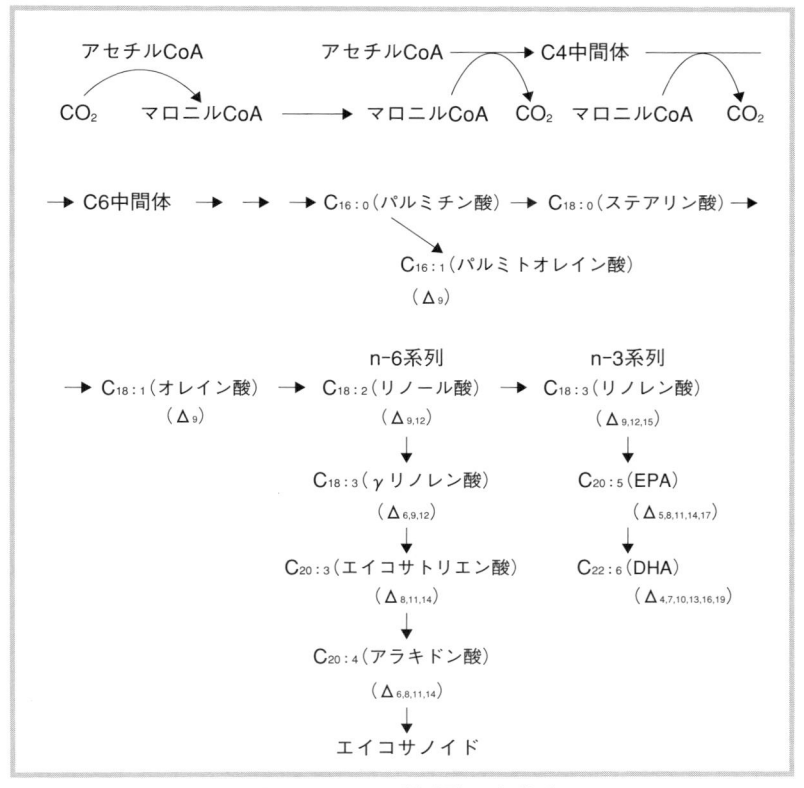

図4・12-1　脂肪酸の合成系

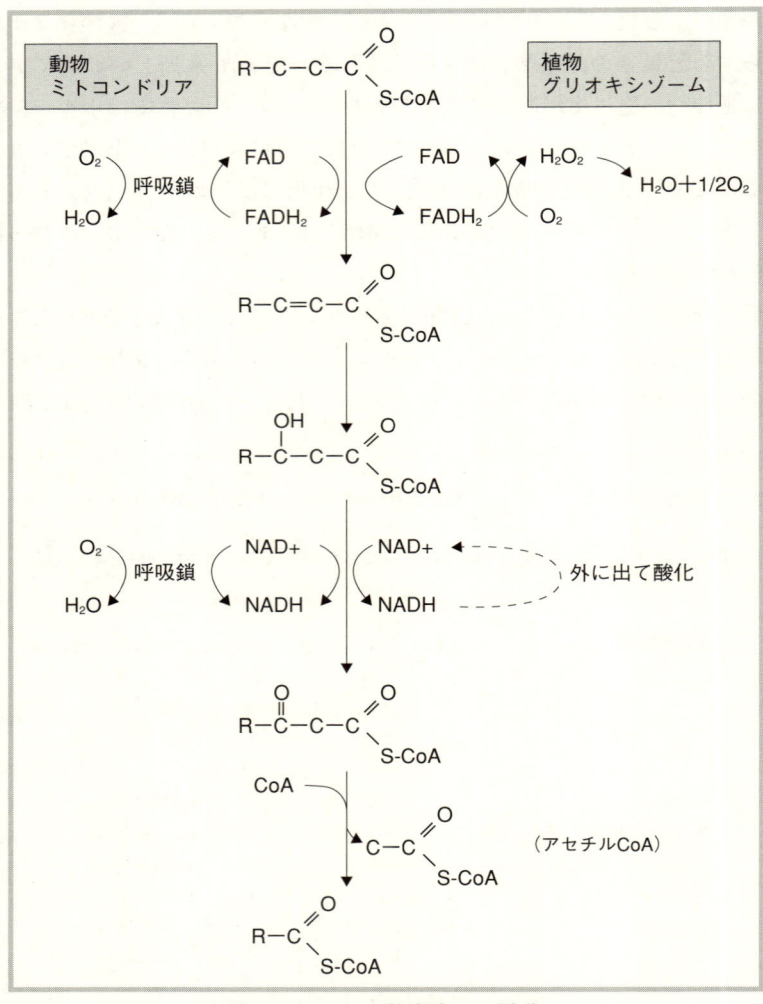

図4・12-2 脂肪酸のβ酸化

呼ばれるもので，脂肪酸は炭素数2単位で分解し，アセチルCoAを生成する。β酸化は動物では主にミトコンドリアのマトリックスに存在し，生成したアセチルCoAはさらにTCAサイクルで分解されエネルギー獲得に使われるが，植物ではペルオキシゾーム（種子発芽ではグリオキシゾーム）中に存在し，生成したアセチルCoAは糖新生や生合成前駆体として使われる。β酸化の最

初の酸化段階においてアシル CoA デヒドロゲナーゼの働きにより Δ^2 の位置（脂肪酸のカルボキシル基から数えて 2 番目）に二重結合を生ずるが，そのときフラビンタンパクが電子を受容する。その後，ミトコンドリアでは電子伝達系により酸素に電子が受け取られるが，ペルオキシゾームでは直接酸素に渡され，H_2O_2 が生成する。これはカタラーゼにより H_2O に分解される（図 4・12-2）。

果実，野菜の品質における脂質の β 酸化の寄与をみた場合，目立った役割はみられないようにみえる。ただし，リンゴやイチゴの香気成分であるエステルを分析してみると，エステルの酸残基が，酢酸や酪酸，カプロン酸等の炭素数 2 単位から成り立っているのが観察されるので，果実の香気生成に関与していることが伺える（香気成分の項参照）。果実の老化に伴い遊離の脂肪酸が増加するので[1]それらが香気生成の材料になるのかもしれない。

植物の中性脂質は主に種実に蓄えられる。これは次世代の胚や子葉が生長するときの材料およびエネルギーとなるべきもので，前述のように発芽時の脂肪酸の代謝は特別のルートで行われる。すなわちグリオキシゾームで β 酸化が

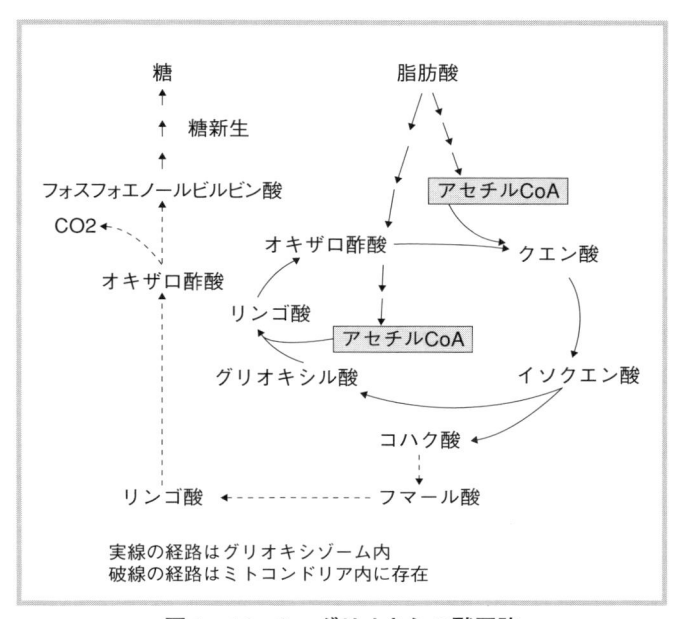

図 4・12-3　グリオキシル酸回路

行われ、アセチル CoA が大量に生成されるが、通常に TCA サイクルに入ると2箇所に脱炭酸過程があり、エネルギーは得られるが有機の炭素骨格が失われる。そこでグリオキシゾームの中で2分子のアセチル CoA からサクシネートをつくるサイクルが存在し、サクシネートはミトコンドリアに移ってオキザロ酢酸まで代謝され、サイトゾルに移って1段階脱炭酸の後フォスフォエノールピルビン酸になり、糖新生のために解糖系を逆行する（図4・12-3）。緑葉にも同様の細胞内小器官があって、光合成における強光に対する防御回路である光呼吸の酵素が存在している。

（2）輸送・貯蔵条件と脂質の変化

　生体を健全に保っている限り脂質組成にあまり大きな変化はない。熱帯産の青果物は構成脂肪酸の不飽和の程度が少なくて低温障害が起こりやすい（第5章参照）。老化が進行したり、環境ストレスをうけたり、切断、腐敗といったことが起こるとリポキシゲナーゼ系が動き出す。冷凍野菜のような野菜の加工食品では大きな問題になるので熱処理で酵素を不活性化することが行われている。ダイズ製品を製造するときの豆臭もこのようにして起こる。

　青果物の老化に伴って構成脂質のうち、特に不飽和度の高いリノレン酸が減少したり、過酸化脂質の指標とされているチオバルビチュリック酸（TBA）反応物が増加することがみられる。特に、青果物の緑色が退色するときは脂肪酸の変化が著しい[2]。また、膜脂質が変調する場合は膜の非選択的な透過性が増加するので、青果物の切片を水に浸し、イオンの漏出を測ることが行われる。アブラナ属、特にブロッコリーでは包装により緑色は保たれるが、悪臭を生成することがある。これも低酸素のストレスで膜構造が変化し、悪臭の前駆物質である基質と酵素が出会うためである[3]。

〔引用文献〕
1) Song, J. and Bangerth, F. : *Postharvest Biol. Technol*. **30**, 113, 2003
2) Zhuang, H. *et al*. : *J. Agric. Food Chem*., **43**, 2585, 1995
3) Tulio, A. Z, Jr. *et al*. : *J. Agric. Food Chem*., **51**, 6774, 2003

4・13 活性酸素の生成と作用および消去機構

　生物の多くは，酸素を利用して生命活動を営んでいる．果実や野菜においても例外ではなく，その生長期では光合成によって光エネルギーを効果的に化学エネルギーに変換して同化産物を得ている．その際酸素を生じる．一方，果実や野菜が親木に付いているときはもちろんのこと，収穫された後でも果実や野菜は生命活動を維持するために呼吸作用を行って，エネルギーを獲得している．また，そのときにも酸素が利用される．このように，酸素は生物の生命活動にとって重要な役割を果たしている．しかしながら，酸素には毒性があり，生物はその毒性から身を守るための制御機構を有している．

（1）活性酸素の生成と作用

　大気中の酸素分子（$^3O_2$）は化学的には基底状態にあるので，ラジカルや電子供与性の高い化合物とは反応するが，それ以外の物質との反応性は酸素分子自体低い．しかし，酸素分子の還元分子種であるスーパーオキシド（アニオン）ラジカル（O_2^-），ヒドロキシルラジカル（$HO^{\cdot}$），過酸化水素（H_2O_2），一重項酸素（$^1O_2$）は反応性が高く，細胞成分を非特異的に酸化させて，細胞に障害を引き起こす．これら分子種を活性酸素と呼んでいる．活性酸素の種類については表4・13-1に示した．スーパーオキシド（アニオン）ラジカルは酸素分子が電子供与性の高い化合物あるいはラジカルによって酸化されるか，または，オキシダーゼによって還元されて生成する．ヒドロキシルラジカルは過酸化水素が遷移金属イオンあるいはラジカルによって還元されることによって生成され，活性酸素のなかでももっとも反応性が高く，また，反応性には特異性

表4・13-1　活性酸素の種類

慣用名	分子式（慣用表示）
一重項酸素	$^1O_2$
スーパーオキシド（アニオン）ラジカル	O_2^-　（O_2^-，$O_2^- \cdot$）
ヒドロキシルラジカル	$HO^{\cdot}$　（$HO \cdot$）
過酸化水素	H_2O_2

がなく，さまざまな物質を酸化する。過酸化水素はスーパーオキシド（アニオン）ラジカルの不均化反応によって生成されるが，スーパーオキシド（アニオン）ラジカルやヒドロキシルラジカルに比べて安定な物質である。一重項酸素は酸素分子のエネルギー状態が基底状態から励起状態になった状態で，さまざまな化合物と反応してエネルギー状態の安定な酸素分子に戻ろうとする。

　植物では活性酸素はミトコンドリアや葉緑体の電子伝達系で生成される[1]。また，葉緑体やミトコンドリアとともに光呼吸反応の一部を担っているペルオキシゾームや小胞体でも生成される。細胞内でラジカルが生成すると，酸素分子との反応によってスーパーオキシド（アニオン）ラジカルが生じる。このスーパーオキシド（アニオン）ラジカルは酸化還元電位の低い化合物の自動酸化や遷移金属イオン共存下の自動酸化でも生じる。また，過酸化水素とともに素早く反応し，ヒドロキシルラジカルを生成する。ヒドロキシルラジカルは細胞膜を透過できないが，細胞膜の脂質と反応して毒性の高い過酸化脂質を生成する。また，このヒドロキシルラジカルは植物細胞において感染時の防御反応やアポプラストでのリグニン合成などの生体防御などによっても生成される。

　さらには，放射線，紫外線，可視光線，低温，嫌気環境から好気環境への変化などといった外的環境によっても植物体内では活性酸素が生じる。

（2）活性酸素の消去機構

　植物では光合成や呼吸などによって毒性のある活性酸素を生じる。しかし，植物細胞内ではその反応性の高い活性酸素の生成を抑制する機構とともに，生成した活性酸素を素早く消去する機構が備わっていて，生体を活性酸素の毒性から守っている。

　葉緑体の光化学系Ⅰやミトコンドリアの電子伝達系で生成されたスーパーオキシド（アニオン）ラジカルは過酸化水素と酸素に不均化反応する。この不均化反応をスーパーオキシドジスムターゼ（SOD）は拡散律速に近い反応速度で触媒している。SODには反応中心に配位する金属によってCu/Zn-SOD，Fe-SODおよびMn-SODのアイソザイムが存在する。ミトコンドリアではCu/Zn-SODとMn-SODが，葉緑体ではCu/Zn-SOD，Fe-SODおよびMn-SODが，サイトゾルではCu/Zn-SODがそれぞれ存在することが知られている[2]。

スーパーオキシド（アニオン）ラジカルの不均化によって生成された過酸化水素はカタラーゼによって水と酸素に，また，ペルオキシダーゼによって水にそれぞれ分解されて消去される。ペルオキシダーゼはその電子供与体の種類によっていくつか存在することが知られている。アスコルビン酸を電子供与体とするアスコルビン酸ペルオキシダーゼは，葉緑体のストロマやチラコイド膜に存在する。光合成で発生したスーパーオキシド（アニオン）ラジカルを葉緑体に存在するSODが過酸化水素に分解した後，その過酸化水素を直ちに消去する作用をもっている。葉緑体以外にも，サイトゾール，ペルオキシゾーム，ミトコンドリアにおいてもアスコルビン酸ペルオキシダーゼが存在しており，過酸化水素を消去する働きをしている。また，それら以外にグアヤコールを電子供与体とするグアヤコールペルオキシダーゼが植物には存在する[1]。

以上のような酵素によって活性酸素を消去する活性酸素消去系以外にも抗酸化物質が直接活性酸素を消去する非酵素的活性酸素消去系がある。抗酸化物質には水溶性のアスコルビン酸やグルタチオン，脂溶性のトコフェロールやカロテンがあり，これらは効率よく活性酸素を消去して，生体維持に作用している。

（3）アスコルビン酸の合成と分解および生理作用

アスコルビン酸は植物に普遍的に存在しており，その化学反応性から生体内で還元物質として，あるいはフリーラジカルのスカベンジャーとして，各種物質代謝に重要な役割を果たしている。

1）アスコルビン酸の生合成

高等植物においてアスコルビン酸がグルコースより生合成されるとする考え方は現在広く受け入れられている。しかしながら，アスコルビン酸の生合成経路についてはまだ明確にはなっていない。現在，以下に示す二つの経路が提唱されている[3]（図4・13-1）。

一つは動物の生合成経路に類似していて，生合成の過程においてグルコースの炭素骨格で立体配置の反転が起こる。この生合成経路ではL-ガラクトノ-1,4-ラクトンを植物組織に与えると，すぐさまアスコルビン酸が生成されることから，L-ガラクトノ-1,4-ラクトンがアスコルビン酸生成の前駆物質である

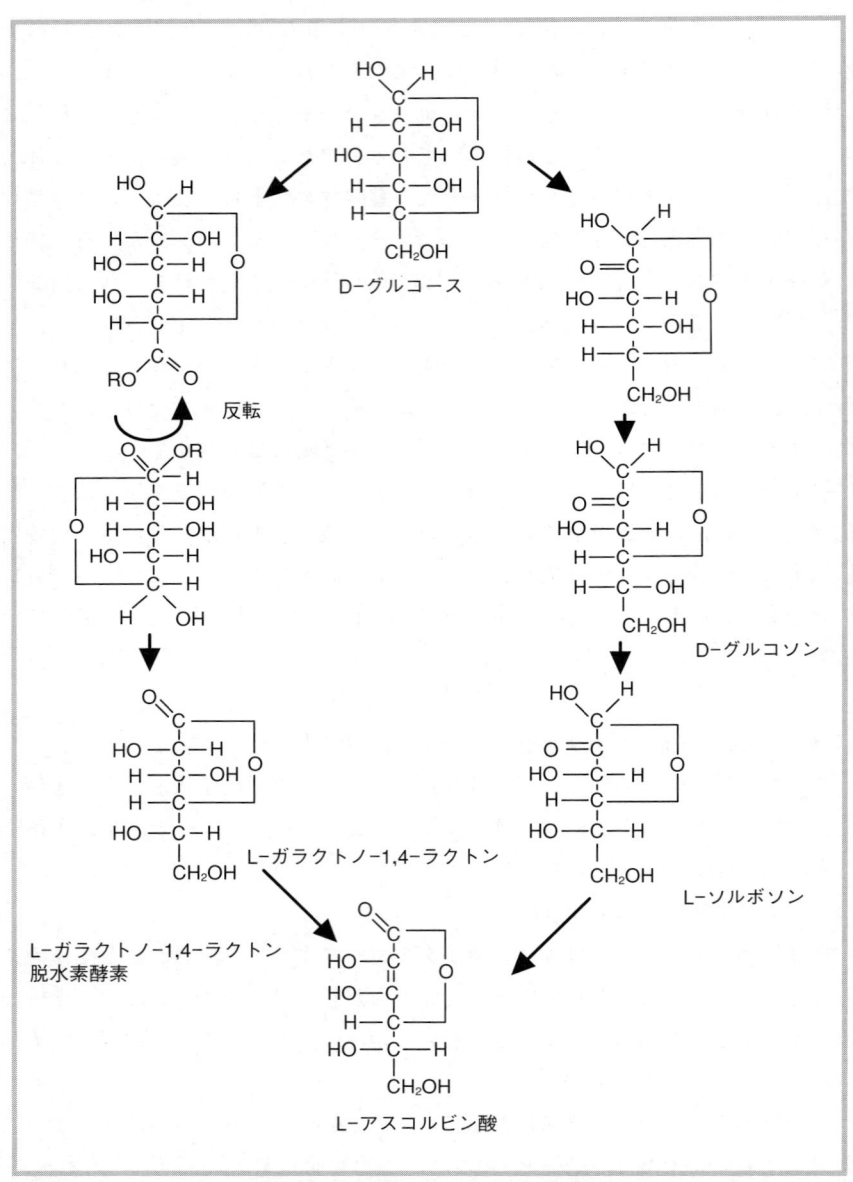

図4・13-1　高等植物におけるアスコルビン酸生合成の推定経路

と考えられている。その反応に作用する酵素は，L-ガラクトノ-1,4-ラクトン脱水素酵素であり，多くの植物について精製されて，その性質が調べられている。この酵素はミトコンドリアに局在し，最近ではサツマイモ[4]やカリフラワー[5]で遺伝子解析が進められている。しかし，理論上ではグルコースからL-ガラクトノ-1,4-ラクトンへ生成される過程ですべてが反転するはずであるが，ラジオアイソトープを用いた実験では反転するものと反転しないものがそれぞれ生成され，必ずしも予測どおりの結果とはなっていない。

　もう一つの生成経路はグルコースの炭素骨格が生成途中で反転を伴わない経路で，ラジオアイソトープを用いた実験の結果から導き出された。この生成経路ではまずグルコースが酸化されてD-グルコソンが生成され，次いでD-グルコソンがエピマー化して，L-ソルボソンへと変わる。そして，L-ソルボソンは酸化されて最終的にアスコルビン酸が生成される。しかし，これら生合成過程に作用する酵素についてはまだ明らかにはなっていない。

2）アスコルビン酸の分解とアスコルビン酸-グルタチオンサイクル

　高等植物においてアスコルビン酸が酸化される経路には，アスコルビン酸を電子供与体としてアスコルビン酸ペルオキシダーゼが過酸化水素を消去し，アスコルビン酸がモノデヒドロアスコルビン酸へと酸化される系，アスコルビン酸酸化酵素がアスコルビン酸をモノデヒドロアスコルビン酸へと酸化させる系，およびアスコルビン酸が非酵素的に空気中の酸素の働きや酸化物の存在によってモノデヒドロアスコルビン酸へと酸化される系がある。モノデヒドロアスコルビン酸は不安定であるために，モノデヒドロアスコルビン酸2分子は不均化反応によって1分子は酸化されて，さらに酸化型アスコルビン酸へと変わり，もう1分子は再びアスコルビン酸へ還元される。

　一方，高等植物には酸化されたアスコルビン酸を還元して酸化還元バランスを一定にしようとする機能が備わっていて，生体機能を維持させている。その酸化されたアスコルビン酸を還元させて再利用する経路には，補酵素としてNADHあるいはNADPHを用いてモノデヒドロアスコルビン酸還元酵素がモノデヒドロアスコルビン酸をアスコルビン酸へ還元させる系と，還元型グルタチオンを利用して酸化型アスコルビン酸還元酵素が酸化型アスコルビン酸をアスコルビン酸へと還元させる系がある。そのとき，還元型グルタチオンは酸化

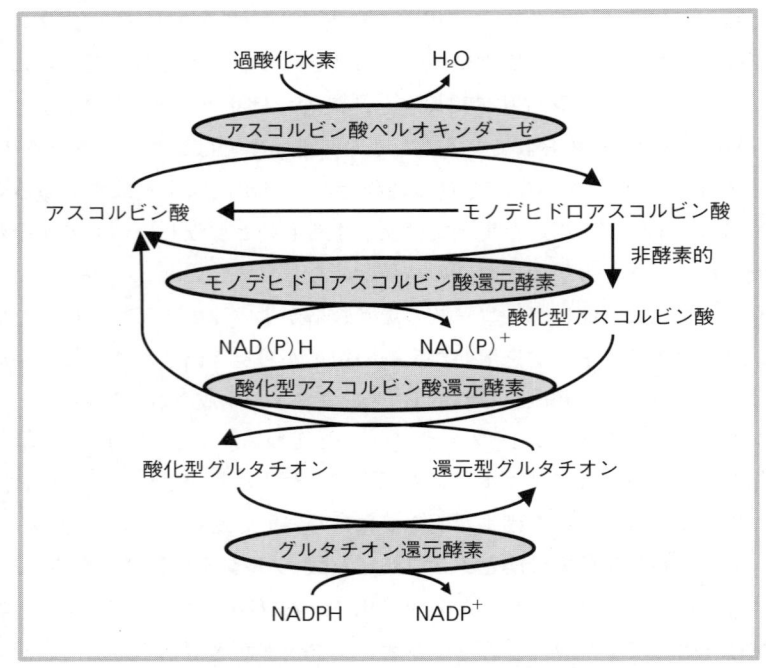

図4・13-2　アスコルビン酸-グルタチオンサイクル

型グルタチオンへと変化するが，その酸化型グルタチオンはグルタチオン還元酵素の作用により補酵素としてNADPHを用いて還元されて再利用される。これら一連の過酸化水素を消去するためのアスコルビン酸が酸化される系と，還元して再びアスコルビン酸が利用される系を，アスコルビン酸-グルタチオンサイクルと呼んでいる[1]（図4・13-2）。

3）アスコルビン酸の生理作用

アスコルビン酸は種々の酵素の補因子，抗酸化物質，葉緑体やミトコンドリアでの電子伝達系の電子受容体あるいは供与体として，あるいは，植物細胞の伸長や細胞分裂に関して，植物にさまざまな生理作用を示している。また，シュウ酸や酒石酸生合成の基質としての役割も果たしている。

ⅰ）**酵素の補因子**　　細胞壁に存在するエクステンシンの生合成酵素[6]，エチレン生成に関係するACC酸化酵素[7]，ジベレリン生合成酵素[8]，グリコシノ

レートの加水分解に関係するミロシナーゼ[8]，ゼアキサンチン生合成酵素[8]などの補因子として作用する。

　ii）**抗酸化作用**　アスコルビン酸はラジカルスカベンジャーとして抗酸化機能をもち，活性酸素を酵素的あるいは非酵素的に消去する。

　iii）**光合成における役割**　光合成において光化学系Ⅰで発生した活性酸素をアスコルビン酸で電子供与体としてアスコルビン酸ペルオキシダーゼが消去を行っている。また，そのとき生成されるモノデヒドロアスコルビン酸は光化学系Ⅰに対して電子受容体として作用する。

　iv）**細胞伸長と細胞分裂**　アポプラストに存在するアスコルビン酸が，アスコルビン酸酸化酵素の作用によって細胞壁のリグニン化と関係して細胞伸長が起こる[3]。また，細胞分裂にもアスコルビン酸がアスコルビン酸酸化酵素と関係して促進させる。

　v）**シュウ酸，酒石酸の生合成**　アスコルビン酸は分解されて，シュウ酸や酒石酸の生合成の基質として利用される。

（4）輸送・貯蔵環境ストレスと活性酸素の生成

　果実や野菜は収穫後，多くは輸送や貯蔵のあと利用される。しかし，輸送や貯蔵により温度，大気あるいは湿度などのさまざまな環境ストレスを受ける。現在，多くの野菜や果物では低温輸送，低温貯蔵が汎用されており，温度環境ストレスは野菜や果物の品質に大きな影響を与えることから野菜や果物の低温感受性と活性酸素生成との関係が研究されている。低温障害は特に熱帯・亜熱帯原産の果実や野菜で発生しやすい生理障害であり，その低温許容度を越えた温度を受けたとき，表皮にピッティングや果実や野菜の表皮や内部に褐変を生じて，果実や野菜の品質を損ねる[6]。低温障害は生体膜の崩壊を招き，生体膜での過酸化脂質を生成し，脂質の分解を起こす[7]。その際，過酸化水素をはじめとして活性酸素が生成され，スーパーオキシドジスムターゼやカタラーゼの酵素誘導や活性増加が起こる[8]。

〔引用文献〕

1）Blokhina, O. *et al*. : *Annals of Botany*, **91**, 179, 2003

2) Alscher, R.G. et al. : *J. Exp. Bot.*, **53**, 1331, 2002
3) Smirnoff, N. : *Annals of Botany*, **78**, 661, 1996
4) Østergaard, J. et al. : *J. Biol. Chem.*, **272**, 30009, 1997
5) Ôba, K. et al. : *Plant Cell Physiol.*, **117**, 120, 1995
6) Liso, R., et al. : *FEBS Lett.*, **187**, 141, 1985
7) Smith, J.J. et al. : *Phytochemistry*, **31**, 1485, 1992
8) Davey, M.W. et al. : *J. Sci. Food Agric.*, **80**, 825, 2000
9) 邨田卓夫：コールドチェーン研究, **6**, 42, 1980
10) Marangoni, A.G. et al. : *Postharvest Biol.Technol.*, **7**, 193, 1996
11) Prasad, T.K. et al. : *The Plant Cell*, **6**, 65, 1994

〔参考文献〕
1) 米山忠克ら：農及園, **67**, 1055, 1992
2) Bowler, C. et al. : *Annu. Rev. Plant Physiol. Plant Mol. Biol.*, **43**, 83, 1992
3) Noctor, G. et al. : *Annu. Rev. Plant Physiol. Plant Mol. Biol.*, **49**, 249, 1998
4) Smirnoff, N. et al. : *Annu. Rev. Plant Physiol. Plant Mol. Biol.*, **52**, 437, 2001
5) Hodges, D.M. : Postharvest oxidative stress in horticultural crops, Food Products Press, 2003

4・14 香気とにおいの生成

（1）香気・においの生成機構

　第2章（2・6節）で述べたように，果実の香気はその大部分がエステルとテルペン化合物から成り立っているので，その生合成経路を述べる。また，野菜でハーブといわれているグループでは，やはりテルペン化合物の種類によって独特の香りを出している。一方野菜には，調理できざんだり，つぶしたときに特有のにおいを出すものがある。これらの生成機構についても順次述べる。

1）テルペン化合物の代謝系

　テルペン化合物は植物の二大二次代謝系のうちの一つ（メバロン酸経路）から生成される。この経路から生成されるものとしては，植物ホルモンやステロイド，カロテノイド色素を含み，代謝経路も明らかになっている。出発点はアセチルCoA 3分子から，メバロン酸を経て，分枝した炭素数5の化合物（イソペンテニールピロホスフェート）ができる。この5の単位が結合することによっ

4・14 香気とにおいの生成

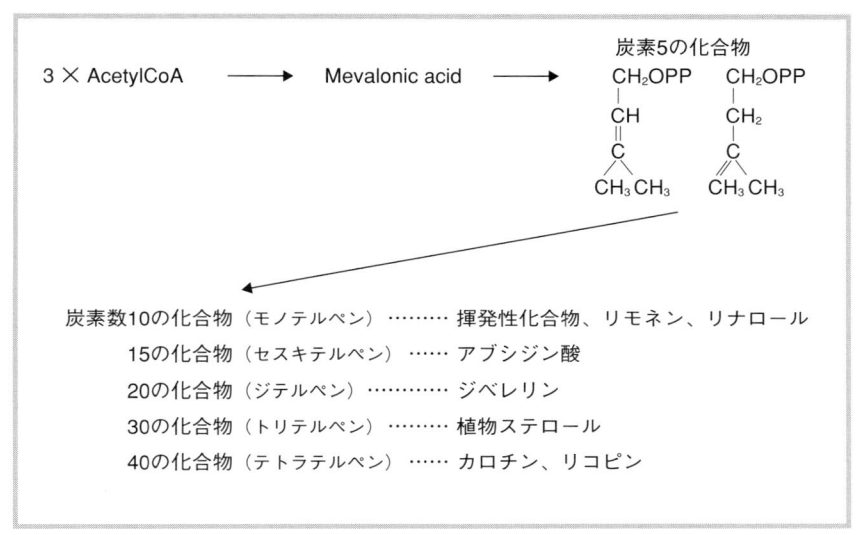

```
3 × AcetylCoA  ——→  Mevalonic acid  ——→   炭素5の化合物
                                          CH₂OPP    CH₂OPP
                                          |         |
                                          CH        CH₂
                                          ‖         |
                                          C         C
                                         / \       / \\
                                       CH₃ CH₃   CH₃ CH₃
```

炭素数10の化合物（モノテルペン）……… 揮発性化合物、リモネン、リナロール
　　15の化合物（セスキテルペン）…… アブシジン酸
　　20の化合物（ジテルペン）………… ジベレリン
　　30の化合物（トリテルペン）……… 植物ステロール
　　40の化合物（テトラテルペン）…… カロチン、リコピン

図4・14-1　テルペン化合物生成概略図

て，炭素数10（モノテルペン）15（セスキテルペン），20（ジテルペン），と高分子のものができ上がっていく（図4・14-1）。香気に貢献する成分はモノ，およびセスキテルペンである。モノテルペンが環状化，不飽和化や酸化を受けていろいろなテルペン類になり，独特の香り成分になる。

2) エステルの生合成

　エステルは構造が簡単で，低級脂肪酸（酢酸や酪酸など）と，やはり短鎖のアルコールが脱水結合（エステル結合）したものである。果実中に両者が存在するとエステルは自然に生成すると考えられていたが，実際は多量の水分の存在の下では，酸は活性型のアシルCoAに変換した後，エステル生成酵素（アルコールアシルトランスフェラーゼ：AAT）によってアルコールに転移されて生成する[1]。これらエステル生成系および周辺の代謝系を示すと図4・14-2のようになる。果実の生成するエステルのアルコール残基を調べると，分枝したアルコール（イソアミルアルコール，イソブチルアルコール等）が多くを占めているのがわかる（2・6節参照）。これらのアルコールは分枝したアミノ酸（ロイシン，イソロイシン等）から生成することがわかっている[2]。イチゴにみられるメチルアルコールの起源は明らかではないが，おそらくペクチンのメチル基

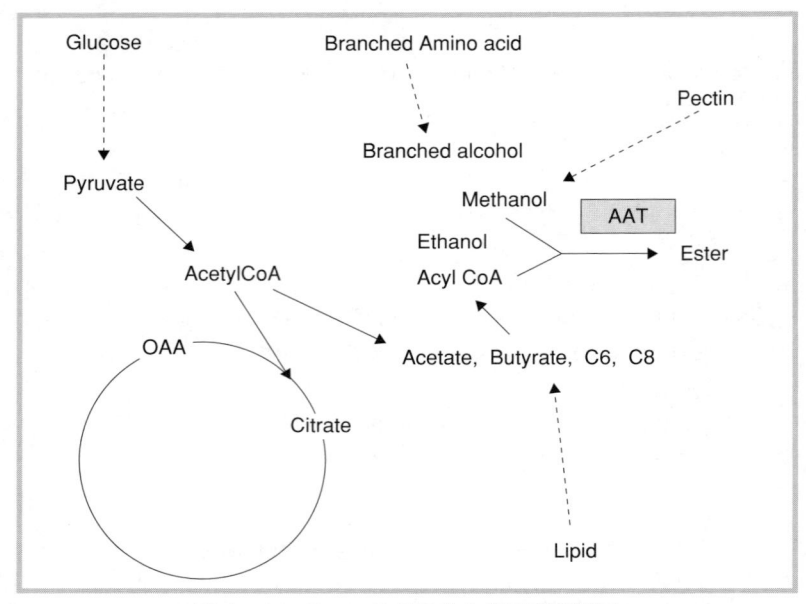

```
              Glucose              Branched Amino acid
                 ↓                          ⇣                    Pectin
              Pyruvate             Branched alcohol              ⇣
                 ↓                  Methanol      ┌─────┐
                                    Ethanol      │ AAT │
              AcetylCoA             Acyl CoA     └─────┘→ Ester
         OAA      ↘                    ↑
          ⟲      Acetate, Butyrate, C6, C8
              Citrate                  ⇡
                                      Lipid
```

図4・14-2　エステル生合成周辺代謝図

が遊離するものと考えられる．酸残基でよくみられるのは酢酸と酪酸である．少量にはC6（カプロン酸），C8（カプリル酸）の脂肪酸もみられる．酢酸はTCAサイクル経由でミトコンドリアから直接漏出してくるか，クエン酸の酸化の過程で生じるアセチルCoAになるかの両経路が考えられている．偶数の炭素数をもった低級脂肪酸の生成は脂質のβ酸化に起因している[3]．また分枝のアルコールから酸化された分枝の酸も存在する．

3）揮発性含硫化合物の生成

ネギ属やアブラナ属の野菜は調理等により組織を破壊したときに独特の硫黄臭を含むにおいが生じる．これらはその野菜独自の香りとして喜ばれる場合と嫌われる場合がある．これらの野菜に含まれる硫黄を含むアミノ酸や配糖体が細胞内の別の部位に存在していた分解酵素と出会うためににおいが発成する．

　i）含硫アミノ酸を前駆物質とするもの　　S-アルキ（ケニー）ル-L-システインスルフォキサイドという前駆物質がネギ属やアブラナ科属の野菜には含まれていて，C–S結合を切断する酵素（システインスルフォキサイドリアーゼ：

4・14 香気とにおいの生成

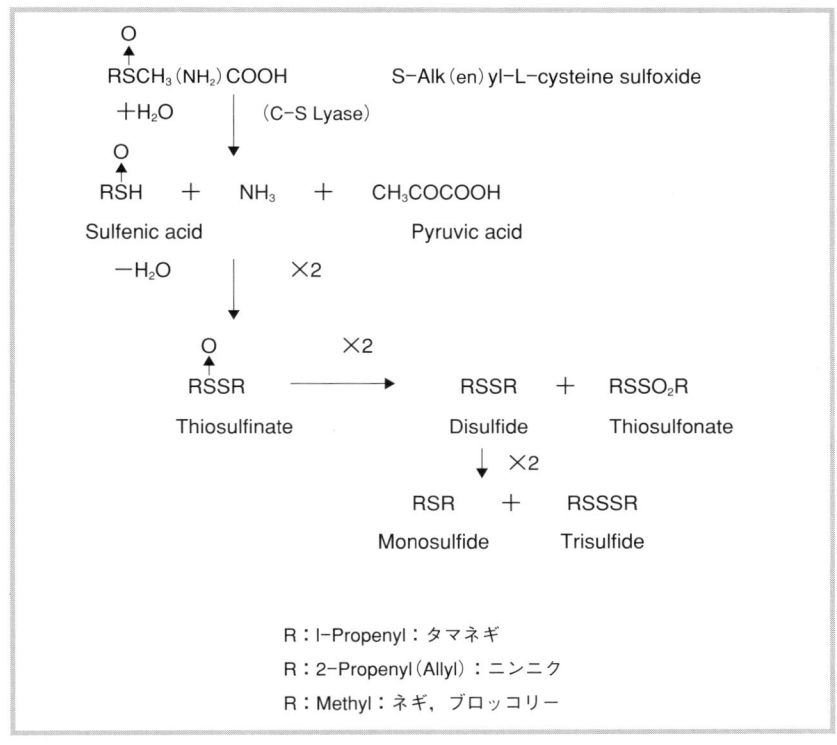

```
         O
         ↑
    RSCH₃(NH₂)COOH            S-Alk(en)yl-L-cysteine sulfoxide
    +H₂O      │ (C-S Lyase)
         O    ↓
         ↑
    RSH    +   NH₃   +   CH₃COCOOH
  Sulfenic acid              Pyruvic acid
    −H₂O  │  ×2
          ↓
         O      ×2
         ↑
    RSSR  ──────────→   RSSR   +   RSSO₂R
  Thiosulfinate        Disulfide    Thiosulfonate
                          │ ×2
                          ↓
                       RSR    +    RSSSR
                    Monosulfide    Trisulfide

              R : l-Propenyl：タマネギ
              R : 2-Propenyl(Allyl)：ニンニク
              R : Methyl：ネギ，ブロッコリー
```

図 4・14-3　含硫アミノ酸からの揮発性含硫化合物の生成

C–Sリアーゼ) が働いて，さらに図4・14-3のように，その後は非酵素的に種々の揮発性含硫化合物をつくる．システインに結合しているアルキルまたはアルケニール基は野菜によって異なる．また，それによって生成する含硫揮発性含硫化合物の種類も異なる (図4・14-3)．このうちタマネギは1-プロペニール基をもっていて，安定性が悪く，さまざまな形に分解し，催涙性の物質もできる．ニンニクは2-プロペニール (アリル) 基がシステインに結合していて，そのままジプロペニールジサルファイドなどになる．ほかのネギ類はメチル基が結合していて，ジメチルジサルファイド等になり，またアブラナ属もメチル基が結合している．干シイタケのにおいもより複雑な硫黄を複数個含むシステインスルホキサイド化合物が前駆物質として存在し，同様の酵素の働きにより生じる揮発性硫黄化合物は硫黄元素を4〜6個も含む7員環の化合物

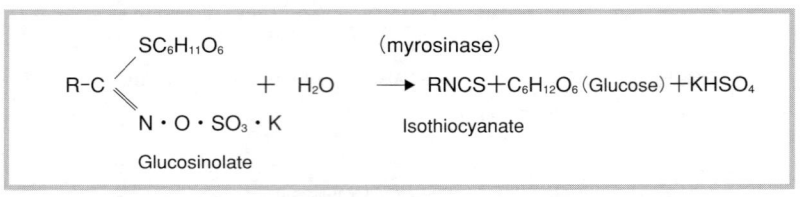

$$R-C{\overset{SC_6H_{11}O_6}{\underset{N \cdot O \cdot SO_3 \cdot K}{<}}} + H_2O \xrightarrow{(myrosinase)} RNCS + C_6H_{12}O_6 (Glucose) + KHSO_4$$

Glucosinolate / Isothiocyanate

図4・14-4　配糖体からのイソチオシアネートの生成

(レンチオニン)である[4]。

ⅱ) 配糖体(グルコシノレート)**を前駆物質とするもの**　アブラナ属野菜はイソチオシアネートという破壊時に鼻に刺激のある揮発性成分を生成するが,その前駆物質は配糖体の形で存在し,酵素(ミロシナーゼ)の働きでイソチオシアネートが生成する(図4・14-4)。その主なものはアリルイソチオシアネートで,これはマスタードやワサビでおなじみの成分である。

(2) 輸送・貯蔵環境ストレスと香気の変動

　果実は最適な時期に収穫されても,収穫後の取り扱いにおいて,その果実にとって限界を超える高温や低温,包装などによる果実の雰囲気ガス環境の変化,果実自身の老化等のストレスで品質が劣化する。ストレスが果実の香りにのみ影響を与えるものでもないが,ここでは主に香りについての影響をみる。

　果実は収穫時にはテルペン系の香りは十分に蓄積しており,ストレスに対応しての変動は少ないものと思われるが,果実が生成するもう一方の主要な香気成分であるエステルは生成経路が単純で,生成してはすぐ揮散するので環境の影響は受けやすい。

1) 高温,低温によるエステル生成の変動

　果実は不適切な高温,低温に遭遇すると障害を起こす。熱帯産の果実は現地では収穫後の過剰な集積や積載で内部が呼吸熱のために高温になり,追熟障害を起こすことが知られている。バナナを例に述べると果皮の緑色が抜けず,香りの乏しいものになってしまう。一般に果実の成熟期には生育期にはなかった種々の酵素が発現し,糖の増加や色の変化,香りの生成が起こる。しかし追熟限度以上の高温においては香気生成に関する酵素の発現も抑えられる[5]。

　収穫後の果実を低温に置くと,エステル生成も低温の程度に比例し抑えられ

る。これはその生成が酵素反応であることから当然のことで，常温に戻すことによってまた盛んに香気生成を行う。ただしその果実にとって，さらに低温で障害を起こす温度になると香りの生成も影響を受け，常温に戻しても従来の香気とは異なる組成で香気が生成される。

2）環境ガスによるエステル生成の変動

低温に置くことに加えて，青果物の環境ガスをコントロールすることにより，品質を保つことが行われている。青果物の呼吸をさらに低く押さえ，またエチレンガスに対する感受性を低くするためである。リンゴは周年店頭に出回っているが，CA（controlled atmosphere）貯蔵のおかげである。リンゴを低温に置くのに加えて，酸素3％，二酸化炭素3％の条件で大きな密封倉庫に半冬眠状態で置かれている。CA貯蔵したリンゴはほとんど甘味，硬さの減少もなく，1年間貯蔵できる。しかし，CA貯蔵したリンゴは香りに乏しいといわれている[6]。この理由は，エステル生成酵素の貯蔵中の減少とCA条件を解除した後のこの酵素の合成の回復が遅いことによるといわれている。

MA（modiffied atmosphere）貯蔵，すなわちポリエチレン袋に密封して，果実・野菜自身の呼吸を利用して，高二酸化炭素，低酸素環境に置く貯蔵法である。この方法でもリンゴの香気に影響を与え，リンゴ独特のエステルの生成が遅れる場合がある。あまり通気性のないものや，厚いフィルムを利用すると香気の発達が抑えられる[7]。イチゴは夏場には小売から姿を消すが，アメリカ産のイチゴが輸入されて百貨店で陳列されているのをみかける。イチゴも低温に加えてパレット単位の包装で二酸化炭素ガス（15％）を封入して送られてくる。果実の硬度が高まる効果[8]を利用する。確かに硬度は保持され，品質は保たれるが，問題はイチゴ香気が変質してしまうことである。前述のように，イチゴのエステル香気はメチルエステルが大部分である。ということは，イチゴは果実内にメチルアルコールが多く含まれているということである。メチルアルコールを含む果実はほかにもあって，パパイア，トマトなどが知られている。イチゴをこのような高二酸化炭素中に保持すると，エチルアルコールが蓄積し，メチルアルコールと酵素を奪い合い，エチルエステルが多く生成されるようになる[9]。そうなるとどちらかというとバナナ風のにおいに変質してしまう。もし何らかの理由で嫌気条件（1％以下の酸素）に陥ってしまうと，果実

のエステル生成は阻害されることがわかっている。この場合はアルコール生成が十分にあっても，またエステル生成酵素が活性を保っていても，ミトコンドリアの活性およびβ酸化の低酸素による阻害のため，酢酸や酪酸の供給が失われエステル化が弱まる[10]。

野菜が嫌気的な雰囲気に陥った場合の悪臭生成の例としてブロッコリーがある。野菜もMA包装により緑色保持や，鮮度を保つことが知られているが，ブロッコリーは限度以下の低酸素になると悪臭が生成する。低酸素により細胞内の構造が破壊されたものと考えられる。細胞内にそれぞれの場所に極在していた前駆物質の含硫アミノ酸と，それを分解する酵素が出会うことによって，ジメチルジサルファイドやメタンチオールが生成するが，その生成のメカニズムはネギ属野菜のにおい生成で前述した経路と同じである。その証拠としてブロッコリーも組織を機械的に破壊すると悪臭が生成する[11]。

3）老化による香気の変質

外界の環境がいかに適切であっても，果実自体は追熟，老化していき，香りの質が異なってくる。老化のストレスを受けると考えてもよい。一般的には老化が進むと香気生成は強くなり，好ましい限界を超えて生成し，敬遠される。この状態で生成したエステルを調べると，エチルエステルが大量に生成している[12]。普通，若い果実は窒素下に置くような嫌気条件にしないとエチルアルコールは大量には生成しないが，老化が進むと解糖系とTCAサイクルの共役が外れて，空気下でもエチルアルコールを生成するためである。また，酢酸も増えてくるので，結果として酢酸エチルのきついにおいが優るようになる。

ウンシュウミカンは老化すると古くさいにおいがするが，これはミカンジュース製造時に生成する悪臭（イモ臭）と同じ化合物であるジメチルサルファイドが果皮内側に蓄積することによる。オレンジ類はこのようなことはない。前駆物質であるメチオニンSメチルスルフォニウムはウンシュウミカンに多く含まれる[13]。

4）低湿度ストレス

青果物は収穫後，根や茎からの水分補給が絶たれて水分不足に陥る。そのため蒸散を防ぐため高湿度のもとで保存するのがよいとされている。対策としては有孔フィルムで包装することが行われている。中村らのグループの研究によ

ると，低湿度ストレスはバナナの追熟を促進し，呼吸の上昇，軟化，香気の発達が早く商品性の保持が短くなると報告されている[14]。

〔引用文献〕
1) Harada, M. et al.: *Plant Cell Physiol*., **26**, 1067〜1074, 1985
2) Tressl, R. and Drawert, R.: *J. Agric. Food Chem*., **21**, 560, 1973
3) Bartlay, I. M. et al.: .*Sci. Food Agric*., **36**, 567, 1985
4) Yasumoto, K. et al.: *Agric. Biol. Chem*., **35**, 2070, 1971
5) 吉岡博人ら：日食工誌, **27**, 610, 1980
6) Brackmann, A. et al.: *J. Amer. Soc. Hort. Sci*., **118**, 243, 1993
7) 上田悦範ら：園芸学会雑誌, **62**, 207, 1993
8) Ke, D. et al.: *J. Food Sci*., 56, 50, 1991.
9) Ueda, Y. and Bai, J-H.: *J. Japan Hort. Sci*., **62**, 457, 1993
10) Wendakoon, K. S. et al.: *J. Agric. Food Chem*., **52**, 1615, 2004
11) Artemio, Z. T. Jr. et al.: *J. Agric. Food Chem*., **50**, 1502, 2003
12) Macku, C., Jenning, W. G. et al.: *J. Agric. Food Chem*., **35**, 845, 1992.
13) 郭　信子ら：日食低温誌, **13**, 133, 1987
14) 薛　彦斌ら：食料工, **43**, 541, 1996

4・15　果実の追熟生理とその調節

　果実は発育の最終段階で，成熟というほかの植物器官にはみられない生理現象を発現する。成熟過程では，糖の増加，有機酸の増減，果肉の軟化，芳香の発生や着色の進行などさまざまな変化が急激に起こる。本来，これらの現象が樹上で養水分の供給を受けながら進行したときに，個々の果実に特有の風味が形成されるはずである。果実には樹上でしか成熟現象が進行しないものもあるが，多くの果実は，一定の段階にまで発育していれば，収穫後も樹上とほぼ同様に成熟する性質をもっている。この収穫後の成熟現象は，樹上での成熟を追うという意味合いで，「追熟」と呼ばれている。

(1) 果実の成熟・追熟機構

　果実は成熟中の呼吸活性の変化からクライマクテリック型とノン・クライマ

クテリック型に分類される（4・4節参照）。両型の最大の相違点は，成熟時のエチレン生成の有無にある。前者に属する果実は成熟の開始とともに多量のエチレンを生成するようになり，そのエチレンが呼吸のクライマクテリック現象をはじめ，デンプンの分解，着色の進行，果肉の軟化，芳香の生成など，成熟に必要なすべての生理変化の開始信号として作用する。したがって，クライマクテリック型果実は外部エチレン処理により，果実自体のエチレン生成が誘導され追熟する特性を有している。このため，クライマクテリック型果実は追熟型果実とも呼ばれる。一方，ノン・クライマクテリック型果実には成熟時のエチレン生成はみられず，そのため呼吸活性も漸減傾向を示す。また，外部エチレンに対しても呼吸活性の促進現象は示すが，成熟そのものが誘導されたり，促進されたりすることはない。したがって，ノン・クライマクテリック型果実は非追熟型果実とも呼ばれる。また，イチゴやパイナップルは両型の中間的な成熟特性を示し，呼吸活性も成熟期間を通じて増加する。

1）クライマクテリック型果実の成熟とエチレン

上述のように，クライマクテリック型果実の成熟にとってエチレンは支配的な役割を果たしている。多くの植物器官は健全な状態では，恒常的にごく微量なエチレンを生成している（4・5節，4・6節参照）。この微量エチレンはシステム1-エチレンと呼ばれ，成熟時の多量エチレンをシステム2-エチレンといって，両者を区別している。システム1-エチレンの生理的な役割は十分には解明されていないが，果実も成熟が始まるまではシステム1-エチレンを生成している。このシステム1-エチレンの生成量が成熟直前になると徐々に高まるため，システム2-エチレンが誘導されて成熟が始まるとされている。つまり，果実の成熟に伴うエチレンはエチレンそのものによって誘導され，エチレンの存在下で生成量が増加する特徴がある。このことをポジティブ・フィードバック生成または自己触媒生成と呼んでいる。逆に，ストレスエチレンのようにエチレンの存在が生成を抑制する現象も知られており，ネガティブ・フィードバック生成または自己抑制生成と呼ばれている（4・5節参照）。

成熟に伴うエチレン生成の変化は大きく分けて二つのパターンがみられる。多くの果実は，呼吸のクライマクテリックと同様の変化を示すが，バナナやアボカドのように，成熟開始時に鋭いピークを示し，その後はエチレン生成量は

それほど多くない果実もある。古くから，システム1-エチレンの増加がシステム2-エチレンを誘導するとされている。この考え方は，ほとんどのクライマクテリック型果実は一定の段階にまで発育していると，エチレンやエスレル処理により，果実自体のエチレン生成が誘導され成熟が始まることから確かなように思われる。また，減圧処理やエチレン吸収剤によって内生のエチレンを除去したり，また後述のエチレン作用阻害剤でエチレンの作用を阻害すると成熟や追熟の開始時期が遅れることからも理解できる。しかし，システム1-エチレンの増加因子については現在のところ不明である。ある種の低分子多糖類がエチレン生成を増加させるため，果実の発育の進行に伴う細胞壁構成成分の分解物が成熟誘導因子として考えられたことはあるが，まだそのような因子は果実からは見つかっていない。

2) ノン・クライマクテリック型果実の成熟

ノン・クライマクテリック型果実は，成熟段階に入ってもエチレン生成はみられず，呼吸活性は漸減するのみである。一般に，ノン・クライマクテリック型に属する果実の成熟は，クライマクテリック型果実のように急激ではなく，徐々に進行するものが多い。カンキツ類，ブドウ，オウトウ，スイカなど，この型に属する果実の成熟は，基本的には樹上でしか進行しない。つまり，ノン・クライマクテリック型果実は追熟という性質をもっていないと考えるべきである。しかし，有機酸の減少，着色の進行，芳香の発生など，ノン・クライマクテリック型果実であっても，部分的には追熟と思われる現象が進行する場合もある。イチゴやパイナップルはエチレンを生成しないにもかかわらず，果肉の軟化，着色の進行，芳香の発生など追熟型果実と類似の現象が収穫後にもみられる。

ノン・クライマクテリック型果実の成熟には，エチレンはかかわっていないことは明らかであるが，成熟機構についての研究はあまり進んでいない。ブドウではベレゾーンと呼ばれる成熟開始期に，オーキシン含量が急減し，逆にABA含量が増加することが示され，さらにこれらのホルモン処理が成熟開始期を遅延させたり促進したりすることから，両ホルモンのバランスが成熟の誘導要因になっていることが示唆されている。同様に，イチゴでは，サイトカイニンとABAのバランスが，カンキツ類ではジベレリンとABAのバランスが成

熟誘導の要因になっている可能性が示唆されている。植物ホルモンのなかでは，エチレンと ABA は老化促進因子であり，オーキシン，ジベレリン，サイトカイニンは若さ維持因子であることを考えると，これらのホルモン含量のバランスがノン・クライマクテリック型果実の成熟に関与しているかも知れない。

(2) 果実の成熟・追熟の分子生物学的解析

分子生物学の発展に伴って，果実の成熟・追熟生理の解析もかなりの進展を遂げている。特に，エチレンに関しては生合成関連酵素遺伝子と信号伝達系に関与する遺伝子の発現解析や機能解明が急速に進展している。また，成熟に伴う果肉軟化や着色の進行，糖の蓄積などに関しても，遺伝子やタンパク質レベルで研究が進んでいる。紙面の都合上，これらの研究内容をすべて解説することはできないので，ここでは私たちの最近の研究を中心にして，成熟・追熟に関する分子生物学に触れることにする。

1) 果実の成熟エチレンの内的調節機構

エチレン生合成は ACS と ACO という二つの酵素で律速されている（4・5節，4・6節参照）。ほかの酵素と同様に，これらの酵素をコードする遺伝子はマルチジーンファミリーを構成している。現在までに，多くの果実からこれらの遺伝子がクローニングされ，発現解析がなされている。また，エチレンの信号伝達は図4・15-1の系が想定されている。信号伝達の最初に位置する ETR や ERS については，多くの果実から遺伝子がクローニングされているが，信号の下流に位置する遺伝子についての研究は果実ではまだ始まったばかりである。

先述のように，果実のエチレン生合成は成熟開始期を境として，システム1からシステム2へと移行する。図4・15-2は，この移行様相をエチレン関連遺伝子の発現から調べたものである。エチレン生成量は，開花後2週間程度の未熟（IM）から成熟直前のマチュアーグリーン（MG）まではシステム1段階にあるが，成熟開始時のターニング（T）期を過ぎると，システム2へと移行し，ピンク（P），レッド（R）段階と高くなり，完熟（FR）期にやや低下して，呼吸のクライマクテリックと類似の変化を示す。このときの遺伝子の発現

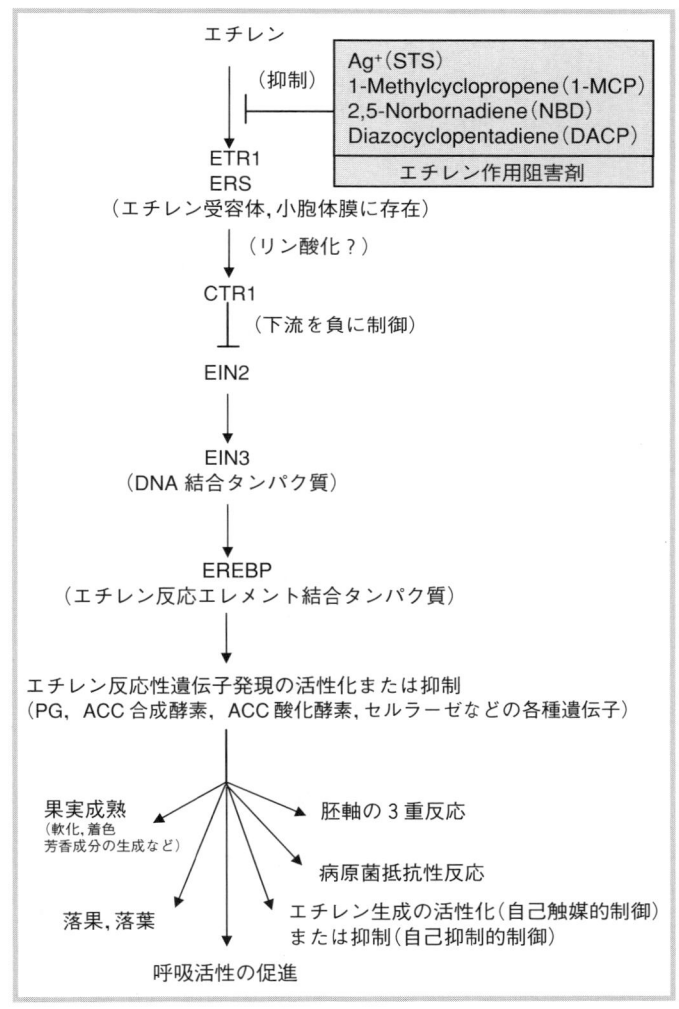

4・15 果実の追熟生理とその調節　　183

```
エチレン          Ag⁺(STS)
  │（抑制）    1-Methylcyclopropene (1-MCP)
  ▼             2,5-Norbornadiene (NBD)
ETR1            Diazocyclopentadiene (DACP)
ERS               エチレン作用阻害剤
(エチレン受容体, 小胞体膜に存在)
  │（リン酸化？）
  ▼
CTR1
  │（下流を負に制御）
  ⊥
EIN2
  │
  ▼
EIN3
(DNA 結合タンパク質)
  │
  ▼
EREBP
(エチレン反応エレメント結合タンパク質)
  │
  ▼
エチレン反応性遺伝子発現の活性化または抑制
(PG, ACC 合成酵素, ACC 酸化酵素, セルラーゼなどの各種遺伝子)
```

→ 果実成熟（軟化, 着色, 芳香成分の生成など）
→ 胚軸の3重反応
→ 病原菌抵抗性反応
→ 落果, 落葉
→ エチレン生成の活性化（自己触媒的制御）または抑制（自己抑制的制御）
→ 呼吸活性の促進

図 4・15-1　エチレン信号伝達系のモデルとエチレン作用阻害剤
出典　久保康隆：最新果樹園芸学, 朝倉書店, 2002

をみると, *LE-ACS2*, *LE-ACS4*, *LE-ACS6*, *LE-ACO1*, *LE-ETR1* (*NR*) が特徴ある変化を示す. つまり, *LE-ACS2* と *LE-ACS4* は MG 段階までは発現していないが, T 段階になると発現がみられるようになり, R 段階で最も発現量が多くなっている. また, *LE-ACO1* は MG 段階でも発現しているが, T 段階

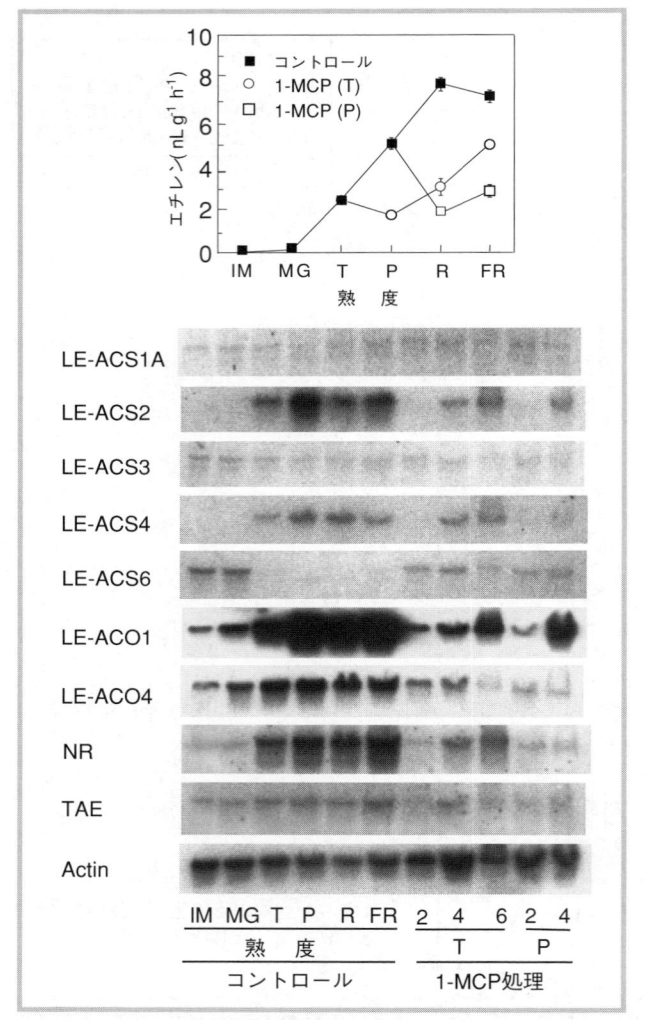

図4・15-2 トマト果実の成熟に伴うエチレン生成量(上)と関連遺伝子の発現(下)および1-MCP処理の影響
出典 Nakatsuka, A., *et al.* : *Plant Physiol*., 118, 1295, 1998

になると著しく発現量が多くなっている。したがって,これらの遺伝子がシステム2-エチレンの生成にかかわっていると考えられる。一方,*LE-ACS 6*は未熟果実で発現しており,成熟果ではその発現が消失していることから,この

遺伝子がほかの恒常的に発現している LE-ACS1A などとともにシステム 1－エチレンの生成にかかわっていると思われる。また，T と P 段階でエチレンの作用阻害剤である 1-MCP を処理するとエチレン生成が減少し，同時に LE-ACS2, LE-ACS4, LE-ACO1 遺伝子の発現量が著しく減少することから，これらの成熟エチレン生成に関与する遺伝子はエチレンによるポジティブ・フィードバック制御を受けていることがわかる。逆に，システム 1－エチレン生成にかかわると思われる LE-ACS6 は 1-MCP 処理により発現が回復するため，ネガティブ・フィードバック制御を受けていることになる。興味あることに，エチレンの受容体である LE-ETR1 もエチレンによってポジティブ・フィードバック制御されていることがうかがえる。

　このように，トマトを例にとって成熟エチレンの内的調節機構について述べたが，従来からほかの果実でも成熟に伴うエチレン生成はポジティブ・フィードバック調節を受けていると考えられている。しかし，多くの果実について詳細に調べてみると，必ずしもすべてのクライマクテリック型果実のエチレン生成関連遺伝子がポジティブ・フィードバック制御を受けているとは言い難いように思われる。現在のところ，プレ・クライマクテリック段階の果実に対する 1-MCP 処理がその後の外部エチレンによる成熟誘導能を消失させることには例外はみられない。したがって，少なくとも成熟の開始にはエチレンが自己触媒的に作用していることは間違いないと思われる。しかし，成熟開始後に 1-MCP を処理してもバナナ，アボカド，モモ，イチジクではトマトのようにエチレン生成が低下することはなく，むしろ促進される事例も知られている。このことは，これらの果実では成熟エチレンは少なくともポジティブ・フィードバック制御下にあるのではなく，むしろネガティブ制御の要素も含んでいることになる。特に，バナナは外部エチレンに敏感に反応するため，商業的にもエチレンによる追熟処理が行われている。そのため，バナナは一見すると，典型的なクライマクテリック果実であるようにみえるが，果皮と果肉のエチレン生成が正反対のフィードバック制御を受けており，果皮はポジティブ制御を受けていて，果肉はネガティブ制御の要素を強く含んでいる。つまり，図 4・15-3 のように，エチレンを生成している段階で 1-MCP 処理すると，果肉ではエチレン生成が促進されるが，果皮では抑制される。バナナの成熟エチレンがネ

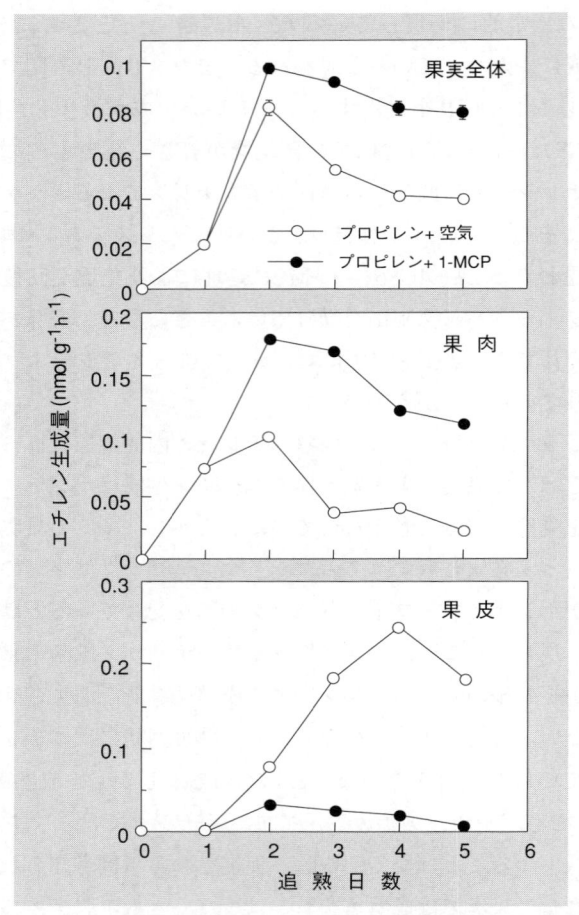

図4・15-3 バナナ果実のエチレン生成の内的調節機構の果肉と果皮間の相違
出典　Inaba, A. *et al*.: *J. Exp. Bot.,* in press, 2007

ガティブ・フィードバック制御を受けている可能性は図4・15-4から読みとれる。エチレンは，そのアナログであるプロピレン処理によって誘導されるが，プロピレンの処理濃度が高いほど誘導時期は早まるが，生成量は低くなり，ネガティブ・フィードバックが働いていることがわかる。ストレスエチレンがネガティブ・フィードバック制御を受けていることは広く知られているが，成熟エチレンにもネガティブ・フィードバック制御が働いている可能性が

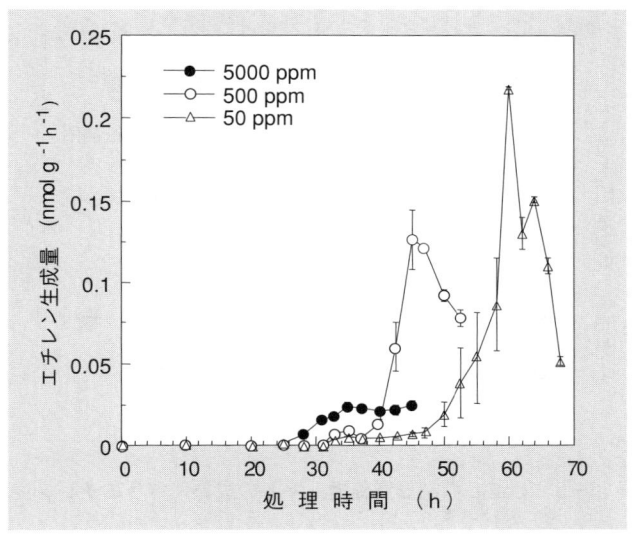

図4・15-4　バナナ果実のエチレン誘導量とプロピレンの処理濃度との関係
出典　Inaba, A. *et al*.: *J. Exp. Bot.*, in press, 2007

存在することは興味ある現象であり，成熟現象の複雑さを示している。

　エチレンの信号伝達系については，先述のように果実成熟との関係での研究例は少ないが，トマトでは相同性の高い4種の *EIN3*（*EIL*）遺伝子が同定されている。その1種を形質転換した研究によると，4種とも発現抑制された個体では，エチレン生成が抑制され果実は成熟しなくなる。このことからも，トマト果実の成熟エチレンはポジティブ・フィードバック調節されていることがわかる。しかしながら，その後の研究で，*EIL* 遺伝子の発現抑制トマトは多量エチレン生成は阻害されるが，その後，微量エチレンが徐々に増加することが示されている（図4・15-5）。しかも，このエチレンは1-MCP処理による影響を受けないことから，明らかにポジティブ・フィードバック調節下で生成されるシステム2-エチレンとは異なっている。このことは，システム1-エチレンの増加がシステム2-エチレンを誘導するため成熟が始まるという従来からの考え方を支持しているように思われる。しかし，その後の成熟エチレンはトマトのようにポジティブ・フィードバック制御を受けているものと，バナナのようにネガティブ・フィードバック制御を受けているものの両者がクライマクテ

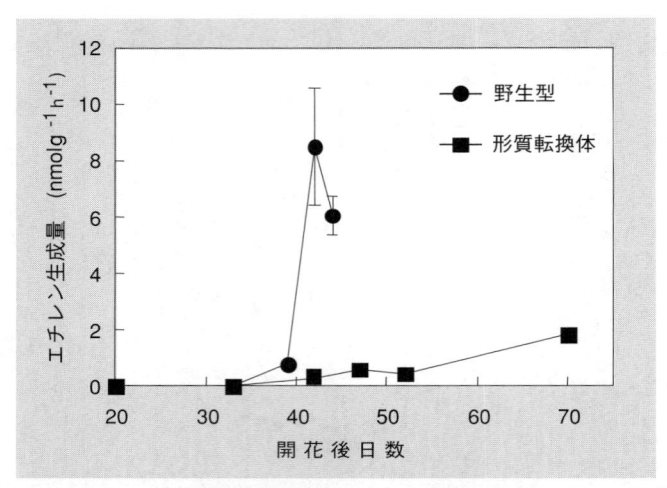

図4・15-5　LeEIL抑制形質転換トマトの成熟に伴うエチレン生成量
出典　横谷尚起ら：園芸学会雑誌，73（別1），405，2004

リック型果実には存在するようである。

　一方，ノン・クライマクテリック型果実は成熟エチレンを生成しないが，エチレン生成系を欠失しているわけではない。また，先述のように，ストレスエチレンは生成するので，ストレス型 ACS のみが存在し，成熟型 ACS 遺伝子を欠失しているというほど簡単でもない。例えば，キュウリは成熟果でもエチレンを生成しないが，同じウリ科に属するメロンときわめて相同性の高い成熟型の ACS や ACO 遺伝子をもっている。では，なぜキュウリの成熟果はメロンのようにエチレンを生成しないのであろうか。また，ナシ果実にはクライマクテリック型とノン・クライマクテリック型が存在することはよく知られている。私たちがチュウゴクナシについて調べたところ，メロンとキュウリの関係と同様の現象が存在していた。なぜ，ノン・クライマクテリック型ではクライマクテリック型とほとんど同じエチレン生成関連遺伝子が存在しながら成熟エチレンを生成しないかは今後の研究課題である。

　このことに関する示唆は，rin トマトの研究にみられるかも知れない。トマトには多くの成熟不全品種が存在する。そのなかで rin は成熟エチレンの生成能を欠損しており，また外部エチレンに応答して成熟することもない。その原因は長い間不明であったが，最近 rin は $LeMADS$-RIN という遺伝子の一部が

欠損していることが明らかにされ，正常トマトの*LeMADS-RIN*を形質転換することで*rin*トマトが正常にエチレンを生成し，成熟することが示された。MADS遺伝子はきわめて多数からなるマルチジーンファミリーを構成し，そのなかのいくつかが花器官の形態形成に関与していることは詳しく研究されている。*LeMADS-RIN*がエチレンよりも上流で果実の成熟に関与している可能性が示されたことは，この遺伝子がクライマクテリック型とノン・クライマクテリック型果実に共通した成熟制御遺伝子の一つである可能性を秘めている。

2）果実の成熟に伴う果肉軟化

果実には，成熟の最終段階として，果肉が極端に軟化して形が保持できなくなって腐敗するものが多い。換言すれば，果実の日持ちは果肉軟化の速度と程度によって決定されることになる。ここでは，ナシ果実を例にして，果肉軟化についての私たちの最近の研究を紹介する。

ナシには，セイヨウナシ，チュウゴクナシ，ニホンナシという三つの品種群が存在する。セイヨウナシは，ほとんどがクライマクテリック型であるが，後2品種群にはクライマクテリック型とノン・クライマクテリック型果実が存在する。また，果肉軟化の観点から3品種群をみると，セイヨウナシはメルティング質の特有の肉質になるが，軟化がきわめて急速である。それに対して，ほかの2品種群には軟化が緩慢な品種が多い。これらのなかから，エチレン生成を伴って急速に軟化するセイヨウナシ'ラ・フランス'，エチレンは多量に生成するが軟化は緩慢なチュウゴクナシ'鴨梨'およびエチレン生成もなく軟化も緩慢なニホンナシ'二十世紀'を用いて，軟化関連遺伝子の発現解析を行った（図4・15-6）。果実の軟化はペクチン，ヘミセルロースおよびセルロースを主体とする細胞壁構成成分が低分子化や可溶化することによる。詳細については4・8節を参照されたい。

3品種群の果実軟化の最大の相違点は，ペクチン性多糖類の低分子化と可溶化にあり，'ラ・フランス'ではこのことが急速に進行するのに対して，'鴨梨'では全く起こらない。'二十世紀'は，両者の中間的な性質をもっており，エチレン処理に反応してペクチンの分解が誘導され，やや軟化する。これらの変化は，軟化関連遺伝子の発現からも明らかで，特にペクチン性多糖類の分解に関与するポリガラクツロネース（PG）遺伝子が'ラ・フランス'では

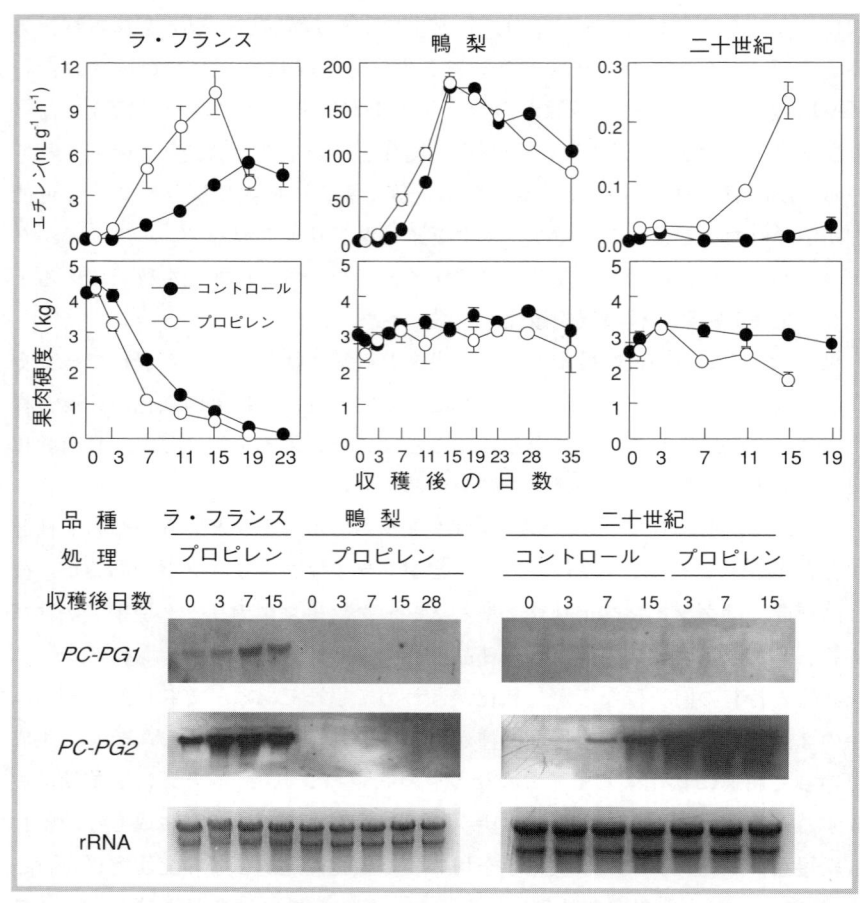

図 4・15-6　ナシ果実の成熟に伴うエチレン生成量，果肉硬度（上）および PG 遺伝子の発現量（下）の品種間比較
出典　Hiwasa, K., et al.: J. Exp. Bot., 54, 771, 2003

成熟とともに強く発現するが，'鴨梨'では全く発現がなく，'二十世紀'ではエチレン処理によってのみ発現が誘導される。また，'ラ・フランス'の軟化には PG のほかにも，細胞壁多糖類の分解に関与するキシログルカネース，アラビノフラノシデースや β-ガラクトシデースなどもある程度関与していることが遺伝子発現から読みとれるが，'鴨梨'ではこれらの遺伝子発現もみられない。さらに，'ラ・フランス'果実では，これらの細胞壁多糖類分解酵素遺

伝子の発現はエチレンによる調節を受けており，1-MCP処理で遺伝子発現は消失し，果肉硬度も処理時点の値が長期間にわたり保持される。しかしながら，'ラ・フランス'よりも多量のエチレンを生成する'鴨梨'では，これらの細胞壁多糖類分解酵素遺伝子が全く発現しないことは興味ある事実である。リンゴも多量のエチレンを生成するにもかかわらず軟化はきわめて緩慢であり，また最近モモにもほとんど軟化しない品種が存在するという報告もみられる。これらの果実では'鴨梨'と類似の機構が働いている可能性が考えられ，その内的調節機構の解明が望まれる。

（3）輸送・貯蔵条件と追熟の制御

　果実の棚持ち期間は種類や品種によって大きく異なり，セイヨウナシ，バナナ，モモなどのように，常温では成熟開始後は1～2週間程度しか日持ちしないものから，リンゴのように条件によっては1年間以上も貯蔵が可能なものまである。収穫後の棚持ち期間の主要な決定要因は，先述のように細胞壁多糖類の分解速度であると思われる。しかも，分解に関与する酵素遺伝子の発現は，エチレンに依存しているものが多い。しかし，すでに述べたように，チュウゴクナシ'鴨梨'は多量のエチレンを生成するにもかかわらず軟化はきわめて緩慢であり，またイチゴはエチレンを生成しないが軟化は急速である。このような果実の種類や品種による軟化の遅速原因が解明されれば，追熟の制御技術も大きく進展するものと期待されるが，現時点では低温やCA条件による代謝活性の抑制とエチレンの制御がもっとも大きな技術であろう。また，輸送や貯蔵に際しての取り扱い中の傷害や蒸散によるストレスはエチレン生成を誘導するため，成熟が誘発されてしまう事例も知られているが，これらについては別の項に譲る。

1）低温とCA条件による追熟制御

　最初にも述べたように，果実は収穫後も1個の生命体として活発な生命現象を営んでいる。生命現象は酵素反応にほかならないため，低温は成熟の進行を効果的に遅延させる。ただし，成熟開始後はエチレンの作用が強力なため，低温の効果にも限界がある。そのため，効果的に追熟を制御するためには，プレ・クライマクテリック段階の果実を低温下で貯蔵し，未熟期間の延長を図る

ことが肝要である。セイヨウナシは特有のメルティング質の肉質にするために，低温下で一定期間保持する必要がある。この間に，低温によりACSが誘導されるという特有の性質をもつにもかかわらず，未熟状態が維持されている。現在では，ノン・クライマクテリック型果実でも低温による流通や貯蔵技術が適用されており，かなりの追熟・老化抑制効果が発揮されているものと思われる。ただし，果実の種類によっては，低温障害の危険を伴っている。

　低温の効果をさらに高めるためには，低温との併用でCA貯蔵が行われている。詳細は6・3節に譲るが，低濃度酸素条件は代謝活性を抑制するばかりではなく，ACO活性を直接抑制するためエチレン生成も低下させ追熟の進行遅延につながる。また，高濃度二酸化炭素はエチレンの作用を阻害することが知られている。このような目的でリンゴのCA貯蔵が行われており，本来棚持ち期間の長いリンゴがより一層長期間にわたり貯蔵可能となっている。簡易なCA条件として，プラスチックフィルムを用いたMA貯蔵も実施されているが，同様の効果が働いているものと理解できる。

2) エチレン制御による追熟制御

　エチレン生成の制御は園芸生産物のポストハーベストにとってきわめて重要であり，鮮度保持期間の延長につながるため多くの研究がなされている。制御方法としては，基本的にはエチレン生合成の抑制と作用性の抑制に分かれるだろう。上述の低温やCA条件は生合成の抑制であり，実験的には各種の酵素阻害剤も開発されている。また，*ACS*や*ACO*遺伝子の発現を抑制した形質転換体も作出されている。しかし，究極的には作用性を抑制するほうが追熟制御の効果は大きいと思われる。

　作用性の抑制手段としては，エチレンの除去または分解，エチレン信号伝達の阻害が考えられる。また，形質転換体の作出による信号伝達系遺伝子の発現抑制も考えられるがこれについてはすでに述べた。エチレンの除去・分解剤としては，過マンガン酸カリ，臭素またはパラジュウムを珪藻土や活性炭に吸着または化学結合させたものが開発されている。しかし，密封条件下での使用が前提であるため適用範囲がおのずと制限される。多量にエチレンを生成している段階の果実に適用しても，どの程度の成熟抑制効果があるか疑問が残るし，さらには適用物の廃棄問題も重要になってくる。別の方法として，オゾンによ

りエチレンをエチレンオキサイドに酸化する方法も一部実用化されている。

もっとも簡便で効果的なエチレン作用の阻害剤として，1-MCPの利用が注目されている。先述のようにエチレン信号の伝達は，エチレンがその受容体であるETRやERSと結合するのが出発点となっている。シクロオレフィン系の不飽和化合物は，エチレン受容体と結合する性質をもっており，その後のエチレンと受容体との結合を阻害する（図4・15-1）。なかでも，1-MCPは極めて低濃度で効果的にエチレンの作用を阻害するため，成熟の開始や進行が驚くほど抑制される。ただし，果実の種類や品種によっては効果が持続しないものもある。その原因は十分には明らかではないが，リンゴやセイヨウナシでは，ただ1回の処理だけで驚くほど成熟の進行が遅延する。また，短期間しか効果がない果実でも，輸送や小売り期間中の追熟進行を抑制するだけの効果は期待できる。今後の追熟抑制技術として大きな役割を果たすかも知れない。

4・16 収穫後の生理機能の低下および生理障害

（1）老化あるいは加齢に伴う変化

青果物は，収穫後に老化に伴う多くの生理学的変化を引き起こす。老化（snescence）は内的（遺伝子）に支配された劣化反応の連続過程と定義でき，その結果，細胞，組織，器官や個体の自然な死につながる過程である。一方，加齢（aging）は結果として必ずしも死を伴わない時間経過の変化であると定義されるが，加齢の過程では，ストレスに対し抵抗物質の減少により死を招くことがある[1]。

青果物の収穫は，土壌からの離脱，親木からの切断によるため，呼吸基質の供給中断だけでなく，切断ストレスによるエチレン生成など老化促進ホルモン生成を伴う。エチレンは多くの青果物の呼吸量を促進し，葉菜類，果実などではクロロフィルの分解促進，クライマクテリック果実では成熟を促進することはよく知られている。加齢・老化過程は一般には貯蔵炭水化物やタンパク質の分解過程なので，この現象の多くは青果物の品質低下の直接的な原因となる[2]。老化過程の生理学的変化について，Marangoni（1996）ら[1]は，図4・16-1のような生体膜の変質を提起している。老化，収穫後のストレスにより，

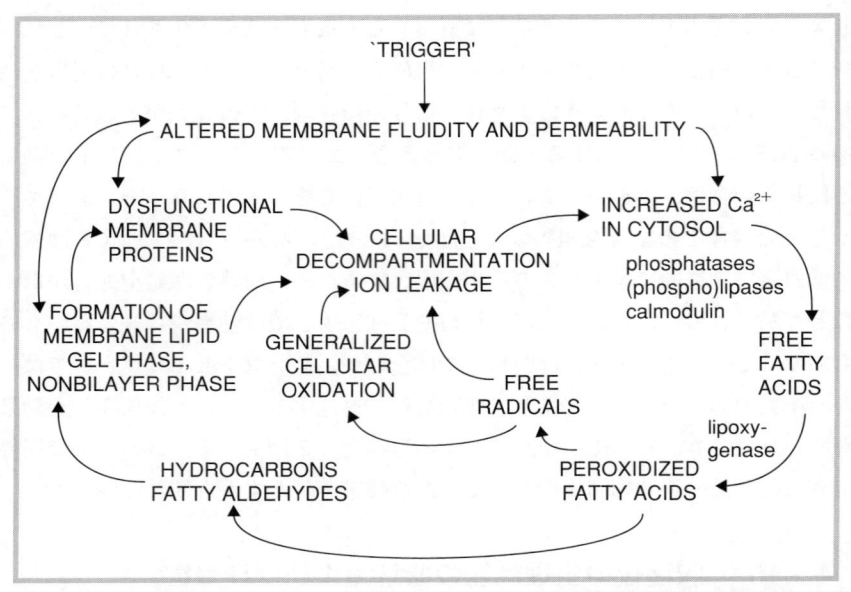

図4・16-1 老化とポストハーベスト：ストレスによる植物組織の膜の変質の概念図
出典 Marangoni, A. G. et al. : *Postharvest Biol. Technol.*, 7. 193～217, 1996

チラコイド，ミトコンドリア，ミクロソームなどの膜のダメージが鍵となって，生化学的反応の流れがついには組織の悪変になり青果物の損失を招くと述べている。

老化，加齢の制御には，温度，環境ガスなどが大きくかかわり，低温，CA条件は青果物の老化代謝の抑制にもっとも効果的で，品質保全技術として広く用いられている。しかし，青果物は種々の生育・生理段階で収穫，利用され，またこれら環境に対する感受性も異なるため，臨界を越えた温度やガス濃度ではむしろ生理活動の異常を起こし，生理障害を引き起こし品質の低下や二次寄生菌の感染を受け腐敗する。これらの生理障害には以下のようなものがある。

(2) 低温障害 (chilling injury)

低温は貯蔵・流通手段としては，もっとも有効で広く用いられる品質保全法であるが，かなり多くの青果物は，凍結点以上の低温に置かれると，生理的に障害を引き起こす。この障害を低温障害という。青果物の低温障害は，低温流

通技術（cold chain）が発達，利用されている現状，青果物の品質保全上重要な生理障害の一つである。

低温障害は凍結点以上の温度（0～15℃）で発生する生理障害で，凍結障害（freezing injury）とは区別されており，特に低温耐性が小さい熱帯・亜熱帯原産の青果物で発生する[3)～5)]。

1）発生温度，症状

表4・16-1に，青果物の低温障害発生温度，症状を示した。臨界温度は青果物によりかなり幅があり，熱帯原産の物は臨界温度が高い。ウリ科，ナス科，カンキツ類など重要な青果物の多くは低温感受性で障害を受けやすく貯蔵，流通上注意すべきである。障害の症状は，一般に果皮の小陥没（pitting），果皮，果肉の褐変が主で，クライマクテリック果実では，成熟不良が起こる。低温に置かれる時間が長いと症状が進展し，その後，微生物の感染により腐敗，損失する。これら青果物を一定の低温期間の後，安全な温度に移すと，障害は急激に進むので，出庫後の品質劣化は非常に大きいので，臨界温度以下に貯蔵することは避けたほうがよい。

2）生理・生化学的変化

低温ストレスにより，呼吸の増加，エチレンの生成の誘導，膜透過性の増加，原形質流動の抑制，エネルギー生成の阻害，活性化エネルギーの増加，細胞構造の変化，代謝の異常，毒性物質の蓄積などが起こる[3),4)]。低温感受性のキュウリでは，呼吸は低温でむしろ増加し，低温から昇温すると一層増加することが知られている[6),7)]。

障害の発生に伴う膜透過性の変化は，ウリ科果実ではかなり普遍的に起こり，図4・16-2に示すように，組織切片からの電解質の漏出（leakage）は障害発生に伴い急増する[6)]。組織切片で0～30℃下のカリウムイオンの漏出速度を調べ，Ahrrenius plotsで解析すると，折れ曲がり（break）のあったプロットが低温貯蔵期間が長くなると，breakはなくなり，漏出速度にも温度依存性がなくなることから，膜の変質，崩壊が示唆される[8)]（図4・16-3）。障害症状の褐変発生については，フェノール物質の増加や酸化酵素活性の増加[9),10)]，代謝変化によるピルビン酸の蓄積などもある[11)]。

低温感受性の青果物では，アスコルビン酸の減少が認められ[12)]，栄養的な品

表4・16-1 青果物の種類，原産地と低温障害発生温度，症状

種類		科名	原産地	発生温度℃	症状
インゲン		マメ	南米	8～10	水浸状ピッティング
オクラ		アオイ	東アフリカ	7.5	水浸状斑点，腐敗
カボチャ		ウリ	北中米	7～10	内部褐変，腐敗
キュウリ		ウリ	中近東	7.0	ピッティング，水浸状軟化
スイカ		ウリ	アフリカ	4.5	オフフレーバー
メロン	キャンタロープ	ウリ	アフリカ	2.5～4.5	ピッティング，果表面の腐敗
	ハニデュー			7.0～10	ピッティング，追熟不良
サツマイモ		ヒルガオ	南洋	10	内部褐変，軟化
トマト	熟果	ナス	南米	7.0～10	水浸状軟化，腐敗
	未熟果			12～13.5	追熟不良，腐敗
ナス		ナス	インド	7.0	ピッティング，やけ
ピーマン		ナス	南米	7.0	ピッティング，がくと種子褐変
アボカド		クスノキ	中米	5～11	追熟不良，果肉変色
ウメ		バラ	東部アジア	5～6	ピッティング，褐変
オリーブ		モクセイ	小アジア	7.0	内部褐変
オレンジ		カンキツ	アッサム	2～7	ピッティング，褐変
グレープフルーツ		カンキツ	西インド諸島	8～10	ピッティング
レモン	黄熟果	カンキツ	インド	0～4.5	ピッティング，じょうのう褐変
	緑熟果			11～14.5	ピッティング，追熟不良
ハッサク		カンキツ	日本	5～6	ピッティング，虎斑症
ナツミカン		カンキツ	日本	5～6	ピッティング
バナナ		バショウ	熱帯アジア	13～14.5	果皮褐変，追熟不良
パイナップル		パイナップル	南米	4.5～7.0	果芯褐変，追熟不良
パパイア	熟果	パパイヤ	中南米	7.5～8	ピッティング
	未熟果			10	ピッティング，追熟不良
パッションフルーツ		トケイソウ	南米	5.5～7	オフフレーバー
マンゴー		ウルシ	熱帯アジア	7～11	灰色やけ，追熟不良
リンゴ		バラ	中近東	2.0～3.5	内部褐変，やけ

出典　邨田卓夫：日食工誌，**27**，411～418，1980（一部改変）

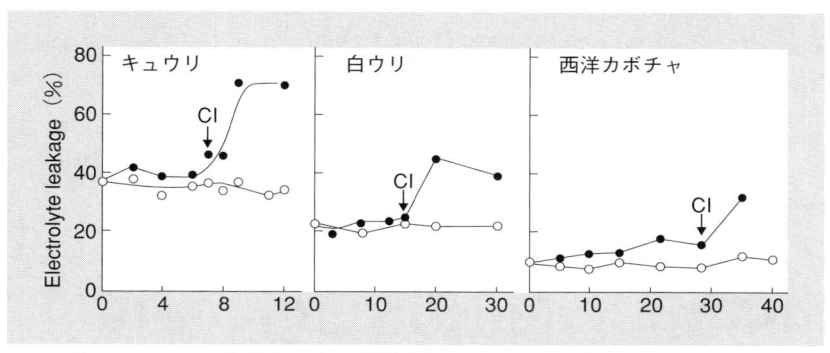

図4・16-2　貯蔵中のウリ科果実組織からの電解質漏出速度の変化
20℃（○），0℃（●），CI：低温障害の発生を示す
出典　辰巳保夫・邨田卓夫：園学雑，50，108〜113，1981

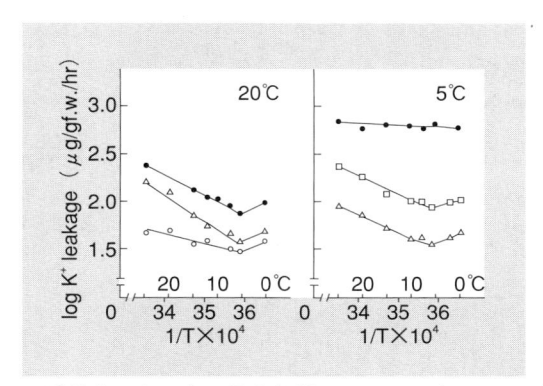

図4・16-3　貯蔵中のキュウリ果実組織からのカリウムイオン漏出速度のArrhenius plots
貯蔵0日（○），1日（△），6日（□），15日（●）
出典　辰巳保夫・邨田卓夫：園学雑，50，108〜113，1981

質低下が起こるとの報告が多いが，最近では抗酸化物質の見地から，この減少を酸化的反応の防御作用による現象としてとらえられている[13]。

3）発生機構

低温障害の発生に伴う多くの生理，生化学的反応が知られているが，これらはいずれも二次的な変化で発生の第一原因とは考えにくい。低温障害の発生機構について，Lyons[3]は生体膜の相転換説を提唱した。この説は，生体膜の脂質の脂肪酸が臨界温度以下で液晶構造から固相に相転換し，膜構造の変化が，

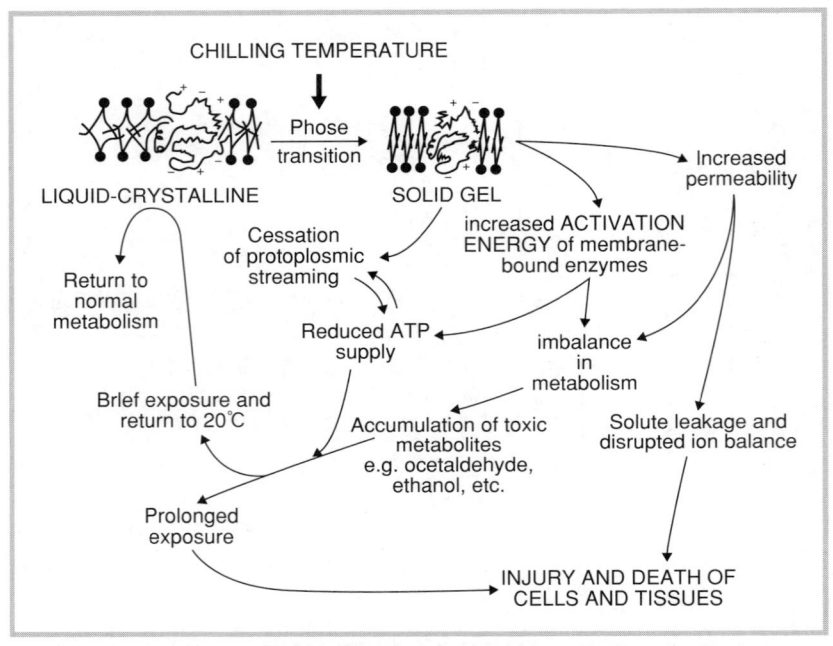

図4・16-4 低温感受性植物の低温障害に伴う変化の経路図
出典 Lyons, J. M.: *Ann. Peh. Plant Physiol,* **24**, 445～466, 1973

膜の透過性の増大，膜酵素の変化，呼吸代謝の変化など生理，生化学的変化を引き起こし，障害が発生するとしている（図4・16-4）。低温障害発生時に電解質の漏出（electrolyte leakage）が急増することが，キュウリなどウリ科果実など多くで報告されているなど，この説を支持する多くの報告がある[3)～5),14),15)]。

その後の研究で膜の相転換がわずかしか起こらないことや，膜の相転換が起こることに疑問が投げかけられてきている[16)]。老化過程の鍵が膜の変質にあることから，低温障害の発生と膜の変性，変質には密接な関係があると考えられ，ズッキーニ果実の低温障害とその軽減法の研究からも，膜の変質には活性酸素種による膜脂質の変化が推察されるなど[17),18)]，多くの報告がなされている[13),19),20)]。

この説では，低温ストレスによる活性酸素種は，生体膜，酵素タンパク質，DNA，脂質などに酸化的損傷を与え，膜の崩壊が起こり障害が発生するとしている。活性酸素種による酸化的損傷は，通常生体内のアスコルビン酸，グル

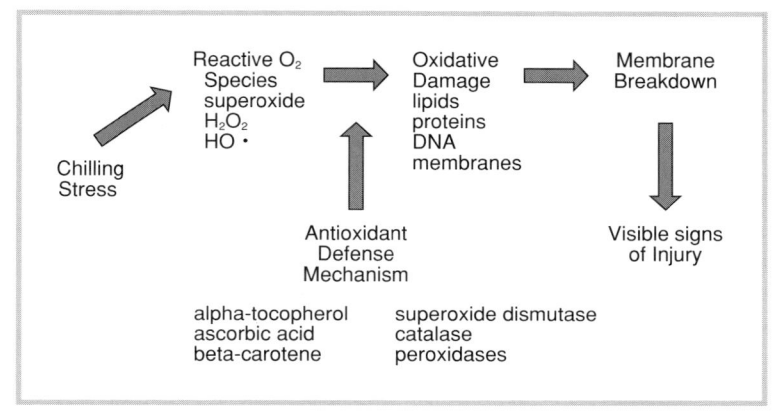

```
┌─────────────────────────────────────────────────────────┐
│                  Reactive O₂      Oxidative     Membrane│
│                  Species    →     Damage    →   Breakdown│
│             ↗    superoxide       lipids                │
│                  H₂O₂             proteins              │
│                  HO・             DNA                    │
│   Chilling                        membranes             │
│   Stress                ↑                               │
│                                                 ↓       │
│                    Antioxidant              Visible signs│
│                    Defense                   of Injury  │
│                    Mechanism                            │
│                                                         │
│            alpha-tocopherol    superoxide dismutase     │
│            ascorbic acid       catalase                 │
│            beta-carotene       peroxidases              │
└─────────────────────────────────────────────────────────┘
```

図 4・16-5　植物組織の低温障害および他の障害における脂質の過酸化の概念図
出典　Shewfelt, R.L. and del Rosario, B. A.: *HortScience*, **35**, 575~579, 2000

タチオン，α-トコフェロールなど抗酸化物質とスーパーオキシドデスムターゼ，パーオキシダーゼ，カタラーゼなどの酵素による抗酸化除去機構により防御されているが，このバランスが崩れ，抗酸化能が低下，消失すると，酸化的損傷が進み，障害が発生するとしている（図4・16-5）[13),16)~22)]。低温障害の発生は，短期間の低温から安全な温度への移動，コンディショニング（温度処理）やヒートショックなどで軽減できるが，これは抗酸化能の低下前に抗酸化能の回復や抗酸化能の強化によると説明している[17),18),23),24)]。低温障害や他の障害のメカニズムとも同様，老化のメカニズムと同じ機構と考えられ，これを支持する多くの研究が1990年代からあるが，障害の第一原因はまだ明らかではない。

(3) **高温障害**（high temperature injury）
　高い温度による障害は，通常，青果物が太陽光線や熱風に直接さらされたときに発生していた。しかし，最近の高温障害は，青果物の殺菌や昆虫の制御に用いられる熱処理（heat treatment）に伴い研究が進んでいる。熱処理（hot water, hot air, vapor heat）は，ポストハーベスト処理に使用する化学薬品処理の禁止や安全性の面から利用が進められているが，高温処理が青果物に及ぼす影響，障害が品質低下に関連することから問題である[24)]。高温障害はほぼ35℃以上の温度で起こり，これは，青果物の酵素活性が30℃以上で低下し，40℃では

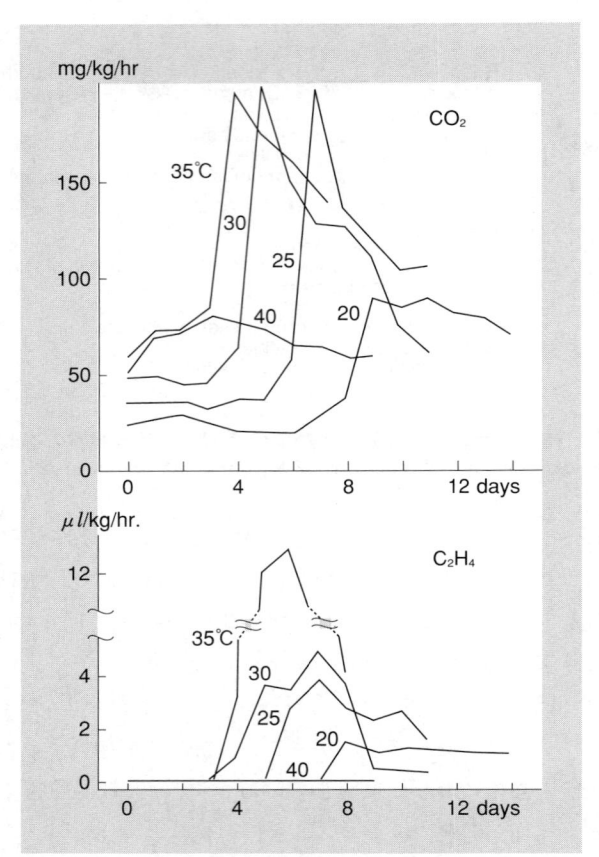

図4・16-6　貯蔵温度によるバナナ果実の呼吸とエチレン生成
出典　吉岡博人ら：日食工誌, 25, 607〜611, 1978

ほとんど失活するためである。バナナでは30℃以上では，果皮の着色が抑えられ，40℃では呼吸のクライマクテリック，エチレン生成はみられず（図4・16-6），揮発性成分の生成も35℃以上で抑制された。また，バナナのタンパク質合成は，40℃で著しく阻害されたことにより，バナナの成熟が阻害されるとしている[25),26)]。トマトは，38℃に置くとエチレン生成，着色，果実の軟化など成熟が抑えられるが，20℃に戻すと成熟過程の抑制は回復する。成熟関連酵素，ACC酸化酵素，フィトエン合成酵素，ポリガラクツナーゼのmRNAのレベルは高温で劇的に減少したが，20℃に戻すとレベルは回復した。このことは，高

温による成熟関連 mRNA の蓄積阻害が成熟阻害を引き起こすことを示している[27]。高温障害の生理学的機構は，まだ十分明らかではないが，タンパク質合成や核酸合成阻害，生体膜の酸化的ストレスなどが考えられ，老化過程の過剰進行の防御のためにタンパク質合成や核酸合成阻害，膜の酸化などの進行の抑制作用と考えると，低温障害の抑制が温度処理（30℃）で効果的なことと関連するのかもしれない[18]。

（4）ガス障害

ガス障害は大きく分けて二つに分けて考えることができる。一つは青果物自身がつくる揮発性成分などによるものと，もう一つは CA・MA 貯蔵の環境ガス（酸素，二酸化炭素）によるものである。揮発性成分の蓄積では，カキ脱渋で発生するアセトアルデヒドやリンゴの t－2－ヘキサナールなどがある[28]。

ガスストレスによる障害の多くは，低酸素濃度，高二酸化炭素濃度による生理学的なものである。酸素濃度が低下すると，呼吸経路に影響が現れる。呼吸系末端の電子伝達系のチトクロームオキシダーゼは酸素との親和力が高いため，内部酸素が0.2％以下なるまで阻害されない。しかし，阻害が起こるとNADH はもはや NAD に酸化されず，経路は TCA サイクルに逆戻りして，その結果 TCA サイクルは阻害される。しかし，解糖系はブロックされず，細胞にとっては有害のアセトアルデヒドとエタノールの生成へと進む。これらの代謝物が蓄積すると，細胞の構造が破壊されついには死ぬこととなる。このようなことは，ピーマンの低酸素ストレスでもみられ，20℃，1％O_2貯蔵中にピルビン酸デカルボキシラーゼ，アルコールデヒドロゲナーゼ活性が非常に増加したという低酸素ストレスの影響からも推察される[29]。

高酸素もまた呼吸，エチレン生成に影響する。グレープフルーツでは14℃で20（空気），40，80kPa の酸素条件で，呼吸を測ると80kPa 酸素が呼吸を促進し[30]，キュウリでは5℃，100％酸素は空気，10％酸素よりも呼吸を抑制することが述べられているが[31]，高酸素の影響，障害は今後の検討が必要である。

高二酸化炭素は，障害を引き起こすので，CA のガス管理や MA 貯蔵の蓄積ガス濃度に配慮が必要である。高二酸化炭素による障害は，リンゴ，キャベツ，レタスなどの褐変がある。リンゴ（品種：ふじ）の CA 貯蔵で20kPa の二

酸化炭素が深刻なガス障害を起こし，エタノール，アセトアルデヒド，メタノールが増加する[32]。高酸素，高二酸化炭素とも呼吸代謝に影響し，毒性物質の蓄積が細胞死などを引き起こす。最近では，生物のガス障害を利用して，菌や昆虫の防除や除去法として，収穫後のガス処理（低酸素，高二酸化炭素）が考慮され，高酸素濃度では微生物の制御が可能であるという報告もある[33]。

〔引用文献〕

1) Marangoni, A.G., Palm, T. and Stanley, D.W.: *Postharvest Biol. Technol.*, **7**, 193～217, 1996
2) Purvis, A.: *HortScience*, **32**, 1165～1168, 1997
3) Lyons, J. M.: *Ann. Rev. Plant Physiol.*, **24**, 445～466, 1973
4) 郝田卓夫：日食工誌, **27**, 411～418, 1980
5) Wang, C. Y.: *HortScience*, **17**, 173～186, 1982
6) 辰巳保夫・郝田卓夫：園学雑, **47**, 105～110, 1978
7) Eaks, I. L. and Morris, L. L.: *Plant Physiol.*, **33**, 308～314, 1956
8) 辰巳保夫・郝田卓夫：園学雑, **50**, 108～113, 1981
9) 阿部一博・茶珍和雄・緒方邦安：園学雑, **49**, 269～276, 1980
10) 於勢貴美子：日食保蔵誌, **27**, 157～164, 2001
11) Tsuchida, H., D. Cheng, Kozukue, H., K., Mizunno, S.: *HortScience*, **25**, 952～953, 1990
12) 泉　秀美・辰巳保夫・郝田卓夫：日食工誌, **31**, 47～49, 1984
13) Hariyadi, P. and Parkin, K. L.: *Postharvest Biol. Technol.*, **1**, 33～45, 1996
14) Murata, T. and Tatsumi, Y.: Ion leakage in chilled plant tissues. Low Temperature Stress in Crop Plants. (Lyons, J. M. and D. Graham and J. K. Raison, eds.), pp. 141～151, Academic Press, NY, 1980
15) 郝田卓夫：コールドチェーン研究, **6**, 42～51, 1980
16) Parkin, K. L., Marangoni, A, Jackman, R. L., Yada R. Y. and Stanley. D. W.: *J. Food Biochemistry*, **13**, 127～153, 1989
17) Wang C.Y.: *Postharvest Biol. Technol.*, **8**, 29～36, 1996
18) Wang C.Y.: *Postharvest Biol. Technol.*, **5**, 67～76, 1998
19) Parkin, K. L. and Kuo, S.: *Plant Physiol.*, **90**, 1049～1056, 1989
20) Purvis, A. H., Shewfelt, R. L. and Gegogeine, J. W.: *Plant Physiol.*, **94**, 743～749, 1995
21) Shewfelt, R. L. and del Rosario, B. A.: *HortScience*, **35**, 575～579, 2000

22) Wismer, W. V. : Low temperatureasa causative agent of oxidative stress in postharvest cropsin horticultural crops. Postharvest Oxidative Stress in horticultural crops (Hodges, D. M.,edt.), pp. 55～68, 2003
23) Sala, J. M. and Lafuente, M. T. : *Postharvest Biol. Technol.*, **20**, 81～89, 2000
24) Lurie, S. : *Postharvest Biol. Technol.*, **14**, 257～269, 1998
25) 吉岡博人・上田悦範・緒方邦安：日食工誌, **25**, 607～611, 1978
26) 吉岡博人・上田悦範・茶珍和雄：日食工誌, **27**, 610～615, 1980
27) Lurie, S., Handras, A., Fallik, E., Shapira, R. : *Plant Physiol.*, **110**, 1207～1214, 1996
28) 平　智：新園芸学全編（園芸学会編）, pp. 617～619, 養賢堂, 1998
29) Imahori, Y., Kota, M., Ueda, Y., Ishimaru M., Chachin K., : *Postharvest Biol. Technol.*, **25**, 159～167, 2002
30) Kader, A. A. and Ben-Yehoshua, S. : *Postharvest Biol. Technol.*, **20**, 1～13, 2000
31) Varit, S. and Tatsumi. Y. : *J. Japan. Soc. Hort. Sci*, **72**, 525～523, 2003
32) Luiz, C. A., Fan, X., Mattheis, J. P. : *Postharvest Biol. Technol.*, **24**, 13～24, 2002
33) Day, B. P. F. : *Postharvest News Inform.*, **7**, 31N～34N, 1996

〔参考文献〕
・Wang, C. Y. : Chilling Injury of Horticultural Crops, CRC Press Inc .N.W., 1990.
・Kays, S. T. : PostharvestPhysiology of Perishable Plant Product, An AVI Book New York, 1991
・Wills, R., MacGlasson, B., Graham D. and Joyce, D. : Postharvet An introduction to the physiology and Handling of fruits, vegetables and ornamentals 4 th edition, CAB International UK, 1998
・Hodges, D. M. : Postharvest Oxidative Stress in horticultural crops, Food Product Press, NY, 2003

4・17　高温ならびに低温ストレス耐性

(1) 短時間高温処理および短時間低温処理の生理的な効果

1) 短時間高温（ヒートショック）処理の生理的な効果

収穫後の青果物を一定の高温で短時間処理すると，より高い温度に対する耐性の向上に加えて低温耐性の誘導，追熟抑制，発芽抑制および病虫害耐性の向上などさまざまな生理的効果がみられることが古くから知られている。処理方

法としては，以下のものがあり，使用目的と青果物の種類・特性によって使い分けられている。① 高温の水に浸せきするか，噴霧する，② 高温の水蒸気を使う，③ 高温の空気にさらす，などである。

　青果物に対する，実用的な高温処理としては，古くからサツマイモのキュアリング（例えば，35℃，90％相対湿度で3日間）処理がよく知られている。収穫直後に高湿度下で高温処理を施すことによって，収穫時の傷口にコルク層の形成を促し，貯蔵中の腐敗を顕著に抑制することができる。また，傷に対する高温処理の同様の効果はレタスでも報告されている。Loaiza-Velarde と Saltveite はレタス植物体に対し，50℃で50～90秒間の熱ショック処理を行ったところ，組織の褐変化は抑制され，葉が緑色に保持されることを見出している[1]。この熱ショック処理は損傷によるフェノール物質の産生を抑制する。そして，この処理は収穫後36時間までに行うと有効であるが，収穫6時間後に行うと最も効果が高いことが明らかになっている。

　収穫後の青果物に35～45℃程度の適度な高温処理を施すと，その後のより高い温度ストレスに耐性になることが知られている。パパイアにおいては糸状菌による病気を防ぐ目的で行なう49℃の温湯処理はしばしば高温障害をもたらすが，42℃で30分の前処理は高温障害を軽減する[2]。アボカド，マンゴー，キュウリでも短時間の高温処理（37℃あるいは39℃）により高温障害が緩和される結果が報告されている[3,4]。

　高温処理に関して興味深い点の一つは，短時間の高温（熱ショック）処理が低温耐性を誘導し，低温障害の発生を軽減することである。1936年に Brooks と McColloch はグレープフルーツを38℃で17～22時間処理することにより，その後の2℃での低温貯蔵により発生するピッティングを効果的に抑制できることを最初に報告している[5]。このような短時間高温処理がある意味逆の現象と思える低温耐性を獲得するのはきわめて興味深く，多くの研究者の関心が集まり数多くの研究がなされた。結果として，アボカド，マンゴー，グレープフルーツ，ペッパー，キュウリ，スイカ，ズッキーニ，カキ，サツマイモなどで同様の処理効果が観察されている[6,7]。しかしながら，この高温処理による低温耐性の向上効果は品種特異的に起こることが指摘されている。例えば，同じトマトにおいても品種'ヒカリ'ではこの低温耐性の誘導は起こるが，Rutgers

やチェリートマトでは低温耐性が誘導されないことが明らかとなっている。

その後，Saltveitと彼の共同研究者もトマト果実の円盤状切片やキュウリの芽生えや種子を用いて，高温で前処理を行うと低温感受性が軽減されることを見出している[8),9)]。彼らの研究に引き続いて，松尾らもマングビーンの芽生えを用いたモデル実験で，40℃あるいは45℃の高温で3〜6時間処理すると4℃で起こる低温障害の発生を顕著に抑えること，また，プロリンや多水酸基化合物などの特定の低分子化合物の顕著な蓄積が認められないことから，この低温耐性には高分子化合物がかかわっていることを推測している[10)]。

次に短時間の高温処理が果実・野菜の追熟過程に与える影響について注目してみよう。1975年に小倉ら[11)]は緑白熟期のトマト果実'ひかり'を収穫後33℃で高温処理を施すと，リコピンの生成が起こらず，ペクチンの分解も少なく，長期間腐敗を生じなかった。つまり，高温処理により顕著に青果物の熟期を遅らせることができたことを最初に報告している。また，高温処理が何種類かの果実の軟化を抑制すること，リンゴとトマトでは処理後2〜3時間内にエチレン合成が阻害されることがわかってきた[12),13)]。その後，スモモ，バナナ，ナシ，アボカド，ウメなどの青果物の貯蔵方法の一つとして詳しく検討されている[14)]。また，それらの広範な研究を通して，同じ青果物でも品種によって高温処理への応答が大きく異なることが明らかとなった。さらに，成熟期のトマトやブロッコリーでは，適度な高温処理がACCの蓄積を抑え，結果としてエチレン生成を阻害し，その後の追熟反応を著しく遅らせることが報告されている[15)]。最近，ブロッコリーの収穫後の高温処理がエチレン合成酵素遺伝子の発現阻害を引き起こすことや過酸化水素の生成を介して老化抑制をもたらすこともわかった[16),17)]。そして，多くの果実で熱ショック処理によってACC Oxidaseの活性が急速に低下することが見出されており，これはmRNAのレベルの低下によることが明らかとなっている[18)]。また，内生のエチレン生成だけでなく，外から与えられたエチレンに対する反応性も低下することから，熱ショックはエチレンの受容体やあるいはその情報伝達系も不活性化することが推測されている[19)]。その他，熱ショックによりpolygalacturonase, Lycopene synthaseなどの追熟関連遺伝子のmRNAが消失すること[20)]や，揮発成分の生成や緑色の変化も影響を受けることが報告されている[21)]。リンゴにおいては，高温処理

により貯蔵中の障害の一つである果皮やけ病を軽減できることが見出された。高温処理は表面のワックス層を薄くし，α-farnesene の揮散を促し，その酸化物の蓄積を抑える効果があると推測されている[22]。8品種のリンゴおよび2品種のセイヨウナシを使って熱処理の加熱速度がこれらの果実品質に及ぼす影響が検討された。5種類の加熱速度のうち，1時間あたり12℃の加熱速度のみが一貫して許容できる品質保持を示した。これら熱処理は臭化メチル消毒の代替に有望であることを Neven らは提唱している[23]。また，この熱処理は同時に果実の硬度を高め，成熟を遅延させ，腐敗の進展を抑制し，赤い果実はより赤く緑の果実は緑色を保持したことも同時に観察されている。また，収穫後のホワイトアスパラガスでは，温湯処理（55℃，2～3分間）を施すと，貯蔵中のアントシアニン合成を阻害し，他の品質保持にも効果があることが認められている[24]。

　高温処理のもう一つの興味深い効果は収穫後の青果物の耐病性や耐虫性を向上させることである。ある条件の温度が菌の発芽や菌糸の成長を阻害することが知られており，例えば，48℃で2分間，あるいは46℃で4分間の高温処理は *Alternaria alternata* の胞子を不活性化し[25]，トマトを38℃で高温処理をすると，*Botrytis cinerea* Pers. による腐敗を抑制できることが報告されている[26]。ほかに，リンゴ，ペッパー，イチゴにおいても高温処理による腐敗の抑制効果が知られている。Barkai-Golan と Philips は高温処理で制御できる青果物に感染する病原菌のリストを総説の中で提示している[27]。このように菌自体が高温に感受性である場合も発見されているが，それとは異なり，高温処理により植物側の性質が顕著に変化することも知られている。高温処理は植物にとってもある種のストレスであり，ファイトアレキシンの生成やPRタンパク質の誘導を引き起こし，これらが結果として病虫害に対する抵抗性を高めるものと考えられる。Pavoncello らは新しい HWB（hot water brushing）（62℃，20秒間）処理がグレープフルーツに発生する青カビの抑制に対して有効であり，その処理が熱ショックタンパク質やキチナーゼ・グルカナーゼなどのPRタンパク質の蓄積を誘導することを明らかにしている[28]。パパイアでは42℃で30分と49℃の2段階処理により，貯蔵中の病虫害の発生を抑制できること[2]，マンゴーの蒸気処理や熱水浸せきがアザミウマを駆除して，炭疽病に効果があること[29]

が報告された。同様の処理はアボカドなどでも有効で，一部には温湯浸せき方式による実際的な応用も行われている[30]。最近では，収穫前にビニールハウス内の高温を利用して病虫害に対する高温処理を行う工夫も検討されている[31]。

1996年以前の収穫後の青果物に対する高温処理に関しての研究については，イスラエルのSusan Lurieが広範囲にわたるすぐれた総説を書いている[32]。最近，同じ研究所のE. Fallikが貯蔵前の温湯処理の効果について園芸生産物ごとに最適温度条件や処理目的についてまとめた総説を発表している[33]。今後の研究に役立つと思われるので参考にされたい。

2）短時間低温（低温ショック）処理の生理的な効果

ある種の青果物の品質保持に収穫直後の急冷処理が効果的であるという報告がある。このような，一時的な急速冷却処理の結果，青果物に好ましい品質保持効果を得られる現象をここでは「低温ショック効果」と呼ぶことにする。一般に低温ショック効果としては①追熟抑制，②成分保持，③褐変抑制，④低温障害予防効果の四つが認められている。一般的には，冷水浸せき処理は冷却速度が速く，強制通風冷却処理より低温ショック処理に適している。

緒方らは，ブレイカー段階のトマトを氷水中で60分間処理をして，その後20℃で貯蔵すると，貯蔵可能日数が2日間延長されたことを初めて見出した。その後の貯蔵中に硬度の変化，香りの生成など一般的な追熟現象は果色の進行とともに正常に起こった。このような効果はスモモや青ウメでも認められている[34]。

実エンドウ，ソラマメ，エダマメ，トウモロコシなどは収穫後の劣化が早く，食味の極端な劣化を招く。その主な原因は可溶性糖とアミノ酸の急激な減少にある。これに対して，収穫後直後の冷水浸せき処理（0℃，2時間）は可溶性糖やアミノ酸の減少を抑えることが知られている[35]。

キノコ類は収穫後急速に褐変することが品質上大きな問題である。シイタケを1℃の冷風で24時間処理をした後，20℃に貯蔵すると，ひだの褐変が抑制された。この低温処理により褐変に関係すると考えられるポリフェノールオキシダーゼの活性が抑制されていることが明らかとなっている[36]。この場合は収穫直後に冷却するよりも約12時間室温に保持した後に処理したほうが効果が高いこと，また水冷処理ではぬれてかえって品質を損なうので，目的の低温までに品温を下げるには時間を要するが空冷処理が適当であることが示されている。

青ウメは非常に低温障害を受けやすい青果物の一つであるが，収穫後に氷水中で1～2時間浸せき処理をすると，その後6℃に貯蔵した場合，低温障害の発生遅延と発生頻度の低下がみられた。冷水に浸せきする時間は15分以上行うことが必要であるが，40分以上では処理時間を長くしても同じ効果しか示さなかった。また，処理時期は収穫直後がもっとも効果的であった[37]。後藤らは数品種のウメについて収穫熟度と低温障害感受性および低温ショック効果との関連について調べ，低温ショックによる低温障害抑制機構について検討している。この低温ショック処理がウメ果実の化学成分や生理に及ぼす影響と低温障害の発現・K^+漏出速度との関連性・リン脂質のPC/PE比と生体膜脂質構成脂肪酸の組成に及ぼす影響について調べ，結果として彼らはウメ果実の低温ショックによる低温障害抑制効果は主として膜リン脂質中のPC/PE比の増加と膜脂質構成脂肪酸の不飽和度の増大によると考えている[38]。

この急冷処理の有効性について各種青果物について検討されたが，低温ショック効果が全くみられないことも多い。例えば，モモやイチゴの追熟抑制がそうである。また，多くの葉菜類では品質保持に対しては効果がみられなかった。オクラやバナナの低温障害の軽減に関しても検討されたが，好ましい結果は得られなかった。より詳細については岩田の総説を参考にされたい[39]。

最後に，若干混乱を呼ぶかもしれない，低温ショック効果という言葉が別の使い方をされている例を付け加えたい。大腸菌では，37℃で増殖中の細胞を10℃に移すと，生育がいったん停止して，数時間の適応（馴化）期間をおいてから再びゆっくりと増殖を開始することが知られている。この低温による生長停止期間中に複数のタンパク質が新たに合成（誘導）されることが1987年にはじめて報告された[40]。これらは低温ショックタンパク質と呼ばれている。現在，それらの主要なものは同定され，リボソームタンパク質，翻訳開始因子，DNAジャイレースとともにCspAとそのファミリータンパク質であることが解明されている。CspAはアミノ酸数70前後の小さなタンパク質で，低温下でmRNA上に形成される二次構造を解消するRNAチャペロンとして働いていると考えられている。

一方，高等植物では，一定期間の低温に遭遇することによってより強い低温耐性を獲得するという低温馴化の現象が古くから知られている。今井らはコム

ギから新規の低温応答性遺伝子 WCSP1 を単離して,構造解析をしたところ,大腸菌 CspA と43％相同な低温ショックドメインをもつことを発見している[41]。そして,この遺伝子が低温馴化過程で耐凍性が獲得されるクラウン組織や,低温処理した幼苗で発現誘導されることを明らかにしている。キャベツでも同様の cold shock protein の存在が見出されている[42]。

このようなタンパク質が青果物の低温ショック効果においても機能し,各種の生理的効果の発現に関与していることが推測されるが,現在のところは関連の知見はなく,今後の研究を待つしかない。

(2) 低温ストレス耐性の獲得機構

(1)で述べたような熱ショック処理がいかに青果物の低温耐性を高めるか,その分子レベルでのメカニズムを解明することは興味深い研究課題である。多くの青果物,すなわち植物にとって,適正な生育温度以上の高い温度はストレスとなり,生体内で種々の防御反応が起こることが予想される。それらのいくつかの反応は他の低温や病虫害などのストレスに対応する反応と共通しているのかもしれない。前もって重金属,エタノール,紫外線,損傷,温度などの一つのストレスに遭遇した植物はほかの別のストレスに対して耐性を示す交差防御 (cross-protection) という現象が古く観察されている。このことは各種のストレスに対する入口の反応は個々に異なっているが,その後は共通した反応過程が働き,細胞を防御しているという推論をかきたてる。植物やほかの生物は 5～10℃ 程度の急激な温度変化に対応して熱ショックタンパク質 (heat shock proteins；HSPs) と呼ばれている一群のタンパク質を生合成することがよく知られている。現在,HSPs は分子量によって大きく五つのクラスに分けられている。

Lurie らのトマト果実を用いた実験では,高温前処理により低温に対する耐性が増加して,2℃で1カ月以上貯蔵しても障害がみられなかった。この低温耐性の発現には HSPs の遺伝子発現が関与していることが示唆されている[43]。Florissen らのアボカド果実の円盤状切片を用いた研究では38℃で4時間の処理により HSP の産生は最大となり,低温障害の防止効果も高いことが明らかにされている[44]。Lurie らは2℃で21日間の貯蔵で発生するトマト果実の低温

障害を38℃で48時間の高温処理（熱ショック処理）が軽減することを見出しており，HSP70やHSP18.1などの抗体を用いたウエスタンブロッティングの実験から熱ショックタンパク質のいくつかのもの（small heat shock proteins）が，低温耐性の獲得に関与していることを明らかにした[45]。ある特定のクラスのHSPsの遺伝子発現と低温耐性の獲得に高い相関関係が認められており，また，HSPsのmRNAの消長と低温耐性の維持の関係も調べられている[46]。最近ミシガン大学のDilleyら（1998年）はmRNA Differential Display法を用いてトマトのHSP17.6がこの高温処理による低温耐性の獲得に重要な役割を果たしていることを明らかにした[47]。グレープベリーの実験では，38℃で10時間処理することによって低温耐性が増し，合わせてHSP70遺伝子の発現が高まることが指摘されている[48]。Woolf, A.B.らは38℃6時間の前処理がアボカドの果皮のダメージを防ぐのに有効であること，そしてその後に時間的な遅れをもって処理された高温・低温の影響を詳しく研究している。加えて，HSP17＆70類似遺伝子の発現レベルを調査して，温度ストレス耐性との相関を明らかにしている[49]。さらに，カンキツの熱誘導性低温耐性に関しては2種類の転写因子が関与することと多くの遺伝子発現の変化が観察されている[50]。しかしながら，具体的にどのようにしてこれらの遺伝子やタンパク質が低温障害を軽減するのかを説明できる十分な成果は得られていない。一方，この低温耐性の獲得には恐らくHSPの働きだけでなく，ほかの要因も関与していると推察される。Saltveitらも松尾らも高温前処理が低温処理後にみられる，イオンリーケージを軽減することを報告している[8〜10),51]。また，リンゴの原形質膜やトマト果実の全脂質の分析によれば，高温前処理により，リン脂質の増加や脂肪酸の不飽和度が増加していることが明らかにされている[52),53]。これらから生体膜の流動性が上昇していることが推測されている。同様の実験でWhitakerらも脂肪酸の不飽和化が進むことを指摘している[54]。これらのことは不飽和化脂肪酸の増加が生体膜の柔軟性を増し，低温下でも生体膜が固化しないことにより低温障害が起こりにくいという推測が成り立つが，明確な証明には至っていない。特に，短時間の処理の間にそれほど効果的な脂肪酸組成の変化が起こるとは考えがたく，ほかの要因との複合的な効果も検討する余地があるであろう。近年，Vighらの研究グループはシアノバクテリアのHSP17がタンパク質のリフォールデ

ィングとともに生体膜の安定化を引き起こす機能をもつことを見出しており注目されている[55]。また，同じグループはHSPsのコインデューサー（co-inducer）を用いた実験で特定のHSPの誘導が生体膜の柔軟化に結びつくことも指摘している[56]。恐らく，高等植物の温度ストレス耐性にかかわる過程においてもこのような特殊な機能を持つHSPが働いていると推測できる。

Wangは1993年に総説の中で青果物の収穫後の処理により低温障害を軽減する方法としていくつかのものを整理して取り上げている[7]。例えば，温度による前処理や中間温暖処理，植物生長調節剤処理，ほかの薬剤処理である。これらの処理がどうして青果物の低温ストレス耐性を向上し，その障害を軽減するのかそれらのメカニズムはまだ不明な点が多い。

収穫後の青果物ではないが，近年興味深い研究がなされている。イネの幼苗においても高温処理すると低温に曝されて枯死することに対する耐性が著しく上昇することが報告されている。この場合においては高温処理によって活性酸素消去酵素であるアスコルビン酸ペルオキシダーゼ（APX）活性が2倍近く上昇することが観察され，細胞質型APXaのmRNAのレベルは高温処理1時間後にはすでに対照区よりも高く，その後24時間にわたって高いレベルを維持した。さらに，APXaを過剰発現させた形質転換イネを作出して，その後代系統の低温耐性を調べたところ，原品種よりも明らかにAPX活性が高い形質転換系統は低温による枯死を起こしにくいことが示された[57],[58]。

前述したように，高温前処理の効果は1週間から1カ月以上にわたって効果がみられることがあるが，現在までの研究結果では多くのHSPsのmRNAの発現は数日で低下してしまうことが報告されている。このことは，高温処理直後の緊急避難的な反応過程と長期にわたる反応過程が少なくとも2種類存在して，低温耐性の獲得がなされていると推察されるが，詳細な解明には今後の研究成果を待たなければならない。

植物の低温馴化に関しては，モデル植物のアラビドプシスなどを使って精力的な研究がなされており，新しい知見が次々と明らかになっている。分子レベルで，植物がいかに低温を感知して，細胞内での情報伝達を行い，低温に対する初期の反応（特に，低温誘導性遺伝子群を制御する転写因子の発現）を行い，最終的に低温耐性あるいは凍結耐性を獲得するか相当詳しく解明されてきた。多

くの本や総説があるので参考にされたい[59]～[64]。

（3）高温ストレス耐性機構

収穫後に病原微生物の除去や害虫の駆除を目的として温湯処理が施された際に，多くの果実や野菜は50～60℃の温湯に10分間程度の浸せき処理には耐えることが知られている。さらに，もともと高温障害を示さない貯蔵温度より高い温度で前処理を行うと，それまでより高温に耐性になることが知られている。例えば，アボカド品種'Hass'の果実では，38℃で60分間の前処理はその後の50℃での処理に対する温度耐性を著しく高める[49],[65]。このような誘導高温耐性がどのようにして獲得されるのか興味深い点であるが，収穫後の果実や野菜に関してはまだ十分に研究されているとはいい難い。

一般に，高等植物は特別な組織や器官を除けば，45℃以上の温度に長く曝されると死に至る。このような温度処理は恐らく生体内に以下のような影響をもたらし，最終的に死に至ると推測される。各種生体膜の極性脂質の流動性が過度に高まることによって，ミトコンドリアや葉緑体などの細胞内小器官で代謝異常が引き起こされる。特に，電子伝達系での異常は細胞内のエネルギー状態のアンバランスと活性酸素の生成をもたらし，細胞に大きなダメージを与えると考えられる。もう一つの致命的な影響は各種の機能をもつタンパク質の変性・失活である。急激な温度上昇に対して，ほかの生物と同様に高等植物も熱ショックタンパク質と呼ばれる特殊な一群のタンパク質を *de novo* で合成する。ほとんどのHSPsは分子チャペロンとして働くことが明らかとなっている。すなわち，熱変性を起こしたタンパク質の立体構造をもとに戻したり，凝集を防ぐために分解したりする機能である。HSPsの詳細に関しては多くの総説や本があるので，参考にされたい[59],[60]。しかし，これらのタンパク質が生体膜の過度の流動性を防いでいるのかはまだ不明な点が多い。高温耐性の獲得にグリシンベタイン，トレハロースやプロリンなどの有機低分子化合物の蓄積や機能が重要であることを指摘する論文もある。

〔引用文献〕

1) Loaiza-Velarde, J. G. and Saltveite, M. E. : *J. Am. Soc. Hort. Sci.*, **126**, 227, 2001

2) Couey, H.M. and Hayes, C. F. : *J. Econ. Entomol.*, **79**, 1307, 1986
3) Joyce, D. C. and Shorter, A. J. : *HortScience*, **29**, 1047, 1994
4) Jacobi, K. K. *et al.* : *HortScience*, **30**, 562, 1995
5) Brooks, C. and McColloch, L. P. : *J. Agri. Res.*, **52**, 319, 1936
6) Porat, R. *et al.* : *Postharv. Biol. Technol.*, **18**, 159, 2000
7) Wang, C. Y. : *Horticul. Rev.*, **15**, 63, 1993
8) Saltveit, M.E. Jr. : *Physiol. Plant.*, **82**, 529, 1991
9) Lafente, M. T. *et al.* : *Plant Physiol.*, **95**, 443, 1991
10) 松尾友明：冷凍, **72**, 20, 1997
11) 小倉長雄ら：農化, **49**, 189, 1975
12) Biggs, M. S. *et al.* : *Physiol. Plant.*, **72**, 572, 1988
13) Klein, J. D. : In : H. Clijsters, *et al.* (eds), Biochemical and physiological aspects Ethylene production in lower and higher plants, Kluwer, Dordrecht, The Netherlands, p.184, 1989
14) 小宮山美弘・辻政雄：日食工誌, **32**, 97, 1985
15) Dunlap, J. R. *et al.* : *HortScience*, **25**, 207, 1990
16) Suzuki, Y. *et al.* : *Postharvest Biol. Technol.*, **36**, 265, 2005
17) Shigenaga, T. *et al.* : *Postharvest Biol. Technol.*, **38**, 152, 2005
18) Paull, R. E. and Chen, N. J. : *J. Am. Soc. Hort. Sci.*, **115**, 623, 1990
19) Yang, R. F. *et al.* : *J. Plant Physiol.*, **136**, 368, 1990
20) Rodov, V. *et al.* : VIII Congr. Intntl. Soc. Citricultune, Abstracts, Sun City, South Africa, p.108, 1996
21) Kim, J. J. *et al.* : *Plant Physiol.*, **97**, 880, 1991
22) Roy, S. *et al.* : *HortScience*, **29**, 1056, 1994
23) Neven, L. G. *et al.* : *J. Food Qual.*, **23**, 317, 2000
24) Simos, A. *et al.* : *Postharvest Biol. Technol.*, **38**, 160, 2005
25) Seymour, G. B. *et al.* : *Ann. Appl. Biol.*, **110**, 153, 1987
26) Fallik, E. *et al.* : *Plant Dis.*, **77**, 985, 1993
27) Barkai-Golan, R. and Phillips, D. J. : *Plant Dis.*, **75**, 1085, 1991
28) Pavoncello, D. *et al.* : *Physiol. Plant.*, **111**, 17, 2001
29) Sharp, J. L. : *J. Econ. Entomol.*, **79**, 706, 1986
30) Hofman, P.J. *et al.* : *Postharvest Biol. Technol.*, **24**, 183, 2002
31) 佐藤達雄ら：園学雑, **72**, 56, 2003
32) Lurie, S. : *Horticul. Rev.*, **22**, 91, 1997

33) Fallik, E. : *Postharvest Biol. Technol.*, **32**, 125, 2004
34) 緒方邦安・坂本隆志：園芸学研究集録（京都大学農学部）, **9**, 146, 1979
35) 岩田　隆：昭和57年度科学研究費補助金研究成果報告書, 1983
36) 南出隆久ら：日食工誌, **27**, 498, 1980
37) 後藤昌弘ら：園学雑, **53**, 210, 1984
38) 後藤昌弘ら：食品と低温, **12**, 17, 1986
39) 岩田　隆：食品と低温, **10**, 107, 1984
40) 阿部一博：食品と低温, **8**, 54, 1982
41) 今井亮三：化学と生物, **41**, 492, 2003
42) Gimalov, F.R. *et al.* : *Biochem.*, **69**, 575, 2004
43) Lurie, S. and Sabehat, A. D. : *Postharvest Biol. Technol.*, **11**, 57, 1997
44) Florissen, P. *et al.* : *Postharvest Biol. Technol.*, **8**, 129, 1996
45) Lurie S. and J. D. Klein : *J. Am. Soc. Hort. Sci.* : **116**, 1007, 1991
46) Sabehat, A. D. *et al.* : *Plant Physiol.*, **110**, 531, 1996
47) Kadyrzhanova, D.K. : *Plant Mol. Biol.* **36**, 885, 1998
48) Zhang, J. *et al.* : *Postharvest Biol. Technol.*, **38**, 80, 2005
49) Woolf, A. B. *et al.* : *Postharvest Biol. Technol.*, **34**, 143, 2004
50) Sanchez-Ballesta, M.T. *et al.* : *Planta*, **218**, 65, 2003
51) Saltveit, M. E. : *Postharvest Biol. Technol.*, **36**, 87, 2005
52) Lurie, S. *et al* : *Postharvest Biol. Technol.*, **5**, 29, 1995
53) Lurie, S. *et al.* : *Physol. Plant.*, **100**, 297, 1997
54) Whitaker, B.D. *et al.* : *Phytochem.*, **45**, 465, 1997
55) Torok, Z. *et al.* : *Pro. Natl. Acad. Sci.*, **98**, 3098, 2001
56) Torok, Z. *et al.* : *Pro. Natl. Acad. Sci.*, **100**, 3131, 2003
57) 佐藤　裕・猿山晴夫：農及園, **78**, 487, 2003
58) Sato, Y. *et al.* : *J. Exp. Bot.*, **52**, 145, 2001
59) 篠崎ら：環境応答・適応の分子機構, 共立出版, 1999
60) 寺島一郎：環境応答, 朝倉書店, 2001
61) Iba, K. : *Annu. Rev. Plant Biol.*, **53**, 225, 2002
62) Thomashow, M.F. : *Annu. Rev. Plant Phsiol. Plant Mol. Biol.*, **50**, 571, 1999
63) 今井亮三：植物の成長調節, **39**, 174, 2004
64) 坂本　光ら：化学と生物, **44**, 331, 2006
65) Woolf, A.B. and Lay. Y. M. : *HortScience*, **32**, 705, 1997

4・18　カット青果物の生理

　カット青果物は「野菜，果実を小さく切るなど，生食用として食べやすく加工したもので，包装（容器を用いる包装を含む）されたもの」と定義され，一次加工食品に分類される。カット青果物は，生鮮青果物と同じ生命体であるため，代謝活性を維持して青果物特有の味，香り，栄養成分を保持することが要求されるが，切断による物理的ストレスを受けていることから，生鮮青果物に比べて，さまざまな生理的変化が生じる。

（1）切断による生理的変化の特徴

　青果物は切断されると，切断傷害によって数十時間うちにエチレン生成が誘導される[1),2)]。この傷害エチレンの生成は，カット青果物の追熟や老化を促すばかりではなく，フェニルアラニンアンモニアリアーゼ（PAL）の生成を促すことも知られている[3)]。PALは，フェニルプロパノイド合成経路の最初のステップとして，フェニルアラニンがトランスケイ皮酸に変わる反応を触媒する酵素で，フェノール性物質を経て，リグニン生成を導くうえで重要な役割をする。切断による傷害によって，PALの生成とともに，ポリフェノールを酸化するポリフェノールオキシダーゼ（PPO）とリグニン重合体の形成反応に関与するペルオキシダーゼ（POD）の活性も増大することが報告されている[4),5)]。したがって，切断傷害によってこれらの酵素活性が増大すると，カットニンジンでは苦味成分であるイソクマリン（フェノール物質）[6)]，カットレタス[7)]とカットキャベツ[8)]ではフェノール物質の酸化による褐変の促進およびカボチャにおいてはリグニン形成[9)]による硬化が起こりやすくなる（図4・18-1）。

　組織の切断面と空気との接触は，空気中の酸素とPPOの作用による褐変反応を進行させるほかに，ビタミンCの酸化反応を促す。カットキャベツやカットニンジンでは，貯蔵中に還元型ビタミンCであるL-アスコルビン酸（AsA）含量が低下し，酸化型ビタミンCであるデヒドロアスコルビン酸（DHA）含量が増加するが，これはAsAをモノデヒドロアスコルビン酸（MDHA）を経てDHAに酸化するAsAオキシダーゼの活性が増大するためで

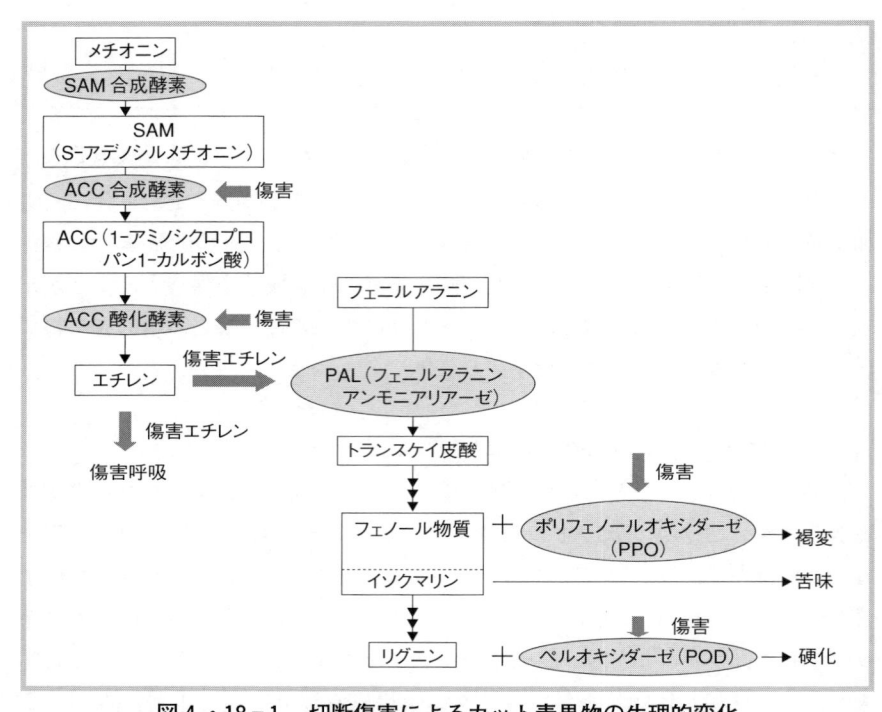

図 4・18-1　切断傷害によるカット青果物の生理的変化
出典　泉　秀実：食品鮮度・食べ頃事典（太田秀明ら編），サイエンスフォーラム，p.269，2002

ある[10]。一方で，植物は切断傷害に対して，生体防御作用としての抵抗反応を示す例もみられる。例えば，サツマイモとジャガイモは，切断後に AsA の合成酵素（L-ガラクトノラクトンデヒドロゲナーゼ）と還元酵素（DHA レダクターゼ，MDHA レダクターゼ）の活性化が起こり[11),12)]，切断によって逆に AsA 含量が増加する[10]。これは，切断ストレスにより生成された過酸化水素を AsA の酸化酵素でもある AsA ペルオキシダーゼの働きで消去するために，同時に AsA が酸化され，その消費された AsA を補うための反応であると推測されている[13]。また，0～10℃付近の低温貯蔵で低温障害が発生するズッキーニ，メロン，パパイア，パイナップルは，切断後に 4～10℃に貯蔵しても低温障害を発生しないことが報告されている[14),15)]。この現象も生体保護作用として，切断ストレスにより細胞内で新たな化学反応が引き起こされた結果と考えられる。

青果物の切断は，傷害エチレンの生成とともに傷害呼吸を引き起こし，切断後十数時間から数十時間のうちに，一時的な呼吸のピークが生じる[16],[17]。表皮を剥がれて細かく切断された組織は，多くの場合その後もガス交換面積の拡大によって，生鮮青果物に比べて呼吸量が増大する。切断による青果物の呼吸量の上昇率は，数％程度のピーマン，サヤインゲンから100％を超えるレタス，キウイフルーツまで，種類によって大きく異なるが，いずれも 0 ～10℃の低温よりも20℃の高温で高くなる[18]。同じカットニンジンの呼吸量でも，スライス，スティック，千切りなどのカット形状[19]あるいは師部と木部のようなカット部位[2],[20]の違いによって異なることも知られている。また，切断による組織の表面積の拡大に伴って水分蒸散量が増えることから，呼吸による炭水化物の消耗と水分損失によって，目減りが大きくなることにも注目しなければならない。

(2) 輸送・貯蔵条件とカット青果物の生理
1) 薬 剤 処 理

カット青果物の製造過程のなかで，果実では切断前に，野菜では切断後に洗浄工程が入る。洗浄の目的は青果物の表面を殺菌して初発菌数を減少させることにあるので，一般には次亜塩素酸ナトリウムなどの殺菌剤が添加されるが，この工程を利用して，輸送・貯蔵中の種々の生理的変化を予防する処理を行うことが可能である。

数種のカット青果物に対する報告では，塩化カルシウム処理は微生物制御に加えてニンジン[21]とズッキーニ[14]の硬さ保持およびセイヨウナシの褐変抑制[22]に，またキャベツの辛味物質であるアリルイソチオシアネート (AITC) 処理はキャベツのエチレン生成と褐変抑制[1],[8]に，それぞれ効果が認められている。一方，浸漬あるいはスプレー処理を施すことで利用されるのが，edible coating (EC) と呼ばれる可食性の被膜剤である。EC の主な材料としては，脂質，樹脂，多糖類およびタンパク質があり，これらを複数組み合わせたり，あるいは可塑剤，乳化剤，界面活性剤，潤滑剤などを添加して使用される。EC は，一般に被膜することによって香気成分の損失と水分蒸散を抑制するとともに，青果物内のガス濃度を調整する効果も示す[23]。

2）温度および環境ガス条件

　カット青果物も生鮮青果物と同様に，低温障害の発生を避けたうえで，凍結点にできるだけ近い最低温度に一貫して保持されることが望ましい。これは，低温で呼吸量，エチレン生成とエチレンに対する感受性，代謝，水分蒸散および微生物の増殖などが，抑制されることに起因する。

　一般に，カット青果物は modified atmosphere packaging (MAP) と呼ばれるフィルム密封包装で低温流通され，プラスチックフィルムのガス透過性とカット青果物の呼吸によってつくられる雰囲気内で低温貯蔵されることになる。MAPとは従来，肉製品，ベーカリー製品，ナッツ類などに利用されるガス充填包装法を指してきたが，最近ではガス充填をしていないカット青果物の MA 包装に対しても使われるようになった。適正なガス透過性のフィルムで密封包装すると，フィルム内のガス組成はカット青果物の呼吸で酸素濃度が低下し，二酸化炭素濃度が増加した状態で平衡に達するため，青果物の貯蔵に最適な controlled atmosphere (CA) 条件をつくることが可能である。生鮮青果物の最適 CA 条件は，すでに多くの種類についてまとめられている[24]が，それらとカット青果物の最適条件は必ずしも一致しない。例えば，丸のままのブロッコリーの最適酸素濃度は1～2％とされ[24]，この雰囲気状態に貯蔵されたブロッコリーの内部中央組織の細胞では，ガス拡散の影響で0.2％程度まで酸素濃度が低下していると推測される。これに対して，カットブロッコリーでは体積が小さいためにガス拡散距離が短く，表面から内部の組織へのガス濃度勾配が小さくなる。カットブロッコリーの内部中央の細胞内のガス濃度を0.2％近くまで低下させるためには，周りの酸素濃度を1～2％よりも低く設定しなければならない。これまでに報告されたカット野菜（表4・18-1）とカット果実（表4・18-2）の最適 CA 条件では，低温感受性の青果物でも低温貯蔵が推奨され，生鮮青果物の最適条件に比べて，酸素濃度は低く，二酸化炭素濃度は高い傾向となっていることが特徴である。これには前述のように，カット青果物は低温障害が起こりにくいことと，生鮮青果物に比べて呼吸量が高くなることも関与している。また，生鮮レタスは2％以上の二酸化炭素下では，brown stain と呼ばれる生理障害が発生するため，低酸素のみの貯蔵が推奨されている[24]が，カットレタスでは褐変抑制と微生物制御のために10％程度の二酸化炭素濃

表4・18-1　カット野菜の最適CA条件

カット野菜	貯蔵温度(℃)	雰囲気	
		酸素(%)	二酸化炭素(%)
ビート（微塵切り，キューブ，皮剥き）	0〜5	5	5
ブロッコリー（フローレット）	0〜5	0.5〜3	6〜10
キャベツ（千切り）	0〜5	5〜7.5	15
ハクサイ（千切り）	0〜5	5	5
ニンジン（スライス，スティック，千切り）	0〜5	0.5〜5	10〜20
ネギ（スライス）	0〜5	5	5
アイスバーグレタス（角切り，千切り）	0〜5	0.5〜3	10〜15
グリーンリーフレタス（角切り）	0〜5	0.5〜3	5〜10
レッドリーフレタス（角切り）	0〜5	0.5〜3	5〜10
タマネギ（スライス，ダイス）	0〜5	2〜5	10〜15
ピーマン（ダイス）	0〜5	3	5〜10
ジャガイモ（スライス，皮剥き）	0〜5	1〜3	6〜9
カボチャ（キューブ）	0〜5	2	15
ホウレンソウ（単葉）	0〜5	0.5〜3	8〜10
トマト（スライス）	0〜5	3	3
ズッキーニ（スライス）	5	0.25〜1	—

資料　Gorny, J. R. : *Acta.Hort.*, 600, 609, 2003に泉修正

表4・18-2　カット果実の最適CA条件

カット果実	貯蔵温度(℃)	雰囲気	
		酸素(%)	二酸化炭素(%)
リンゴ（スライス）	0〜5	<1	4〜12
カンタロープメロン（キューブ）	0〜5	3〜5	6〜15
ハニーデューメロン（キューブ）	0〜5	2	10
キウイフルーツ（スライス）	0〜5	2〜4	5〜10
マンゴー（キューブ）	0〜5	0.5〜4	10
オレンジ（スライス）	0〜5	14〜21	7〜10
モモ（スライス）	0	1〜2	5〜12
セイヨウナシ（スライス）	0〜5	0.5	<10
ザクロ（剥皮）	0〜5	—	15〜20
カキ（スライス）	0〜5	2	12
イチゴ（スライス）	0〜5	1〜2	5〜10
スイカ（キューブ）	0〜5	3〜5	10

資料　Gorny, J. R. : *Acta.Hort.*, 600, 609, 2003に泉修正

度が望まれている[25]。ただ，低酸素濃度や高二酸化炭素濃度がある限界値を超えると，呼吸過程が好気的から嫌気的にシフトし，エタノールやアセトアルデヒドの生成による異臭を生じ，また通性嫌気性細菌や偏性嫌気性細菌の増殖を

促すことがあるので，注意が必要である。

　最適 CA 条件に貯蔵されたカット野菜では，呼吸，エチレン生成，水分損失，切断表面の退色と褐変，AsA 含量の減少および微生物の増殖と腐敗などが抑制される[26)〜29)]。また，カット果実に対しては MAP 内にエチレン除去剤を封入することで，呼吸の抑制と硬さの保持効果が認められている[30)]。MAP に用いられるフィルムは，生鮮青果物の流通に用いられるものと同様で，延伸ポリプロピレン，低密度ポリエチレン，二軸延伸ポリスチレン，ポリオレフィンストレッチなどが多い。現在のところ，フィルムに付加価値をもたせた機能性フィルムのなかでは，針孔や微細孔を設けた穿孔フィルム，二酸化炭素あるいは酸素のみの透過性を調整できるガス選択性透過フィルムおよび廃棄後に土壌中で微生物によって分解される生分解性フィルムが実用的に期待できるようである[31)]。フィルムのガス透過理論と呼吸モデルから，フィルム内のガス濃度を推定するためのモデル作成が多く試みられている[32)]が，今後は，流通温度の変動やミックスサラダのような包装内容にも対応したフィルム内のガス濃度推定モデルの作成が要求されるであろう。

〔引用文献〕

1) 永田雅靖ら：日食工誌, **39**, 690, 1992
2) 阿部一博ら：日食工誌, **40**, 101, 1993
3) Hyodo, H. et al.: *Plant Cell Physiol.*, **30**, 857, 1989
4) 高橋　徹ら：日食工誌, **43**, 663, 1996
5) Loaiza-Velarde, J. G. et al.: *J. Amer. Soc. Hort. Soi.*, **122**, 873, 1997
6) Sarkar, S. K. et al.: *J. Food Prot.*, **42**, 526, 1979
7) Couture, R. et al.: *HortScience*, **28**, 723, 1993
8) 永田雅靖ら：日食工誌, **39**, 322, 1992
9) Hyodo, H. et al.: *Postharvest Biol. Technol.*, **1**, 127, 1991
10) 大羽和子：家政誌, **41**, 715, 1990
11) Ôba, K. et al.: *Plant Cell Physiol.*, **35**, 473, 1994
12) Ôba, K. et al.: *J. Biochem.*, **117**, 120, 1995
13) 今掘義洋ら：園学雑, **66**, 175, 1997
14) Izumi, H. et al.: *J. Food Sci.*, **60**, 789, 1995
15) O'Connor-Shaw, R. E. et al.: *J. Food Sci.*, **59**, 1202, 1994

16) Kahl, G. *et al.*: *J. Plant Physiol.*, **134**, 496, 1989
17) 阿部一博ら：日食工誌, **41**, 43, 1994
18) Watada, A. E. *et al.*: *Postharvest Biol. Technol.*, **9**, 115, 1996
19) Izumi, H. *et al.*: *Food Sci. Technol. Int.*, **1**, 71, 1995
20) Abe, K. *et al.*: *J. Japan Soc. Cold Preser. Food*, **21**, 87, 1995
21) Izumi, H. *et al.*: *J. Food Sci.*, **59**, 106, 1994
22) Rosen, J. C. *et al.*: *J. Food Sci.*, **54**, 656, 1989
23) Baldwin, E. A. *et al.*: *HortScience*, **30**, 35, 1995
24) Kader, A. A.: Postharvest technology of horticultural crops, 2nd ed. (Kader, A. A., Ed.), Univ. of California, p. 85, 1992
25) Gorny, J. R.: *Acta Hort.*, **600**, 609, 2003
26) Izumi, H. *et al.*: *J. Amer. Soc. Hort. Sci.*, **121**, 127, 1996
27) Izumi, H. *et al.*: *J. Food Sci.*, **61**, 317, 1996
28) Izumi, H. *et al.*: *Postharvest Biol. Technol.*, **9**, 165, 1996
29) Izumi, H. *et al.*: *Food Sci. Technol. Int. Tokyo*, **3**, 34, 1997
30) Abe, K. *et al.*: *J. Food Sci.*, **56**, 1589, 1991
31) 山下市二：食科工, **45**, 711, 1998
32) Cameron, A. C. *et al.*: *HortScience*, **30**, 25, 1995

〔参考文献〕
・泉　秀実：日食保蔵誌, **27**, 145, 2001
・泉　秀実：カット野菜実務ハンドブック（長谷川美典編），サイエンスフォーラム, p.129, 2002

4・19　キノコ類の生理

(1) キノコ類の生理特性

1) 食用キノコ類

キノコは酵母やカビの仲間で，核の周りに核膜をもつ真核微生物（高等微生物）であるが，有性胞子をつくる器官が子実体（Fruit-body）で，この子実体が大きく，肉眼で認められる菌類のことを指す。しかし，時にはそのような子実体そのものを指してキノコと呼ぶこともある。

このようにキノコ類は微生物であるにもかかわらず，日常私たちが食材とし

て購入する場合はスーパーの野菜売場に並べられているのが普通である．特に，数年前から人工栽培された食用キノコ類が店頭を賑わせるようになった．これは近年の自然食品・健康食品ブームと免疫賦活作用をはじめとする機能性食品としてキノコが位置づけられるようになってきたからで，消費者のキノコに対する関心の高まりを物語っている．

食用キノコ類の人工栽培では鋸屑と米糖を混合してびんや袋に詰めて殺菌後，植菌し，温度や湿度，照度をコントロールした室内で一定期間培養してキノコ（子実体）を発生させるもので，季節に関係なく年間を通じて生産でき，日本だけでも現在食用だけで年間3,000億円に達している．

2）一般的なキノコのライフサイクル（生活環）

分類学的にはキノコ類はその大部分が担子菌類に属し，ごく一部が子のう菌類に属している．子のう菌類には不老長寿の妙薬として知られる冬虫夏草，美味な食用キノコのアミガサタケ，世界三大珍味の一つ，トリフなどが含まれる．一方，食用としてよく知られているマッシュルーム（ハラタケ），シイタケ，マツタケ，ホンシメジ，エノキタケ，マイタケ，エリンギ，ナメコなど，

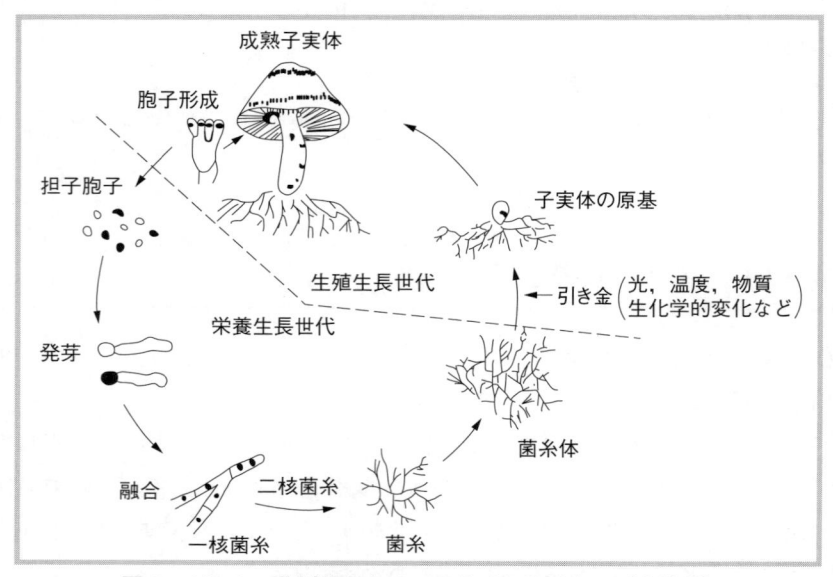

図4・19-1　典型的なキノコのライフサイクル（生活環）
出典　寺下隆夫：きのこの生化学と利用　改訂版，応用技術出版，1989

キノコをつくる菌のほとんどは担子菌類である。

　一般に，キノコ類は図4・19-1のような生活サイクル（生活環）をもっている。すなわち，子実体のひだ部につくられる担子胞子は成熟すると飛散し，水分があると発芽し一核菌糸を形成する。一核菌糸は互いに性質の異なるほかの一核菌糸と融合し，すぐさま二核菌糸を形成する。二核菌糸は生長して菌糸体となるが，この時期までを「栄養生長世代」と呼んでいる。十分に生長した菌糸体は光，低温，子実体形成誘導物質などの刺激や培地養分の枯渇が引き金になって子実体の基になる子実体原基を形成し，それが生長して成熟子実体になる。この過程は「生殖生長世代」と呼ばれ，さきの栄養生長世代とは生育に必要な栄養の要求性に質的・量的な違いがある。しかし，この栄養生長から生殖生長への転換のからくりについてはいまだに未解明の部分が多く残されている。

3）キノコの発生に関する生理化学

　低温で水分を除去後キノコを化学分析するとその大部分は細胞壁を構成している炭水化物（主成分はβ型のグルカン）であるが，タンパク質やキチン，核酸，脂質，ビタミンなどが含まれ，いずれもキノコの生長に重要な役割を担っている。キノコの子実体を形成させ，生長させるためにはキノコの菌はこれらの成分を賄える原料を外部から摂取しなければならない。シイタケの原木栽培では，クヌギやコナラが原料であり，エノキタケやマイタケのびんおよび袋栽培（菌床栽培と呼ぶ）ではスギ，ブナ，ヒノキなどの鋸屑と米糠，マッシュルームやフクロタケは稲ワラや麦ワラ，堆肥などである。

　キノコの生長には炭素源と窒素源およびビタミン類，ミネラルが必須である。炭素源はキノコの細胞壁構成成分として，また呼吸のエネルギー源としてもっとも重要である。菌根菌（マツタケやホンシメジなど）を除く一般の木材腐朽性キノコ類や腐生性キノコ類では，自然界においては木材やワラの主成分のセルロースやヘミセルロースをキノコがつくり出す酵素で加水分解し，利用する。菌床栽培では鋸屑に米糠を加えて栽培されるが，米糠にはデンプンやタンパク質，キノコの生長に必須のチアミンが多量に含まれており，キノコはまず利用が容易なデンプンをみずからのアミラーゼによってブドウ糖に分解し，利用して生長する。その後，鋸屑中の成分の存在を認識し，誘導酵素であるセル

ラーゼやヘミセルラーゼをつくり出し，分解を行うといった実に合理的な方法で養分を確保する。

一方，窒素源は木材やワラ，腐植質中のタンパク質やアミノ酸であるが，前者はみずからのプロテアーゼによってその構成単位のアミノ酸に分解された後，菌体に吸収され，タンパク質，核酸，キチン等の生合成の材料になる。

4) キノコの化学成分組成

屋外で栽培される原木シイタケや野生の食用キノコ類を除き，現在市場に出回っている食用キノコ類は湿度のきわめて高い室内で，温度や湿度，光，ガス環境などをコントロールされながら栽培されている。そのため，収穫されたキノコ類は水分含有量がきわめて高く，組織も軟弱なため，その品質の保持はキノコが置かれる温度などの外的環境の著しい影響を受ける。

キノコ類の化学成分（表4・19-1）についてみると，水分含有量は日本食品標準成分表では可食部100g当たり，平均91.6gで野菜類の平均水分量（89.9g）よりも多い。キノコ類の成分はもっとも多いこの成分を除くと，タンパク質は可食部100g当たり平均2.5gと野菜類とほぼ同等の数値で，脂質は平均0.4gを含み，構成成分としてはリノール酸，パルミチン酸，オレイン酸が多い。キノコ類のミネラルはカリウム，マグネシウム，リン，鉄，ナトリウムなどであるが，キノコの種類，生産地によってばらつきがある。ビタミン類ではB_1，B_2とD，ナイアシンが含まれるが，野菜類にみられるカロテンは含まれていない。特に，キノコ類ではナイアシン（ニコチン酸の別名でビタミンBの複合

表4・19-1　食用キノコ類の化学成分（水分以外は全乾燥菌体重に対する％）

種類	水分		粗タンパク質 (N×4.38)	粗脂肪	炭水化物		粗繊維	灰分
					合計	Nを含まないもの		
マッシュルーム	新鮮	90.6	47.4	3.3	31.5	—	9.4	8.4
マイタケ	〃	92.6	21.8	4.7	56.5	—	9.4	7.7
エノキタケ	〃	89.2	17.6	1.9	73.1	69.4	3.7	7.4
シイタケ	〃	90.0	17.5	8.0	67.5	59.5	8.0	7.0
〃	乾燥	18.4	13.1	1.2	79.2	64.5	14.7	6.5
ナメコ	新鮮	95.2	20.8	4.2	66.7	60.4	6.3	8.3
ヒラタケ	〃	90.8	30.4	2.2	57.6	48.9	8.7	9.8
マツタケ	〃	88.7	15.6	6.3	62.6	—	8.8	7.0
シロキクラゲ	乾燥	19.7	4.6	0.2	94.8	93.4	1.4	0.4

体）と野菜類には存在しないビタミンD（エルゴステロールという前駆体の形で含まれ，紫外線照射によってビタミンDに変化する）が著量含まれる。また，可溶性無窒素物は水分を除くとキノコにもっとも多く含まれる成分で,可食部100g当たり2.1g（マッシュルーム）から8.2g（マツタケ）を含んでいる。本成分は低分子の糖質（トレハロースや糖アルコール）と食物繊維（ダイエタリーファイバー）で，後者は人体に摂取しても体内で消化・吸収されず，排泄される高分子成分を多く含んでおり，その主成分はキチンとβ-グルカンであり，機能性食品成分としてキノコ類が注目される原因の一つである。

5）キノコの生理特性

現在，日本で大量に人工栽培され市場をにぎわせている食用キノコ類は20種類程度であり，シイタケ，ブナシメジ，エノキタケ，マイタケ，エリンギ，ナメコ，ヒラタケ，タモギタケ，マッシュルームなどがその主なものである。また，近年ではシイタケやマツタケなどは中国からの輸入量も多い。

このようなキノコ類は収穫後も生命活動を維持している生鮮食品で，種々の生理化学反応を起こし，キノコ類の鮮度や品質に影響を及ぼす。

キノコ類の生長は栄養菌糸生長期にはゆっくりと進行するが，発茸処理をしてキノコの基になる子実体原基が形成されると，その後の生長はいずれのキノコでもほぼ一定で，同じ温度であれば1〜2週間で成熟し，収穫適期を迎える。このように収穫適期が短く，また食用キノコ類は生育程度によって商品価値が大きく異なる。キノコの風味や栄養価は一般に未熟な傘の開いていないキノコより，ある程度傘の開いたキノコのほうが優れているが，輸送時の取り扱いなどの損傷を考慮して，組織の堅い開傘前のキノコが収穫されることが多い。また，前述のように，キノコ類は青果物と同様に水分含有量が90％前後と多く，キノコは表面にクチクラ層やワックス層をもたないことから，表面からの水分の蒸散もまた活発である。さらに，キノコは収穫されてしまうと菌糸体からの水分や呼吸基質の供給が絶たれてしまう。そこで，キノコ自身が蓄えた成分を消費して生命維持を行うことになり，呼吸に利用された成分は代謝活動によって炭酸ガスと水になり，徐々に重量が減少していく。そのため，キノコの鮮度保持にはこの代謝活動をできるだけ抑制することが重要である。また，収穫時には美しい色彩のキノコでも，ひだの部分を中心に褐変や退色が著し

く，鮮度を保つためには褐変酵素の働きを抑える必要がある。

　一般にキノコが類が正常な代謝活動を維持するための適温は15℃前後と考えられているが，キノコの種類によってはこの温度と著しく異なるキノコもあり，子実体ではなく菌糸体の場合，南方系（東南アジア，ブラジル地域）のキノコ類（アガリクス茸，ニオウシメジ，トキイロヒラタケ等）ではいったん冷蔵庫に入れるともはや死滅するものも少なくない。キノコ類によって開傘や菌柄の伸長に著しく差のあるものがあり，収穫後のキノコが置かれる環境もキノコの種類を考慮しなければならない。

（2）輸送・貯蔵条件とキノコ類の生理と品質
1）キノコ類の生理特性と鮮度保持

　キノコは収穫後も生きており，品質は時間とともに変化している。キノコの特性を生理化学面からあげると，生長が早く収穫適期は短期間であり，呼吸や蒸散作用が非常に活発で組織が劣化しやすい，また，それに伴って変色や退色が生じやすく，味や香りがすぐに変化する。さらに，栄養分の保持と食品としての機能性の保持が難しい，などがあげられる。したがって，これらの特性をうまく管理することがキノコの鮮度保持技術を考えるうえで重要である。

　表4・19-2はキノコ類の鮮度低下の要因と鮮度保持方法についてまとめたものであるが，鮮度の低下は呼吸や蒸散，生長，酸化などの内的要因と温度，湿度，環境ガス，光，損傷，生物・微生物被害などの外的要因によって起こると考えられる。

表4・19-2　キノコの鮮度低下の要因と鮮度保持の方法

要因		外観の変化	鮮度の保持方法
内的要因	呼吸作用	成分の消耗，発熱	温度の調節(低温)
	蒸散作用	萎び，変色	環境ガス調節
	生長作用	開傘，菌柄の伸長，組織の軟化，胞子の成熟	湿度調節
	酸化作用	組織の褐変，成分の消耗	包装処理
外的要因	温度	褐変，開傘，菌柄の伸長	薬剤処理
	湿度	萎び，組織の軟化，退色，褐変	放射線照射など
	光	退色	
	損傷	腐敗，褐変	
	生物・微生物被害	腐敗，軟化	

2）キノコ類の鮮度と内的要因

　キノコ類は収穫後も呼吸作用を行っている．そのため，呼吸作用をできるだけ抑えることのできる低温（氷結点付近）に素早く貯蔵することが大切であるが，この呼吸作用はキノコの種類，系統，収穫時期によっても違っている．また，呼吸作用の強いキノコでは貯蔵庫いっぱいにキノコを積み上げると呼吸熱によってキノコの劣化を早める場合がある．

　キノコからの水分の蒸散もまた鮮度の劣化につながる要因の一つである．キノコ類の水分蒸散は主にキノコのひだの部分で起こる．蒸散によって重量減少を生じ，外観も悪くなるので一般にプラスチックフィルムで包装することがよく行われる．しかし，透過率の低いフィルムでは袋内に水滴がたまり，劣化を早めることがあるため，適した包装資材の選定が必要である．呼吸作用の盛んなキノコ類では糖質や有機酸を酸化分解してエネルギーを得るとともに二次代謝産物のフェノール化合物なども酸化し，これらの化合物が重合して高分子のリグニンや褐変物質を生成する．フェノール化合物の酸化はフェノールオキシダーゼ（PPO）で起こるが，フェノール化合物を多く含み，この活性の強いキノコ類やキノコ組織ほど変化が起こりやすい．マッシュルームのようにPPO活性の高いキノコとシイタケのように低いキノコがあるが，収穫後におけるキノコの褐変や退色は著しい品質の劣化をもたらすので，その防止にはO_2の供給を少なくし，酸化反応を抑制する方法を取ることが大切である．

　ところで，キノコ類は子実体の生長後期に担子胞子が形成される（通常はひだの部分）．多くのキノコ類の収穫適期はこの胞子形成の前後で，ややキノコの未熟な段階である．キノコ類は収穫後も呼吸しており，キノコの種類によってはその後も生長を続ける．そこで，収穫後の生長を抑制する鮮度保持技術が必要である．なお，キノコ自身の生長に関与する酵素の活性を抑制する研究も行われているが，実用化には至っていない．

3）キノコの鮮度と外的要因

　収穫後のキノコ類の鮮度保持はキノコの置かれる温度の影響がもっとも大きいといえる．南出はキノコ類の貯蔵に伴うCO_2排出量の変化を調べ，貯蔵温度が低いほどCO_2排出量が少なく，貯蔵温度を低く保ち，呼吸量を少なくすることが鮮度保持にきわめて有効なことを示した．また，貯蔵中の温度変化は

鮮度低下を招き，キノコの温度感受性は貯蔵期間が長くなるほど敏感になること，長期間保存後のキノコ類を常温に出庫する際は出庫後の鮮度保持に特に注意が必要なことを述べている。さらに，蒸散の活発なキノコ類では湿度条件もまた鮮度保持に大切であるが，一般にキノコ類は低湿度条件ではキノコの表面が乾燥し，重量低下が著しいため，鮮度保持にはできるだけ高湿度条件（90～95%）がよいとされている。しかし，湿度の調節は難しいことから，通常透湿性の異なる包装資材を用いたり，通気性を高める目的で包装資材に穴をあけるなどの工夫が施されている。品質保持のための包装資材の開発もこれまで盛んに行われてきたが，それぞれ一長一短がある。また，MAP（modified atmosphere packaging）が鮮度保持に有効であることが報告されているが，すべてのキノコに適応できるわけではない。ガス環境も鮮度保持には重要である。O_2濃度が低いと呼吸作用を低下させることができ，収穫後の褐変や開傘も抑制可能である。逆にCO_2濃度の増加も有効であるが，マッシュルームのようなCO_2耐性の弱いキノコではN_2の利用も効果がある。

〔引用文献〕

1) 寺下隆夫：きのこの生化学と利用 改訂版（寺下隆夫編），p.1～4，p.43～70，応用技術出版，1989
2) 寺下隆夫：応用微生物学 改訂版（村尾澤夫・荒井基夫編），p.148～160，培風館，1993
3) 寺下隆夫：新版生物環境調節ハンドブック（日本生物環境調節学会編），p.494～505，養賢堂，1995
4) 南出隆久：キノコの科学（菅原龍幸編），p.121～133，浅倉書店，1997
5) 南出隆久：92年版きのこ年鑑（農村文化社特集部編），p.288～298，農村文化社，1992
6) 寺下隆夫：化学と教育，**50**(1)，30～31，2002

4・20 切り花の生理

(1) 切り花の生理的特性
1) エチレンと老化

内生あるいは外生のエチレンが引き金となって起こる切り花の品質低下は，おおむね以下の三通りの生理過程に起因している。

まず，エチレン生成を引き金として花器，特に花弁の呼吸量が増大し，呼吸消耗により急激に老化が進行するクライマクテリック型の老化様式をとる一群がある（図4・20-1）。カーネーション，シュッコンカスミソウ（以上ナデシコ科），カトレア，シンビジウム，ファレノプシス（以上ラン科），トルコギキョウ（リンドウ科），ストック（アブラナ科），ハイブリッドスターチス（イソマツ科）といった切り花がこれに分類される。一方，キク科，ユリ科，ヒガンバナ科，アヤメ科等の切り花では，エチレンによる呼吸のクライマクテリックライズが起こらないノン・クライマクテリック型の老化様式をとる。クライマクテリック型の切り花の中には，トルコギキョウやファレノプシスのように受粉により雌ずいから大量にエチレンが生成され，急激な老化が引き起こされる品

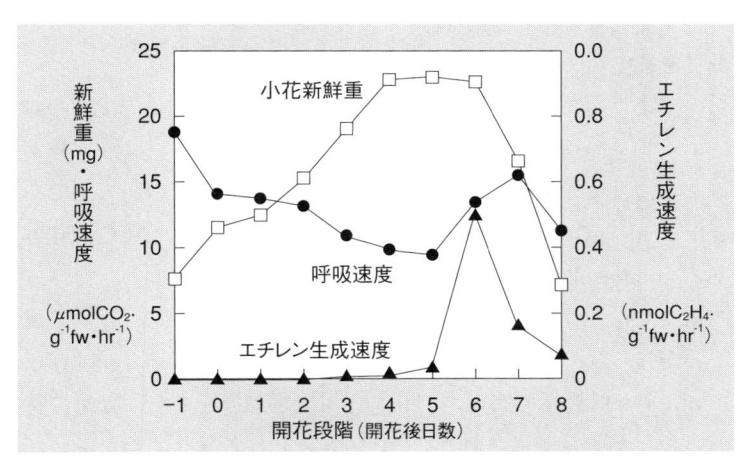

図4・20-1 シュッコンカスミソウ'ユキンコ'小花の開花と老化に伴うエチレン生成速度および呼吸速度の変化
収穫直後の切り花から小花を採取し，温度20℃で測定

目があり，雌ずいを傷つけることでも同様の反応が起こる。

　クライマクテリック型の老化に関しては，カーネーションを用いた多くの研究事例があり，典型的なエチレン反応である花弁の萎れによる巻き込み現象（inrolling）の起こりやすさに遺伝的差異のあることが知られている。高日持ち性品種ではエチレン生成が起こらなかったり[1]，エチレン感受性が低いことが判明し[2]，これらを交配親として高日持ち性品種の育成が行われた[3]。また，1-aminocyclopropane-1-carboxylic acid（ACC）合成酵素やACC酸化酵素遺伝子に関する組み換え体の作出事例も報告されており，これらの遺伝子の働きを抑えることにより，日持ち性が改善されることが明らかとなった[4),5)]。

　次に，エチレンにより離層形成が誘導され落蕾や落弁が引き起こされる一群がある。デルフィニウム，キンギョソウ，スイートピーがその代表である。これらの切り花では，器官離脱が起こる直前に内生のエチレン生成の増大が起こるが，ツバキのようにノン・クライマクテリック型の場合には呼吸量の増大は認められない。

　3番目に，エチレンによりクロロフィラーゼ活性が高まり，葉緑素の分解が促されて葉が黄変するものがある。キク切り花は従来エチレン感受性が低いとされてきたが，'秀芳の力'や'精興の誠'といった輪ギク主力品種では1 ppm程度のエチレンに反応して葉が黄変する[6]。また，エチレンに対する感受性は収穫後数日を経て高まることが明らかとなっている。

　これらの望ましくないエチレンの作用を抑えるには，まず内生的なエチレン生成を，エチレンの前駆物質であるACCの合成酵素あるいは酸化酵素の活性を抑えることによって抑える方法が有効で，ACC合成酵素の阻害剤であるaminooxyacetic acid（AOA），aminoethoxyvinyl glycine（AVG），ACC酸化酵素の阻害剤であるaminoisobutyric acid（AIB）等が用いられる。また，受容体タンパク質（ETR, ERS）とエチレンとの結合部位を阻害する物質としては銀が有効であることが知られているが，近年ガス体として処理できる1-methylcyclopropene（1-MCP）が低濃度で高いエチレン作用阻害効果をもち，効果の持続性も比較的高いことが明らかにされた[7]。受容体タンパク質とエチレンとが結合してEIN2遺伝子を脱抑制することでエチレン反応が起こる点はほかの青果物と同様であり，発育や老化に伴ってエチレン感受性が増大する際には受容体遺伝

子の発現量が低下することがカーネーションの花弁を用いた実験で明らかにされた[8]。

エチレンは植物ホルモンであることから，生長過程にもかかわって作用を及ぼし，特に花弁の展開時に上偏生長を促すことで開花を促進する作用がある。作用阻害剤によりエチレンの作用を完全に止めてしまうと，一般的に開花が遅延するとともに，花弁が反り返らないことから，バラでは正常な剣弁咲きとならない。

2）水分生理

多くの草本性切り花では，飽和水分量の10％程度の水が失われると細胞の膨圧がゼロとなって萎れ始める。その際の細胞の水ポテンシャルは－1 MPa程度にまで低下している。生け水（vase water）－切り花－大気の水の流路のなかで，2点間の水の流れは，水ポテンシャル差を電圧，その間の水の通導抵抗を抵抗としてオームの法則のアナロジーを適用することができる。通常葉から大気への水の流れは切り花の水分状態や環境条件に応じて気孔の開閉（気孔抵抗）により制御されている。一方，花弁表面からの水の損失はクチクラ蒸散を介して起こることから，基本的には葉温飽差に比例する。

収穫直後の切り花を空気中に放置するとやがて萎れるが，これを水に生けると速やかに水分状態が回復する。もちろん，長時間切り花を空気中に放置すると大量の空気が導管内に入り，通導抵抗が増大することで吸水不良を引き起こし，萎れはなかなか回復しなくなる[9]。水が飽和状態にある切り花の水分状態が崩れる最大の原因は蒸散である。飽和状態の切り花に光を当てると気孔が開き蒸散が起こり，水分状態が崩れる。

蒸散を低く抑えることは吸水とのアンバランスを生じさせないための有効な方法である。収穫後の時間経過とともに，生け水（純水の場合水ポテンシャルはゼロ）と花弁の間の水ポテンシャル差が十分にあっても水があがらなくなり，老化に伴う回復不能の萎れが発生する（図4・20-2）。この時間経過に伴って起こる吸水不良の原因は茎の通導抵抗の増大であるとされ，導管内の微生物の繁殖が最大の原因であり，他に気泡の形成や分泌物による導管閉鎖が指摘されている[10]。微生物による導管閉鎖は茎基部でもっとも激しく生じ，バラではこの部位の細菌数が1g当たり10^6cfuを越えると通導性が著しく低下することが

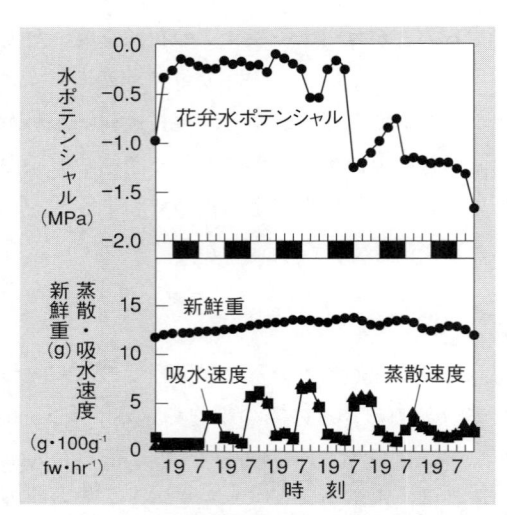

図4・20-2　バラ切り花の収穫後の水分状態と蒸散・吸水速度の変化
水に生け，20℃，12時間照明下に保持。中央の白黒は明暗の時間帯を示す
出典　土井元章ら：園学雑，**68**，861，1999

知られている。切り戻しが有効となる所以である。もう一つの原因は，葉や花弁の吸水力の低下であり，特に花弁においては細胞の体積増大が溶質濃度を下げる結果となって吸水力の源である液胞や細胞質の浸透ポテンシャルを低く維持できなくする[11]。また，呼吸消耗に伴う糖質濃度の低下が膜脂質の状態変化を介してイオン漏出を招き，吸水力を低下させる。これらの総合的な結果として切り花の水分状態が悪化して萎れが発生する。

3）色素発現

収穫後開花する花において本来の鮮やかな花色が発現しない場合があり，特にアントシアニンの発現に問題の生じることが多い。発現には品種の遺伝的要因が関係する以外に，花弁中の糖質濃度が重要であり，収穫後の呼吸消耗の結果液胞中の糖質濃度が低下するとアントシアニン色素の配糖体の状態が変化して色調が変化する。また，生け水中の Mg，Fe，Al，Co といった金属元素と鎖体を形成して色調を変化させる。さらに，細胞内の pH の微妙な変化によっても，分子間あるいは分子内のコピグメンテーションが影響を受けることから色調を変化させる。バラ花弁のブルーイングの発生は液胞の pH の上昇と密接

な関係にあり，タンパク質の分解によって生じるアンモニアがpHを上昇させる最大の原因となっている[12]。また，ショ糖を吸収させると，このpH上昇が抑制されることでブルーイングが防止できる[13]。

環境要因としては，光と温度が重要である。アントシアニンの発色はA〜B領域の紫外線により促進されることから，紫外域の放射のない光源下で開花すると発色不良となることが多い。また，色素発現には適温域があり，糖質消耗の激しい高温下では色素の発現が不良となる。

（2）輸送・貯蔵条件と切り花の生体制御
1）温度と呼吸

収穫後切り花が置かれる一般的な環境下では，炭水化物の収支はマイナスとなり，呼吸による消耗の程度が切り花の老化の進行を大きく左右している。ノン・クライマクテリック型の切り花では呼吸速度は収穫後徐々に低下していくが，輸送や貯蔵（保持）の温度により呼吸速度の絶対量が大きく変動するので，まず保持温度と呼吸速度との関係を把握することが重要である。この関係は指数関数（$y = a \cdot e^{bx}$）で近似でき，温帯性切り花の輸送や貯蔵に理想的な温度である5℃では呼吸速度は50ml CO_2・$kg^{-1}fw$・hr^{-1}程度であるが，温度が30℃まで上昇すると200〜500ml CO_2・$kg^{-1}fw$・hr^{-1}と大きく上昇する。Q_{10}（$= e^{10b}$）の値は多くの切り花で1.5〜2.5の範囲内にある。温度上昇に対して呼吸速度の上昇が緩やかな品目には，テッポウユリ，グラジオラス，ユーチャリス等の熱帯，亜熱帯性の切り花が，逆に急激な品目にはムスカリ，シュッコンカスミソウ，デルフィニウム等温帯性の切り花がある。呼吸熱は1ml CO_2・$kg^{-1}fw$・hr^{-1}当たり9.2J（2.2cal）・$kg^{-1}fw$・hr^{-1}放出されるので，高温下に保持された切り花では呼吸熱による品温の上昇を避け得ない。

したがって，切り花は収穫後低温障害が発生しない範囲内でできるだけ低い温度で保持することが望ましく，温帯性の切り花では5℃前後，亜熱帯・熱帯性の切り花で10〜15℃が輸送・貯蔵温度として推奨される。ただし，消費環境が常温であることに鑑み，高温期には低温から高温への急激な温度変化を与えないようにしなければならない。このようなヒートショックはストレス性のエチレン生成を介して，あるいは急激な蒸散による水ストレスを介して切り花に

悪影響を及ぼすと考えられるが、その詳細については不明である。

　呼吸基質としては切り花中の糖が利用され、茎や葉に蓄えられている高分子の炭水化物も徐々に糖質に分解されて花蕾に供給される。切り花中の糖質については、市村らの詳細な研究があり、多くの切り花で花弁、茎、葉いずれにも含まれている糖質はブドウ糖、果糖、ショ糖であり、花弁ではミオイノシトールも検出されることが多い。また、キクではリシトール、L-イノシトール、バラではメチル β-D-グルコシド（葉にはなし）、キシロース、カーネーションではピニトール、スイートピーやトルコギキョウではボルネシトールといった特徴的な糖質が検出される[14]。花弁中の糖質の総量は、キク、カーネーションで4％程度で、バラでは2％程度であるが、日持ち性の高いバラ品種では収穫時点で4％程度含まれていることが知られている[15]。呼吸基質を補う目的で、切り花にはしばしば糖が外生的に処理される。カーネーションにショ糖溶液を吸収させるとまず導管に入り、不可逆的に師部を経由して花蕾に取り込まれる[16]。バラでは、多くがいったん葉に取り込まれた後、果糖やブドウ糖に転換されて花蕾へと移行する[17]。

2）萎れの制御

　収穫後水あげされた切り花の輸送や貯蔵方式は、乾式と湿式に大別できる。乾式では軽度の水ストレスをかけた状態で切り花が輸送・貯蔵されるため、その間の生長現象は抑えられる。したがって、ある程度温度が上昇しても急激に開花が進行したり、茎が伸長して曲がったりすることは少ない。一方、湿式では、切り花の水分状態が良好に保たれていることから、逆に茎や花弁の生長が起こりやすく、それを抑制するために低温との組み合わせが必須となる[18]。萎れを発生させないためには湿式が圧倒的に有効で、同時に切り花を立てて保持することで茎の曲がりを防ぐことができ、水ストレスがかかりやすい切り花、茎の曲がりやすい切り花の品質を保持する有効な手段となる。

　切り花を長期貯蔵する場合にも、抗菌剤の入った水に生けて低温で貯蔵することにより多くの切り花で長期にわたって貯蔵できる。水ストレスに強く貯蔵後の水あげが容易なカーネーションでは、つぼみ段階で収穫し蒸散が低くなるまで切り花を乾燥させてから箱詰めして貯蔵するという方法で、貯蔵中の切り花の生理活性を低下させ同時に病害の発生を抑えることができ、長期の貯蔵・

輸送に耐える切り花を調整することができる[19]。なお，切り花においてもほかの青果物同様CA貯蔵や減圧貯蔵が有効と考えられるが，実際に切り花を長期貯蔵することは少ない。

〔引用文献〕
1) Wu, M. J., et al. : Sci. Hortic., **48**, 99, 1991
2) Wu, M. J., et al. : Sci. Hortic., **48**, 108, 1991
3) Onozaki, T., et al. : Sci. Hortic., **87**, 107, 2001
4) Savin, K. W., et al. : HortScience, **30**, 970, 1995
5) Kosugi, Y., et al. : J. Japan. Soc. Hort. Sci., **71**, 638, 2002
6) Doi, M., et al. : J. Japan. Soc. Hort. Sci., **72**, 533, 2003
7) Serek, M., et al. : Plant Growth Regul., **16**, 93, 1997
8) Waki, K., et al. : J. Exp. Bot., **52**, 377, 2001
9) van Doorn, W. G. : J. Plant Physiol., **137**, 160, 1990
10) van Doorn, W. G. : Hort. Rev., **18**, 1, 1997
11) Doi, M., et al. : J. Japan. Soc. Hort. Sci., **69**, 584, 2000
12) Asen, S., et al. : J. Amer. Soc. Hort. Sci., **96**, 770, 1971
13) Oren-Shamir, M., et al. : J. Hort. Sci. Biotech., **76**, 195, 2001
14) 市村一雄：切り花の鮮度保持，筑波書房，p.37, 2000
15) 市村一雄ら：Bull. Natl. Inst. Flor. Sci., **2**, 9, 2002
16) 河鰭実之，小沢絵里香：園学雑, **72**（別2），226, 2003
17) Paulin, A. and Jamain, C. : J. Amer. Soc. Hort. Sci., **107**, 258, 1982
18) Hu, Y., et al. : J. Japan. Soc. Hort. Sci., **67**, 681, 1998
19) 富士原和宏ら：園学雑, **66**（別2），716, 1997

第5章　果実・野菜の流通

5・1　果実および野菜の流通

　流通は生産と消費を結び，取引の流れ（商流），商品の輸配送（物流），商品の情報の流れ（情報流），代金などお金の流れ（信用流）により構成されている。果実・野菜の流通は，従来，その80％以上が卸売市場を経由し，商物一体を原則としてきた。しかし，近年，グローバル化の進展とともに流通環境も大きく変化して流通革新が進んでいる。その代表的な変化は商物分離の加速と市場外流通の増加にみられ，流通チャネルの多様化が進んだことによって卸売市場機能にも変化が求められるようになった。さらに，食の安全・安心を求める動きが強まり，政府には内閣府に食品安全委員会が設置され，関係する法律の整備強化が行われるとともに，法令遵守（compliance）の徹底と企業の社会的責任（CSR, corporate social responsibility）を追求する姿勢が企業価値を左右する時代になった。

（1）流通経路と市場

　果実・野菜の価格形成は思惑を排して需給バランスによるべきであるとして，競売を原則とする卸売市場が整備されてきた。卸売市場は全国の都市に設置されており，中央卸売市場，地方卸売市場，そのほかの市場に分類されている。卸売市場には出荷者の委託を受けて仲卸業者や売買参加者に卸売する卸売業者，競売に参加して価格形成する仲卸業者や売買参加者がいる。仲卸業者は小売業者などの買出人に相対販売するが，集荷力の大きい市場では，ほかの市場に出荷することに力点を置く仲卸業者や，大手スーパーマーケットの注文を受けて大量に品ぞろえをする仲卸業者の存在が，その卸売市場の取扱量に大きく影響するようになった。近年は競売による取引が減少し，2003（平成15）年

には青果物全体で26.5%と減少が続いている。同時に，青果物の市場経由率も下がって2003年には69.5%，中央卸売市場経由率では43.1%となり，スーパーマーケットの産地直接買付けをはじめとする市場外流通が増加している。また，中央卸売市場と地方卸売市場の流通網は系列化が進行し，物流手段の効率化にともなって，ますます拠点市場中心の大規模流通へとシフトする傾向が強い。こうした流通多チャネル化に対し，共同出荷を手がける農業協同組合などでは，共同出荷場から卸売市場だけでなくスーパーマーケット等の物流センターにも直接出荷するようになった。一方，農業・農村には多数の小規模農家と無数ともいえる自給的農家が存在し，その多くは卸売市場や物流センター出荷のような大量流通に不向きな経営である。こうした小規模零細農家が力を発揮しやすいように整備された農産物直売所は，農林水産省の平成16年度農産物地産地消等実態調査によると2,982カ所とされ，また農水省資料によると，全国で1万2千カ所にのぼる直売所が存在するといわれていおり，地産地消の拠点として生産者，消費者両方から歓迎されている。この2種類の出荷の特徴は，卸売市場や物流センター向けが単品目あるいは少品目で大量出荷であるのに対し，地元の直売所向けは少量多種類である。

（2）低温流通機構

コールドチェーンとは，1965（昭和40）年に科学技術庁が出した「食生活の体系的改善に資する食料流通体系の近代化に関する勧告」の第1に「コールドチェーン（低温流通機構）の整備」とあったため，この勧告をコールドチェーン勧告と略称している。低温とは常温より低い温度で，クーリング（5℃まで），チルド（5〜−5℃），フローズン（−15以下）の温度帯すべてを含む。コールドチェーンという用語は，1950（昭和25）年に欧州の専門家が視察した結果を1951（昭和26）年に報告した「The cold chain in USA」の言葉が参考になっている。このコールドチェーン勧告以来，日本においては軟弱野菜を中心に出荷から最終需要者の手に渡るまで一貫して低温環境で流通する整備を行ってきた。収穫後の品質を維持するうえで，温度管理がもっとも重要であるだけに，この低温流通機構の整備は日本の食生活の改善に大きな貢献を果たしてきた。この低温流通のスタートは，収穫後の品温を所定の温度に冷却する「予

冷」操作から始まり，その後，所定の温度を維持する「保冷」を行う。予冷は果実・野菜から短時間に奪うべき熱量が大きいため，大きな冷凍能力が要求される。そのため空気予冷の場合，普通の冷蔵庫では保冷能力しかないため，冷凍能力の大きな冷凍機を備えた予冷庫や，冷水冷却装置，真空下での水の蒸発潜熱を利用した真空冷却装置などが用いられている。冷却された野菜・果実は保冷庫に保管され，冷蔵トラックによって出荷され，卸売業者の設置する保冷庫に移されて，そして小売業者の低温管理に至るまで一貫した低温管理が実施されるように留意されている。従来は，卸売市場の低温環境が不十分であり，そのために品質を損なうこともあったが，近年は低温管理に対する大手スーパーマーケットの要求が厳しく，その重要性が関係者に深く認識されるようになって改善が進んだ。低温流通における温度は，産地予冷目標温度5℃であっても卸売市場の保冷庫では10℃設定が多くみられる。その根拠は，熱帯原産を中心として低温に弱い青果物もあり，ある温度以下になると障害を生じて鮮度低下を引き起こす青果物をも低温管理の対象にすること，常温に出したときの結露防止などの理由による。

(3) 流通情報システム

広域流通であれば，供給元の地点と需要地点が離れ，また，分散化して，不確実性が高まり，互いの状況に一致性が薄まってしまい，生産と消費の間で情報をいかに共有するかが問われることになる。また，価格は需給バランスによるところが大きいが，特に果実・野菜では生産量が不安定であり，かつ易変性であるために，安定供給のためには生産量や価格の予測までも求められる。

1）IT技術の活用

全国的なシステムとしてはJA全農県本部と青果物卸売会社との間の青果物取引情報を迅速にやりとりする情報システムとして，「ベジフルネット」が稼働している。電話やファクシミリに比べて迅速で低コストである。こうした電子情報化は取り扱う商品とその規格に数字や記号などを割り振って関係する者が共有しなければならない。こうした電子データ交換（EDI）システムは電話やファクシミリを単に自動化するだけではない。市場の分析や予測を迅速にして的確な意思決定を可能にする戦略ツールとしても発展する。さらに，インタ

ーネットによるEDIは現物を前にした取引だけでなく，サイバー上の取引を実現する。このバーチャル卸売市場が卸売市場法の抜本改正によって実現するなど，流通情報システムは，流通経路の短縮，検品コスト，運送費，人件費の削減などを可能にして，いっそうの流通合理化を促進する。農林水産省は2005年度から実績のある卸売会社が運営するインターネット卸売市場を解禁した。このネット市場により生産者は小売店などに直接出荷できるようになり，流通経路の短縮，検品コスト，運送費，人件費などの低減が可能となる。

2）トレーサビリティの構築

トレーサビリティ確立の目的は，万一の問題発生に対し，その原因特定と再発を防止する仕組みのことである。原因の特定には，生産，流通，加工の各過程が明瞭に識別されなければならない。そのうえで，問題発生の原因が究明され再発しないように改善を図る。これを可能にするためには，必要な個数や分量ごとに生産・流通の各段階での記録を取り，必要なときに調べることができるように一定期間保存する。これによって，問題が発生したとき，原因がどこにあるか突き止め，流通ルートを調べて同一原因を含む問題商品を回収するなどの措置がとれることになる。記録といってもコンピュータ管理だけでなく後からたどることができるような内容であればいいわけで，作業日誌でも構わないが，小売段階ではコスト負担の面からトレーサビリティの対応に消極的なところもある。その一方，大手スーパーマーケットや生協などでは，独自のこだわりの生産方式などを定めて生産者と契約を結んで数多くのPB商品を開発している。また，少量生産の農家が消費者に相対して取引する場合であれば，あらためて新方式を導入しなくても十分にトレーサビリティは確保できるのであるが，信頼を得るために，農協経営の農産物直売所では，栽培履歴の記帳義務を課している。食にかかわる大きな事件の多くは，遵守すべき法令を無視し続けた関係者の意識部分が最大の問題点だった可能性がある。生産流通のなかで不透明な部分があれば，そこには倫理観の欠如した行為が存在しやすいし，偽装表示が生まれやすい。

こうした違反行為には法律改正によって厳罰を科すこととなった。これにより，一定の効果があがっているが，法令遵守は最低限の義務であり，それ以上に倫理観をもった取り組みと透明性を確保する仕組みこそが重要なのである。

もちろん，マーケティング活動の一環として，透明性の高い生産流通の仕組みを目ざして，消費者が店頭や家庭で生産者の顔をみたり，畑をみたり，小売商が生産履歴をICタグから読み取るなどの仕組みも進んでいる。すでに店頭では，商品に付けた番号やバーコードを使って携帯電話画面で栽培者や栽培の情報が表示されるものもある。これはインターネットにつながったサーバーに生産者や小売業者などが携帯電話やパソコンから情報を入力すると，消費地のスーパーマーケット店頭でもインターネット経由で自由に読みとれる仕組みで，しかも，小規模であれば経費もかけずにやれる時代になった。

（4）輸送方法と輸送機関

一般に予冷品のトラック輸送には，冷凍機を登載した冷蔵トラックが用いられるが，冷蔵トラックの手配ができない場合，断熱シートをかけて輸送中の昇温を抑制する保冷トラックが用いられる。また，断熱効果のある発泡スチロール箱も用いられる。常温品は普通トラックによる輸送が中心となる。海上コンテナでは，ドライコンテナが一般的であるが，温度管理が必要な場合，冷凍機を装備したリーファーコンテナが用いられる。航空コンテナでは，一般の航空コンテナのほかに断熱性能が高くドライアイスや蓄冷剤を利用する保冷コンテナ，断熱パネルだけでできた簡易保冷コンテナ等が用いられている。鉄道コンテナでも温度管理できる低温コンテナが利用されている。

1）輸送機関分担率

日本における輸送機関の発達は，海運が早く，次いで鉄道であったが，道路の整備が進み，トラックのドア・ツー・ドア輸送による中間荷役の省略，軽包装等の特性，生産過程や流通過程での原材料や製品在庫の極小化追求の過程での迅速性・正確性により，トラック輸送の比率が高まってきた。自動車，鉄道，内航海運，国内航空の分担率は，平成13年にはトン数で自動車が90.6%，次いで国内海運8.4%，トンキロでは自動車が53.9%，次いで内航海運が42.1%となっている。青果物は市場を通じて広域に取引されるためにトラック輸送の特性が威力を発揮し，その輸送分担率は，平成13年，自動車はトン数で100.0%，トンキロで99.9%と圧倒的である。また，輸送機関によって輸送距離に特徴があり，全業種貨物1t当たりでいえば平均輸送キロの最も長いのは

国内航空で平成13年実績では979.0km，次いで，JRコンテナの903.0km，内航海運470.0kmと続き，JR車扱169.3km，営業普通車90.6km，営業小型車34.1km，自家用小型車21.3km，自家用普通車20.7km，民鉄14.6kmとなっている。

2）輸送に対する環境対策

環境対策から，自動車単体の改善と並んで効率のよい物流システムの構築が必要とされる。中長距離の物流拠点間の輸送では鉄道・海運の積極的活用にモーダルシフト化が促進され，内航コンテナ船，RORO船等の整備，複合一貫輸送に対応した交通施設の整備も進みつつある。内貿ターミナルの拠点的な整備などの施策についてもあわせ講じている。地域内物流分野では配送ルートの最適化，積合せ輸送，地域内共同集配システムの整備が推進されている。

（5）集荷，保管および出荷における高度効率化管理システムの構築

太平洋戦争以前のアメリカにおいて物流合理化が重要性を帯びたのは，気候に支配されて生産量が不安定であり，かつ易変性の農産物に対してであった。しかし，物流だけを合理化しても部分合理化でしかなく，全体の最適化にはならない。全体最適化とは，生産サイドでいえば，生産側の勝手な都合でつくって出荷するのではなく，「求められるモノを求められる環境のもとで必要量だけ生産して供給する」ということである。このためには，肥料や苗などの材料調達から生産，流通，消費，そして廃棄回収に至る一連のつながりを一つのシステムとして扱うことが重要である。例えば，JA資材部門，農家，JA，生協が一体の組織になって供給チェーンを形成するというようなイメージである。優秀な産地では，昔から，このような仕組みをもっていたと気づく人がいるかも知れない。昔から培われてきた生産流通のなかには，それぞれの担当者が高い信頼関係の上に立って互いを思いやりながらことを進めてきた。互いが情報を共有していれば，そこに問題解決能力が存在し円滑な流れも形成された。この昔からの仕組みのなかに，共通認識として「最終消費者の満足を得ることを目的にする」あるいは「求められるモノを迅速に過不足なく消費者に供給することを目的とする」ことを明確にすえることが，これからの重要なポイントで，これをリテール・リンクのようにIT技術が支えるのである。もし，各段

階のそれぞれが自分のところのみの利益追求を行えば，交渉によってものごとを決め，相手には手の内を明かさないかけひきが行われて，部分最適はできても全体最適からはほど遠いことになってしまう。

　全体最適を求めるためには，生産から小売に至る全体があたかも一人の意思決定により最適化されるかのごとく，流れが形成されなければならない。したがって，流れをつなぐ組織や企業は高い信頼を共有する緊密なパートナーシップをつくり上げることがなによりも重要になるし，供給側と需要側は勝ち負けではなく運命共同体とも映るがごとく，リスクや負担を分け合い，両方とも発展あるいは生き残れるような関係づくりを進めることが大事である。この関係をつくり上げていく過程では，消費者側や小売店が作物栽培について，「例えば，未熟堆肥は決して圃場に入れず完熟堆肥で土づくりして栽培する」などというような適正な生産条件を維持する契約を結んで信頼関係を強化することもあり得る。こうした需要起点型ではごまかしや法令違反は起こりえないし，また，高い倫理観に基づいた活動こそが，これからの「優秀な経営」とみなされるのである。安心できる食の供給は，信頼できる人々の連携とそれを支える経営倫理と透明性の確保こそ重要なのであって，社会のなかで，これが高まるように，有効な評価の仕組みを導入する必要がある。

〔参考文献〕
・森野一高ら：農業施設学，朝倉書店，1969
・緒方邦安編：青果保蔵汎論，建帛社，1977
・中村怜之輔：青果物流通技術の評価と適正利用，平3科研総（A）報告書（02304018），1992
・樽谷隆之ら：園芸食品の流通・貯蔵・加工，養賢堂，1992
・名古屋市中央卸売市場北部市場協会：予約相対取引効率的運用システム開発事業，1997
・中村怜之輔：岡山大農学報，87，251〜264，1998
・菊池康也：ロジスティクス概論，税務経理協会，2000
・秋元浩一：農及園，79，435〜436，2004
・国土交通省総合政策局情報管理部交通調査統計課自動車統計企画係：2002年陸運統計要覧，国土交通省，2004
・野口秀雄：低温物流の実務マニュアル指針，プロスパー企画，2004

5・2 収穫後の取り扱い

(1) 収穫と調整

　野菜・果実生産における収穫・調整作業は時間数だけでなく作業環境や作業姿勢など質的な面でも労働の過重感が指摘されている。キャベツなど露地野菜生産においては全労働時間の50％近くが収穫・調整作業に費やされており，収穫以後の改善が農家経営と産地の維持・発展に不可欠であり，ますます深刻化する労働力不足に対応し，機械収穫と一斉収穫技術への転換が重要な課題となっている。

　ホウレンソウであれば，草丈22〜25cmのものを刈り取り，収穫箱に入れて持ち帰り，庭先で子葉や枯れ葉などを除去して調整後，1束を例えば300gなどにしてテープやゴムバンドで結束してから，フィルム袋に入れて，箱詰めする。箱詰めされたホウレンソウは共同集荷場に運搬して検査を受けて出荷の準備が整う。夏期を中心として鮮度対策上，検査された後，速やかに圃場熱を取り去るための冷却操作，予冷を行う。30℃の品温を5℃程度にまで冷却するのにわずか20〜30分で完了する真空予冷や数時間かかる差圧予冷などが効果的である。一方，農家の庭先や圃場のそばにプレハブ冷蔵庫を置いて，収穫したホウレンソウを入れ，順次取り出して，調整・箱詰めして，また，冷蔵庫に戻すという作業手順により鮮度の低下を抑制する方法も普及している。イチゴもホウレンソウに類似する。また，果実の多くは，収穫後，農家で良品と不良品に分ける家庭選果（予備選果）を行ってから，共同選果場で機械選果される。

(2) 品質評価基準と規格

　野菜や果実の品質についての代表的な規格は，日本農林規格（JAS，農林物資の規格化及び品質表示の適正化に関する法律）がある。これは，品質の改善，生産の合理化，取引の単純公正化，使用または消費の合理化を図るために法律で定められ，有機農産物，特別栽培農産物，遺伝子組換えなどの基準と表示規定がある。このほか，残留農薬基準，アレルギー物質や遺伝子組換え表示などが食品衛生法で定められている。このほか，食品表示に関係する法律として，景

品表示法（不当景品類及び不当表示防止法），不当競争防止法，計量法，健康増進法，薬事法がある。違反に対しJAS法では自然人が1年以下の懲役または100万円以下の罰金，法人が1億円以下の罰金，食品衛生法での表示違反に対しては自然人が2年以下の懲役または200万円以下の罰金，法人が1億円以下の罰金等が課される。

　一方，取引の簡素化と流通経費の削減に資するという流通の合理化を目的として，農林水産省の指導規格としての青果物の標準規格があった。これは，主要な野菜27品目と果実11品目について，1970年から順次，品位，大きさ，量目，包装の基準を定めて規格化したものである。それ以前，各産地は独自の規格をもち，それぞれが有利販売できるような品質基準を定めていた。例えば，ウンシュウミカンでは「天，特，鶴，亀，松」や「天，特，沖，乃，白，帆」など産地規格の呼称があったが，これを全国統一規格としたものであり，この規格が現物取引を中心とする卸売市場において見本競りを可能とするなど果たした役割は大きい。

　規格で定められる品位は，品種特有の色や形，病虫害の有無，障害など外観から判断される要因によって区分し，等級として格付けされている。上位等級から，野菜はA，B，果実は秀，優，良などと呼称されている。また，大きさは，サイズや質量によって区分され，大きい方から，L，M，Sなどと呼称されている。この標準規格は農林水産省より都道府県知事に通達として示され，これをもとに状況に応じた条例などが定められて，これに沿って農協などの出荷団体がそれぞれの規格を定めて運用している。従来，出荷規格は，市場取引において規格を細分化するほどに売上高が大きくなる傾向があったために，選別に要したコストが吸収できるかどうかの分析を抜きにして，実際の規格はさらに複雑化した。こうした実態のなかで，農林水産省の指導規格としていた野菜の標準規格は2002年に廃止された。増加する輸入野菜に対して国内産野菜は構造改革を余儀なくされ，収穫以後についても，「小売価格の7割を占める」ともいわれる流通コストを削減し，各産地が消費者や実需者のニーズに対応した独自の規格をもつことが望ましいとの観点からである。これに対し，果実では標準規格が存在しているが，等級と階級の簡素化とともに，外観だけではなく糖度等の内部品質を加味した出荷規格が重視されるようになってきた。

（3）選　　別

　野菜や果実は，たとえ同一の生産条件にしても個体差による品質のばらつきは避けがたい。この生物的な特性と自然条件の変動を克服するため，環境条件の制御や品種の改良が進められ，一方で生産条件の標準化も進められてきたが，現在の品質のばらつきは消費者の許容範囲をはるかに超えた品質の広がりとなっている。そこに選果選別の必然性が生じてくる。

1）等級選別

　この選別は生産農家が選果場に集荷する前に選果場での等級選別の効率をあげるために行う予備選果あるいは家庭選果といわれる選別，個人出荷や持ち寄り共選の場合のように農家で選別箱詰めする場合の選別，選果場での選別と3種類の選別がある。等級選別は人により行われることが一般的であったが，最近では自動選別機能のある機械も普及してきた。これは，CCDカメラやMOS型カメラを用いた等級選別の自動化である。また，内部品質を非破壊測定して，その結果を等級選別に加味するようになった。スイカは打音解析などにより空洞果を判定し，ミカンやリンゴでは近赤外分析（NIRS）により糖度と酸度を測定して等級に反映している。

2）階級選果

　等級選別を実施した後は，コンベアで階級選果工程に流れていく。階級選果は大きさ（cm）もしくは質量（g）によって選果する。最近の傾向としては，階級選果に光センサー利用による方式が増えつつあり，カキのような重量選果によるものでも長さ基準を採用するようになった。光センサー利用は選果中の衝撃による傷害を軽減したシステムとなっている。

（4）包　　装

1）包装の発達

　「包装」は大昔から運搬や保管の手段として用いられたが，交換経済が進むと輸送や内容物保護だけでなく，包装による情報発信も発達し商品価値を高める重要な手段ともなった。しかし，包装は流通過程において役割を担うものであって，最終的に必要なものは内容物であるから，必要最小限の経費で包装目的を達成するように常にコスト削減の工夫がなされている。野菜や果実など農

産物の包装は，かつて，縄，筵，かます，俵，木箱，木樽が用いられ，人の肩や頭にのせたり，馬の背，馬車，牛車，舟，荷車にのせて運搬したり，保管・貯蔵されていた。輸送機関の発達とともに自動車，鉄道，海運，航空機による大量輸送となって，物流効率を高める荷姿が要求され，段ボール，プラスチックなどの材料を用いた容器へと変化し，野菜や果実では段ボール箱による出荷が主流となった。段ボール箱の利用割合は，日本段ボール工業会によれば，2001年実績で，もっとも多いのが加工食品で36.8%，次いで青果物の14.2%，その次が，電気・機械器具の10.2%と続く。野菜や果実の段ボール需要の大きさがわかる。このほかに青果物の包装材料としては，発泡スチロール箱，ポリ袋，束があり，また，通い箱（リターナブルコンテナ）としてプラスチックコンテナ，ごく一部にスチールコンテナも使用されている。通い箱は回収コストを最少にするために空のときは容積を小さくする工夫がされており，直方体でなく底をやや小さくして重ねることができるコンテナや折りたたみできるコンテナが利用されている。

2）包装の役割

日本工業規格では，包装を「物品の輸送，保管，取引または使用などにあたって，その価値および状態を保護するために適切な材料，容器などを施す技術及び施した状態をいい，これを個装，内装および外装の三種に大別する」と定義している。外装（outerpackaging）とは，物品の輸送や保管に際しての外部包装を指し，物品の保護ならびに取扱上の作業性を配慮し，箱・袋・樽・缶などの容器に納め，または結束し，必要に応じてその容器に緩衝，固定，防湿，防水，光遮断，熱遮断などを施す技術およびその状態をいう。一般に外装は封かん，補強，表示標識などを施している。内装（innerpackaging）とは，物品や個装一個または複数個をある単位として包んだり，中間となる容器におさめる技術やその状態ならびに内容品を保護するため外装の内部にさらに材料を施す技術やその状態である。個装（itempackaging）とは，使用者にわたる最小単位の包装で，物品を包んだり，袋や容器に入れる技術やその状態である。個装の表面に商品としての表示を行って情報媒体にもなる。

3）包装と環境

資源循環型社会の構築に向けて，日本では家庭から排出される使用済み容器

包装の資源有効利用とリサイクルに関して二つの法律が規定されている。容器包装リサイクル法は，家庭から排出される使用済み容器包装を再生資源として有効利用するために消費者には分別排出および市町村には分別収集を要請し事業者（輸入業者を含む）には再商品化義務を定めている。また，資源有効利用促進法では，分別回収をするための表示をすることが当該再生資源の有効な利用を図るうえで，アルミ缶，スチール缶，PETボトル，紙製容器包装，プラスチック製容器包装，小形二次電池，塩化ビニル製建設資材は，特に必要なものとして政令で識別表示マークとして指定され，段ボール製容器包装の識別表示は段ボールリサイクル協議会が自主運用している。

4）野菜や果実の包装の留意点

生鮮野菜・果実は収穫後も呼吸など生理作用が続き，酸素を吸収し，二酸化炭素と水蒸気を排出する。したがって包装内の空気の酸素濃度は低下し，二酸化炭素濃度は増加すること，ならびに包装材料が段ボールなど紙であれば，水分吸湿による強度低下，透明ポリエチレンフィルムであれば水蒸気付着による曇りが生じるという問題点がある。空気組成に関しては，包装の内外での適切なガス透過性を考慮した設計を行うことにより解決される。また段ボール箱の水分吸湿による強度低下は，段ボール内側を撥水加工するか，内装・個装の設計，あるいは強度低下を織り込んだ包装設計とする。フィルム内面の曇りは防曇フィルムを採用するか吸湿用の紙などを入れることにより回避している。

（5）出　　荷

機械選果でないものは集出荷場で農家の選別が統一基準に適合しているか検査員が調べ，その後，規格ごとに区分保管されて，仕向け市場に出荷される。機械選果されるものは20kg詰めコンテナで集まったものが選果選別，箱詰めされる。出荷の作業は，コンベアやパレットに自動積みつけするパレタイザーなどの機械装備がされており作業の能率化が図られている。出荷場を出発するトラックは，遠隔地向けの早いものが午後1時頃から3時，近隣市場向けは遅くなり，夕方から夜にかけて出発する。もちろん，出荷量がまとまる重点仕向先であれば，優先的に出発する。出荷担当者は，出荷先の希望に留意して荷ぞろいを行いたいが，トラックに荷積みすべき時刻になっても，出荷先に見合っ

た荷ぞろいができないことが多い。その場合，集まった規格の種類を見つくろって荷積みしてトラックは出発することになる。つまり，従来の出荷は，買い手の希望に合わせるのではなく，農家が持ち込んできた順に出荷するという形態であった。また，都市近郊農業地域，特に首都圏域のように多種類の野菜を栽培・出荷している地域では，多くの品目ごとに多くの規格がある。単品目産地と異なり，出荷作業は混雑を極めるが，出荷合理化のため，品目ごと，規格ごとの低温管理を行い，必要な品目・規格ごとに指定数量を取り出してトラックに荷積みできる自動倉庫が整備されるようになった。一方，業務用野菜では実需者の荷受けロットが大きいため機械荷役が進められ，大型・バラ出荷も行われている。

　一方，零細農家が出荷する農産物直売所は地産地消の拠点ともなり，1店で年間10億円販売の直販所もあるほど，大にぎわいで，農家と消費者から大変好評である。農家では，運搬役の嫁と依頼する姑の仲が良くなり，高齢者や非農家出身の嫁の営農意欲が出てくるという明るい空気をつくりだしている。地域ではつくりさえすれば，規格にしばられないため売れることから，荒れ地が次第に少なくなるという効果も出ている。建物を管理する農協は売れ残っても農家が持ち帰る仕組みであるから，単に棚を貸しているだけで10～15％の手数料が入る良好な仕組みとなっている。農家が直売所に出荷する場合，店舗担当責任者等の指導は受けるものの，自分の判断で価格設定し，1袋に入れる個数や表示，収穫後の鮮度管理など，あらゆる作業が売れ行きに反映されることから，みずからの創意工夫が生まれて活気が出てくる。しかも，高齢者をはじめ村の人々の会話も弾んで明るい地域づくりに貢献しているのが直売所システムである。

〔参考文献〕
・秋元浩一ら：農畜産物集出荷貯蔵施設基本計画書 H4特施18，全国農業構造改善協会，1993
・森嶋　博ら：共選施設のてびき，全農，1994
・茶珍和雄：物質代謝からみた青果物の鮮度評価，平6科研総（A）報告（04304014），1995

- JA全農農機施設部：青果物自動集出荷システムに関する研究，1996
- 秋元浩一：農機九州支部誌，**49**，13〜36，2000
- 農産物流通技術研究会編：2003年版農産物流通技術年報，2003

5・3 品質評価技術

「いいものをより安くつくる」ことが前世紀の「ものづくり」における基本であったが，今，それはあたりまえの条件の一つでしかなく，最重要なことは，消費者視点での発想である。求められる品質の内容は，立場はもとより個々の消費者によっても異なる。例えば，消費者が食べごろの完熟果を最良と考えても，小売業者は数日間にわたって販売できるよう日持ちする熟度を最適とする。したがって，生産者は買い手に届くまでに生じる変化を想定して収穫熟度を決定する。しかも低温や定温の流通によって温度制御される場合，常温流通の場合，市場流通，顔のみえる取引など，各流通過程において最適とされる品質は異なる。この品質は多面的であり，取引に影響する品質を要素に分けると次のようになる。

基本品質：安全性，栄養・カロリー源，正常な食味，変質のないこと
嗜好的品質：味，見栄え，大きさ，カロリーの多少
流通機能的品質：日持ち，適正包装，量目，適正格づけ

生鮮食品特有の品質尺度として，上記三つの品質分類に関与する尺度が，鮮度と熟度である。野菜は新しさの度合いが商品価値を左右し，特に鮮度が重要な指標となるものが多いのに対し，果実類は成熟度合いを品質指標とする場合が多い。これら鮮度と熟度という二つの尺度は，時間とともに変化する品質の状態を表すものであり，人間が利用する立場からの品質の尺度である。

(1) 可視的および化学的方法
1) 外観による評価

園芸作物の品質評価は従来，専門業者の手にゆだねられてきた。例えば，卸売市場の競り人や仲卸人は熟練した品質評価の集団として知られている。その評価基準は長年の経験に基づいて外観の状態によっている。野菜は何を基準に

品質評価しているか，聞き取り調査からその一例を次に示した．

　　ホウレンソウ：葉身グリーンの濃淡・葉身の厚み，結束状態
　　ミツバ：茎の太さ，葉色，草丈
　　青ネギ：軟白部分の長さ，軟白部と葉の部分の境の鮮明さ
　　アサツキ：先端の枯れ
　　カイワレダイコン：葉に黒い斑点が出たらダメ
　　キャベツ：玉揃い，形状，色，ツヤ
　　ハクサイ：ゴマ葉の有無，カットしたときの色具合（白，黄，緑の鮮明さ）
　　レタス：切口，茎の折れ，色ツヤ，赤葉
　　ブロッコリー：しぼむ，花が咲く
　　カリフラワー：花蕾の損傷の有無，花蕾の色，茶けた斑点が出るとダメ
　　アスパラガス：穂先のしまったもの，グリーンの濃淡，切口の変色度合い
　　ミョウガ：紅の濃淡，身のしまり
　　ダイコン：萎び，光沢
　　ニンジン：光沢，青首の有無，色の上がり，長さの長短
　　サツマイモ：形状，光沢，肌の損傷の有無，色の濃淡
　　ナス：果形，ツヤ，へた割れ
　　キュウリ：グリーンの濃淡，果形（尻太，肩落ち），いぼの有無
　　トマト：着色度合い（均一化），空洞，劣果・軟果の有無

　利用する立場からみてもっとも好ましいのが収穫直後であるとき，その収穫直後の状態をもっとも鮮度が高いと定義する．鮮度は外観に反映することが多いために，一般に，切り口や表面の色，香り，弾力や表面の張り等を指標とする．クロロフィルの分解は呼吸による栄養成分の消耗の印であるし，表面の張りのなさは水分の損失を表している．内部で異常代謝があれば，アルコール臭等の異臭が出る．病原微生物が増殖していれば組織に異常が出て表面に変化が現れたり異臭を伴う．また，野菜類の鮮度はみずみずしさと表面の張りが重要であり，真空予冷された場合を除き，一般に収穫後5％の水分損失は商品価値限界の鮮度であるとされる．しかし，外観だけよくても成分変化が起きていればみせかけの鮮度ということになるから注意しなければならない．

　果実類と多くの果菜類の食味は熟度に影響され，品質の一つの指標となる．

カンキツ類以外の多くは，未熟状態で収穫されても追熟して完熟に至る。通常，追熟に先立って果実の内部にエチレンガスが生成され，これが体内の各種の酵素の活性を高めて生理作用が促進され，呼吸が活発になる。果実の硬い果肉のもととなっているペクチン質が，水に溶ける状態に変化して軟化し，細胞の間隙もふさぐようになり，結果として，ガス透過も困難となり，酸素を吸収して，炭酸ガスを排出する呼吸は，漸減せざるを得なくなる。ところが，活性化された生理作用は，細胞内で依然活発である。この営みに必要なエネルギーを得るため，酸素の吸収を必要としない基質の分解が起こり，無気呼吸，いわゆる発酵が始まる。このときに生成されるエタノールが，果肉中の有機酸と結合して，果実特有の芳香を生じるようになる。この無気呼吸がそのまま進行すると，短期間のうちに果実は変質し，腐敗へ進む。生理作用はこのほかに，クロロフィルの分解・消失による果実表面の色（果色）の変化も伴う。したがって，熟度は，以上の追熟過程の特徴のいずれかを指標にして判定する。

2）破壊による評価

ⅰ）屈折率計による果実の糖度測定　果実中に含まれる甘味成分としてはショ糖，果糖，ブドウ糖がその主なものである。これらの測定には化学的な発色反応によったり液体クロマトグラフィと示差屈折率による検出器で定量するなどの方法がある。これらの測定方法はかなり面倒でしかも実験室的である。しかし，成熟した果実の果汁に含まれる成分のうち屈折計示度のほとんどを糖が占めるため，実用上，屈折率計示度を果実の糖度とみなし，〔Brix〕や〔Bx〕を付し，または可溶性固形分と表示して表現する。これは，糖以外にも酸や塩が屈折率に影響するからであり，有機酸の多い果実の示度には酸の影響が出る。

ⅱ）酸の測定　果実中の有機酸の主なものはクエン酸，リンゴ酸，酒石酸などであり，その含有量の指標として，滴定酸度による全酸や水に遊離した状態の酸，いわゆる遊離酸が用いられている。滴定酸度は水酸化ナトリウム溶液による中和滴定によることが多いが，果実の酸っぱさのもとは，遊離酸（全酸のおよそ60％）であり，口に感じる酸っぱ味は，全酸より遊離酸がよいとされている。その簡単な測定法の一つに，重曹（重炭酸ナトリウム）で中和し，発生する炭酸ガスの気泡量を測定する方法がある。また，食味にかかわる遊離イ

オンを電気伝導度計によって測定して得られる比伝導度を酸味の指標とする方法もあり，この原理による測定器がカンキツやブドウ用に市販されている。

(2) 物理的方法（非破壊品質評価法）

青果物の味にかかわる非破壊測定の方法が，可視光線，近赤外線，NMR，MRI（NMR画像化処理法），打音法，超音波法など種々の方法によって開発された。これには，呈味成分など味にかかわる成分を直接推定する「直接法」と，色素含量などから味を間接的に推定する「間接法」がある。間接法の欠点は，例えば，熟度が同じでも，土地条件など生産条件が異なれば，糖度などの内容成分も大きく異なってしまうことが多いことである。したがって，間接法は，間接推定による精度低下のほかに，限定された特定の生産条件のみで有効となるという限界があった。この例としては，透過光，反射光，DLE（遅延発光）を利用して，果実の熟度に応じた色素含量を測定して間接的に味を推定する方法があるが，いずれも間接法の限界のほかに，個体表面の情報しか得られないという欠点もあった。打音や振動などの力学的方法は肉質の違いを測定するもので，これによって糖含量などを推定しようとすれば，さきに述べた間接法の限界にぶつかる。もっとも，スイカ，リンゴ，メロンのように肉質が味に大きく影響する果実では味の一部を直接評価する手段ともなる。また，間接法ながら，比重と糖度の関係にもいくつかの果実で実用精度を確保できるという可能性が示された。ブドウとモモでは比重が高いほど糖度が高く，ブドウ'巨峰'の糖度（Brix）が16～23Brixの範囲に対して，比重は1.07～1.13の範囲に分布し，モモの場合，糖度分布が7.6～13.5Brixの，収穫日の異なるモモに対して比重との相関係数は0.90で，実用精度を確保できる可能性がある。

一方，直接法では，個々の青果物に特定のエネルギーを与え，そのエネルギーが対象によって変化した量をもとに状態を推定する。利用するエネルギーは光，磁気，打音が代表的である。単純な方法としては，波長域380～770nmの可視光線の利用がある。短い波長から順に紫，青，緑，黄，橙，赤となっているが，可視域外には，紫より短い波長は短くなるに従って紫外線，軟X線，硬X線，γ線と分布し，赤より長い波長は順に近赤外線，中赤外線，遠赤外線，マイクロ波，電波と分布している。可視光の利用形態は，反射光や透過光

が中心である。もっとも単純な非破壊品質判定の実用例に筆者考案の甘ガキと渋ガキの判定原理がある。「壊滅寸前の西村早生柿救われる！」とまでいわれた判定法も，実に簡単な原理である。しかし，果実中を普通の光が透過するなどとは考えつかず，当初，レーザー光線やX線によって検討した。しかし，できてみれば，まさしくコロンブスの卵であった。これは甘ガキの肉質が密，渋ガキは粗であることを利用したもので，可視光線をあてれば渋ガキは光が透過する。

　呈味成分は，成分特有の官能基による吸収波長を利用し，その吸光度によって定量可能である。果実や野菜の非破壊品質評価に広く利用されているのが，近赤外分光法（NIRS）である。ごく最近では，波長1,100〜3,000nmを用いる反射法だけでなく，800nm以上の利用による透過法の導入が進み，波長の吸収特性を用いて水分を含む各種の成分の複合体である食品の分析を行って，近赤外分光法が内部評価法として確立した。すでにミカン，リンゴ，カキ，スイカ，メロンについて内部品質を計測できるようになった。

　一方，成分特有の分子構造の核磁気共鳴（NMR）信号によっても定量ができる。NMRの原理は簡単にいうと，N極とS極の磁石の間の空間に果実などの食品を入れると，食品を構成している原子核がそれぞれ特有の信号を発する。糖は水素と炭素と酸素の3種類の原子核でできているが，例えば，水素原子核について考えると，糖のなかの水素原子核ならではの信号を発するから，この強さを測定して糖の濃度でも測定できる。このように，食品成分が保有する特有の原子核の状態に着目すれば個別成分を非破壊的に定量することが可能となる。また，肉質は，組織の状態によるため，その硬度や組織を形成する成分によって変化するものを検出すればよい。NMRやMRIは，成分や密度差などの品質要因を実用速度で非破壊評価することも可能である。また，超音波，X線，圧力によっても，組織密度の差や硬度を知ることができ，電気抵抗など電気的性質や光あるいは磁気によって組織中の特定成分を測定することも可能である。

（3）選別システム

　青果物の多くが自然条件下で栽培され，しかも，生物由来の個体差が存在し

て，品質上のばらつきを避けることが困難である。したがって，収穫物は買い手のニーズに合わせて必要な選別を行うことになるが，基本的選別には，大きさで分ける階級選果と外観の良否で分ける等級選別に加え，近年は内部品質推定値も基準に加えるようになった。青果物の大きさは，階級という規格で表され，質量か長さによって分類される。質量はそれまでのバネ秤から電子天秤に置き換わり，長さはフルイから光利用に変わった。フルイから光に変わったことにより，選果時に生じやすい目にみえない傷害を大きく軽減し，結果として採れたての味を消費者に届けるという品質要求に貢献もした。古い方式によって選別されて出荷されると，採れたてのウンシュウミカンの味は，消費者の手に届くころ，全く貧弱で異質な味に変わってしまうという事実が突き止められて以来，この品質面からの改善要求は急速な新選果方式への移行を促進した経緯がある。このことはウンシュウミカンにはじまり，ほかの果実や野菜にも広がり，今ではほとんどの共同選果場で切り換えられた。

　また，色，ツヤ，形などの外観は，等級規格で定められているが，これは選別人といわれる専門職によって評価され選別が行われている。筆者の研究により選別人の教育と訓練法に改善すべき点があるばかりでなく，選別人としての適性の存在が明らかにされた。研究によりその識別法と訓練法を提示したが，絶対的な人不足という状況の前には，むしろ人から機械への移行が促進され，それまでの選別人による等級選別は急速に自動化が進められた。採用された技術は光利用である。これは，CCD等によるカラーカメラを用いた選別装置によるものが多く，果色，傷害，形状の選別を自動化したところに特徴がある。計測は果実の幅方向，高さ方向を二つのカメラで行い，これによって大きさが階級選果され，さらに傷害面積が検出されるとともに，反射光による着色度別選別が可能となった。一つのセンサーで毎秒5個もの果実を選別することができる。この技術は，種類が混ざった近海魚の魚種別仕分けやキュウリの曲がり判別にも利用され，また，米や麦を光センサーで1粒ずつ色彩判別し圧縮空気で吹き飛ばして選別する装置にも用いられている。内部品質による選別には近赤外線，可視光線，紫外線，X線，打音，超音波などが用いられているが，もっとも利用の多いのは，糖度や酸度測定用の近赤外線利用である。スイカの空洞果選別には打音分析が多く利用され，一部に軟X線も用いられている。

〔参考文献〕

- Abbott, J. A. *et al.* : *Food technology*, **22**, 635〜646, 1968
- Kainosho M. : *Tetrahedron Letters*, **47**, 4279〜4289, 1976
- 平田 孝ら：農化, **51**, 217〜222, 1977
- 緒方邦安：青果保蔵汎論，建帛社，pp.26〜27, 1977
- 篏島 豊：ぶんせき, **11**, 61〜63, 1977
- 中馬 豊ら：農機誌, **37**(4), 587〜592, 1976
- 秋元浩一：果実日本, **35**(12), 62〜66, 1980
- Giangiacomo, A., J. B. *et al.* : *J. Food Sci.*, **46**, 531〜534, 1981
- 岩元睦夫：農及園, **56**(10), 1213〜1219, 1981
- 中馬豊ら：農機誌, **43**(4), 575〜580, 1982
- 岩元睦夫：ぶんせき, (1), 46〜54, 1983
- 秋元浩一：園芸学会シンポジウム講演要旨, 132〜141, 1984
- 秋元浩一：農及園, **60**(1), 9〜17, 1985
- Akimoto, K. : United Kingdom Patentm Official Journal GB2135059A, 1〜9, 1986
- 魚住 純ら：日食工誌, **34**(3), 163〜170, 1987
- 秋元浩一：農機誌, **49**, 235〜244, 1987
- 秋元浩一：紙器・段ボールの技術, **7**(71), 147〜163, 1988
- 宮本久美ら：園学雑, **61**(別2), 642〜643, 1992
- Akimoto, K. : *J. Japan Soc. Hort. Sci.*, **67**(6), 1171〜1175, 1998
- 杉浦ら：園学雑, **68**(別2), 1999
- 秋元浩一：農業電化, **53**(3), 2〜6, 2000
- 秋元浩一：農業電化, **53**(4), 2〜8, 2000

5・4　輸送・貯蔵における前処理

(1) 予　　冷

1) コールドチェーン

　生鮮食品の流通・貯蔵におけるコールドチェーンは，科学技術庁資源調査会の「食生活の体系的改善に資する食料流通体系の近代化に関する勧告」(1965年1月26日)によって一般に知られるようになった。この言葉は低温流通機構あるいは低温流通体系とも呼ばれ，産地の低温処理・保存から低温下による消

費地の市場への輸送，荷受地における一時低温保管，小売店への低温輸送，家庭における低温保存に至る一貫した低温下の取り扱いを意味しており，これによって生鮮食品の品質低下と量的損失利を防ぎ，安定供給を図ろうとするものである。予冷は青果物のコールドチェーンの最初の段階と位置付けられる。

 2）予冷の意義と目的

予冷（pre-cooling）は生鮮食品を輸送あるいは冷蔵する前に，その品温をできるだけ早く，ある所定の温度まで冷却することである。それによって流通過程や貯蔵中の生鮮食品の品質低下を防ぐとともに量的損失を軽減し，かつ消費段階における供給と価格の安定化に寄与しようとするものである。青果物では一般に収穫後経時的に品質（鮮度）は急速に低下し，冷却の時期が遅延すると，すでに変化した品質をもとに戻すことはできないので，青果物を予冷の時期を誤らないことが大切である。また輸送あるいは貯蔵の段階に入ってからの冷却は，外部からの熱および品温と呼吸熱を除くことになるのできわめて冷却効率が悪い。現在採用されている予冷方式では作物個々の品温を下げ，呼吸熱の発生を抑えていることになるので，予冷自体が輸送あるいは貯蔵中の温度管理の難易を決定しているといってもよい。このようにコールドチェーンにおいては，予冷はその後の本冷却と強く結びつくものであることを認識すべきである。しかし，予冷済み青果物を市場まで常温輸送させた場合，無予冷のものと比較すると，市場における鮮度評価は高いと報告されている。

 3）予冷の方法とその特徴

予冷の方法には表5・4-1に示されるような方式があり，原理から熱伝達による冷却と蒸発潜熱による冷却に大別される。アメリカでは1920年代に冷水冷却が，1940年代に真空冷却が導入されており，現在多少の違いはあるがいずれの方法も活用されている。一方，日本では1965（昭和40）年のコールドチェーンの推進に始まり，その後産地において予冷施設が設置される中で強制通風冷却や差圧通風冷却など冷気による冷却と真空冷却が主体となった。ちなみに現在ほぼ3,500強の予冷施設があり，そのうち強制通風冷却方式が60％弱，差圧通風冷却方式が30％弱，真空冷却方式が約13％で，水冷や細氷による冷却の使用はまれである。

それぞれの予冷方式の特徴は，表5・4-1のとおりである。主な方式を比

表5・4-1　園芸作物の予冷方法

方　　法	適用作物	備　　　考
強制通風冷却 Room cooling	すべての園芸生産物	冷却速度遅い，コンテナーの積み方，入庫量によって冷却速度が異なる。
差圧通風冷却 Forced-air cooling	すべての園芸生産物	積み重ねたコンテナーと冷蔵庫内の間にファンを用いて圧差を生じさせて冷気をコンテナーに導入する。冷却速度は比較的に速い。
真空冷却 Vacuum cooling	葉菜，花菜，茎菜	耐圧容器に生産物を入れ，減圧下で水を蒸発させ，その蒸発潜熱による冷却。冷却速度速く，均一，水分損失あり（6℃低下毎に約1％の水分損失あり），水噴射真空冷却方式もある。
冷水冷却 Hydro-cooling	葉菜，茎菜，ある種の果実	冷水散水，冷水浸漬，冷却速度速く均一，ぬれる問題あり。耐水性コンテナー使用，日本では採用は非常に少ない。
細氷冷却 Package-icing	根茎菜，ネギ，花菜，芽キャベツ	冷却速度速い。細氷との接触に耐える生産物。耐水性コンテナー使用。日本では採用は非常に少ない。
輸送冷却 Transit cooling	特定の生産物	冷却遅く不均一。冷凍機による冷却と細氷による冷却。

出典　Kader, A. A: Postharvest Technology of Horticultural Crops, University of California, Publication 3311, 1992を参考に作成

較すると，強制通風冷却は普通冷蔵より冷却能力と送風力が大きく，冷却する容器（段ボール箱が多い）のそれぞれに冷気があたるような空間をもたせた積み方に工夫がいるが，多くの品目に適用できる。差圧通風冷却は図5・4-1のように，ファンによって圧差を形成させた減圧室と冷却室の間の壁面に吸気口を設け，その両側に積荷を置き，隙間はシートで覆い密閉し，冷却室の冷気が容器の通気孔を通して容器内に導入され，減圧室を通って冷却室に戻る。壁面吸い込みに対して，床面吸い込み方式（トンネル方式ともいう）もある。差圧通風冷却方式は熱伝達を速めるので，強制通風冷却方式より冷却時間が短縮され，多くの作物に適用できる。真空冷却方式は図5・4-2のように，真空チャンバーに容器に入れた青果物（段ボールの使用が多い）を入れ，真空ポンプを作動させてチャンバーを脱気し，作物からの蒸発を促し冷却する。発生する水蒸気はコールドトラップでとらえ，真空度を維持する。また作動中の真空度は0.61kPa（4.6mmHg）以下になると水が氷結する危険性があるので，この点に注意を払わなくてはならない。この方法はトマトのように蒸発しがたい作

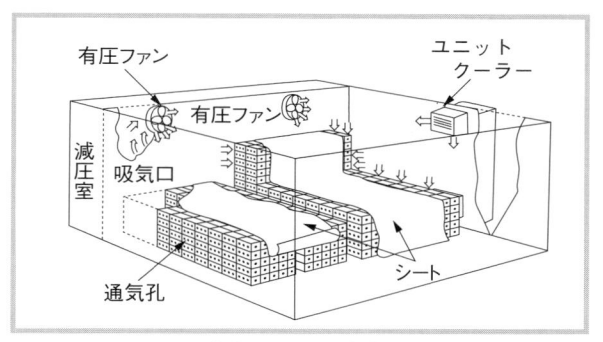

図5・4-1　中央吸い込み方式の差圧通風冷却
出典　初谷誠一：新しい農産物流通技術，農業電化協会，1991

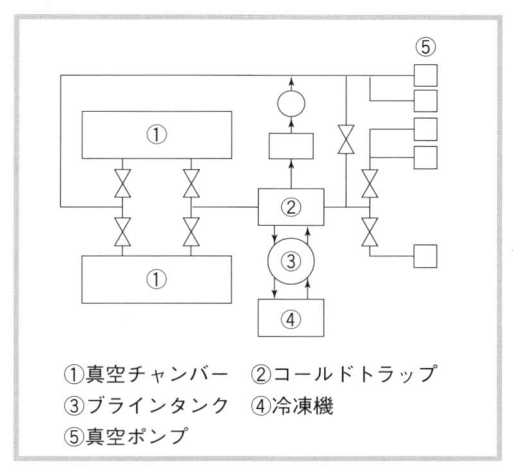

①真空チャンバー　②コールドトラップ
③ブラインタンク　④冷凍機
⑤真空ポンプ

図5・4-2　真空冷却施設の装置構成例
出典　初谷誠一：新しい農産物流通技術，農業電化協会，1991

物には適用が困難であり，また水の蒸発に伴い作物からの水分損失が進むので，作物が萎びることにも注意する必要がある（萎びの軽減のために散水されることがある）。

　これらの予冷方法における品温の半減期で比較すると，冷却速度は，全般的に真空冷却がもっとも速く，次いで冷水冷却，差圧通風冷却，強制通風冷却の順となる。

4）予冷の利点と問題点

産地における予冷の活用は，生産者，市場，小売店，消費者にとっても次のように有利な面が多いとみられるが問題点もある。

有利な面には，生産者側にとっては鮮度保持がよくなることにより，品質の保証と出荷調節が可能になるとともに商圏が拡大され，また販売価格の安定化が図られる。市場や小売店側にとっては計画的な荷受や販売が可能であり，消費者側にとっては品質がよいものが入手できるなどである。

問題点としては，生産者側では予冷設備の建設のための費用が必要であり，また装置の稼動期間が限られるので，出荷・販売価格が高くなる。また実施においては，青果物の予冷適性，蒸散特性や低温感受性などに関する知見が求められ，予冷手順の管理が必要であるなどがあげられる。消費者は，鮮度の保証と価格との見合いで購入することになる。

〔参考文献〕
・生鮮食料流通技術研究会編：コールド・チェーン，養賢堂，1966
・緒方邦安編：青果保蔵汎論，建帛社，1977
・大久保増太郎編著：野菜の鮮度保持，養賢堂，1982
・初谷誠一：新しい農産物流通技術，農業電化協会，1991
・Kader, A. A. 編：Postharvest Technology of Horticultural Crops, University of California, Publicaton, 3311, 1992
・農産物流通技術研究会編：農産物流通技術年報（2001年版），流通システム研究センター，2001

（2）乾燥予措

収穫直後の青果物はツヤがありみずみずしい外観をもつが，傷つきやすく，傷口から容易に腐敗菌の侵入を許し，冷房貯蔵すると腐敗を多発するおそれがある。このようなとき，傷の癒合を促し，貯蔵中の呼吸や蒸散などの生理作用を抑えるために，貯蔵前に青果物をやや乾燥処理したのち，冷房貯蔵することがあり，これを乾燥予措と呼んでいる。

ウンシュウミカンでは，2～3カ月の長期貯蔵を可能にするために，果実収穫後直ちに通風のよい暗所に果実をひろげ，1～2週間かけて水分を3～4％

乾燥した後に，冷房貯蔵庫に搬入するのが一般的である。また，温度コントロールのできる貯蔵庫では，果実を収穫後直接搬入し，20～30℃の高温で水分を3～4％とばしてから，冷房を開始している。イヨカンやネーブルオレンジなどではこの予措中に赤味を増し催色効果が得られる。

高温下で短期間に予措を行う場合，催色効果に合わせてキュアリング効果が期待できる。タマネギ，サツマイモなどの根菜類では，35℃前後の高温に4～7日さらして，リグニン形成やカロースの沈着を促し，コルク層の発達やクマリン誘導体などの抗菌物質の生成を行わせて，貯蔵性を高めている。外国では，レモン，グレープフルーツなど，プラスチックフィルムで包装した果実を34～35℃で3日間処理し，抗菌性物質の誘発をまってから冷房貯蔵を開始しており，青カビの発生が抑えられる。レモンではこのような高温予措により，9カ月の長期貯蔵が可能となった。冷房貯蔵中に腐敗しやすいオレンジでは，30℃，相対湿度90～100％の下に数日置いて高温予措を行ってから貯蔵を開始し，汚染の軽減を図っている。

最近日本では，低迷するウンシュウミカンの消費に比べ，デコポンやキヨミなどの新しく育成された中晩生カンキツの消費が伸びているが，これらの販売期間の延長には貯蔵が必要である（Fujisawa, H. *et al*., 2001）。しかし，冷房貯蔵が長期化すると果皮に低温生理障害の虎斑症(こはん)を発症しやすく，障害の程度は貯蔵前の乾燥予措が大きいほどひどいことがわかってきた。したがって，これらの品質保持のためにも，貯蔵前にどの程度水分を乾かしてから，冷房に移すかの検討が重要になっている。

ウンシュウミカン'青島'で，乾燥予措の程度を変えて3℃貯蔵試験を行っ

表5-4-2 露地ミカン'青島'の3℃100日貯蔵に及ぼす乾燥予措の効果

予措期間	予措減量	貯蔵減量	果皮率	CO_2濃度
4日間	4.4%	4.3%	25.4%	1.01%
8日間	7.0	12.2	19.9	1.45
13日間	16.7	8.2	17.1	1.52
20日間	20.6	5.9	16.7	1.62
30日間	29.6	5.4	13.6	1.85
無予措	0	17.4	22.0	0.57

予措；20℃，70％RH。収穫日；12月6日，分析日；3月16日

た例を示すと以下のようであった（表5・4-2参照）。貯蔵100日目の果実で評価すると，乾燥予措4.4％を行った場合がもっとも高い品質を保っていた。そのときの果実100g当たりの体内CO_2ガス濃度は1.01％であり，予措しなかった対照の貯蔵果実の0.57％よりやや高いものであった。樹上では果実の体内CO_2が0.3％と外気0.03％より格段に高いものであったことから，貯蔵するとさらに濃度が増すことがわかった。また，貯蔵前の乾燥予措程度が厳しいほど，体内CO_2濃度は高かった。貯蔵果実で異臭を伴う果実ではCO_2濃度が3％以上であった。したがって，ウンシュウミカンの乾燥予措は果皮の通気性を制限し，体内的にCA効果が発揮されているために貯蔵性を高めており，乾燥予措の程度は従来行われてきたように果重減量率4％を限度として行うのが外観，品質を保つうえで適切と思われた（Ikeda, F. *et al*., 2000）。

現在，乾燥予措は，① 貯蔵中の腐敗の抑制，② 重量減少の軽減，③ 体内成分の消耗の抑制にくわえ，④ 表皮系の改善，⑤ 浮皮の防止などに貢献し，ウンシュウミカンでは一般的な作業となっている。しかし，ほかの果樹では高温予措によって貯蔵中の低温障害の軽減や，温度消毒を図るのが一般的であり，貯蔵のための乾燥予措は行われていない。

〔参考文献〕
・茶珍和雄ら：農産物の鮮度管理技術，農業電化協会，1992
・Ikeda, F. *et al*.: *Proc. Intl. Soc. Citrucult. IX Congr*., 1156～1160, 2000
・Fujisawa, H. *et al*.: *J, Japan Soc. Hort. Sci*., **70**, 719～721, 2001

（3）脱　　　渋

日本におけるカキの総生産量は，2001（平成13）年度現在281,700 tで（2002年度：269,370 t），52.6％を渋ガキが占めている。その割合は近年微増しており，主な品種としては'平核無'と'刀根早生'で全体の約3分の2近くを占める。渋ガキを生食に供するためには収穫後脱渋という煩雑な処理を施さなければならないが，優れた風味により根強い人気が保たれている。それゆえ，いっそう改善された脱渋技術が求められているが，依然として新しい品種への対応の不的確さ，収穫前の栽培要因，環境要因の変化などによってしばしば不完

全な脱渋や処理後の日持ち程度に関して問題が起こっている。

現在，産業的に主流となっている脱渋法は，和歌山や奈良で使われている炭酸ガスによる CTSD (constant temperature short duration；定温短時間処理) 法，新潟，福島，山形を中心としたアルコールによる方法がある。それ以外に温湯処理（温泉などの利用）や凍結処理などが小規模に行われている。干ガキの製造となる乾燥処理も脱渋の一つの方法と考えられる。

炭酸ガスによる脱渋法は1911年にアメリカの Gore[1]によって開発され，一度に大量の果実を処理できること，比較的取り扱いやすいこと，脱渋後の果実の日持ちがよいことなどにより，大規模な処理方法として利用されている。しかし，以前はガス処理の終了後開封すると，俗に「はちまき」障害と呼ばれる部分的軟化黒変障害が果頂部に発生し，商品価値を低下させる大きな問題があった。1976（昭和51）年に筆者らはこの障害を軽減する有効な手段として Gazit と Adato[2]の脱渋2段階説を参考にして CTSD 法を開発した[3]。この方法の原理は一定の温度条件下で高濃度の炭酸ガス処理をできるだけ短時間に行った後，取り出して果実がまだ渋いまま空気中に放置すると，脱渋果が得られるというものである。平核無を用いたモデル実験ではガス処理の時間は温度に強く依存し，処理温度を10℃高めるとほぼ半分の処理時間でよいことが報告されている[4]。和歌山県ではこの原理に基づき100 t の処理能力をもつ CTSD 処理庫が100基以上建設され稼動している。近年の人気品種の一つである'刀根早生'では，収穫後に軟化果実が多発し，生産・流通段階で大きな問題となっていた。脱渋のための CTSD 炭酸ガス処理時に100ppb 程度以上の 1-MCP (1-methylcyclopropene) の同時処理を行うことで軟化果実の発生を10日程度遅らせれることが示されている[5]。

アルコール脱渋法は古くは酒樽に渋ガキを保存したところから始まったといわれており，日本酒などのアルコール飲料を適度に果実に振りかけると渋が抜けることが知られている。この処理方法は脱渋後の果実風味が優れていることと処理中に果色が進むことで人気がある。

一方，脱渋後急速に軟化が進み，日持ちが悪いという短所も指摘されている。いかに安定してアルコール処理を大量の果実に施すか，現在もさまざまな研究がなされている。例えば，アルコールのガス化や逆にアルコールの多孔性

固形物への吸着，粉末化[6]，あるいは，輸送用段ボールと併用される吸水性資材の開発などである[7]。また，CTSD法にみられた温度と脱渋処理時間の関係はアルコール処理においても成立することが報告されている[8]。さらに，品種によっては炭酸ガスとアルコール処理の併用も検討されている[9],[10]。

興味深い脱渋法の一つとして，アルコールを用いた樹上脱渋法が杉浦らによって開発されている。収穫前に樹上の果実に袋がけをしてアルコール処理を行う方法で，9月上中旬に処理をしてがく片の2/3以上が褐色に変色したころに袋の底を切り，樹上に放置すると樹上で渋が消失するという方法である。処理時期がきわめて重要であること，被袋密閉期間は24時間程度が好ましいこと，などが明らかになっている[11],[12]。収穫した果実は完全に渋が抜けており，果実内部に多くの褐色のゴマ状斑点が認められ，石のように果実硬度が高く日持ちがよいのが特徴である。しかしながら，過度の処理は季節はずれの落葉を引き起こすために樹木全部の果実を一度に処理することはできない。このアルコール処理時にへたを袋に入れずに袋がけし，へた焼けのない見ばえのよい果実を生産する工夫も検討されている。

CTSD炭酸ガス法とエチルアルコール処理の二つの方法により日本および中国原産の渋ガキ品種について脱渋の難易性の差異を調べた結果，脱渋のしやすさについては大きな品種間差異があることが認められている[13]。例えば，主要品種の'平核無'はいずれの方法でも脱渋しやすいが，'祇園坊'のように炭酸ガスでは容易に脱渋できるが，エタノールでは困難な品種も多いことが明らかとなっている。

カキ果実の渋味は渋ガキ，甘ガキ（幼果）にかかわらず，果実のタンニン細胞に含まれるプロアントシアニジンポリマー[14),[15]が舌のタンパク質と結合することによって引き起こされる（図5・4-3，4）。そして，脱渋現象は脱渋処理により果実内に蓄積したアセトアルデヒドがプロアントシアニジンポリマーと反応してゲル化，不溶化して，舌のタンパク質と結合できないことから渋味が消失するという仮説が古くから立てられていた。可溶性タンニンの減少とアセトアルデヒドの蓄積の相関や呼吸阻害剤を用いた実験によりこの仮説は確かめられた[4),[16),[17]。図5・4-5に40℃で6時間炭酸ガス処理をした際の経時的に調べた可溶性タンニン量の減少とエタノールおよびアセトアルデヒドの蓄積を

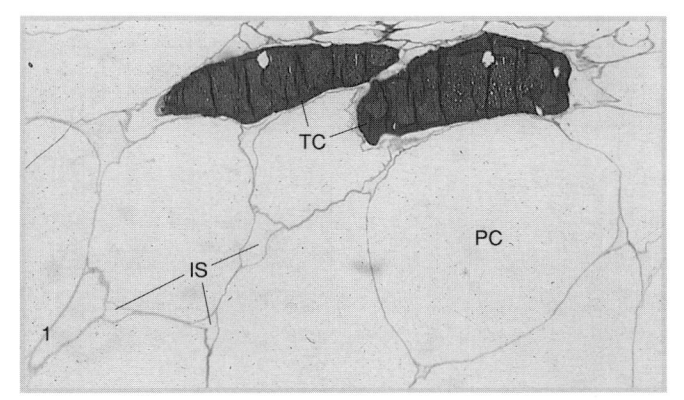

**図5・4-3 渋ガキの果肉組織にみられるタンニンを蓄積している
タンニン細胞と蓄積していない果実柔細胞の分布**
タンニンを蓄積したタンニン細胞（TC）とそうでない普通の果肉柔細胞（PC）

図5・4-4 渋ガキの渋味成分，プロアントシアニジンポリマーの化学構造
カキタンニンの推定されうる一つの繰り返し構造

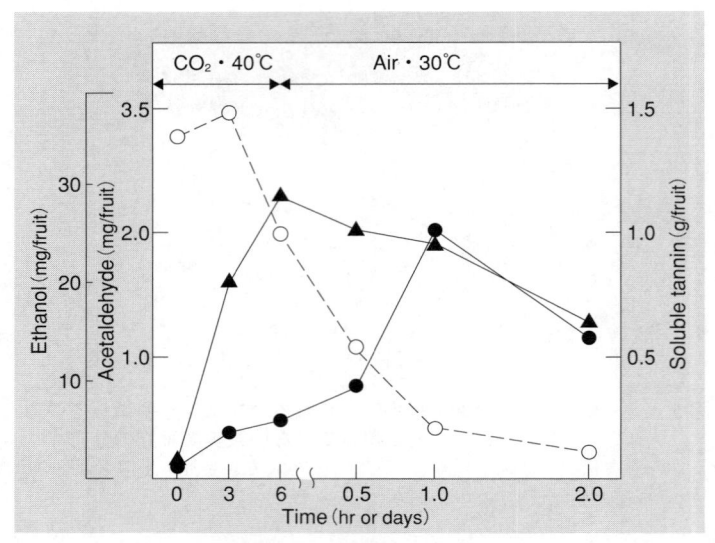

図5・4-5 炭酸ガスを使ったCTSD脱渋法による可溶性タンニンの減少
（不溶化）とアセトアルデヒドの蓄積

示した[4]。さらに田中らはアルコール脱渋処理をした果実から不溶化したポリマーを調製し、有機化学的手法によりアセトアルデヒドの付加物が不溶化したプロアントシアニジンポリマー（縮合型タンニン）中に存在することを明らかにしている[18]。また、重水素化したエタノールで脱渋処理した果実から調製した不溶化ポリマーの分子中に重水素化されたアセトアルデヒドが付加していることを明らかにし、アセトアルデヒドが直接的に反応する脱渋のメカニズムを推測している[18]。炭酸ガスや温湯処理によって嫌気的な呼吸が誘導され、その結果生成するアセトアルデヒドがカキ果実の細胞内に存在するプロアントシアニジンポリマーと反応して不溶化せしめると考えられる（図5・4-6）。エタノール処理の場合は果実内に取り込まれたエタノールがアルコール脱水素酵素の働きでアセトアルデヒドに変換され、その後同じ過程を経て不溶化させると推定される。しかしながら、最近、川上らはエタノール処理によりピルビン酸デカルボキシラーゼ遺伝子の発現が促進されることを見出しており、アセトアルデヒドの生成に関して、ポジティブ・フィードバック制御説を提唱している[19]。一方、平らは総説の中で渋ガキの脱渋に果肉の軟化が伴うことに注目

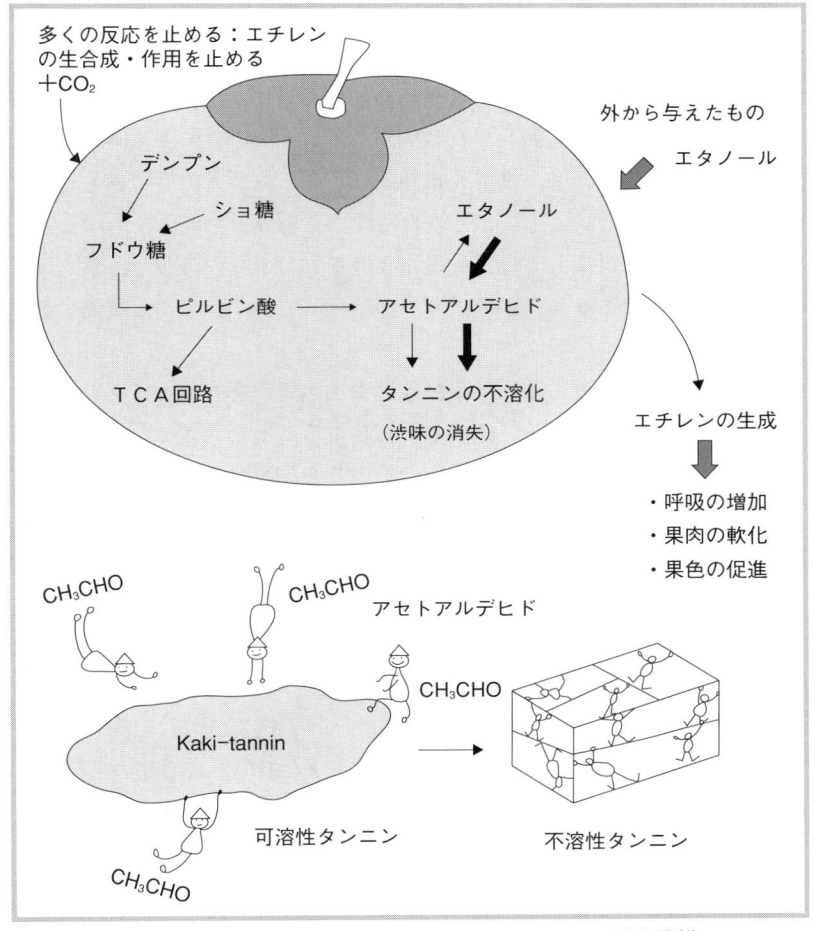

図5・4-6 炭酸ガスやエタノール処理による脱渋機構

し，アセトアルデヒド以外の要因として水溶性ペクチンとタンニンの複合体形成，および果肉細胞組織片へのタンニンの吸着・不溶化を提案している[20]。一般的にいって，渋ガキの成熟果にはプロアントシアニジンポリマー（カキタンニン）が約2％程度含まれており，脱渋処理によりその濃度が0.2％以下に下がるとほとんどの人が渋味を感じないといわれている。しかし，カキ果実のプロアントシアニジンポリマーに関しては正確な定量方法の開発，分子サイズの

測定,溶液中での立体構造,物性などまだまだ不明な点が多く,いっそうの研究が求められている。

干ガキは日本で製造されている代表的な乾燥果実で,正月の飾りに利用されたり,菓子として古くから親しまれてきた。渋ガキの中にも干ガキに適する品種とそうでないものがあり,糖分含量が高いこと,肉質が粘質であること,繊維が少なく種子が少ないこと,渋が抜けやすいことなどの特性をもつことが求められる。この処理に関しては,乾燥により徐々に水分が減少し,タンニン細胞内で濃縮効果によるゲル化が起こり,不溶化して渋が抜けると推測されている[21]。

福島県では特産の渋ガキが脱渋後に破砕や加熱処理を行うと,タンニンが再び可溶性となり渋味を感じる「渋戻り」が起こることが問題となっている。安定した加工品の製造という観点からこの渋戻りを抑制する方法が検討されている。市販の'会津身不知'はアルコール脱渋,または炭酸ガスとアルコールを併用した脱渋方法で処理されているが,炭酸ガスのみで脱渋した場合は,果実加工品の一般的な殺菌条件である85℃30分の加熱後もほとんど渋戻りしなかった。また,'蜂屋'は渋戻りしやすく,二次加工に用いるには'会津身不知'の方が適していることも報告されている[22]。これら以外に卵白の添加により加工品の渋味を抑える方法も検討されている。

甘ガキの自然脱渋については米森らが果実肥大に伴う,希釈効果が大きいことを指摘している[23]。

〔引用文献〕
1) Gore, H. C. : *U. S. Dept. Agric. Bur. Chem. Bull*., **141**, 1911
2) Gazit, S. and Adato, I. : *J. Food Sci*., **37**, 815, 1972
3) Matsuo, T. *et al*. : *Agric. Biol. Chem*., **40**, 215, 1976
4) Matsuo, T. and Ito, S. : *Plant Cell Physiol*., **18**, 17, 1977
5) 播磨真志:果実日本, **59**, 32, 2004
6) 金子勝芳ら:食総研報, **32**, 67, 1977
7) 古田道夫ら:日包装学誌, **4**, 115, 1995
8) 加藤道夫:園学雑, **55**, 498, 1987
9) 北村利夫・下村正彦:石川県農業研究成果集報, **5**, 82, 1993

10) 平　智ら：園学雑, **61**, 437, 1992
8) 北村利夫・下村正彦：石川県農業研究成果集報, **5**, 82, 1993
9) 杉浦　明ら：園学雑, **44**, 265, 1975
10) 杉浦　明ら：園学雑, **46**, 303, 1977
11) 山田昌彦ら：果樹研究成果情報2001, **21**, 2002
12) Matsuo, T. and Ito, S.：*Agric. Biol. Chem.*, **42**, 1637, 1978
13) 松尾友明・伊藤三郎：化学と生物, **15**, 732, 1977
14) Matsuo, T. and Ito, S.：*J. Japan. Soc. Hort. Sci.*, **60**, 437, 1991
16) Taira, S. *et al.*：*J. Japan. Soc. Hort. Sci.*, **62**, 897, 1994
17) Pesis, E. A. *et al.*：*J. Food Sci.*, **53**, 153, 1988
18) Tanaka, T. *et al.*：*J. Chem. Soc. Perkin Trans.*, **I**, 3013, 1994
19) 川上雅弘ら：園学雑, **75**（別2）, 169, 2006
20) 平　智：農及園, **78**, 578, 2003
21) 平　智ら：日食工誌, **35**, 528, 1988
22) 斉藤裕子・河野圭助：福島県ハイテクプラザ試験研究報告2001, **69**, 2002
23) 米森敬三・松島二良：園学雑, **5**, 201, 1985

(4) 追熟加工

　果実は生育中，肥大期を経て成熟期に至り，やがて完熟する。しかし，なかには完熟を待たずに収穫されるものがある。完熟果実は，食味はすぐれているが，その後の棚持ちが制限されるため流通・貯蔵には適さず，そのような果実は完熟前や緑熟期に収穫される。その後，人工的に成熟を促進するため，食用に適するように一定の環境のもとに置かれる。これを追熟処理といい，処理後出荷される。これらの処理は流通の上からも重要で，良好で均質な果実を消費者に届けることができる。また，生産者側にとっても完熟前の硬い状態の果実を収穫・選果することで，果実の損傷を最大限抑えることができ，また出荷時期を調整できるなどの利点がある。追熟処理を必要とする果実としてはバナナ，キウイフルーツ，セイヨウナシ，アボカド，マンゴー，パパイアなどをあげることができる。

1) バ ナ ナ

　バナナは日本への輸入に際し，輸出国地域にミバエ類が分布しているため，防疫上，寄生の危険のない未成熟のものが輸入され，寄生しやすい成熟したも

ののの輸入は禁止されている。また流通上の問題からも緑熟のいわゆる青バナナが輸入され，日本国内で追熟処理（加工）されて消費される。

バナナの追熟は20～14℃，相対湿度90～95％で進行するが，商業的にはエチレンガスを用い，18～14℃の温度のもと4日から1週間かけて追熟加工が行われる。エチレン処理は1,000ppm，24時間行い，その後換気する。14℃を限界とし，徐々に温度を下げていく。短期間で出庫する場合はあまり温度を低くせず，日数をかける場合は温度を低く設定する。温度が低いほど果肉の日持ちはよい。しかし，この場合，果皮と果肉の熟度は一致しないことがあり，冬季に加工されたものは果肉の糖度が上がらない状態で消費されることもあり，注意を要する[1]。

2) キウイフルーツ

キウイフルーツは屈折示度7％程度で収穫されるが，追熟による可食適期では14％以上にまで上昇する。貯蔵期間は長く，-0.5～0℃，湿度90～95％で3～5カ月保持できる。低温であってもエチレンが存在すれば軟化が促進されるので，エチレンを生成するものとの貯蔵は避けるべきである。しかし，出荷に際しては，エチレンによる追熟処理が行われるべきで，15～20℃で200～1,000ppmのエチレンで1日処理後，15℃で一定期間保持し，果実がやや軟化しはじめたら出荷する。追熟されていない硬い果実の出荷は流通過程で取り扱いは容易でありロスは少ない。逆に追熟果は腐敗や軟化の問題があり商品化率は低下する。しかし，消費量をのばすうえでも消費者には糖度が高く，柔らかく，フレーバーに富んだ食べ頃の果実を届けるようにするのが肝要である。

3) セイヨウナシ

セイヨウナシは収穫後直ちに食用に供することはできない。そのために追熟処理が必要になる。追熟により果実は軟化し，果汁に富んだメルティング質のセイヨウナシ独特の肉質になり，フレーバーも生じる。

追熟処理法としては，果実の追熟を均一にするため低温処理が行われており，1～5℃で10日以上保持されることが多い。追熟の適温は15～21℃である。また，エチレン処理が行われる場合もある。追熟後はきわめて日持ちの悪い果実である。品種によって異なるが，あまり長期間低温で貯蔵された果実は正常に追熟しないものもある。

4）アボカド

アボカドは樹上では生育を続けるが成熟することはなく，収穫によって成熟可能となる。この果実は品種により低温に対する感受性が異なっており，日本に多く輸入されている"ハス"と"フェルテ"の2品種は7.2℃で約2週間の貯蔵が可能である。アボカドの最適追熟温度は15.5～24℃で，15.5℃程度の低い温度では追熟は緩慢に進行するが品質は良い。また25℃以上の温度では軟化や劣化，オフフレーバーが加速される。追熟を促進するためにエチレンが用いられることもある。

5）マンゴー

マンゴーの最適貯蔵温度は13℃で2～3週間貯蔵できる。一部の品種に10℃でも3週間程度貯蔵できるものもあるが，それ以外の品種や未熟果では低温障害を起こす。最適追熟温度は21～24℃でそれより高い温度では風味が損なわれる。15～18℃では果皮色は良いが，酸味が残り，21～24℃に2～3日置くことにより甘さを増す。エチレン処理により追熟を促進することができる。果実の品質劣化の大きな要因は炭疽病などの病害発生であり，緑熟果実の温湯処理により貯蔵中の発生を遅らせることができる。

6）パパイア

ハワイ産のパパイアはやや未熟な内に収穫され，害虫や炭疽病などの病害対策のために，蒸熱処理や，温湯処理が行われる。低温障害を避けるために，7℃より低い温度で貯蔵してはいけない。7℃で1～3週間貯蔵できるとされているが，品種，熟度によっても異なるため，一般的には10～13℃の貯蔵が安全であり，21～27℃で追熟させる。

（5）高温処理

近年，化学薬剤を使用して，野菜や果実の昆虫，病気，生理障害を防除することは健康によくないとする消費者の声が高まりつつあり，害虫や病気，その他の障害に対処できる安全で効率的な手段の開発が必要となってきた。それらの目的に対する処理としては放射線照射や気体調節法が考えられるが，前者は消費者の安全性に対する意識の変化，また後者については設備の問題などが指摘されている。その点，熱処理は大きな設備を必要とせず，害虫の駆除，市場

病害の軽減，そのほか老化に伴う品質劣化の遅延など収穫後の青果物の品質保持にも期待されるところが大きい。熱処理の方法としては，温湯・熱水の利用，蒸熱処理，乾燥した熱風などがある。

なかでも温湯・熱水処理が広く用いられており，温湯・熱水に果実を浸漬する方法やリンスとブラッシングする方法[2]で行われる。その他，蒸熱処理も行われる。これらの方法は表皮などの下に潜んでいる菌の胞子や病気に対して有効であり，多くの青果物は50〜60℃の熱水で10分までの耐性をもつが，処理はもっと短時間で有効である。一方，熱帯，亜熱帯の果実に潜むミバエの駆除には50℃より少し低い温度で長時間を要する[3]。

1）収穫後の病害に対する熱処理（殺菌）

Fallikら[4]はリンゴ（Golden Delicious）を用い，55℃，15秒間の熱水によるリンスとブラッシング（hot water rinsing and brushing：HWRB）処理を行い，貯蔵中のリンゴに腐敗を引き起こす重要な菌である *Penicillium expansum* を接種した果実や自然に感染した果実の腐敗を抑えることを明らかにした。また，この処理は呼吸やエチレン生成を抑制して着色を遅らせ，品質保持にも効果的であった。

数品種マンゴーの収穫後における *Alternaria alternata* による病害に対し，HWRB処理の効果を調べた研究では48〜64℃，15〜20秒間の処理はそれらの病害の発現を軽減した[5]。この処理は従来の55℃，5分の温湯浸漬処理より効果的であった。

カンキツはカビに侵されやすく品質劣化の大きな要因になっている。Poratら[6]はHWRB処理をグレープフルーツやオレンジなどに試みたところ，56℃，20秒の処理は果皮に障害や内部の品質に影響を与えることなしに貯蔵中の腐敗を急減させた。また，レモンやバレンシアオレンジについては62.8℃15秒のHWRB処理でかなりカビによる腐敗に対し防止効果があり，品質も良かった[7]。

2）殺虫・殺卵を目的とした処理

ミバエは，多くの輸入国にとって検疫上危険とされている。パパイア，マンゴーはそれらの害虫の寄主となるため，ハワイ諸島，タイ，フィリピン，台湾，オーストラリアなどから日本へ輸出される果実は飽和蒸気により果実の中

心が46〜47℃になるように蒸熱処理が行われる。またアメリカや中央アメリカで行われる温湯浸漬処理では，43〜46℃の処理が行われている[8]。900gまでの大型マンゴーでは，46.1℃の温湯110分の浸漬処理により品質に影響なくミバエに対処できることが示されている[9]。リンゴ（Royal Gala）では0.5℃7週間または10週間の冷蔵に先立つ44℃35分の温湯処理はハマキガ類の殺虫に効果的であり，リンゴの品質には影響しないとの報告もある[10]。

〔引用文献〕
1) 緒方邦安・寺井弘文：日食工誌，**26**，199，1979
2) Fallik, E.：*Postharvest Biol. Technol.*，**32**，125，2004
3) Lurie, S.：*Postharvest Biol. Technol.*，**14**，257，1998
4) Fallik, E. *et al.*：*Innovative Food Sci. Emerg. Technol.*，**2**，127，2001
5) Prusky, D. *et al.*：*Postharvest Biol. Technol.*，**15**，165，1999
6) Porat, R. *et al.*：*Postharvest Biol. Technol.*，**18**，151，2000
7) Smilanick, J. L. *et al.*：*HortTechnology*，**13**，333，2003
8) Jacobi, K. K. *et al.*：*Scientia Horticulturae*，**89**，171，2001
9) Shellie, K. C. and Mangan, R. L.：*J. Amer. Soc. Hort. Sci.*，**127**，430，2002
10) Smith, K. J. and Lay-Yee, M.：*Postharvest Biol. Technol.*，**19**，111，2000

〔参考文献〕
・Hardenburg, R.E. *et al.*：The Commercial Storage of Fruits, Vegetables, and Florist and Nursery Stocks, USDA, ARS, Agriculture Handbook No.66，1986
・岩元睦夫ら編：青果物・花き鮮度管理ハンドブック，サイエンスフォーラム，1991
・長谷川美典ら編：果実の鮮度保持マニュアル，流通システム研究センター，2000
・Fallik, E.：Review, *Postharvest Biol. Technol.*，**32**，125，2004

（6）化学物質処理

1) ワックス処理

ⅰ) ワックス処理の意義と効果　果実や野菜の表皮にはクチクラ層が存在する。さらに，そのクチクラ層の表面にはワックス層が存在し，クチクラ層とともに内部組織を保護している。リンゴやナシでは成熟に伴って，ワックスは膜片状から顆粒状に変化し，果実表面に白い粉状となり，これは果粉といわれている。しかし，果実を収穫後，洗浄を行うと，このワックスは洗剤ではがれ

てしまう。それで，それを補うために洗浄後人為的にワックスを塗布して，表面を保護し，商品性を維持する必要がある。日本ではカンキツ果実で適用されている。ワックス処理はそれ以外に表皮の開孔部（気孔，皮目など）を適度にふさいで，蒸散を抑制して萎びを防ぐ効果もある。表皮からの微生物の侵害を防ぐ。また，呼吸作用を抑えて内容成分の損耗を防ぐ。さらには，表面に光沢を付けて商品性を高めるといった効果が期待できる。

ⅱ）**ワックス剤の種類**　ワックス剤の使用に当たっては食品衛生法の適用を受ける。オキシエチレン高級脂肪族アルコール，オレイン酸ナトリウム，酢酸ビニル樹脂，モルホリン脂肪酸塩が許可されている。カンキツ果実用ワックス剤には水性ワックスと速乾燥ワックスがある。水性ワックスはカルナバワックス（シュロ科の植物の葉の裏にできるロウ）を界面活性剤のモルホリンで乳化し，さらにオレイン酸，水で乳濁液にしたものである。速乾燥ワックスはセラック（セラック虫の生産するロウ）をエタノールで溶かして界面活性剤のモルホリンを用いて水と乳化させたものである。

ⅲ）**ワックス処理の問題点**　ワックス処理は果実・野菜の品質保持を目的に行う。しかし，高温期の処理は萎び防止に効果的であるが，低温期では効果が少なくなる。また，果皮の酸素の透過性が低くなりすぎると，アルコール臭が発生しやすくなる。さらには，選果工程で落下衝撃や荷重による物理的損傷を受けやすくなる。最近では，消費者が化学物質処理に対して敬遠する傾向もある。

2）**催色処理**（カラリング）

ⅰ）**催色処理の意義と効果**　日本の西南暖地の早生ウンシュウミカンでは夜温が低下しないので，果実が成熟しても果皮の緑色が残り，果肉先熟現象が起こる。その結果，これら果実は市場では未熟果と評価され，商品性を損ねる結果となる。そこで，催色処理によって成熟を人為的に促進させて，葉緑素の分解消失を早めて商品性を高める。

ⅱ）**催色処理の方法**　催色処理は 1～1000ppm のエチレン，15～20℃の温度および酸素を必須条件に行う。いずれの条件が欠けても効果が現れない。催色処理には，次のような方法がある。

　a. **トリックル法**：エチレンを連続的に少量ずつボンベから補給するか，エ

チレンを吸着させたモレキュラーシーブを処理室内に置いて，処理室内のエチレン濃度を1～10ppmの濃度に保つ。一方，新鮮な空気を連続的に取り込んで果実から発生する二酸化炭素を室外に排出して，その濃度を1％以下に保つ。この方法は大規模処理に適している。

  b. **ショット法**：果実を処理室に入れて密閉し，エチレンを20～40ppmの濃度になるように急速に室内に入れる。室内の二酸化炭素濃度が果実の呼吸で1％までになったら，処理室を開放して新鮮な空気を入れる。その後，再び処理室を密閉にして，エチレンを室内に入れる。そして，果実が着色するまでこの作業を繰り返す。

  c. **北川式簡易法**（15時間簡易法）：果実を密閉状態の処理室または密閉できる容器に入れて，1000ppmのエチレンを注入する。15時間後に開放して，果実を新鮮な空気にさらす。果実がエチレンにさらされている間は酸素不足のために葉緑素は分解しないが，開放後2～3日で急速に分解する。果実をコンテナに詰めて積み上げて，その上にビニールシートを覆っても簡易に行える。

3）病虫害防除

　果実・野菜の流通に際してみられる微生物による腐敗，害虫の汚染や食害，生理障害などを市場病害という。これを防止するには適切な防除が必要となる。また，果実・野菜の輸出入の際には植物防疫のための防除が重要となる。防除では果実・野菜の取り扱い，温度管理，処理方法を適切に実施することが必要となる。近年果実・野菜の輸出入が増加するとともに，生産地と消費地間の距離が拡大しており，病害虫防除は重要となる。日本では防黴剤（防カビ剤）としてジフェニル，オルトフェニルフェノール，チアベンダゾール，イマザリルがカンキツ類，バナナに使用が認められている。

〔参考文献〕
・樽谷隆之ら：園芸食品の流通・貯蔵・加工，養賢堂，1982
・伊庭慶昭ら：果実の成熟と貯蔵，養賢堂，1985
・斉藤　隆ら：園芸学概論，文永堂出版，1992

（7）鮮度保持材とその取り扱い
1）鮮度保持材（剤）の利用目的

収穫後の青果物の品質（鮮度）変化は，それらが示す多様な生理状態と深く関係し，全般的には低温管理や水分の蒸散防止によって生理活性を抑制し品質保持を図っている。しかし，実際の取り扱い現場では，このような条件の一貫した適用は困難であり，その場に応じた対応が求められる。鮮度保持材（剤）は青果物の種類や取り扱い状態に対応して品質保持のために使用できるように開発されたものであるので，その機能は多様であり，種類も多い。そこで，鮮度保持材（剤）とは，青果物のような生鮮食品の品質（鮮度）変化を抑制し，品質保持（保存期間の延長）に有効に作用する機能をもつ薬剤あるいは資材の総称といえる。

現在利用されている鮮度保持材（剤）は，エチレン作用の抑制，水分保持（蒸散抑制），環境ガス（二酸化炭素と酸素）濃度の調節，蓄冷，抗菌・殺菌，機械的衝撃防止などを目的として開発されているが，いずれも一長一短があることはいうまでもない。また，このような鮮度保持材（剤）の利用に当たっては，青果物をなんらかの包装によって外界と区切る必要がある。それによって青果物は包装環境の中に置かれることになる。包装材料には，プラスチックフィルム袋，プラスチックフォーム，発泡スチロールのようなプラスチック容器，段ボール箱など，種々のものが利用されている。包装資材にガス透過性が全くない場合は青果物は呼吸できなくなり，開放的であると外界と同じ状態になるので，適度にガス透過や蒸散を制限するような資材と方法を目的に合わせて採用する必要がある。

2）鮮度保持材（剤）の機能と種類

ⅰ）**エチレンの除去**　エチレンの作用の抑制に関しては，エチレンは多様な生理作用によって青果物の品質変化に影響し，またエチレンそのものがエチレン生成を促進する自己触媒作用を有することから，青果物の雰囲気からエチレンを除去するためにエチレン除去剤が開発された。それには，過マンガン酸カリウム，臭素，パラジウムなどの触媒，細菌に利用などでエチレンを分解する方法や活性炭素による吸着などがある。最近注目されているエチレン受容体と結合することによってエチレン作用を阻害する1-メチルシクロプロペン

(1-MCP)の利用も期待される。また切り花の鮮度保持としてエチレンの生成を抑制するチオ硫酸銀がある。

ⅱ）**蒸散の抑制**　水分保持は青果物の鮮度保持には欠かせない。湿度調節剤として，パルプシート，ポリビニルアルコール・ゲルポリマー，ポリアクリル酸高分子樹脂などを基本としたものが利用されている。カンキツ類にワックスやそのほかの皮膜剤が用いられることもある

ⅲ）**ガス濃度の調節**　環境ガスの対象となる気体は空気組成の酸素と二酸化炭素で，包装内に形成されるMA条件は青果物の生理活性を抑制し品質保持に有効に作用するが，酸素濃度が低過ぎたり，二酸化炭素濃度が高過ぎたりすると青果物は無機呼吸をはじめ，有害なアセトアルデヒドやエチルアルコールの生成を招き，生理障害を引き起こす。そこでMA条件の形成に有効な機能性フィルムの開発が進められ，ポリエチレンに多孔質物質（微粒子の大谷石，クリストバーライトなど）を練り込んだフィルム，防曇性（界面活性処理による）を付与したポリプロピレンフィルム，抗菌性（ヒノキチオールなどを混合）を付与したポリエチレンフィルム，ポリプロピレンなどの微細孔フィルムなど，多種類のものが活用されている。そのほか，窒素ガスを注入して酸素濃度を低下させる方法，脱酸素剤や二酸化炭素吸収剤の封入する方法もある。また，最近，袋のシールに空隙をつくる方法（パーシャルシール包装）が鈴木ら（2003）によって報告されている。

ⅳ）**衝撃・振動の防止**　収穫後に受ける衝撃，静的加重，振動やすり傷などを軽減し損傷を防ぐことも品質保持のために重要なことである。古くから利用されてきた，わら，もみがらなどの天然資材に代わって，各種のプラスチックやパルプモウルドでつくられたトレイ，発泡プラスチック（ポリエチレン，ポリスチレン，ウレタンなど）でつくられたシート，パック・キャップやネットなど，蒸散抑制の効果もあり多種類の緩衝材が利用されている。

ⅴ）**蓄冷剤の利用**　青果物のコールドチェーンに蓄冷剤を用いて対応しようとする一つの方法と考えてよい。蓄冷剤には，水，デンプン，高分子ポリマーなどが利用され，溶液としてこれらをプラスチック袋に封入・冷却（凍結）して用いられる。発泡ポリスチレン容器あるいは断熱段ボール箱と蓄冷剤を用いて，予冷後の低温高湿を保持し，青果物の鮮度保持を図る方法である。ピー

マン，キュウリ，スイートコーンなどで出荷団体によってこの方法を活用するところもあり，またブロッコリーでは発泡ポリスチレン容器に氷詰めで流通される形式もみられる。

vi) 抗菌・防黴　青果物の流通中の腐敗の防止も鮮度保持のために必要である。アメリカでは，カンキツ類ではチアベンダゾール（TBZ），オルトフェニルフェノール（OPP）などの防黴(ぼうばい)剤を含むがワックスが塗布され（TBZは生理障害の抑制効果もあるといわれる），また重亜硫酸ソーダを主原料とする二酸化イオウ（殺菌・酸化防止効果がある）の発生剤がブドウの腐敗防止に使用されている。日本では，ヒバの葉から得られるヒノキチオール（殺菌，エチレン生成抑制などの作用），ワサビの辛味成分であるアリルイソチオシアネート（防黴効果），カニから得られるキトサンやカキ殻カルシウムなどの抗菌作用についても調べられている。

なお，使用済みの鮮度保持材（剤）の廃棄に当たっては，環境汚染や破壊の原因にならないように，回収，あるいはしかるべき方法をとるよう十分に配慮せねばならない。

〔参考文献〕
・食品流通システム協会編：食品流通技術ハンドブック，1989
・岩元睦夫ら編：青果物・花き鮮度管理ハンドブック，1991
・Kader, A. A. 編：Postharvest Technology of Horticultural Crops, University of California, Publication3311, 1992
・農産物流通技術研究会編：農産物流通技術年報（1999年版），1999
・農産物流通技術研究会編：農産物流通技術年報（2001年版），2001
・鈴木芳孝ら：日食保蔵誌，**29**(3), 141, 2003

5・5　収穫後の輸送環境と品質管理

(1) 輸送環境特性

流通過程のうち，貯蔵工程での環境は制御されているが，輸送工程での正確な環境制御は困難であり，時と場合によって異なってくる。輸送工程での品質管理は，まず輸送環境特性の把握から始める必要がある。

1) 湿度環境

輸送中の箱内湿度は，箱の材質，緩衝材の種類，内容物の蒸散活性などによって異なってくるが，同時に積荷全体が開放系か密閉系かによっても変化様相は異なってくる。普通の段ボール箱の開放系積荷の場合，箱内湿度は80〜90%RHに保たれる場合が多いが，箱内温度が上昇するような条件では時に65%RH程度にまで低下することがある。海上輸送の場合あるいはコンテナに密閉された場合には積荷全体として密閉系となり，船倉またはコンテナ内湿度は数時間でほぼ飽和状態に達することが多い。航空輸送の場合，機内湿度は10〜15%RHとなり，コンテナを使用すれば支障は生じないものの留意すべき点であろう。

2) 温度環境

トラック常温輸送の場合，積荷温度は外気温の影響を受けることは避けられない。夏季高温時の昼間走行の場合，晴天ならば積荷最上段の箱内温度は35℃になることもあるが，雨天時や寒冷期には逆に最下段で高くなる場合が多い。同じトラックでも荷積位置によってかなり大きい温度差が生じることに留意する必要がある。トラック低温輸送の場合，積荷温度は外気温と冷却効率の両方に支配されるが，低温トラックの冷却効率はそれほど高いものではない。低温トラックは動く冷蔵庫ではない。

航空輸送の場合，空港で屋外に放置されるとコンテナ内温度は短時間に上昇し，40℃以上にも達することが実測されている。飛行中は急激に低下するが，到着後に再び急上昇に見舞われ，短時間に温度の急変が繰り返されることが指摘されている。

3) 振動・衝撃環境

輸送中，振動・衝撃の強度や回数は輸送手段によってかなり異なってくる。陸上輸送の場合，鉄道では振動・衝撃の強度は1G以下であることが実測されている。トラックではほとんどが1G以下であるが，2Gや3Gの強度も多く発生することもあり，振動回数は道路条件によっては1km当たり数百回に達する。トラックの構造と大きさ，道路条件，走行条件，積荷量などによって振動特性が異なってくるのは当然であるが，同じトラックでも下段前部で最小，上段後部で最大になる傾向が共通して認められる。

海上輸送の場合，振動強度からみると0.1〜0.2G程度であり，これは主とし

て船のエンジン振動に由来するものとされている。ただし，波が荒い場合には船の動揺による圧迫の影響は無視できないものと思われ，別な観点からの解析が必要である。

航空輸送の場合，飛行中の振動強度は小さいが，空港での荷積時の取り扱いが粗雑であり，回数は少ないが予想外に大きい振動・衝撃が生じる場合がある。航空輸送は時間短縮効果はあるものの，先述の温度変化が大きいことと考え合わせて，輸送環境からみれば劣悪である。

4）空気組成環境

箱内空気組成の変化様相は，積荷全体が開放系か密閉系かによって大きく異なってくる。普通の段ボール箱の場合，一見は密閉度が高いようにみえるが，箱面や間隙からのガス交換は十分に行われている。振動条件下ではガス交換が促進され，静置条件下よりも箱内空気組成の変化は小さい。

コンテナに密閉されるなどで積荷全体が密閉系に置かれると，密閉度に応じて酸素濃度の低下および二酸化炭素やエチレン濃度の上昇が起こる。内装にプラスチックフィルム包装が使用された場合，フィルムのガス透過度に応じた空気組成の変化が起こるのは当然である。また，輸送中には傷害によるエチレン発生が多くなる条件に置かれていることに十分留意する必要がある。

5）輸送環境特性と物流モーダルシフト

輸送工程は，生産物を生産地から消費地まで移動させるという点で流通過程のなかで重要な位置づけにある。輸送には手段（モード）が伴うが，輸送手段が異なれば輸送環境が大きく異なってくることを十分に理解する必要がある。これまで述べてきたことの要点をまとめると表5・5-1のとおりである。

園芸生産物に限らず，日本の食品物流の形態は四面海の立地特性から，まず海運が古くから発達し，その後産業革命の波のなかで鉄道やトラックに移行していき，現在ではトラックが主体となっている。これは迅速性や利便性に基づくものであって，輸送環境からみれば決して最適手段とはいえない。加えて交通渋滞や排気ガスによる環境負荷などの多くの問題点を抱えるに至っている。

輸送環境からみれば，鉄道や船は物流手段として優れた特性をもっており，トラック一辺倒の考え方を改める必要がある。輸送コストや振動特性からみると，数十 km のトラック輸送，数百 km の鉄道輸送，数千 km の船輸送が等価

表5・5-1 輸送手段と環境特性

手段			振動	温度	湿度	空気組成
陸上	トラック	箱（開放系）	大 (3G以下)	変化 大	変化 大 (温度変化に伴う)	変化 小
		コンテナ（密閉系）		変化 小	高	変化 大
	鉄道	箱（開放系）	中 (1G以下)	変化 大	変化 大 (温度変化に伴う)	変化 小
		コンテナ（密閉系）		変化 小	高	変化 大
海上	船	箱（開放系）	小 (0.2G)	変化 小 (制御しやすい)	高	変化 小
		コンテナ（密閉系）				変化 大
航空	航空機	コンテナ（軽量）	小 (荷役時大)	変化 大	変化 大	変化 大

中村らの調査結果を基盤にして，陸上は中馬ら，海上は石橋ら，航空は秋永らの調査報告を加えて総合的に判断した．（中村作成1989，一部修正1999）
出典　中村怜之輔：日食保蔵誌，**26**(1)，2000

であるといわれている．輸送対象物の諸特性，輸送の迅速要求度，許容される輸送日数，環境負荷などの総合判断に応じて輸送手段を選択すること，場合によっては複数の手段を組み合わせること等の工夫が必要となる．このような臨機応変な対応によって，適切な輸送モードを設定する取り組みを物流モーダルシフトと呼ぶ．図5・5-1に輸送機関ごとの環境負荷を示した．

船は輸送コストが低いこと，輸送環境が良好なこと，環境負荷が少ないことなど，優れた特性をもっている．速度が遅いことが欠点であるが，これを解決するためにジェット推進機構を備えた高速船テクノスーパーライナー（TSL）の開発が鋭意進められており，実用化の段階に至っている．今後，園芸生産物ばかりでなく広く食品物流手段として，陸上・海上複合の新たなる輸送システムの構築が必要である．この場合にも，モードごとに輸送環境が変わることを忘れてはならない．

（2）輸送環境湿度と品質管理
1）低湿の生理的影響

園芸生産物は，流通過程が開放系である場合には多かれ少なかれ水分欠乏条件下に置かれていて，萎れを避けることはできない．一般に，萎れによる外観

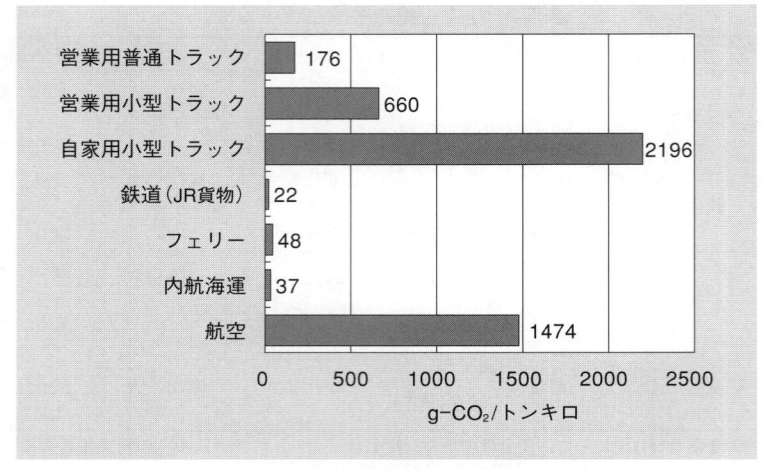

図5・5-1 輸送機関と二酸化炭素排出量
資料 国土交通省：日本海運の現況，2000より中村作成

輸送機関	g-CO_2/トンキロ
営業用普通トラック	176
営業用小型トラック	660
自家用小型トラック	2196
鉄道（JR貨物）	22
フェリー	48
内航海運	37
航空	1474

品質低下防止の意味から保持条件は85～90%RHが目標とされることが多い。この値は，強く萎れないように，かといって過湿にならないようにということであって，明確な生理的根拠に基づくものではない。

湿度と呼吸活性との関係については，かなりの調査データがあるものの必ずしも一致した見解が示されているわけではない。このようななかで，中村らは低湿に伴う萎れの生理的影響について整理し，呼吸活性とエチレン生成の変化からみた萎れに対する生理的反応は種類によって異なることを提示している（2・2節参照）。萎れと生理的反応との関係を，単純に促進的または抑制的といった一方向の傾向で表現することには無理があると思われる。

2）萎れとエチレン生成

萎れの程度が大きくなるに従ってエチレン生成量は増加し，生成誘導の時期も早くなることが知られている。いったんエチレン生成が誘導されると，その後に高湿条件に戻してもエチレン生成は継続する。一般に，流通過程でエチレン生成が誘導されるような条件は好ましくないものであり，その意味で湿度保持は品質保持技術の基礎問題として重要である。

成熟型にかかわらず，低湿に伴う萎れで肉質軟化が促進される。これは軟化

に関係する要因の一つであるポリガラクツロナーゼ（PG）が内生エチレンの関与なしに直接的に誘導されることに起因することが明らかとなった。キュウリで，PG遺伝子が萎れストレスに直接応答することも確かめられている。

3）湿度保持による品質管理

低湿に伴う萎れは単に外観品質低下要因になるばかりでなく，水分欠乏ストレスによって二次的に種々の生理反応が誘発され，内的品質低下に深くかかわってくることが明らかにされている。実際，プラスチックフィルムによる保湿技術によって，カキ（刀根早生）果実の流通中の軟化が防げることが示されており，実用技術として展開している（図5・5-2）。高湿貯蔵という概念も生まれており，一般的なプラスチックフィルム包装の意義についても見直す必要がある。

4）過湿の害

湿度が90％RH以上にもなるとちょっとした温度低下に伴って結露が生じることがあり，この場合は微生物の発育促進という別な不利益が生じてくることがある。また，95％以上の過湿条件でウンシュウミカンでは浮皮果の発生が多くなることもある。

予冷後に急速な箱内温度上昇が起こり，品温との差が大きくなるとやはり結

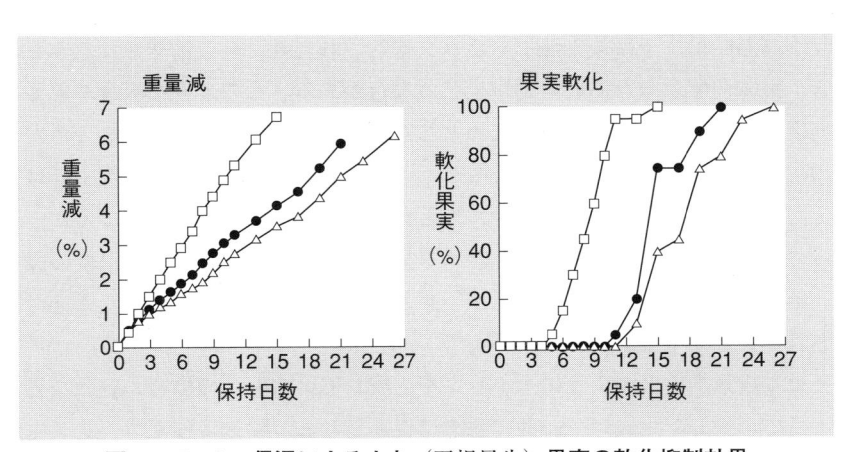

図5・5-2　保湿によるカキ（刀根早生）果実の軟化抑制効果
　　□慣行段ボール箱，●保湿段ボール箱，△有孔ポリエチレン包装
　　資料　播磨ら：園学雑，71(4)，2002より中村構成

露が生じることがある。いずれにしても，結露は急速な温度変化が起こった証拠であり，好ましいことではない。さらに，段ボール箱の強度が吸水によって低下し，箱の破壊や荷くずれが生じて二次的に箱内生産物に損傷が生じることがある。

（3）輸送環境温度と品質管理
1）輸送工程での温度管理の原則

園芸生産物の生理活性は温度の関数であり，0～40℃付近までの温度域では温度上昇に伴って活性も高くなる。しかし，15℃と30℃に不連続点があり，15℃以下ないしは30℃以上の温度域では生理的にみて変調が生じることはよく知られていることである。

一般に，輸送工程の温度管理は，常温，低温にかかわらずできるだけ定温に保持するのが原則であるが，常温輸送が主体となっている日本の現状では，実際にはこの原則を守ることは困難であることが多い。特に予冷の導入によって温度変動は一層大きくなる傾向にある。高温側，低温側のいずれも，生理的にみて不連続点を越える温度変動が生じる可能性があることを前提として，温度管理や品質管理に配慮する必要がある。

2）急激な変温の生理

夏季高温時に，予冷後常温でトラック輸送されたり，航空輸送されたりした場合，短時間で急激な温度変動が生じる場合がある。このような場合，急激な温度変動に伴って呼吸活性をはじめとした生理活性の急激な変動が起こるが，その反応様相は種類によって異なることが知られている。急激な温度上昇はできるだけ避けることが望ましいが，たとえやむを得ず温度上昇が起こることがあっても，上昇幅は10℃以下にとどめる配慮が必要であろう。予冷温度の設定は，その後の輸送中に生じることが予想される温度変動幅を考慮したうえで設定されることが望ましい。

モモや成熟トマトのようにエチレンを生成しているものの場合，急激な昇温によってエチレン生成は一時的に急激に促進される。輸送工程でエチレン生成が増加するような条件は，鮮度保持のうえで極力避ける必要があり，この点からみても急激な温度上昇は好ましいことではない。

3）変温耐性

平均温度は同じ値であっても，小さな変動が反復して生じた場合の生産物に対する影響をみると，わずかな変温でも敏感に悪影響を受けて急速に鮮度低下を起こすものと，変温があってもあまり悪影響を受けないものがあることが知られている。変温耐性の小さいものは，輸送工程での厳密な温度管理が必要となるが，変温耐性の大きいものは許容される範囲内でやや粗い温度管理でも実際上支障は生じない。温度管理の精度を種類ごとに設定することも，輸送工程の実情に即した鮮度管理技術ではないかと考えられる。

（4）輸送中の振動・衝撃およびその他の機械的傷害と品質管理

輸送工程でのさまざまな形の振動・衝撃は程度の差はあっても避けることはできないことであり，その強度に応じて生産物に摩擦，圧迫，変形などが生じ，内的・外的両面で品質低下要因となる。振動・衝撃と品質保持技術との関係を考える場合，物体としての物理的側面と生物体としての生理的側面の両面から解析していく必要がある。

1）振動・衝撃の物理的影響

振動・衝撃の強度が組織の破壊限界以上に達すると，ただ1回の衝撃でも傷害が生じることになるが，独立した生産物の衝撃抵抗は50G以上の値が実測されており，通常の輸送条件ではこのような極端なことはほとんど生じないと思われる。しかし，生産物は通常箱詰めにされたうえで輸送されることになり，そのときの箱内生産物の挙動をみると，静的荷重，箱内二次運動，共振現象，反復加圧などに曝されながら輸送されていることになる。特に反復加圧の影響は大きく，たとえ1回1回は小さくても外力が反復して加えられ続けることによって生産物の強度が低下していき，ついには疲労破壊に至ることが明らかにされている（図5・5-3）。そのときの破壊強度は，1回の強度と反復回数に支配されることであり，一概にはいえない。1回の振動・衝撃をできるだけ小さくするとともに反復を減らすことに留意することが肝要である。

2）傷害の生理的影響

生産物が傷害を受けると，単に傷害組織での化学反応に起因する外観品質の低下要因になるだけではなく，周辺組織でも種々の酵素活性化やそれに基づく

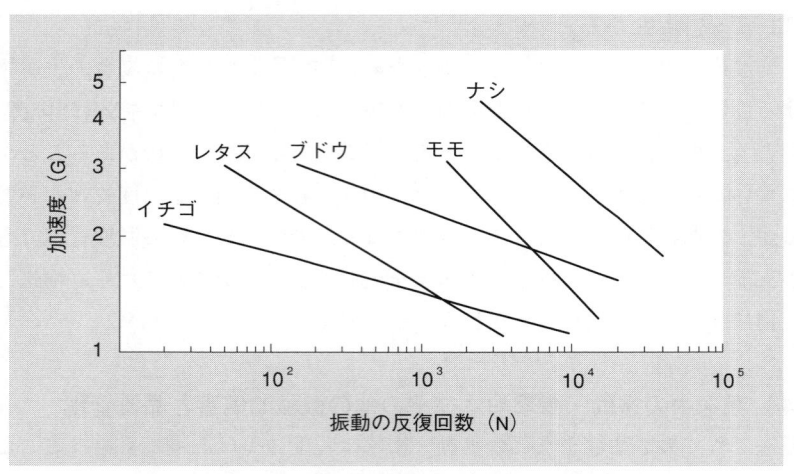

図5・5-3 果実・野菜の反復加圧による疲労破壊
いずれも慣行荷姿で加振されたときの破壊に至る加速度を示す。
資料 岩本ら：農機誌，**39**(3)，1977より中村作成

代謝変動が誘発され，内的にも品質低下要因となることはよく知られていることである。一般に，これらの傷害反応の応答は早く，傷害呼吸は直ちに誘導される。傷害エチレンの場合，数時間後にはACC合成酵素遺伝子が発現してくることも知られている。さらに，傷害によって感染の危険度も増加する。

3）傷害に至らない振動・衝撃の生理的影響

1回1回は傷害に至らない程度であっても，それが反復して加えられた場合にはストレス反応として呼吸活性の増大やエチレン生成の誘発・増大が生じることが知られている。

園芸生産物は振動・衝撃という物理的ストレスに対して，生理的にみて一定の許容域をもつものと推察される。許容域の範囲内では，加えられる刺激量に応じて生理的反応は大きくなるが，刺激が除去されると可逆的に徐々に元の状態に復元することができる。しかし，刺激量が許容域を越えると生理的に異常となり，別な代謝系の活性化が誘発されて完全に元の状態に復元できなくなる。つまり，生理的にみて一種の疲労破壊が生じたことになるものと考えられる。この場合の限界刺激量の程度は，1回1回の強度と回数による総刺激量で判断する必要があることは，先述の物理的な疲労破壊の場合と同様である。

生理的疲労破壊が起こった場合，食味にも大きく影響していることが考えられる。実際，トマトで振動処理後追熟させたうえ，完熟時の食味を調査した結果によると，3G振動区で甘味や酸味の低下，肉質の軟化が明らかにみられ，しかも催色期に振動処理を行った場合にこの変化が大きくなることが認められた。

　流通工程での振動・衝撃の許容量は，物理的および生理的両面で一定の限界値があり，これは刺激総量で判断していく必要があるが，1回の強度としては3G程度が限界ではないかと考えられる。

〔参考文献〕
・岩本睦夫ら：農機誌，**39**(3)，343～349，1977
・中村怜之輔：岡山大学農学部学術報告，**87**，251～264，1998
・中村怜之輔：日食保蔵誌，**26**(1)，37～45，2000
・播磨真志ら：園学雑，**71**(4)，583～587，2002

第6章　果実・野菜の貯蔵

6・1　自然環境条件を利用した貯蔵

(1) 貯蔵技術の歴史的変遷

　狩猟・採取の時代には，人間は食料を身近な生活範囲で得られる動植物に依存していた。動物の捕獲には危険や偶然が伴い，植物は季節や天候により採取量は左右される。やがて集落が形成され，動物を家畜化して食料とし，食用作物の栽培もはじまった。収穫された穀類，豆類，イモ類など比較的貯蔵しやすいものは「かご」などの容器にとっておかれ，貯蔵の歴史がはじまったといわれている。一方，貯蔵しにくい野菜，果実などは住居の周辺で栽培し，食料とした。粘土を焼いて作られた「つぼ」も食料の貯蔵に重要な役割をもち，貯蔵技術の発展に大きく寄与し，農耕生活の形態変化に大いに貢献した。それらは収穫物を密封することに優れ，貯蔵物の損失を減少させた。

　穀類，マメ類，イモ類など，主軸をなす食料を貯蔵する際用いた地下の穴やサイロなどの使用も貯蔵技術の発展に大きく寄与した。浅くて小さなものもあったが，やがて大きなものもつくられるようになり，出口を小さくして土などで覆ったもの，地上に屋根または覆いを備えた施設もつくられた。サイロや穴は形の変遷はあったものの，その後長く穀物などの貯蔵に用いられた。また土中での貯蔵は地域によっては今なお行われており，穀物や野菜などの貯蔵に使用されている。土中の穴での貯蔵は一種のMA (modified atmosphere) 貯蔵であり，穴の内は酸素の減少と炭酸ガスの蓄積により昆虫やネズミの害が抑制される効果がある。一方，果実は乾燥などの加工も行われ，古代エジプトではイチジクやブドウ，アンズなどが貯蔵された。そのほかブドウなどは発酵操作により，酒の原料とされた。

　洞穴やサイロは温度が外気温に比べ，比較的安定しているため，農作物の貯

蔵に有効であるが，特定の富裕な人々は冬採取した氷や雪を貯蔵し，地下室に入れて使用したといわれている。日本ではこれら冬に採取した氷の貯蔵施設を「氷室」（ひむろ）と称し，『日本書紀』にもその記述がある。日本各地に施設がつくられたため，現在でも地名にその名残をとどめている。しかし，日本の「氷室」は食料の貯蔵が目的というより，夏季に権力者への献上物や宗教儀礼などに用いられたようである。

　18〜19世紀になると，イギリスでは地下に天然氷の大きな貯蔵庫がつくられるようになり，冬季に天然氷が採取され，食品の保存に用いられた。北アメリカの北部では冬季に天然の氷を採取し，諸外国にまで輸出するビジネスが盛んになった。しかし，天然氷の採取は冬の気温に左右されることが多く，製氷機の出現が期待された。やがてアンモニアを用いた機械による製氷も行われるようになり，19世紀の末ごろにはアメリカでは多くの商業的な製氷プラントが存在し，農産物の貯蔵のための企業も多数あったといわれている。初期の製氷機の目的は直接貯蔵室を冷やすためというより，氷の製造にあったが，その後，機械による直接的な冷蔵も急速に普及した。現在，スーパーマーケットなど小売店でも冷蔵ショーケースが一般的になり，冷蔵設備は食品流通にとって，不可欠なものとなった。

　サイロや穴が経験的にMA貯蔵と類似の効果をもち，穀物の貯蔵に用いられたことは先に述べた。しかし，科学的なMA貯蔵の研究が行われたのは1819年フランスで，J. Berardによるものであった。この研究により，収穫された果実は貯蔵中酸素を吸収し，炭酸ガスを排出すること，また追熟には酸素が必要であることが明らかになった。一方，1927年F. KiddとC. Westは貯蔵ガスに関する研究を行い，貯蔵庫内のガス組成を精密に制御するとリンゴの追熟と日持ちをコントロールできると発表した。この方法は後にCA (controlled atmosphere) 貯蔵と呼ばれるようになった。1929年イギリスでガス調節による商業的な貯蔵がはじめられ，その後，多くの国々でいろいろな青果物について研究と実用化が進められるようになった。

　現在先進国では収穫直後の予冷から，小売のショーケースに至るまで冷蔵展示，ならびにプラスチックフィルムによるMA包装など，ほぼ低温管理がなされるようになった。しかし途上国では流通・貯蔵技術が十分でないため，収

6・1　自然環境条件を利用した貯蔵　291

穫された農産物がむだに廃棄されている。世界人口の増加に対処するためにもこれらの国々への技術の指導，また有効な貯蔵法の開発も怠ってはならない。

（2）自然環境条件の利用による貯蔵技術（自然の保温や冷気を利用した貯蔵技術）の状況

　人工のエネルギーを用いることなく，自然の冷気を積極的に利用する貯蔵法の場合，貯蔵温度域からすれば低温域における貯蔵に分類されるものも含まれる。しかし，ここでは人工的エネルギー（電気，ガス）を用いないで自然環境をできるだけ活用する貯蔵について述べる。

　地面に穴を掘り，農産物を貯蔵するという方法は歴史的に最も原始的な貯蔵法の一つで，新石器時代以前にさかのぼるといわれ，その後変遷はあったものの地穴貯蔵は19世紀初頭まで，穀類の主な貯蔵法であった。日本では比較的温湿度の変化の少ない条件を利用して，サツマイモの貯蔵などが従来から広く行われている。

　一方，地上に建物を建設し，自然の冷気を利用する方法として，カンキツの常温貯蔵がある。断熱と換気をうまく組み合わせた専用の貯蔵庫で，ウンシュウミカンの貯蔵が行われている。これは床下からの冷気導入と天井からの空気排出をうまく操作し，また貯蔵庫の土壁の断熱作用と湿度調節作用により温湿度を調節しようとするものである。この方法はランニングコストがほとんどかからないなどの利点はあるが，換気の調節には経験と入念な管理が必要であり，また果実の入出庫には機械化が困難なため多くの労力を要する。

　また，日本には多くの廃坑や使用済みのトンネルがあり，岩盤などに蓄冷された冷気を利用すれば貯蔵施設として利用可能である[1),2)]。これまでに日本では，洞窟などは漬け物，野菜などの貯蔵に小規模ながら使われてきた。エネルギー対策の一環として行われた事業で，全国の廃坑や廃トンネルを貯蔵庫として利用する試験が実施された。大規模に行われた試験として，宇都宮市の大谷石採石場跡地利用における青果物の貯蔵試験があげられる[3),4)]。そこではアマナツミカン，キウイフルーツのほか，多くの青果物について，貯蔵に適した温湿度環境による省エネルギー貯蔵や貯蔵コストの削減に対する試験が行われた。

そのほか，天然の冷エネルギーを利用する貯蔵法に冬の雪や寒気の冷熱を用いる方法がある。雪中貯蔵と呼ばれ，冬季に降雪の多い地方でみられるもので，従来は小規模に雪の中にダイコン，ニンジン，キャベツ，ハクサイなどをワラで囲って貯蔵した。しかし最近では屋外に大規模な貯蔵施設を建設し，冬季の降雪を建物の屋根などに蓄え，それをそのまま春以降の冷蔵に用いることが行われている。

また，雪下栽培といわれ，生育した野菜を収穫せず，そのまま畑に置いて積雪を待ち，冬季の間に畑の積雪の下から掘り出すものと，雪解け後，直ちに収穫・出荷する雪中貯蔵を兼ねた栽培法もある。

〔引用文献〕
1) 池ヶ谷良夫：果実日本, **41**(9), 84, 1986
2) 池ヶ谷良夫：果実日本, **41**(10), 65, 1986
3) 伊庭慶昭：果実日本, **39**(9), 22, 1984
4) 伊庭慶昭ら：果樹試報 B, **14**, 27, 1987

〔参考文献〕
・Kays, S. J.: Postharvest Physiology of Perishable Plant Products, Van Nostrand Reinhold, 1991
・樽谷孝之・北川博敏：園芸食品の流通・貯蔵・加工, 養賢堂, 1999
・長谷川美典ら編：果実の鮮度保持マニュアル, 流通システム研究センター, 2000
・菅谷文則ら：氷室のはなし, 国道194号広域観光推進協議会, 2001
・Kays, S. J. and Paull, R. E.: Postharvest Biology., Exon Press, 2004

6・2　環境温度の調節による貯蔵

貯蔵の目的は経済的観点からすると収穫後の生産物の品質を長期間保持し，生産物の販売期間を延長して供給の安定化を図るとともに，需要と供給のバランスを保ち価格の安定に寄与することである。

青果物は収穫により圃場や親植物から切り離されるため，水分や養分の補給が断たれる。青果物は自己に蓄えた成分を消費しつつ代謝活動を行い，収穫後も生命を保ち続けている。そのため，熟度や老化の進行，水分の消失，内容成

分の減少などに伴う鮮度低下を起こし，ついには生命活性の低下による腐敗など，食品として好ましくない現象がもたらされる。収穫後の青果物の品質を保持するためには，いかに収穫直後の鮮度を保つかが重要な課題となる。生体の代謝活動はおもに体内に含まれる酵素により営まれており，多かれ少なかれ，呼吸作用により産生されるエネルギーと連動している。したがって収穫後はできるだけ呼吸作用の抑制を図り，正常に生命を維持できる限度までその活性を抑制することが肝要である。

そのためには貯蔵環境の温度を制御し，青果物の呼吸を抑制するのがもっともよく用いられる方法である。環境温度を調節し，かつ利用して貯蔵を行う方法として，低温，常温（天然条件下での温度），高温による貯蔵法があるが，実際行われているのは低温によるものと常温によるもので，常温であっても天然の冷気を利用するものがほとんどである。ここではおもに人工的に低温を生み出し，それを用いて行う貯蔵法を説明する。高温貯蔵についてはほとんど実用化されていないものの30℃以上の高温域で青果物の生理特性が変化するところから，それを貯蔵などに用いようとする多くの研究がある。ここではそれらの高温による処理も含めて貯蔵への利用について説明する。

（1）低温域における品質保持と貯蔵技術
1）低温貯蔵

青果物の低温貯蔵は収穫後の品質保持を目的として，冷却器を用いて，0℃近辺から10℃程度の温度で貯蔵することをいうが，単に常温以下での温度における貯蔵を指すこともある。10℃以上の貯蔵は普通貯蔵ともいわれる。一方，0℃以下でその青果物の凍結点以上の温度域の貯蔵も試みられ，氷温領域における貯蔵についての報告[1]もある。低温は単独で用いられるほか，CA貯蔵やフィルム包装貯蔵と併用されることも多い。青果物は圃場で高い温度にさらされているため，収穫直後は品温が高いのが一般的である。品質保持のため，できるだけ早期に貯蔵適温まで冷却することが肝要であり，これが予冷である。その後の貯蔵，流通，販売をとぎれることのない一連の低温域で行うのがコールドチェーンであり，高品質の青果物を消費者まで届けることが可能となる。

2）低温域における青果物の収穫後生理

低温貯蔵は凍結によるものではなく，生きた青果物の品質保持を目的とするところから，低温と植物生理の関係を把握しなければならない。① 低温は青果物の生理活性を抑制し，内容成分の消耗を抑える。青果物の生理活性の指標となる呼吸量（呼吸速度）は温度が10℃低下するとおおよそ1/2～1/3にな

表6・2-1　各種果実の貯蔵最適条件と貯蔵期間

品目	温度（℃）	湿度(%)	貯蔵期間	凍結温度(℃)	水分含量(%)
アボカド	4.4～13	85～90	2～8週	−0.3	76.0
アンズ	−0.5～0	90～95	1～3週	−1.0	85.4
イチゴ	0	90～95	5～7日	−0.7	89.9
イチジク	−0.5～0	85～90	7～10日	−2.4	78.0
オレンジ					
カリフォルニア・アリゾナ産	3～9	85～90	3～8週	−1.2	85.5
フロリダ・テキサス産	0～1	85～90	8～12週	−0.7	86.4
カキ	−1	90	3～4カ月	−2.1	78.2
キウイフルーツ	−0.5～0	90～95	3～5カ月	−1.6	82.0
グアバ	5～10	90	2～3週	−	83.0
グレープフルーツ					
カリフォルニア・アリゾナ産	14～15.5	85～90	6～8週	−	87.5
フロリダ・テキサス産	10～15	85～90	6～8週	−1.0	89.1
サクランボ（甘果）	−1～−0.5	90～95	2～3週	−1.8	80.4
スモモ	−0.5～0	90～95	2～5週	−0.8	86.6
セイヨウナシ	−1.5～−0.5	90～95	2～7カ月	−1.5	83.2
ネクタリン	−0.5～0	90～95	2～4週	−0.9	81.8
パイナップル	7～13	85～90	2～4週	−1.1	85.3
バナナ（緑熟）	13～14	90～95	−	−0.7	75.7
パパイア	7	85～90	1～3週	−0.9	88.7
ビワ	0	90	3週	−	86.5
ブドウ（Vinifera）	−1～−0.5	90～95	1～6カ月	−2.1	81.6
ブドウ（American）	−0.5～0	85	2～8週	−1.2	81.9
ブルーベリー	−0.5～0	90～95	2週	−1.2	83.2
マンゴー	13	85～90	2～3週	−0.9	81.7
ミカン					
(Tangerins & Mandarins)	4	90～95	2～4週	−1.0	87.3
モモ	−0.5～0	90～95	2～4週	−0.9	89.1
ライチー	1.5	90～95	3～5週	−	81.9
ライム	9～10	85～90	6～8週	−1.6	89.3
リンゴ	−1～4	90～95	1～12カ月	−1.5	84.1
レモン	−	85～90	1～6カ月	−1.4	87.4

出典　Hardenburg, R. E. *et al.* : USDA ARS Agriculture Handbook No. 66, 1986

表6・2-2　各種野菜の貯蔵最適条件と貯蔵期間

品目	温度（℃）	湿度（%）	貯蔵期間	凍結温度（℃）	水分含量（%）
アスパラガス	0〜2	95〜100	2〜3週	-0.6	93.0
エンドウ	0	95〜98	1〜2週	-0.6	74.3
オクラ	7〜10	90〜95	7〜10日	-1.8	89.8
カブ	0	95	4〜5か月	-1.0	91.5
カボチャ（Pumpkins）	10〜13	50〜70	2〜3か月	-0.8	90.5
カボチャ（Winter Squashes）	10	50〜70	─	-0.8	85.1
カリフラワー	0	95〜98	3〜4週	-0.8	91.7
キャベツ	0	98〜100	5〜6か月	-0.9	92.4
キュウリ	10〜13	95	10〜14日	-0.5	96.1
ケール	0	95〜100	2〜3週	-0.5	86.6
サツマイモ	13〜16	85〜90	4〜7か月	-1.3	68.5
サヤインゲン	4〜7	95	7〜10日	-0.7	88.9
ショウガ	13	65	6か月	─	87.0
ジャガイモ	─	90〜95	5〜10か月	-0.6	77.8
スイカ	10〜15	90	2〜3週	-0.4	92.6
スイートコーン	0	95〜98	5〜8日	-0.6	73.9
セロリー	0	98〜100	2〜3か月	-0.5	93.7
タマネギ	0	65〜70	1〜8か月	-0.8	87.5
トマト（緑熟）	13〜21	90〜95	1〜3週	-0.6	93.0
トマト（完熟）	8〜10	90〜95	4〜7日	-0.5	94.1
ナス	8〜12	90〜95	1週	-0.8	92.7
ニンジン	0	98〜100	7〜9か月	-1.4	88.2
ニンニク	0	65〜70	6〜7か月	-0.8	61.3
ハクサイ	0	95〜100	2〜3か月	─	95.0
パセリ	0	95〜100	2〜2.5か月	-1.1	85.1
ダイコン（Winter Radishes）	0	95〜100	2〜4か月	─	─
ピーマン	7〜13	90〜95	2〜3週	-0.7	92.4
ブロッコリー	0	95〜100	10〜14日	-0.6	89.9
ホウレンソウ	0	95〜100	10〜14日	-0.3	92.7
マシュルーム	0	95	3〜4日	-0.9	91.1
メキャベツ	0	95〜100	3〜5週	-0.8	84.9
メロン（Cantaloup）	0〜2	95	5〜14日	-1.2	92.0
メロン（Honey Dew）	7	90〜95	3週	-0.9	92.6
リーキ	0	95〜100	2〜3か月	-0.7	85.4
レタス	0	98〜100	2〜3週	-0.2	94.8

出典　Hardenburg, R. E. *et al.*：USDA ARS Agriculture Handbook No. 66, 1986

る。②野菜，果実は収穫時の数%の水分が失われると商品価値が失われるものが多い。低温は蒸散抑制にも効果がある。③エチレンは果実の成熟・追熟には必要である。しかし，野菜の老化の促進，すなわち黄化や軟化，組織の離脱，また生理障害など，青果物にとっては好ましくない作用も合わせもつ。低

温はエチレン生成を抑制し，青果物の品質保持に有効である。④市場病害など収穫後に現れる疾病の原因となる微生物の生育を低温により遅らせることができる。これらのことから，一般に青果物の品質を保持するには凍結点以上で，できるだけ低い温度がよいが，許容温度以下で貯蔵すると低温障害の症状を呈する青果物がある。これらの青果物については貯蔵温度や期間について考慮する必要がある。

表6・2-1および表6・2-2にアメリカ農務省による Agriculture Handbook66から引用した果実と野菜の貯蔵適正温度と湿度を示した。

3）低温貯蔵庫の方式

冷却システムには熱伝達の方式により，直膨式とブライン式がある。前者は冷媒が気化する際の気化熱により冷却管を冷やし，それを介して庫内の空気を冷却するものである。設備費が安価である反面，冷却管に霜が付着しやすいため，庫内の湿度の低下を招いたり，また冷却むらを生じやすいなど短所がある。ブライン式は熱交換器を介してブラインを冷却し，それを冷却塔に循環して冷却した空気を庫内に流すもので，設備費はやや高価であるが，庫内の湿度を保ち，温度むらが少ないなどの利点がある。

庫内を冷却する方式には，①自然対流方式と呼ばれ，冷却器を天井に配置し，冷気を自然対流により循環させるものがある。これは冷却速度が遅く，また冷えむらが生じやすいなどの欠点がある。②強制通風方式は送風機を用い，庫内の空気を冷却器に送り，その冷気を庫内に送り出して庫内の空気を攪拌しながら冷却するものである。この方式は冷えむらが少ないなどの利点はあるものの，青果物の水分の消失による重量減少やしおれを生じやすい。③ジャケット方式は冷蔵庫内の壁面の内側にジャケットを設け，生じた冷気を壁面とジャケットの間に循環させて庫内全体を冷却するもので，冷えむらは少なく，庫内の湿度を保持するのに適している。

（2）高温域における品質保持と貯蔵技術

低温は青果物の生理活性を抑制するが，温度の上昇に伴い代謝は活発になり，品質の劣化は早まる。したがって青果物の品温の上昇は青果物の貯蔵に好ましくない条件と考えられており，収穫後できるだけ早期に品温を下げる予冷

が推奨されている。しかし，小倉ら[2]は緑白熟〜催色期のトマトを33℃に貯蔵すると追熟は抑制されるが，その後常温に戻すと追熟することを報告し，また小宮山ら[3]はスモモについて30℃で品質保持の効果のあることをみつけた。このように30℃のような高温領域でも青果物を保持できる可能性が示された。

昨今の食品に対する消費者の安全志向の高まり，電力需要の逼迫による省エネルギー対策，また冷蔵装置を建設できない地域での青果物の品質保持などに対し，青果物の高温処理は多くの可能性を秘めている。これらのことから，青果物に対する高温処理について，多くの研究がされてきた。しかし，ほとんどはまだ研究段階であり，実用化は先のことである。今後の研究の進展と実用化・応用化を願いそれらを紹介する。

1) 高温処理による呼吸・エチレン生成への影響

クライマクテリック型果実は呼吸の上昇やエチレンの発生が起こり，ついで後に述べる果皮・果肉の緑色の退色や果肉の軟化，成分の変化などをもたらすが，高温処理はそれらにさまざまな影響を与える。まず呼吸・エチレン生成についてみる。

リンゴを38℃に，トマトを36〜40℃に置くと，呼吸は20℃のものより高くなるが，やがて時間とともに減少する[4),5]。またトマトを高温に置くとミトコンドリアにシアン耐性呼吸が発達し，特に30℃，35℃で顕著である[6]。

トマト果実の実験によると，エチレン生合成経路のACC合成酵素とACC酸化酵素の内，35℃の高温では後者がより高温の影響を受け，エチレン生成が減少する[7]。しかし，高温により抑制されたエチレン生成は7日後25℃に戻すと回復した[8]。Teraiら[9]は新鮮なブロッコリーに50℃の気相中で2時間処理を行うと，ACC酸化酵素の活性とエチレン生成が抑制され，かつ黄化（老化）も遅延した。一方，Suzukiら[10]は同条件で処理したブロッコリーについて，ACC合成酵素の活性とその遺伝子（*BO-ACS1*）の発現およびACC酸化酵素の活性とその遺伝子（*BO-ACO1*, *BO-ACO2*）の発現を観察したところ，いずれも処理により抑制されることを報告している。高温処理は自己触媒的エチレン生成，ACC合成，着色促進，軟化など，エチレンに対する感受性にも影響を及ぼし，エチレンレセプターの消失や不活性化もしくは追熟に対するシグナルの伝達に支障をきたす可能性もある。

2）高温処理が青果物の品質に与える影響

一時的に高温に青果物を保持するとその後の追熟が抑制される。高温下における果実の追熟抑制の現象について，小宮山・辻の総説[11]に記載があり，トマトでは33℃，5～30日，バナナは40℃，1日以内，スモモでは30℃，3～7日が品質保持の面から適切であるといわれている。またセイヨウナシ，アボカドは40℃で追熟は抑制されるが，2日後20℃に移すとエチレン生成が増加し，追熟が進んだ[12),13)]。

リンゴ[14)]（SpartanとGolden Delicious）を38℃で4～6日熱処理し冷蔵すると，処理せずに冷蔵したものより軟化が抑制され，'Spartan'では生理障害が減少できた。マスクメロンでは3時間の45℃処理はその後の4℃で18日間の貯蔵中，スクロース含量の低下を抑えた[15)]。渋ガキの脱渋について，35℃程度の高温と炭酸ガスとエタノールを用いた処理により，高品質で日持ちのよい脱渋ガキが得られている。

そのほか，高温処理はサツマイモの収穫後の品質向上に用いられている。これはサツマイモのキュアリングと称されるものである。収穫されたイモは多かれ，少なかれ，表面に傷がある。それを放置すると病原菌など微生物の進入経路となる。そこでイモを35～36℃，湿度90～95％の室内で5～6日貯蔵すると傷口にコルク層が形成され，微生物の侵入を阻止し，また耐寒性も増すといわれている。

3）高温処理が青果物の低温障害に及ぼす影響

McDonaldら[16)]は27～48℃で1時間浸漬処理した緑熟トマト果実を2℃で2週間貯蔵し，その後追熟させたところ，42℃で前処理された果実の腐敗は軽減された。そのほか，温湯処理によりbell pepper（ピーマン）の低温障害も軽減することができる。53℃4分間の温湯浸漬処理は8℃での2週間または4週間に及ぶ低温貯蔵での低温障害と腐敗を軽減し，フィルム包装の併用により，さらにその効果は増す傾向にあった[17)]。Wang[18)]はズッキーニスクワッシュをあらかじめ42℃30分の温湯処理をすることにより，その後の5℃貯蔵による低温障害を軽減し，さらに温湯処理後15℃で2日間の処理（Precondition）したものではより軽減した。アボカドはミバエ駆除のため低温処理が望ましいが低温障害の懸念がある。しかし，38℃1時間の温湯処理は低温処理の影響を軽減し，追

熟後の品質向上に効果があった[19]。そのほかの温湯高温処理による低温障害の軽減や品質保持効果について，グレープフルーツ，レモン，スウィーティなどのカンキツ（53℃温湯，2～3分），キュウリ（38, 42℃温湯，30分），マンゴー（38℃温湯，48時間）をあげることができる。

高温処理による低温抵抗性はその一因に膜脂質の組成変化に伴う透過性への影響が考えられる。

4）高温による障害

これまで高温処理による有用な面について触れてきたが損失面も多くある。パパイア，マンゴーは収穫後の果実内の害虫駆除のために高温処理され，またリンゴでは低温での長期貯蔵の前処理として高温処理が考慮されているが，高温による追熟不良，果実の表面や内部の褐変，変質など，障害の発生事例が報告されている。アボカド，ネクタリンでも同様の報告がある。

5）高温処理を用いた貯蔵，実用化への取り組み

Fallikら[20]はカラーピーマンをリンスとブラッシング装置を組み入れた温湯処理装置で処理した後，船による遠距離輸送と販売を想定し，7℃下で2週間（RH90%）とその後20℃下で3日間の貯蔵を試み，品質への影響をみた。その結果，55℃の温湯で12秒間ブラッシングすることにより，果実は硬く保たれ，腐敗もほとんど認められなかった。また，処理による効果を確認するため，実際イスラエルからイギリスへの輸送実験を行った。温湯でブラッシング処理の

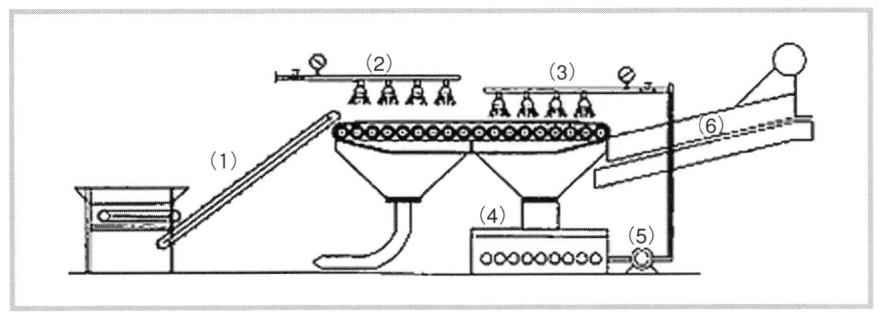

図6・2-1　温湯によるリンスとブラッシングのための設備
(1)コンベヤー，(2)水道水によるリンスとブラッシングの装置，(3)循環する温湯によるリンスとブラッシングの装置，(4)温湯貯蔵装置，(5)温湯を加圧・循環するためのポンプ，(6)通風によるドライヤー

出典　Fallik, E.: *Postharvest Biol. Technol.*, **32**, 125, 2004

後，イスラエルの選果場からロンドン到着まで15日間7℃下に置かれ，販売を想定してさらに16～18℃下に4日間保持された。この装置で処理されたものは硬く，品質は良好であり腐敗も少なかった。これらの方法は化学薬剤の使用を控えようとする世論の高まりとともに再認識されている。温湯によるリンスとブラッシングを組み合わせたこの処理は収穫後の青果物の外観や腐敗を抑制し，品質保持に有効であるとし，1998年以後，メロンやマンゴー，スイートコーンなどの輸出に採用されるようになっている[20]。温湯によるリンスとブラッシングのための設備を図6・2-1に示した。

〔引用文献〕

1) 山根昭美：日食工誌, **29**, 736, 1982
2) 小倉長雄ら：農化, **49**, 189, 1975
3) 小宮山美弘ら：日食工誌, **26**, 371, 1979
4) Lurie, S. and Klein, J. D.: *Physiologia Plantarum*, **78**, 181, 1990
5) Lurie S. and Klein, J. D.: *J. Amer. Soc. Hort. Sci.*, **116**, 1007, 1991
6) Inaba, M. and Chachin, K.: *J. Amer. Soc. Hort. Sci.*, **114**, 809, 1989
7) Atta-Aly, M. A.: *Postharvest Biol. Technol.*, **2**, 19, 1992
8) Biggs, M. S. *et al.*: *Physiol. Plant.*, **72**, 572, 1988
9) Terai, H.: *Food Preserva. Sci.*, **25**, 221, 1999
10) Suzuki, Y. *et al.*: *Postharvest Biol. Technol.*, **36**, 265, 2005
11) 小宮山美弘・辻 政雄：日食工誌, **32**, 597, 1985
12) Maxie, E. C. *et al.*: *J. Amer. Soc. Hort. Sci.*, **99**, 344, 1974
13) Eaks, I. L.: *J. Amer. Soc. Hort. Sci.*, **103**, 576, 1978
14) Porritt, S. W. and Lidster, P. D.: *J. Amer. Soc. Hort. Sci.*, **103**, 584, 1978
15) Lingle, S. E. *et al.*: *HortScience*, **22**, 917, 1987
16) McDonald, R. E. *et al.*: *Postharvest Biol. Technol.*, **16**, 147, 1999
17) González-Aguilar, G. A. *et al.*: *Postharvest Biol. Technol.*, **18**, 19, 2000
18) Wang, C. Y.: *Postharvest Biol. Technol.*, **4**, 65, 1994
19) Woolf, A. B.: *HotrScience*, **32**, 1247, 1997
20) Fallik, E. *et al.*: *Postharvest Biol. Technol.*, **15**, 25, 1999

〔参考文献〕

・Hardenburg, R. E. *et al.*: The Commercial Storage of Fruits, Vegetables, and Flo-

rist and Nursery Stocks, USDA ARS, Agriculture Handbook No. 66, 1986
・岩元睦夫ら編：青果物・花き鮮度管理ハンドブック，サイエンスフォーラム，1991
・高宮和彦編：野菜の科学（シリーズ食品の科学），朝倉書店，1993
・杉浦 明ら編：新園芸学全編―園芸学最近25年の歩み―，養賢堂，1998
・Lurie, S.: Review, *Postharvest Biol. and Technol*. 14, 257, 1998
・長谷川美典ら編：果実の鮮度保持マニュアル，流通システム研究センター，2000

6・3　環境ガス条件の変更による貯蔵

　酸素と二酸化炭素は果実・野菜の一次代謝や二次代謝に対して大きく影響しており，それらの包括的な作用を制御することで果実・野菜の代謝を調節することができる。その結果，果実・野菜の貯蔵期間やシェルフライフを延長することが可能となる。今までの多くの研究結果から，酸素濃度を3～5％，二酸化炭素濃度を3～5％，残りを窒素となるような環境ガス条件では，果実・野菜の呼吸作用が適度に抑制されることが認められている[1]。このような環境ガス条件の変更による貯蔵は，CA貯蔵（controlled atmosphere storage）あるいはMA貯蔵（modified atmosphere storage）と呼ばれている。CA貯蔵はガス濃度を厳密に調節し，一般には低温貯蔵との組み合わせによって行われる。それに対して，MA貯蔵はプラスチックフィルム包装で貯蔵された果実・野菜の呼吸作用に伴うガス濃度条件の変化による効果も含めて広い意味で用いられている。CA貯蔵あるいはMA貯蔵の効果は，果実・野菜の追熟，老化，生理活性などの抑制による品質保持，エチレンに対する感受性の低下，貯蔵中に発生する生理障害の軽減，微生物の発育抑制，害虫の発育抑制などがある。しかし，適正な環境ガス組成が形成されていないと，果実の追熟の不均一，組織の水浸状化，風味の劣化などの生理障害が起こる。

　MA貯蔵に関しての記録上の最初の例は，ローマ時代の穀物貯蔵においてである[2]。地下の坑やサイロが穀物貯蔵に用いられていて，穀物の呼吸作用によって貯蔵庫内の酸素濃度が減り，二酸化炭素濃度が高くなる。その結果，地下の坑やサイロ内の環境ガス組成が変化して，CA条件となって穀物を保蔵することができる。Berardは果実の呼吸作用によって二酸化炭素が生成されて，

貯蔵環境ガス条件の酸素濃度が減少することで果実の追熟の進展を防げるという最初の科学的研究を行った[2]。その100年後,イギリスの Kidd と West は,貯蔵環境ガス中の低濃度の酸素と高濃度の二酸化炭素の効果はリンゴ果実の貯蔵期間を延長することであることを示した[2]。この論文が公表されて2年後,イギリスで最初の CA 貯蔵がリンゴの貯蔵に関して実用化された。

(1) MA 貯蔵および包装貯蔵の効果と技術
1) MA 貯蔵および包装貯蔵

MA 貯蔵は,果実・野菜を囲っている環境ガスが調節することなしに,果実・野菜の呼吸作用によってあるいは囲っている空気と混合されたり,外部の新鮮な空気が流入することによって貯蔵に適したガス条件となり,果実・野菜の品質が維持できる貯蔵方法である。そのときの環境ガスは低濃度の酸素と高濃度の二酸化炭素の CA 条件が形成される。果実・野菜の MA 貯蔵は果実・野菜を包装することによって行うことが多い。そのときの包装を MA 包装と呼んでいる。果実・野菜の包装用資材には段ボール,段ボールとプラスチックフィルムとの併用,プラスチック容器,プラスチックトレーとフィルムとの併用,プラスチックフィルム袋などがある。特に,プラスチックフィルムは袋状,ストレッチフィルムなどとして広く用いられている。MA 貯蔵や MA 包装内で形成されるガス条件は,包装内の果実・野菜の量,果実・野菜の品温や包装外の環境温度,包装内あるいは果実・野菜の水分量,包装資材の透過性の影響を受ける。そのため,加工食品の包装資材の具備すべき条件とは大きく異なり,包装資材にはある程度の気体透過性が要求される。透過性がきわめて劣る場合には何らかの方法で通気孔を作る必要がある。

2) プラスチックフィルム包装

プラスチックフィルムによる包装は,果実・野菜の鮮度,内容成分からみた品質保持だけでなく,取り扱い中の機械的損傷の軽減,規格化などの役割も果たしている。一般的には,プラスチックフィルムは比較的薄くて,引っ張り強度や突き刺し強度があり,かつ適度のガス透過度や透湿度を有していて,透明で作業性のよいものが使用範囲が大きく,経済性も高い。

開発利用されているプラスチックフィルムは,ポリエチレンフィルム,ポリ

表6・3-1　果実・野菜に用いられている各種プラスチックフィルムの酸素・水蒸気透過度

フィルム名	記号	厚さ (μm)	酸素透過度 (25℃, 90%RH) cc/m^2・24h・atm	水蒸気透過度 (40℃, 90%RH) g/m^2・24h
ポリメチルペンテン	PMP	25	47000	110
ポリブタジエン	BOR	30	13000	200
エチレン・酢酸ビニル共重合	EVA	30	10000～13000	80～5200
軟質ポリ塩化ビニル	PVC	30	変化大　10000	80～1100
ポリスチレン	PS	30	5500	133
低密度ポリエチレン	LDPE	30	6000	18
高密度ポリエチレン	HDPE	30	4000	7
無延伸ポリプロピレン	CPP	30	4000	8
延伸ポリプロピレン	OPP	20	2200	5
硬質ポリ塩化ビニル	PVC	25	200	5
ポリエチレンテレフタレール（ポリエステル）	PET	12	120	25
延伸ナイロン（ポリアミド）	ON	15	75	134
セロファン	Kセロ	22	8～20	10

表6・3-2　果実・野菜に用いられている機能性フィルムの例

	主な材質	特長	効果	事例
無機多孔質練込みフィルム	低密度ポリエチレン ＋大谷石　ゼオライト　サンゴ粉末　セラミックス　クリストバライト	エチレンの吸着 ガス透過性・透湿性がポリエチレンより大 ヒートシート可	追熟抑制 簡易CA効果	ホウレンソウ ブロッコリー ニラ ミツバ
微細孔フィルム	ポリエチレン 延伸ポリプロピレン 延伸ナイロン ポリスチレン	通気性大 ガス透過性の制御 水蒸気透過性の制御	追熟抑制 簡易CA効果	ブロッコリー
防曇フィルム	二軸延伸ポリプロピレン ＋界面活性剤	防曇 ガス透過性がポリエチレンよりやや小 光沢・透明度大	結露防止 簡易CA効果 商品性の向上	ホウレンソウ アスパラガス ブロッコリー キュウリ
抗菌性フィルム	低密度ポリエチレン ＋ヒノキチオール アリルイソチオシアネート ポリエチレン ＋銀ゼオライト	代謝抑制 抗菌 防カビ 抗菌 エチレン除去	商品性の向上	ブロッコリー

プロピレンフィルム，ポリ塩化ビニルフィルム，ポリエチレンフィルムなど果実・野菜の包装用も含めて非常に多種類に及んでいる[1]。現在利用されているプラスチックフィルムの例を表6・3-1に示した。最近では蒸散作用の抑制やMA貯蔵の効果のみならず，ほかの機能を積極的に付加し，果実・野菜の品質・鮮度保持をいっそう高めることを目的としたプラスチックフィルムが開発されてきている。それらは機能性フィルムと呼ばれ，多孔性鉱物質を練り込んでエチレン吸着を狙ったフィルム，ガス透過性の改善のためフィルムにレーザー光線によって微細孔を開けたフィルム，界面活性剤をフィルムに塗布したり，あるいは表面活性化処理をした防曇フィルム，抗菌物質を練り込んで抗菌性を狙ったフィルムなどが開発されている（表6・3-2）。

3）実際の包装における問題点

包装内の果実・野菜は呼吸作用によって酸素を吸収し，二酸化炭素を排出する。しかし，フィルムを通じての大気の酸素の透入と二酸化炭素の透出とのバランスがとれず，果実・野菜の呼吸作用が強くなると包装内は嫌気状態となって，呼吸作用も好気呼吸から嫌気呼吸へと変わる。このような包装内のガス濃度の変化は果実・野菜の取り扱われる温度によって顕著に異なる。低温下で取り扱った場合呼吸活性は抑制されて，包装内のガス濃度の変化は緩やかになり，包装内が嫌気状態となる危険性も少なくなる。しかし，実際には果実・野菜の取り扱いが常温で行われることも多くあるので注意しておく必要がある。

包装内は果実・野菜の蒸散作用によってフィルム表面に結露することがある。包装内の結露は，腐敗菌の増殖や組織の傷みを促進して，果実・野菜の品質低下を加速させる。むしろ，ごく少量ずつのフィルム面からの水蒸気の揮散がよい結果を与える。また，フィルム面での結露は曇りの原因となり，内容物の品質判定が難しく，包装物自体の商品性を低下させる。最近ではその対策として防曇フィルムが多く用いられている。

（2）CA 貯蔵の効果と技術

1）CA 貯蔵の効果

CA貯蔵は青果物の貯蔵環境ガス条件を人為的に調節し，低温貯蔵と組み合わせた貯蔵法である。20世紀初頭にイギリスのKiddとWestによって開発さ

れて，リンゴではじめて実用化された。その後，リンゴ以外の果実・野菜について多くの研究者によってその効果が検討された。果実・野菜へのCA貯蔵による効果が詳細に調べられている。その得られた果実・野菜のCA条件について表6・3-3に示した。

CA貯蔵に用いる酸素と二酸化炭素の濃度は，果実・野菜の種類，品種によって異なり，品温，収穫時の熟度やステージおよび収穫前の生育状態の影響を受ける。低濃度の酸素が果実・野菜に及ぼす影響としては，呼吸速度の低下，呼吸基質の酸化の減少，クライマクテリック果実の追熟の遅延，貯蔵性の延長，クロロフィル分解の遅延，エチレン生成の抑制，脂肪酸生成系の抑制，可溶性ペクチン分解の減少，好ましくないフレーバーやにおいの生成，テクスチャーの変化および生理障害の発達がある[3]。また，高濃度の二酸化炭素が及ぼす影響としては，クライマクテリック果実の生成反応の抑制，酵素反応の抑制，揮発性成分の生成抑制，有機酸代謝の制御，ペクチン物質の分解速度の抑制，クロロフィル分解の抑制，オフフレーバーの発生，生理障害発生，カビの発生抑制，エチレン作用の抑制，ジャガイモの糖組成への影響，ジャガイモの発芽への影響，収穫後の生長の制御，変色程度の軽減がある[3]。

ⅰ）**果実・野菜の品質に対する効果**　収穫後における果実・野菜の成分変

表6・3-3　果実・野菜のCA貯蔵条件と貯蔵可能期間

種類	温度(℃)	湿度(%)	ガス組成		貯蔵期間(月)
			酸素(%)	二酸化炭素(%)	
リンゴ（紅玉）	0	90〜95	3	3	6〜7
ウンシュウミカン	3	85〜90	10	0〜2	6
ニホンナシ（二十世紀）	0	85〜95	5	4	9〜12
カキ（富有）	0	90〜95	2〜3	7〜8	5〜6
セイヨウナシ	0	95	4〜5	7〜8	3
緑熟バナナ	12〜14	—	5〜10	5〜10	6
クリ	0	80〜90	5〜7	2〜4	7〜8
ジャガイモ（男爵）	3	85〜90	2〜3	3〜5	8
ナガイモ	3	90〜95	2〜4	4〜7	8
ニンニク	0	80〜85	5〜8	2〜4	10
ハクサイ	0	90	3	4	4〜5
レタス	0	95〜100	10	4	2〜3
トマト	0	95〜100	10	5〜10	1

化が収穫物の色，テクスチャー，フレーバーおよび栄養価など品質に重大な影響を及ぼす。これらの変化は，果実・野菜の品質にとっては望ましい場合とそうでない場合がある。CA貯蔵はそれらの変化を調節することができる。収穫後の果実・野菜のクロロフィルの分解，カロテノイドやアントシアンの生成がCA貯蔵により制御できることが知られており，褐変などの変色もCA貯蔵によって防ぐことができる。高濃度の二酸化炭素がフェノール物質の生成とポリフェノールオキシダーゼの活性を抑制し，レタスの葉に発生する褐変現象を防ぐ作用をもっている[4]。

　CA貯蔵では果実の追熟や軟化を抑制させる。トマト果実の緑熟果をCA貯蔵すると，ポリガラクツロナーゼの酵素誘導が抑制される[5]。しかし，CA貯蔵解除後はその酵素の生成が誘導されて，果実の軟化が進み，トマト果実の着色も進行する。また，アスパラガスでは若茎が硬くなるのをCA貯蔵することによって遅らせることができる。

　果実・野菜のフレーバーはそれらに含まれる炭水化物，有機酸，タンパク質，アミノ酸，脂質およびフェノール物質含量の変化に影響を受ける。ジャガイモのデンプンから糖への変化はジャガイモの加工上好ましくなく，CA貯蔵がデンプンから糖への変化を抑制させる[6]。しかし，CA貯蔵はジャガイモの発芽を促進させる。リンゴやセイヨウナシ果実ではCA貯蔵によってそれらから出る揮発性物質の生成を減少させることができ，この抑制効果はCA貯蔵庫の出庫後は解除される。しかし，クライマクテリック前に収穫された果実では長期間CA貯蔵した場合には揮発性物質生成が十分には行われなくなる。また，オフフレーバーや異臭の発生は果実・野菜が低濃度の酸素あるいは高濃度の二酸化炭素にさらされたとき，好気呼吸が嫌気呼吸に移行し，嫌気呼吸が発達するからである。その結果，エタノールやアセトアルデヒドが果実・野菜に蓄積して，オフフレーバーや異臭が発生する。ブロッコリーでは酸素濃度が0.25%以下あるいは二酸化炭素濃度が15%以上で貯蔵した場合に異臭が発生する[7]。

　CA貯蔵は果実・野菜に含まれるアスコルビン酸の減少を抑えることができる。ホウレンソウではCA貯蔵によってアスコルビン酸の減少を空気貯蔵の約半分に抑えることができる[8]。

　ii) 青果物の生理に対する効果　　CA貯蔵した果実・野菜の呼吸速度は同

じ貯蔵温度で空気中で貯蔵したものに比べて低くなる。また，その抑制効果は貯蔵温度によって異なり，呼吸速度は0℃では空気で貯蔵した果実・野菜の10～46%，10あるいは20℃では20～60%となる[9]。しかも，低濃度の酸素と高濃度の二酸化炭素がそれぞれ果実・野菜の呼吸速度に及ぼす影響は，それらの種類や品種あるいは発達段階によっても異なる。CA貯蔵での酸素と二酸化炭素の濃度と果実・野菜の呼吸速度との関係は複雑である。高濃度の二酸化炭素には果実・野菜の呼吸速度を下げる効果があるが，その濃度が20%またはそれ以上の場合では果実・野菜の種類によっては呼吸速度に対する反応の仕方が異なる。バナナ，成熟したトマトおよびキュウリ果実では呼吸速度が低下するのに対して，ジャガイモ，ニンジンでは増加した。しかし，グアバおよびオレンジ果実，タマネギの呼吸速度は影響しなかった[10]。

　CA貯蔵の効果の一つとして，クライマクテリック果実の追熟の遅延がある。低濃度の酸素と高濃度の二酸化炭素は果実の追熟を引き起こすエチレンの生成とその作用に対して抑制に働く。エチレンはメチオニンを前駆物質に，1-アミノシクロプロパン-1-カルボン酸（ACC）を経て生合成される。嫌気環境下ではそのACCからエチレンへ至る反応が阻害されて，果実・野菜の組織内にACCの蓄積が起こり，エチレン生成が抑制される。その結果，CA貯蔵ガス条件は果実・野菜がエチレンに反応して引き起こされる品質の劣化，軟化の促進，生理障害の誘導を抑制させたり，遅延させたりする。しかし，果実・野菜の種類，二酸化炭素の濃度によっては二酸化炭素がエチレン生成を抑制するのか，あるいは促進するのか，または影響しないのかその反応は異なる。低濃度の酸素と高濃度の二酸化炭素はエチレン生成を抑制させて，果実・野菜にエチレンの作用が及ばないようにしているが，CA貯蔵庫は気密性が高いため貯蔵庫内では生成されたエチレンが蓄積し，果実・野菜に害を及ぼすことになる。特に，追熟するリンゴ，セイヨウナシ，アボカドおよびキウイフルーツ果実では高い濃度のエチレンが貯蔵庫内に蓄積する。そのような場合，CA貯蔵庫内にエチレンを除去するためのシステムが必要となる。

　iii）**病害虫に対する効果**　細菌やカビによる果実・野菜の病害の進展をCA貯蔵によって防ぐことができる。キャベツでは3%酸素，5%二酸化炭素のCA貯蔵条件で病害の発生を抑えることができる[11]。15～20%の高濃度の二

酸化炭素がブラックベリー，ラズベリー，イチゴ，イチジクおよびブドウ果実の貯蔵中のカビの発生を抑制する[3]。イチゴ果実では病害によって引き起こされる腐敗の進展をCA貯蔵によって防止するだけでなく，CA貯蔵庫から出庫後もその効果が残存する[3]。CA貯蔵条件が果実・野菜の貯蔵中の腐敗の進展を防ぐ理由は，まだ十分には明らかになっていない。しかし，これら低濃度の酸素と高濃度の二酸化炭素がカビに直接作用するというよりも果実・野菜に対してカビに対する抵抗性を付与しているものと考えられている。

果実・野菜のCA処理による殺虫効果については殺虫剤に代わるものとして，熱帯，亜熱帯果実を中心に調べられている。この処理では殺虫剤のように果実・野菜への残留性を心配しなくてもよく，CA貯蔵と同様に品質保持の効果も期待できる。非常に低い酸素濃度（0.5％前後）と非常に高い二酸化炭素濃度（50％前後）の組み合せのCA条件下で比較的高い温度と低い湿度を必要とし，短時間での処理が行われる[12]。これらの条件は果実・野菜の非常に低い酸素濃度や高い二酸化炭素濃度に対する耐性，害虫への殺虫効果およびCA貯蔵にかかるコストによって決定される。

2）CA貯蔵の技術

CA貯蔵庫内のガス環境を維持，調節するための調節法や装置が現在いくつか開発されている。

ⅰ）**普通方式**　庫内の酸素濃度と二酸化炭素濃度を貯蔵庫内に入っている果実・野菜の呼吸作用を利用して調節する方法で，普通方式といい，スクラバー方式とも呼ばれている。この方法は最も簡易なガス調節法である。果実・野菜を密閉性の高い冷蔵庫に入れて，果実・野菜が呼吸作用により酸素を消費し，二酸化炭素を生成することで庫内のガス環境を低濃度の酸素，高濃度の二酸化炭素にする。過剰となった二酸化炭素については二酸化炭素除去装置（スクラバー）によって除去し，不足する酸素については外気を換気することにより補給する。二酸化炭素除去装置には活性炭，消石灰，ガス交換拡散膜などを用いており，化学的または物理的に二酸化炭素の除去を行う。

ⅱ）**ジェネレーター方式**　所定の低酸素濃度，高二酸化炭素濃度のガスを作って貯蔵庫内へ送る方法である。ジェネレーター方式ではプロパンガスを燃焼させて，低酸素濃度，高二酸化炭素濃度のガスをつくり，これを冷却して庫

内に送る。送風後は普通方式と同じようにガスを調節する。また，ゼオライト，モレキュラーシーブ（吸着剤），ガス分離膜を用いて空気中の酸素と窒素を分離し，窒素を庫内に送り込んで庫内の酸素濃度を下げる非燃焼方式がある。この場合，二酸化炭素濃度は果実・野菜の呼吸作用によって調節する。

ⅲ）**再循環方式**　ジェネレーター方式と同様に所定の低酸素濃度，高二酸化炭素濃度のガスを作って貯蔵庫内へ送る方法である。燃焼装置（コンバーター）に庫内の空気を送り込んで，触媒でプロパンガスを燃焼させて，低濃度の酸素，高濃度の二酸化炭素のガスをつくり，再び庫内へ入れる。過剰の二酸化炭素はアドソーバーに吸着させて除去する。この方法は短時間で所定のガス環境を調節できるが，装置が大型で複雑となるためコストがかかる。

ⅳ）**ガス分離膜方式**　気密性のよい冷蔵庫に窓を設け，その窓にガス透過膜（シリコンゴムフィルム）を取り付ける。庫内のガス分圧の変化に応じて酸素と二酸化炭素がその膜内を拡散し，庫内と庫外とでガス交換が行われて，庫内のガス濃度が調節される。

（3）貯蔵環境ガス条件の変更に伴う生理障害とその制御
1）低酸素障害

　低濃度の酸素ガス条件は果実・野菜の呼吸作用を抑制し，エチレン生成を抑えることでそれらの品質保持に有効である。しかし，限界以下の低濃度の酸素ガス環境になるとむしろ果実・野菜に対して悪影響を及ぼすことになる。酸素濃度が1～3％以下となると，呼吸が好気呼吸から嫌気呼吸に変わり，嫌気呼吸が活発となって，低酸素障害が発生する。低酸素障害は果実・野菜の種類，品種によって異なるが，オフフレーバー，異臭，変色，ピッティング，組織の水浸状化，追熟障害，腐敗などといった障害が発生して，果実・野菜の品質を損ねることになる。果実・野菜が限界以下の低酸素濃度にさらされて嫌気呼吸が発達すると，ピルビン酸を基質としてピルビン酸脱炭酸酵素によってアセトアルデヒドが生成する。そのアセトアルデヒドはアルコール脱水素酵素の働きでエタノールに変換されるアルコール発酵が盛んとなって，発酵産物のアセトアルデヒドやエタノールが組織中に生成されて蓄積する。アセトアルデヒドやエタノールの蓄積は果実・野菜のオフフレーバーや異臭の主要な原因となって

いる。イチゴおよびオレンジ果実ではエタノールが100ppm 以上，'20世紀'ナシ果実では200ppm 以上，'イエローニュートン'リンゴ果実では2,000ppm以上組織内に蓄積すると，オフフレーバーが発生する[13]。また，アセトアルデヒドは通常エタノールよりも組織中に生成する量は少ないが，イチゴ果実では19ppm 以上蓄積するとオフフレーバーが発生し，蓄積量が80ppm 以上になると深刻な低酸素障害を招くことになる[14]。エタノールやアセトアルデヒドが生体内に多量に蓄積することは有害である。特に，アセトアルデヒドはエタノールよりも有毒であり，植物組織中のタンパク質と結合して，核酸合成に関係した酵素に悪影響を及ぼし，膜や組織の破壊を起こすことが知られている[15]。それゆえ，低酸素ガス環境下での果実・野菜のアルコール脱水素酵素の誘導と活性化は，アセトアルデヒドの害から生体を守るための防御反応ともいえる。

2）高二酸化炭素障害

高濃度の二酸化炭素ガス条件は，CA 貯蔵で果実・野菜の品質を保持するために重要な役割を担っているが，限界以上の二酸化炭素濃度になると果実・野菜の品質に悪影響を及ぼす。10％以上の高濃度の二酸化炭素にさらされるとキャベツ，セロリ，タマネギ，レタスおよびセイヨウナシ果実では内部褐変，内部崩壊が発生する。また，アスパラガスでは表皮にピッティングが発生する[3]。高濃度の二酸化炭素は TCA 回路で重要なコハク酸脱水素酵素を抑制し，コハク酸を蓄積させる。コハク酸の蓄積は生体にとって有害であり，それが障害発生の原因となる。また，高濃度の二酸化炭素は TCA 回路を調節する因子であり，ミトコンドリアの活性を抑制する。その結果，アルコール発酵が盛んとなって，これら発酵産物のアセトアルデヒドやエタノールが蓄積し，障害を起こす原因となる。

3）CA 処理が生理障害に及ぼす影響

果実・野菜は貯蔵中不適切な貯蔵環境に遭遇すると，低温障害などの生理障害が発生し，品質の劣化を招くことになる。しかし，果実・野菜を CA 貯蔵することによりそれら生理障害を軽減することができる。2.5℃に貯蔵したカボチャの低温障害は，1.4％の低酸素濃度によって発生が抑制される[16]。オクラ，トウガラシ，アボカド，モモ果実でも CA 貯蔵することで低温障害の症状が軽減される[3]。リンゴおよびセイヨウナシ果実に発生するやけ病は CA 貯蔵

によって軽減することができる[17]。また，エチレンによって引き起こされるレタスのラセットスポットをCA貯蔵によって防ぐことができる[18]。しかし，低温障害が発生しやすいキュウリ，ピーマン，トマトの緑熟果では低温でCA貯蔵した場合，発生した低温障害の症状がよりひどくなる傾向を示す[3]。

4）CA貯蔵解除後の生理障害発生

レタスでは高濃度の二酸化炭素（15%）によってフェノール物質の生成やポリフェノールオキシダーゼの活性が抑制されて，CA貯蔵中は褐変の進行が抑えられる[4]。しかし，CA貯蔵を解除して，レタスを空気にさらすと，フェノール物質の酸化が開始されて，褐変が進行するようになる。また，セイヨウナシ果実を低濃度の酸素条件から解除して，空気にさらすと，オフフレーバーや褐変などの生理障害が発生して品質を劣化することが知られている[3]。これはセイヨウナシ果実の組織中に蓄積したエタノールが空気にさらされることでアルコール脱水素酵素の働きによってアセトアルデヒドへ変化し，生成したアセトアルデヒドが障害発生の原因となるからであると考えられている。

〔引用文献〕
1) 茶珍和雄ら：日包装学誌，**4**，245，1995
2) Beaudry, R. M. : *Postharvest Biol. Technol.*, **15**, 293, 1999
3) Kader, A. A. : *Food Technol.*, **40**, 99, 1986
4) Siriphanich, J. *et al.* : *J. Amer. Soc. Hort. Sci.*, **110**, 249, 1985
5) Goodenough, P. W. *et al.* : *Phytochemistry*, **21**, 281, 1982
6) Sherman, M. *et al.* : *J. Amer. Soc. Hort. Sci.*, **108**, 129, 1983
7) Lougheed, E. C. : *HortScience*, **22**, 291, 1987
8) McGill, J. N. *et al.* : *J. Food Sci.*, **31**, 510, 1966
9) Robinson, J. E. *et al.* : *Ann. Appl. Biol.*, **81**, 399, 1975
10) Pal, M. *et al.* : *J. Food Sci. Technol. Mysore*, **30**, 29, 1993
11) Prange, P. K. *et al.* : *Canadian J. Plant Sci.*, **71**, 263, 1991
12) Yahia, E. M. : *Hort. Rev.*, **22**, 123, 1998
13) Ke, D. *et al.* : *J. Amer. Soc. Hort. Sci.*, **116**, 253, 1991
14) Ke, D. *et al.* : *J. Food Sci.*, **56**, 50, 1991
15) Toivonen, P. M. A. : *Postharvest Biol. Technol.*, **12**, 109, 1997
16) Mencarelli, F. *et al.* : *J. Amer. Soc. Hort. Sci.*, **108**, 884, 1983

17) Smock, R. M. : *Hort. Rev.*, **1**, 301, 1979
18) Kader, A. A. : *HortScience*, **20**, 54, 1985

〔参考文献〕
・樽谷隆之ら：園芸食品の流通・貯蔵・加工，養賢堂，1982
・Weichmann, J. : Postharvest physiology of vegetables, Marcel Dekker, Inc., 1987
・大久保増太郎：野菜の鮮度保持，養賢堂，1988
・斉藤　隆ら：園芸学概論，文永堂出版，1992
・日本生物環境調節学会：新版　生物環境調節ハンドブック，養賢堂，1995
・山下市二：日食科工誌，**43**，339，1996
・Thompson, A. K. : Controlled atmosphere storage of fruits and vegetables, CAB INTERNATIONAL, 1998
・太田英明ら：食品鮮度・食べ頃事典，サイエンスフォーラム，2002

6・4　薬剤処理による貯蔵

　果実・野菜の貯蔵中の品質を保持するために化学物質を用いる研究は古くからあり，それらのうち一部は現在利用されている。これら薬剤処理は，収穫前では農薬取締法が，収穫後では食品衛生法の適用を受けるので，使用に当たっては厳重な注意を払うことが非常に重要である。

(1) 使用される薬剤の性質と種類

　薬剤処理の目的として，果実・野菜の生理的変化の抑制と病害防除に大別される。

1) 果実・野菜の生理的変化の抑制

　ⅰ) 貯蔵用被膜剤　　ハウスミカン，早生ウンシュウミカン，中晩柑などのカンキツ果実の貯蔵に被膜剤が用いられている。被膜剤は天然ロウ，モルホリン脂肪酸塩，水溶性高分子物質などからなり，表皮の開孔部を適度にふさぎ，蒸散を抑制して貯蔵性を高めている。1953（昭和28）年にウンシュウミカンで実用化された。腐敗を防ぐためにオルトフェニルフェノールやチアベンダゾールなどの防黴剤を被覆剤に混用して使うものが多い。

　ⅱ) チアベンダゾール　　グレープフルーツの低温障害発生の抑制やハッサ

クの虎斑症抑制の報告があるが，国内産果実での使用はみられない。

　ⅲ）**生長調節物質処理**　2,4-D，NAAについて果実の追熟促進効果，果梗部の離層形成阻害による脱粒防止，発芽抑制の報告が多くある。しかし，現在日本では食品衛生法で果実や野菜の収穫後の使用は認められていない。

　ⅳ）**1-MCP**（1-メチルシクロプロペン）　1-MCPは有力なエチレン作用阻害剤として注目を浴びている。1-MCPは常温常圧では気体であり，エチレンに比べて約10倍の親和性をもっていて，エチレンのレセプターに作用する[1]。園芸生産物の種類によってはフィードバック阻害によりエチレン生成に抑制作用する。$2.5 nll^{-1} \sim 1 ull^{-1}$の範囲の濃度で十分効果がある。その作用は処理温度によって異なるが，一般的には処理温度は20〜25℃で，処理時間は12〜24時間で十分である[1]。

2）果実・野菜の病害防除

　果実・野菜の貯蔵中に発生する病害は，実質的には市場病害と同じである。しかし，収穫前や収穫した直後では病原菌に対して比較的抵抗性をもっているが，収穫後貯蔵時間が経過したり，成熟や老化が開始すると，病原菌に対する感受性が増加する。また，低温や高温などの環境ストレスを受けることによっても，病原菌に対する感受性が増して，病害が発生しやすくなる。化学薬剤処理による病害防除には収穫前処理と収穫後処理に大別される。

　ⅰ）**収穫前処理**　果実・野菜の輸送，貯蔵，流通過程で発生する病害は，生育中の微生物の侵害によることが多い。それゆえ，収穫前に適切な化学薬剤を散布することは収穫後の腐敗発生を軽減するうえで有効である。化学薬剤としては殺菌剤を用いるが，その使用に当たっては農薬取締法の規制を受ける。

　ⅱ）**収穫後処理**　収穫後の果実・野菜に病害防除のための化学薬剤処理を行う場合，食品衛生法の食品添加物の規格や基準によってその使用は規制を受ける。

（2）薬剤処理による品質保持効果

　果実・野菜は収穫後蒸散，呼吸，老化，発芽などの生理的変化，生理障害，市場病害などによって品質が低下していく。このような品質低下を薬剤処理によって抑制し，品質を保持する目的の研究が多くなされている。果実・野菜は

収穫後蒸散によって萎凋し，品質を劣化させる。それを防ぐ目的で果実に被膜剤が用いられている。果実・野菜の追熟や老化にはエチレンが作用する。そこで，エチレンの作用を阻害する薬剤を用いて品質保持を行っている。また，生理障害を防止するためにカルシウム処理などが検討されている。しかし，使用に当たってはこれら薬剤処理は，収穫前では農薬取締法が，収穫後では食品衛生法の適用を受けるので，厳重な注意を払うことが肝要となる。

〔引用文献〕
1）Blankenship, S.M. *et al*.：*Postharvest Biol. Technol*., **28**，1，2003
〔参考文献〕
・樽谷隆之ら：園芸食品の流通・貯蔵・加工，養賢堂，1982
・伊庭慶昭ら：果実の成熟と貯蔵，養賢堂，1985
・斉藤　隆ら：園芸学概論，文永堂出版，1992

6・5　放射線処理による貯蔵

(1) 放射線照射による食品貯蔵とその原理

　放射線を食品の貯蔵に利用しようという考えはX線が発見（1895年レントゲンによる）された当時からあったが，実用的な研究が進められるようになったのは第二世界大戦後で，放射線発生装置や原子炉の開発が進むとともに，その廃棄物，とりわけラジオアイソトープ（RI）の利用法の一つとして，アメリカ，カナダ，ソ連（現ロシア連邦）をはじめ諸外国で進められるようになった。食品の放射線処理は，食品の種類，処理の目的に応じて，放射線の種類，線量や処理方法なども異なるが，日本では食品貯蔵のための放射線処理を食品照射といい，放射線処理を受けた食品を照射食品と称している。

　放射線には物質を通過する際に分子をイオン化させる作用を有しているので，イオン化放射線と呼ばれている。食品照射のために利用される放射線は，主にγ線と電子線（β線）で，前者は^{60}CoのようなRIから，後者は電子加速装置から得られるもの利用される。放射線の強さや量はいろいろの単位で表されるが，食品照射では吸収線量が用いられ，その単位として以前はラド（rad）

が使用されていたが，現在はグレイ（Gy）が用いられている．1 Gy は物質 1 kg 中に 1 J のエネルギーが吸収されたときの放射線量である．従来使用されてきたラドとの関係は，1 rad＝100erg/g＝1/100J/kg＝1/100Gy である．

γ線は電磁波で透過力が強く，深部まで照射することが可能であるのに対して，電子線は荷電粒子線で透過力は弱いが表面でのエネルギー吸収は大きい．この二つの線種は，食品の深部までの照射を期待するときはγ線を利用し，深

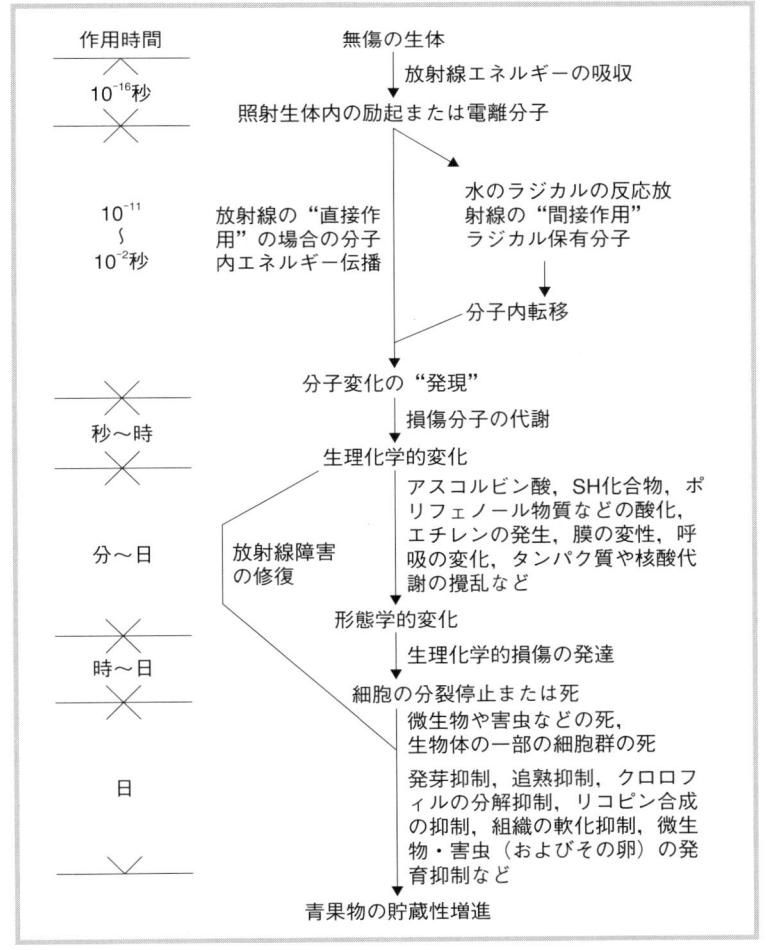

```
作用時間        無傷の生体
 10⁻¹⁶秒         ↓ 放射線エネルギーの吸収
               照射生体内の励起または電離分子
                                  ↓
 10⁻¹¹        放射線の"直接作     水のラジカルの反応放
  〜           用"の場合の分子     射線の"間接作用"
 10⁻²秒        内エネルギー伝播    ラジカル保有分子
                                  ↓
                          分子内転移
               ↓
              分子変化の"発現"
 秒〜時         ↓ 損傷分子の代謝
              生理化学的変化
                  アスコルビン酸，SH化合物，ポ
                  リフェノール物質などの酸化，
                  エチレンの発生，膜の変性，呼
                  吸の変化，タンパク質や核酸代
                  謝の攪乱など
 分〜日    放射線障害
           の修復
              形態学的変化
                  ↓ 生理化学的損傷の発達
 時〜日        細胞の分裂停止または死
                  微生物や害虫などの死，
                  生物体の一部の細胞群の死
  日           発芽抑制，追熟抑制，クロロフ
               ィルの分解抑制，リコピン合成
               の抑制，組織の軟化抑制，微生
               物・害虫（およびその卵）の発
               育抑制など
              青果物の貯蔵性増進
```

図 6・5-1　青果物における放射線照射効果の発現過程の模式図

部照射を避けて表面処理のみを期待するときは電子線を利用することで，使い分けが可能である。

このような放射線照射による効果発現過程を図6・5-1に示した。放射線が生体に照射されると，生体成分がそのエネルギーを吸収し励起され，またラジカルを生成し，さらに化学的変化を引き起こし生体に影響を及ぼす。その程度は受ける放射線の線量や線種により変わる。放射線の標的がDNAのような生命活動を直接支配するものであるときは放射線の直接作用を受けることになり，生成されたラジカルによる化学変化が拡大し放射線の影響が現れるようなときは放射線の間接作用を受けることになる。生体内では照射の悪影響に対して修復する機構を有しており，死に至る影響から生理的影響内でとどまるものまで，放射線照射の影響は多様に現れる。

（2）放射線処理による食品貯蔵の現状と照射食品の安全性

日本における食品照射の研究は，1950年代に入って魚介類，肉類，農産物などについて急速に進められ，1967（昭和42）年より実用化を目指して，ジャガイモ，タマネギ，コメ，コムギ，水産練り製品，ウインナーソーセージ，ウンシュウミカンについて照射効果，品質や安全性への影響などについて調べられた（伊藤，2003）。その結果，1972（昭和47）年8月に厚生省の食品衛生調査会によって，ジャガイモの発芽抑制を目的として法令規制値150Gyの^{60}Coγ線の照射が認められた。実用化に際しては，照射効果だけでなく，現行の生産，取り扱い方法，経済効果など考慮して導入されることはいうまでもない。これを受けてジャガイモの栽培に適している北海道十勝平野北部地区の5農協の共同施設として士幌アイソトープ照射センターが施工され，1974（昭和49）年春より芽止めジャガイモの出荷が始まり，現在も引き続き照射ジャガイモが出荷されており，特に貯蔵ジャガイモの発芽の恐れがある端境期の3～4月を対象として照射・出荷計画がなされている。出荷は10kg詰め段ボールの荷姿でガンマー線照射済・芽どめジャガイモの照射表示印を付して行われている（内海，2003）。その後，世界的に食品照射に関心がもたれ，食品への照射の効果，生理や品質への影響について調べられ，最近では，香辛料や生薬の殺菌について実用化を目ざして研究が進められている。一方，照射の有無を検知する

研究も進められている。

照射食品の利用に当たって最も問題となるのは安全性である。放射線の食品貯蔵への利用に際しては，マウス等動物を使った安全性試験を通して実用化に移されている。その安全性の試験は，日本における事例でみると，① 放射線が誘起されないか，② 毒性物質が生成されないか，③ 発がん物質が生成されないか，④ 世代に及ぼす影響はどうか，⑤ 栄養素の破壊の程度はどうかの5項目に関して実施された。①～④を安全性試験，⑤を含めて健全性の試験といわれ，健全性試験の結果問題はないとされ，実用化されることになった。しかし，照射ジャガイモの消費者の受け入れは課題である。

現在，世界的に食品照射に関心をもつ国が増加している。これは，各国で食品由来の病気の防止や有害薬剤の回避など食品衛生思想が向上してきたこと，

表6・5-1　食品貯蔵における放射線照射の利用場面

	利用場面	適用線量 (kGy)	適用範囲	備考
低線量	発芽抑制[1]	0.05～0.5	ジャガイモ，タマネギ，ニンニク，ニンジンなどの発芽・発根・抽苔防止，クリ果実の発根・発芽防止など	休眠期中の照射がよい。ジャガイモでは未熟または収穫直後のイモは照射によって維管束周辺に褐変が発生しやすい
低線量	殺虫・殺卵[1,2]	0.1～1.0	貯蔵穀類，飼料の害虫駆除，豚肉の繊毛虫駆除，乾燥食品の殺虫，殺卵，熱帯果実のミバエ類の殺虫，殺卵など	一般に卵，幼虫，成虫の順に放射線抵抗性が増大。熱帯果実などでは追熟抑制も同時に起こる
中線量	熟度調節，組織の軟化など	0.5～5.0	果実の追熟促進または抑制，カキ果実の脱渋，アスパラガス組織の軟化，リンゴのやけ病防止など	クライマクテリック型果実などでは追熟が抑制され，カキ果実では150～500Kradで熟度が促進される
中線量	表面殺菌[1]	1.0～10.0	果実，野菜類，魚介類，穀類などの表面殺菌による一時的保存	照射に伴う種々な生理化学的変化が起こりうる線量域
高線量	完全殺菌（冷殺菌。Cold sterilization）	10.0以上	加工食品の殺菌，改質など	種々な化学変化，照射臭の発生を伴う。これら副反応はO_2除去，不活性ガスとの置換，遊離基受容体の添加，凍結照射などによって軽減

[1] 薬剤処理，[2] 検疫処理の臭化メチル燻蒸などの代替技術として関心がもたれている

開発途上国等で食品保蔵技術の重要性が増したこと,過去の研究成果に基づいて作成された照射食品に関する国際一般規格および食品照射実施に関する国際規範(1983)において,「総体平均線量が10kGy以下の照射食品については健全性に問題はない」と結論されたことに基づいている。

放射線処理による食品貯蔵の技術は多くの研究者によって開発され,それを適用線量の段階に合わせて整理すると,表6・5-1のようになる。放射線照射によってジャガイモの芽の原基のような個体の極小部が局所的障害を起こし,機能を喪失し発芽に至らなくなる照射効果を利用する場合から,放射線の生体に及ぼす生理化学的作用,放射線の殺菌あるいは殺虫効果を利用する場合など,放射線の生命に及ぼす影響をどのような程度で活用するかということが放射線の有効利用の鍵となる。

〔参考文献〕
・緒方邦安編:青果保蔵汎論,建帛社,1977
・藤巻正生監修:食品照射の効果と安全性,(財)日本原子力文化振興財団,1991
・伊藤 均:食品照射,**38**(1,2),23-30,2003
・内海和久:食品照射,**38**(1,2),73-79,2003

6・6 収穫後の生理機能の変化および障害

(1) 収穫後の老化および加齢と品質変化

収穫後,青果物は親木,土壌から切り離され,生命維持に必要な水,ミネラル,光合成産物などの供給を絶たれるため,植物体または器官は,正常な生育や生理活動を中断され,加齢(aging)または老化(senescence)の過程へと進む。植物の一生は,発生,生長,成熟,老化段階と齢を経て死と進むが,青果物は,このあらゆる段階(齢)で収穫利用されるため,老化過程中の生理学的変化もさまざまである[1](図6・6-1)。

収穫後の青果物はさまざまな環境ストレス——温度(高,低温度),環境ガス(酸素,二酸化炭素,エチレン),水分(高,低水分・湿度),病原微生物,害虫・害獣,照射(光,放射線),機械的損傷,ミネラル不均衡,塩分,大気汚染など

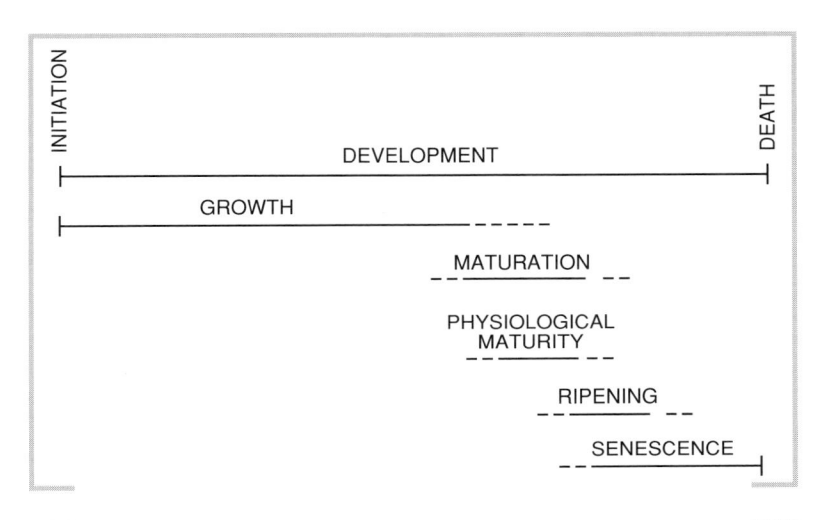

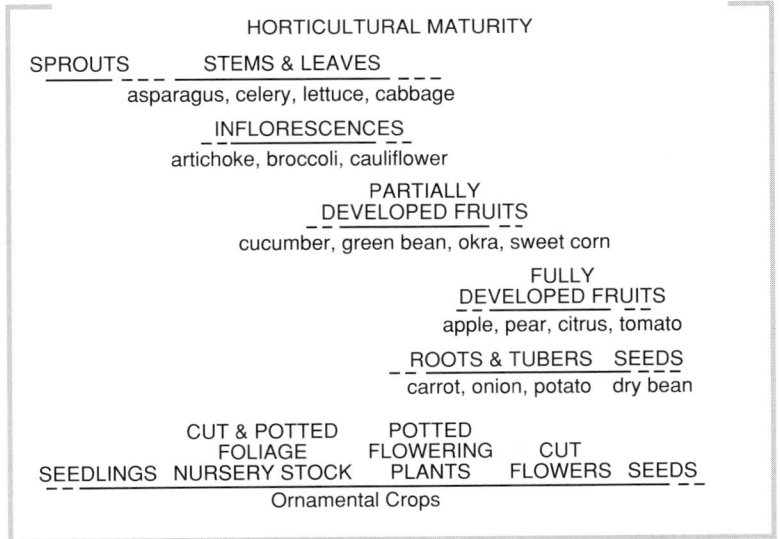

図6・6-1　生理学的および収穫・利用上からみた園芸生産物の発達段階と老化
出典　Watad, A. E. et al. : HortScience, 19, 20～21, 1984

——に遭遇し，老化，加齢が促進され，この多くは老化開始の引き金になる（Kays, 1991）。まず，青果物の品質に普遍的にかかわるのは水分の変化である。青果物は一般に80～95%の水分含量をもち，蒸散作用も活発なものが多

い。収穫により水分の供給を絶たれると環境の湿度と風によって容易に水分を失い，萎びや萎凋で品質の速やかな低下が起こる。水は細胞内の物質や反応における溶媒として欠かせない成分なので，水分低下は生理作用に直接影響を及ぼす。呼吸作用の盛んな幼殖物（モヤシ，カイワレダイコン），葉菜類（ホウレンソウ，レタス），未熟種子（マメ類，スイートコーン），未熟果実（キュウリ，ナス）などは，また蒸散量も多く水分低下による品質低下が著しい。それゆえ，これら青果物は，加齢による水分含量の低下過程から老化の過程への進行をより速める結果となるので，品質保持期間が最も短い。

呼吸の大きさは，青果物のエネルギー要求の高さの指標で，核酸，タンパク質合成，細胞成分の合成，分解速度の速さを示している。老化は4・16節で述べたように貯蔵炭水化物やタンパク質の分解過程であるので，呼吸が大きいことは，老化作用の進行速度も速いこととなり，未成熟な青果物は，収穫後の生命維持期間での齢の進行過程が中断され，老化過程へと急激に移行すると考えられ，品質劣化の激しい青果物である。

成熟（maturation）過程の青果物は，収穫されてからも齢の進行が続き，その後，老化過程へと進む。クライマクテリック型の果実は，その典型的な例で，収穫後環境負荷がなければ自然な老化過程をたどる。また，完熟した青果物は，老化過程の間に収穫されるので，自然老化過程は進行し，生体膜や細胞の構造の保全性を失い，崩壊，致死する。この場合の収穫後の品質低下速度は，青果物の皮，果肉などの物理的強度と次世代繁殖や種子の完成度合いに応じて，老化の進行速度が異なるように思える。外皮の硬いカボチャが比較的品質低下が遅いのは，外郭の強度が老化とともに増し微生物に抵抗性をもつことや種子完成のために老化過程が遅いのかもしれない。また，ジャガイモなど次世代の発生期間となる塊茎種子は，老化過程が発生過程へとつながり，種子塊茎は次世代の成長とともに老化，致死するので，発芽まで品質低下は少ないと考えられる。品質保全の目的は，いかに老化過程を遅らせるかであるが，遺伝子に支配された老化過程の抑制は，これからの研究である。

（2）品質保持効果の臨界と生理障害

ストレスは正常な代謝過程を防止，制限また促進することで，この過程を不

利な方向へ向ける。ストレスの強度，期間などによって障害発生の速度，大きさが決まるが，植物，植物器官は，環境からの種々なストレスを受け進化してきたことから，普通ストレスに対する抵抗性をもっている。しかし，低温ストレスは，むしろ老化過程を抑制して，かなり長期間の生命維持可能にさせ，青果物の貯蔵にとって最適な温度にもなる。ストレスによる直接的，間接的反応は，一般に青果物にとって不利益な結果となることが多く，これは品質低下の原因と結果となる。直接的なストレス，機械的損傷は細胞，組織の死となるが，細胞死は周りの細胞に二次的な反応を引き起こし，エチレン生成（老化ホルモン），代謝の活性化（呼吸，二次代謝）などで，貯蔵物質の消耗，水分蒸散，フェノール酸化，リグニン化を進行させ，その結果萎凋，褐変，硬化など品質低下を招く。

4・16節で述べたように，低温障害発生の仮説では，低温ストレスにより活性酸素種が発生しても，抗酸化物質や酵素によって除去機能が働いている間は，脂質，核酸，膜などに酸化的損傷は起こらず，障害も発生しない。しかし，ストレスが長期間になると抗酸化物質，酵素の減少，その再生，合成の低下（二次的反応を含め）により，除去機構は働けず，膜の破壊が起こり，続いて起こるさまざまな二次的反応とともに障害が発生することとなる。

老化過程も同様で，老化の進行は，制止，逆行はできず，過程の遅延のための貯蔵法の低温，CA・MA貯蔵には，臨界点がある。品質保持効果を最大限高めるためには，老化過程の進行を最も抑制する条件の検出であろう。青果物は，植物のあらゆる器官，熟度（齢）にわたるので，それぞれの青果物について，品質保持効果の高い，温度，ガス条件などを検討し，その臨界点を明らかにすることが必要である。生理，生化学的には，老化関連遺伝子，老化反応を触媒する酵素の遺伝子研究は，保持臨界点を変更でき，障害発生を軽減することになるだろう。

〔引用文献〕

1) Watada, A. E., Herner, R. C., Kadar, A. A., Romani, R. J. and Staby, G. L.: *HortScience*, **19**, 20～21, 1984

〔参考文献〕
- Kays, S. T. : Postharvest Physiology of Perishable Plant Product, An AVI Book New York, p. 532, 1991
- Wills, R., MacGlasson, B., Graham, D. and Joyce D. : Postharvet an introduction to the physiology and handling of fruits, vegetables and ornamentals 4 th edition. CAB International UK. p. 262, 1998
- Hodges, D. M. : Postharvest Oxidative Stress in horticultural crops, Food Product Press., NY,. p. 266, 2003

第7章 ポストハーベスト病害における微生物の挙動と増殖制御

　青果物が生産地に近い地域で販売・消費されていた時代には，収穫後における青果物の被害はほとんど問題にされていなかった。しかし欧米諸国では，古くから青果物を広大な大陸で長距離輸送させていたため市場における被害が問題となり，市場病害（market disease）と呼ばれ，日本に比べて早い時期から防除法の研究がなされてきた。

　日本では，逸見[1]がその重要性を指摘し，赤井[2]が京都卸売市場における青果腐敗と対策について報告したが，当時の植物病理学の研究趨勢は収穫前，すなわち圃場における病害防除が主体であった。しかし近年，日本でも流通の活発化により遠隔地からの輸送が可能となり，海外からの輸入青果物が店頭で多く販売されるようになった。これに伴い収穫後における青果物の病害が問題となっている。現在では青果物を収穫後から食卓にのるまでの間に発生する病害をポストハーベスト病害（postharvest disease）と呼んでいる[3]。

　ポストハーベスト病害の発生により，経済的な損失が世界的に問題となり，この防除方法として特に近年，人に対する安全性が強く望まれている。これには青果物の収穫前（プレハーベスト）の生産管理も重要であるが，さらに収穫後（ポストハーベスト）における青果物の取り扱い方法が重要となる。本章では，特に微生物が原因となる病害を中心に解説する。

7・1　ポストハーベスト病害の概念

　ポストハーベスト病害とは，図7・1-1に示すように青果物が収穫後から消費者の食卓にのるまでの間に発生した病害をいい，特に貯蔵中に発生する病害を貯蔵病害（storage disease），トラック，船舶，航空等の輸送中に発生する病害を輸送病害（transit disease），さらに市場で確認される病害を市場病害（mar-

324　第7章　ポストハーベスト病害における微生物の挙動と増殖制御

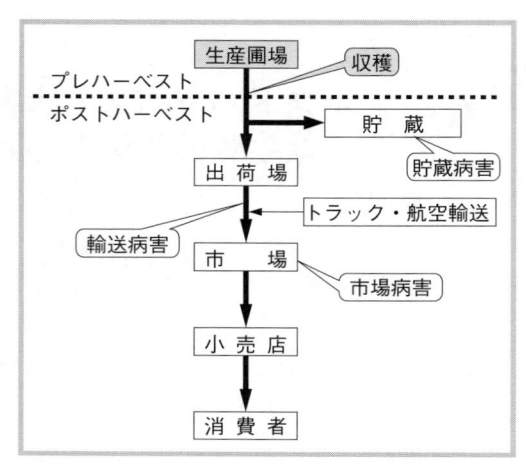

図7・1-1　ポストハーベスト病害の概念

ket disease）という。また，これらの病害の内容は以下の三つに分けられる。

（1）機械的損傷（mechanical injury）

収穫時および輸送中に青果物がなんらかの物理的な要因により，切り傷，打ち身，すり傷，つぶれ，亀裂などの外部損傷を受け，さらに微生物により腐敗症状を呈することもあり品質が低下する。

（2）生理的損傷（physiological injury）

収穫後の温度管理等の不適切な環境状況により，青果物は呼吸障害を起こすことがある。未熟葉（ホウレンソウ等），未熟茎（アスパラガス，モヤシ等），未熟花序（ブロッコリー等），若い果実（オクラ，スイートコーン等）の野菜，さらに未熟果実（パパイア，マンゴー等）では色まわりが悪く，追熟がみられない場合もある。

（3）腐敗（decay）

収穫前に何らかの原因により病原微生物に感染し収穫後に発病するか，または収穫後に感染し発病する場合がある。

7・2　ポストハーベスト病害微生物の種類

　ポストハーベスト病害の原因になる微生物は，分類学上菌類（カビ，酵母）と細菌に帰属する。しかし，本書では菌類を実用的見地からカビ（酵母以外の菌類）と酵母に分けて，それぞれの特徴を説明する。

　Snowdon[4),5)]は，長年にわたりロンドンにおいて野菜および果実のポストハーベスト病害を調査し，その結果を報告している。この結果に基づき，病原微生物別にその属数と病害件数を野菜および果実別にまとめたのが表7・2-1である。これによると野菜および果実に病害を引き起こす微生物の数にはほとんど差がなく，カビ・細菌・酵母の順に多いことがわかる。特にカビは，90属以上が報告され，ポストハーベスト病害を引き起こすもっとも重要な病原微生物であることがわかる。さらに，これらの病原菌は単独で一つの病気を引き起こすこともあるが，複数の病原がかかわって発生する場合もある。複数の病原がかかわる場合，もっとも直接的な要因を主因（essential cause）といい，二次的にかかわる要因を誘因（occasional cause）と呼ぶ。

表7・2-1　ポストハーベスト病原微生物の代表的な属数と病害件数（カッコ内）

	カビ	酵母	細菌
野菜類	90(603)	2(3)	6(108)
果実類	96(452)	3(5)	4(22)

(Snowdon, A. L., 1990, 1991)

7・3　カビ・酵母

(1) カビ・酵母の特徴
1) 栄養摂取
　従属栄養生物で，光合成能を欠き，栄養体を形成，生長そして繁殖するためにほかの生物から直接および間接的に有機栄養を得て生活する。また，多様な菌体外酵素を分泌して高分子物質を分解，吸収する。

2) 栄養体
　カビは糸状の菌糸（hypha）で構成され，菌糸には隔壁（septum）を有する

ものとないものがある。酵母は普通単細胞であり，子のう菌系酵母の細胞壁は二層構造をしているが，担子菌系酵母では多層構造である。

3）栄養菌糸の組織化

菌糸は先端成長し，分枝を繰り返して栄養を吸収する栄養菌糸（vegetative hypha）となり，さらに菌糸が集まり一つの塊を形成し，菌核（sclerotium）という耐久生存器官を形成する菌群もある。

4）繁殖器官

カビの繁殖器官は胞子（spore）と総称され，形成される方法によって卵胞子（oospore），接合胞子（zygospore），子のう胞子（ascospore），担子胞子（basidiospore）という有性胞子と，遊走子（zoospore），胞子のう胞子（sporangiospore），分生子（conidium）という無性胞子に分けられる。通常，有性胞子は越冬，越夏のための休眠器官で，無性胞子は伝搬器官である。これらの各種胞子は，どのような器官のうえで形成されるかによって分類学上重要である。

（2）カビ・酵母の種類と分類体系

カビと酵母は分類学上，菌類に属し，約7,000属，約8万種が知られ，従来，菌類は粘菌門と真菌門に大別されていた。しかし，菌類の分類体系は現在，分子系統学的研究により変遷しつつ流動的である。そこでここではAinsworth体系を改訂したものを採用し，これにより"真の"菌類をツボカビ門，接合菌門，子のう菌門，担子菌門とし，ポストハーベスト病害でもっとも問題となる不完全菌類は，系統的には子のう菌門または担子菌門に含まれ，独立した門を構成しない。さらに以前菌類の卵菌門に所属していた *Pythium* 属菌および *Phytophthora* 属菌（疫病菌）の所属は"真の"菌類ではなくクロミスタ界に属することになるが，ここでは卵菌門も含めた広義のカビとして説明する。

以下にカビの門レベルでの検索表を，Ainsworth[6]の分類体系を改訂して記した。

1．運動性胞子（遊走子）がある ……………………………… 卵菌門
1．運動性胞子（遊走子）がない ……………………………… 2
2．菌糸に規則的な隔壁を形成しない………………………… 接合菌門

2．菌糸に規則的な隔壁を形成する……………………………………… 3
3．有性生殖形態を現す……………………………………………… 4
3．有性生殖形態を現さない……………………………………不完全菌類
4．有性生殖時代における完全胞子は子のう胞子である…子のう菌門
4．有性生殖時代における完全胞子は担子胞子である……担子菌門

7・4　カビ・酵母による腐敗

　カビによる腐敗は多くの種類が原因となり発生している。Snowdon[4),5)]の報告から病害発生件数の多いカビ，上位15属を順に整理したのが表7・4-1である。これによると野菜および果実でほぼ同様なカビが上位を占めていることがわかる。これに対して酵母が原因となる病害は，*Candida* 属によるカンキツ類，パイナップルおよびレイシの酵母性腐敗，*Saccharomyces* 属によるイチゴの酵母性腐敗の報告のみである。そこで以下に代表的なカビによるポストハーベスト病害を中心に説明する。

表7・4-1　ポストハーベスト病害で問題となる代表的な菌類とその病害数

野菜		果樹	
属　名	病害数	属　名	病害数
Alternaria	27	*Sclerotinia*	36
Rhizopus	27	*Alternaria*	33
Lasiodiplodia	20	*Phytophthora*	33
Penicillium	19	*Sclerotium*	33
Botrytis	18	*Fusarium*	30
Colletotrichum	18	*Pythium*	27
Aspergillus	17	*Phoma*	26
Phomopsis	16	*Rhizoctonia*	25
Phytophthora	16	*Rhizopus*	25
Cladosporium	15	*Cladosporium*	18
Fusarium	14	*Colletotrichum*	18
Glomerella	11	*Lasiodiplodia*	15
Trichothecium	10	*Macrophomina*	13
Phoma	9	*Penicillium*	13
Monilinia	8	*Aspergillus*	12

(Snowdon, A. L., 1990, 1991)

（1）アルタナリア（*Alternaria*）属菌が原因となる病害

本菌は不完全菌類に属し，もっとも普遍的な空中菌のためさまざまな有機質，特に植物遺体を基質として繁殖する腐生菌である。トマトなどのナス科野菜，ダイコンなどや，果実では特にナシ黒斑病として日本でも収穫前の病害として恐れられている。リンゴでは，果実のがく筒から心室に至る組織が開孔する品種では，収穫前にこの部位から本菌が侵入し，果実内部を腐敗させ，外観が健全な果実の場合には，消費者からのクレームが発生する。

（2）リゾープス（*Rhizopus*）属菌が原因となる病害

野菜，果実ともに収穫前および後に多く発生がみられるカビである。接合菌門に属し，クモノスカビともいわれる。市場および小売店で梱包した箱を開封後にクモの巣状にみられることがある。一度発生すると，胞子のう胞子が蔓延して被害を拡大する。収穫時に傷を生じた場合の主因となるが，ほかの病原菌に感染した部位への二次感染の場合もある。

（3）ラシオディプロディア（*Lasiodiplodia*）属菌が原因となる病害

本属菌は不完全菌類に属し，1属1種 *Lasiodiplodia theobromae* のみであり，*Botryodiplodia* は本属菌の異名である。特に熱帯・亜熱帯に広く分布し，収穫前の各種樹木に胴・枝枯れ性病害を発生させ，さらに収穫後の果実に腐敗症状を起こす。日本では，平井[7]が台湾産バナナの黒腐病および軸腐病として報告したのがはじめの記録である。その後も，野菜に比べ熱帯産のバナナ，パパイア，マンゴー等の輸入果実からの発生が問題になった。本菌は，10～40℃で生育し，生育適温は30℃である。また分生子の発芽最適温は30～35℃で高温である。ハワイ産の輸入パパイアでは，48.9℃，20分間の温湯処理により分生子がほぼ死滅することがわかり，さらにミバエ防除を目的とした蒸熱処理と併せて収穫後の処理として行われている[8]。

（4）ペニシリウム（*Penicillium*）属菌が原因となる病害

本病害は，青カビ病，緑カビ病と一般的に呼ばれ，カンキツ類，リンゴで大きな問題となる。これらのカビは，収穫後の果実の傷部より侵入し発生する。

青カビ病菌（*P. italicum*）は，生育適温が27℃，胞子形成適温が20℃なのに対して，緑カビ病菌（*P. degitatum*）は生育適温が25℃，胞子形成適温が28℃と胞子形成適温が大きく異なり，貯蔵温度，生産地方によって発生が異なる。さらに一部の本属菌では，エチレンを生産することが知られている。日本に輸入されるカンキツ類では，現在，収穫後の処理にチアベンダゾール（TBZ），オルトフェニルフェノールナトリウム（OPP-Na），イマザリルなどが認められているが，それにもかかわらず本属菌による病害が発生し問題となることもある。

（5）疫病菌（*Phytophthora* 属菌）が原因となる病害

疫病は収穫前の各種農作物に，"急激に現れる全身病徴"と"速やかな伝染"により多大な被害をもたらし世界的に問題となっている。草本と木本植物の葉，茎，果実，枝，幹，根，塊茎などの各部位を侵して腐敗性の病気を収穫前に発病させるが，発病せずに感染して潜伏し収穫後に発病することがある。ナス科野菜のトマト，ナス，ピーマン，ウリ類野菜ではキュウリ，メロン類，スイカ，カボチャ，さらに各種熱帯果実からの発生で悩まされる。腐敗性の病斑は，きわめて早く進展する。

（6）炭疽病菌（*Colletotrichum* 属菌）が原因となる病害

炭疽病は，世界中の広範な地域に発生する重要な病害で，特に野菜，花き，樹木，果樹等の葉，枝，果実に多大な被害をもたらすため恐れられている。特にウリ類や各種果樹では，収穫前の圃場で潜在感染することが知られ，収穫後の追熟した果実から発生する。

（7）灰色カビ病菌（*Botrytis* 属菌）が原因となる病害

本菌は不完全菌類に属し，低温，多湿条件下での発生が顕著である。果菜類，果樹類，また鉢物および切物花き類など多くの収穫後の植物を侵す。病徴は，溶けるように腐り，さらに病気が進行すると灰色のカビに覆われる。花でははじめ，花弁に水滴がにじんだような跡がつき，白い花では赤い斑点，色のついた花では白い斑点が多数生じる。

7・5 細菌による腐敗

(1) 細菌の増殖と腐敗の徴候

細菌は青果物の傷および気孔, 皮目, 水孔などの自然開口部から侵入し, 細胞間隙で増殖する。収穫後の青果物では, 一般に果樹に比べ野菜からの病害件数が多い。これは, 酸度の強い果実に比べ野菜の腐敗の原因となる理由だと言われている[9]。さらに *Pseudomonas* 属や *Xanthomonas* 属の一部の細菌では, エチレン産生することが知られている。

(2) 細菌による腐敗

Snowdon[4),5)]の報告から細菌病害を整理したのが表7・5-1である。そこで以下に代表的な3属の細菌によるポストハーベスト病害を説明する。

1) *Erwinia* 属

青果物の傷から容易に感染し, 野菜では軟腐症状を呈する。本細菌は, 土壌伝染性のため, 収穫後の発病は圃場の土壌から感染したものと推定できる。キャベツ, ハクサイ, アスパラガス, タマネギ等多くの野菜から発生する。また果実ではメロン類, スイカ, マンゴー等からの発生報告がある。

2) *Pseudomonas* 属

収穫前の青果物の自然開口部から侵入し, 温暖, 多湿な条件下で発生する。野菜での発生がめだち, キュウリ, タマネギ, ダイコン等からの報告がある。

表7・5-1 ポストハーベスト病害で問題となる代表的な細菌類とその病害数

野菜		果実	
属　名	病害数	属　名	病害数
Erwinia	51	*Erwinia*	10
Pseudomonas	51	*Xanthomonas*	9
Clavibacter	3	*Enterobacter*	2
Cytophaga	1	*Acetobacter*	1
Lactobacillus	1		
Pleiochaeta	1		

(Snowdon, A. L., 1990, 1991)

3) *Xanthomonas* 属

　雨滴により植物の気孔，皮目，水孔，傷口から侵入し，貯蔵中などの湿度の高い条件下や高温下で発生しやすい。ダイコン，ハクサイ等の野菜や，海外ではマンゴー，メロン，スイカからの発生も知られている。

〔引用文献〕
1) 逸見武雄：農及園，**10**，299，1935
2) 赤井重恭：植物防疫，**6**，403，1952
3) 田中寛康：植物病理学事典（日本植物病理学会編），p.650，1995
4) Snowdon, A. L. : *A colour atlas of post-harvest disease & disorders of fruits & vegetables*，**1**，1990
5) Snowdon, A. L. : *A colour atlas of post-harvest disease&disorders of fruits & vegetables*，**2**，1991
6) Ainsworth, G. C. et al . : *The fingi, An advanced treatise*，**4**，Academic Press, 1973
7) 平井篤造：日本植物病理学会報，**8**，145，1938
8) 矢口行雄ら：熱帯農業，**37**，167，1993
9) Dennis, C. : Post-harvest pathology of fruits and vegetables. Academic Press, 1983

第8章 果実・野菜の輸出入における取り扱いおよび検疫

8・1　植物検疫

　青果物の輸入に際し，海・空港において必ず通過しなければならない三つの関門がある。まず第一番目は，農林水産省の植物防疫所が植物に有害な病害虫の検査を行う「輸入植物検疫」。第二番目は，厚生労働省の検疫所が人体に有害な微生物や残留農薬等の検査を行う「輸入食品検疫」。そして第三番目は財務省の税関が課税査定等を行う「通関」である。ここでは，第一番目の関門である植物検疫について説明する。

（1）植物検疫による防疫
　日本の植物検疫制度は大正3（1914）年に始まったが，現行の制度は昭和25（1950）年に制定された「植物防疫法」に基づいて実施されている。その第1条に目的が明示されており，「輸出入植物及び国内植物を検疫し，並びに植物に有害な動植物を駆除し，及びそのまん延を防止し，もつて農業生産の安全及び助長を図ること」とある。植物の輸入に伴って病害虫が新たに侵入すると，有力な天敵がいないなどにより短期間にまん延しやすくその防除は大変難しい。そのため農業生産に深刻な損害を与えたり，生態系を乱し社会問題になることも多々ある。ヤノネカイガラムシ，アメリカシロヒトリやイネミズゾウムシの例がある。沖縄南西諸島のミカンコミバエとウリミバエは奇跡的に根絶に成功したが，約20年の歳月と人件費を除く直接防除費のみで約250億円を要した。

　植物防疫所の組織は5本所（横浜，名古屋，神戸，門司，那覇），14支所，55出張所よりなり，平成15年度の職員は946名（うち植物防疫官837名）で，国際（輸入，輸出）検疫，国内検疫および調査研究等の業務を行っている[1,2]。各本

所が発行(隔月)している「防疫ニュース」により最新の動向を知ることができる。検疫対象植物は種子,苗,切り花から穀類,飼料,香辛料・漢方薬原料,木材や稲藁加工品まで多様であるが,青果物について概要を次に述べる。

(2) 青果物の植物検疫
1) 輸 入 検 疫

青果物を輸入するには,輸出国の政府機関が発行した検査証明書を添付して植物防疫所に届け,特定の港(海103,空34)で輸入検査を受けることが法律で義務づけられている[1]。冷凍品も含み全荷口が検査対象であり,検査数量は種類別,荷口の大きさ別に検疫規定で定められている。例えばオレンジの200kg未満では20%,1tだと60kg以上,10tだと180kg以上について,植物防疫官によって「輸入禁止品」に該当しないか,「検疫有害動植物」が付着していないか等の検査が行われる。輸入禁止品とは,①チチュウカイミバエなど国内に侵入した場合甚大な被害が生じる可能性が高い病害虫の発生地域から発送またはその地域を経由した寄主植物,②土の付着する植物,③これらの容器・包装である。ただ輸入禁止青果物であっても,輸出国において完全殺虫技術等の防疫措置が開発されると,必要な手続きを経て解禁される。この「条件付き輸入解禁青果物」の例としては,南アフリカのグレープフルーツ(低温処理),アメリカのサクランボ(くん蒸),フィリピンのマンゴー(蒸熱処理)などがある。現地での確認のため,年間約80名の植物防疫官が16か国に派遣されている。「検疫有害動植物」とは,①有害動植物(病害虫)であって国内に存在することが確認されていないか,②すでに国内の一部に存在していても国による防除対象になっているものである。輸入禁止品の場合には廃棄(焼却)されるが,検疫有害動植物が発見された場合は消毒(くん蒸,選別),廃棄もしくは返送(積戻し)される(図8・1-1)。

平成15年度の生鮮果実の検査数量1,728千tのうち消毒数量は1,328千t,廃棄数量は0.5千tで,野菜はそれぞれ909,262,1.7千tであった[1]。果実での消毒率(77%)が野菜(29%)よりも高いのは,主要果実のバナナ等でカイガラムシ類の発見事例が多い(96%)からである。カイガラムシ類,アブラムシ類やアザミウマ類の害虫が発見されると青酸ガスくん蒸($1.8g/m^3$,10~20℃,30

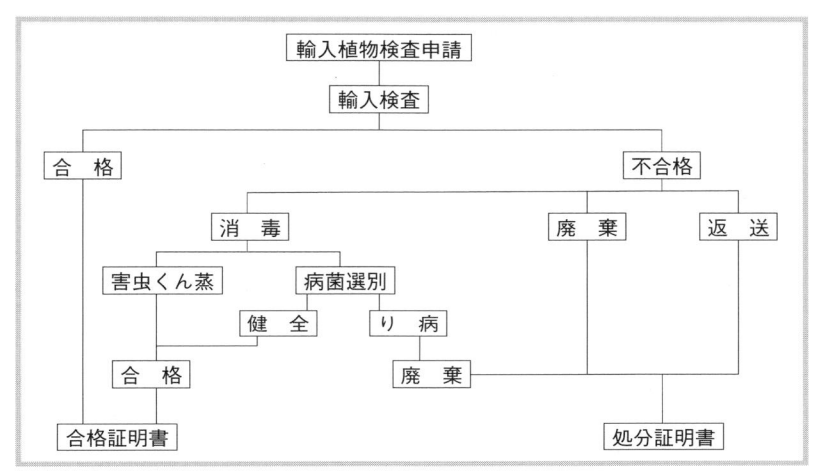

図8・1-1　輸入青果物の植物検疫の流れ

分）される。ゾウムシ類，ガ類やダニ類の害虫が発見されると，臭化メチルくん蒸（16.0〜48.5g/m³，5〜30℃，2〜4時間）される。くん蒸により薬害（変色，ピッティング，軟化，異味・異臭）が発生する場合がある。特に，青果物表面が濡れた状態で青酸ガスくん蒸をするべきではない。臭化メチルくん蒸による薬害は，青果物の種類や栽培・流通履歴も関係している[3]。なお，臭化メチルはオゾン層破壊への影響からモントリオール議定書に基づいて平成17（2005）年に全廃することになった。検疫は例外使用が認められているものの，放射線処理等の代替技術の確立が望まれている。炭疽病菌，さび病菌や軟腐病菌による腐敗果が発見されると選別後，り病果は廃棄される。

2）輸出検疫

青果物を輸出するには，国際植物防疫条約の規定に基づき，輸入国側の植物検疫要求にしたがって植物防疫官による検査を受け，「植物検査合格証明書」を添付しなければならない。各国の植物検疫要求は植物防疫所で収集している。

輸入国側が輸入を禁止しており特別な検疫条件付きで解禁している青果物は，特定された産地において，輸入国の検査官と日本の植物防疫官合同の栽培地検査も受ける必要がある。ウンシュウミカンはカンキツかいよう病を対象に

バクテリオファージテストと次亜塩素酸ナトリウムによる果実表面殺菌も要求される。

〔引用文献〕
1) http://www.pps.go.jp/農林水産省植物防疫所ホームページ
2) http://www.maff.go.jp/www/counsil/counsil_cont/seisan/pqkenkyuukai/final_report/siryouichiran_final.htm 植物検疫に関する研究会報告書, 2004
3) 唐沢, 相馬：1993年版農産物流通技術年報（農産物流通技術研究会編), p. 161, 1993

8・2　輸出入量，輸送および品質管理

(1) 輸出入量の推移

果実・野菜の輸出入の推移については，1・2節で示したように，1960（昭和35）年から1998（平成10）年ごろまで輸出量は減少し，一方，輸入量は急速に増加して，果実・野菜ともに自給率の低下を招いている状況にある。そのような状況は表8・2-1に示されるようにその後も引き続いているが，輸出量

表8・2-1　最近の果実・野菜の輸出入量の推移（単位：1,000 t）

品目・種類	平成10年	12	14	16
〈輸出量〉				
野菜類	3	2	5	4
緑黄色野菜	1	1	1	1
その他の野菜	2	1	4	3
果実類	13	68	27	44
ミカン	3	5	5	8
リンゴ	2	3	10	11
その他の果実	8	60	12	28
〈輸入量〉				
野菜類	2,642	3,002	2,657	3,051
緑黄色野菜	1,063	1,274	1,134	1,234
その他の野菜	1,579	1,728	1,523	1,817
果実類	4,112	4,843	4,862	5,353
ミカン	0	3	1	1
リンゴ	454	551	534	704
その他の果実	3,658	4,289	4,327	4,648

出典　農林水産省総合食料局編：食糧需給表（平成16年度), 農林統計協会, 2006

は若干増加の傾向にあり，これは農林水産省の施策とともに，周辺諸国の経済的発展も影響していると考えられる．輸出品目を2003（平成15）年の実績でみると，野菜ではナガイモが最も多く，次いで，タマネギ，ニンジン・カブ，ショウガなどがあげられ，輸出先国は台湾，ロシア，アメリカなどがある．また，果実ではリンゴが最も多く，次いで，ウンシュウミカン，ナシ，カキ，モモ・ネクタリンなどとなっており，主な輸出先国はリンゴが台湾とタイと香港，ウンシュウミカンがカナダ，ナシが台湾や香港などである．

一方，輸入の果実・野菜の量と種類は，外食産業への食材の供給のみならず，一般消費者の多様な食材に対する興味の増大に対応して増加しているとみられる．2003（平成15）年の実績でみると，野菜ではタマネギが最も多く（約243千 t），カボチャ，ブロッコリー，ゴボウ，ニンジン・カブ，ネギ，キャベツ，ショウガ，サトイモおよびそのほかの野菜と多種類にわたる．果実は表中ではそのほかの果実に類別されているバナナが最も多く（約986千 t），グレープフルーツ，パイナップル，オレンジ，レモン，キウイフルーツ，アボカド，ブドウ，サクランボ，マンゴー，その他多種類の熱帯・亜熱帯果実などがある．

主な輸入先国は，野菜では中国（生シイタケ，ネギ，キャベツ），アメリカ（タマネギ，ブロッコリー），日本とは季節が反対で端境期輸入が可能であるニュージーランド（カボチャ，タマネギ）などで，果実ではフィリピン（バナナ，パイナップル，マンゴー），アメリカ（カンキツ類，サクランボ），メキシコ（アボカド，マンゴー），チリ（ブドウ）などである．

そのほかにはバレイショ，エダマメ，スイトコーン，サトイモ，インゲンマメなどの冷凍野菜類，キュウリ，ショウガ，ラッキョウなどの塩蔵野菜類，トマトピューレなどの野菜類の加工用素材品などの輸入も多くみられる．

このように，今後も日本の食生活においては輸入果実・野菜に依存するところは多いであろう．しかし，新たな食料・農業・農村基本計画では日本国民の健康維持と社会の安定を図る上で，食料の安定供給を確保するために食料自給率の向上に向けた取り組みがなされている．ちなみに，2010年の数値目標が，野菜で87％（平成16年80％）に，果実で51％（平成16年39％）にそれぞれ立てられている．

(2) 輸送手段と品質管理

ここでは，図8・2-1に示した数種の輸入青果物の収穫後の取り扱い，処理，輸送，検疫などの流通過程を通して，流通過程の品質管理などについて概説する。

バナナ果実（Ⅰ）は，現地でも市場における棚持ち期間を長くするために熟す以前に収穫して，出荷される。輸出用果実は輸入国において検疫上緑色で熟

　　Ⅰ　　バナナ果実の輸送事例

収穫（房の切除）→選果場へ移送（ケーブルや人力による）→熟度・形状・傷害や病害果の検査と選別→ハンドにカット→水槽で洗浄しながら移送→洗浄後の調整→殺菌剤処理（TBZまたはイマザリルおよび抗酸化剤処理）→箱詰め（有孔ポリエチレン包装）→低温輸送および保管（12～13℃）→輸出検査（パレットごとに品質・梱包状態など抜き取り検査）→船積み・出航（約13℃下の低温輸送）→輸入国に入港・陸揚げ→検疫検査（青酸ガス燻蒸）→通関→追熟加工（エチレン処理による追熟促進）→市場流通

　　Ⅱ　　マンゴー果実の輸送　日・比間事例（条件付解禁果実）

収穫→選果場へ運搬→選別・サイズ分け→蒸熱処理（蒸気処理46℃・10分）・日・比植物防疫官の立会→冷却風乾→箱詰め包装→埠頭へ輸送→輸出検査（日・比植物防疫官合同検査，フィリピンの植物防疫機関により発行された植物検疫証明書に日本の植物防疫官裏書き）→船積み・出航（約7～15℃下の保管・低温輸送）→輸入国に入港・陸揚げ→検疫検査・通関→市場流通

　　Ⅲ　　イチゴの航空輸送の事例

収穫（選別・箱詰め）→冷却室・輸出検査→差圧予冷→パレット積みごとポリフィルムでカバー密封→テクトロール処理（CO_2：15～20％；O_2：10％程度）・シール密封→空港へ低温輸送→空輸→通関→植物検査・検疫処理→市場流通

　　Ⅳ　　ブロッコリーの氷冷輸送の事例

収穫→選別・箱づめ包装（耐水性段ボール）→パレットごと細氷詰め処理（liquid-icing）→冷凍機付きコンテナー輸送・船舶輸送→輸入国における植物検査・検疫処理→市場流通

図8・2-1　輸入青果物における収穫後の取り扱い，輸送，検疫などに関する過程の事例

出典　Ⅰ：Postharvest Technology of Horticultural Crops, University of California, Publication, 3311, 1992，日本バナナ組合の資料およびフィリピンにおける筆者の調査；Ⅱ：輸入果実とその安全性について，食品科学広報センター，1997およびフィリピンにおける筆者の調査；Ⅲ：'85年版農作物流通技術年報，流通システム研究センター，1985およびアメリカにおける筆者の調査；Ⅳ：Postharvest Technology of Horticultural Crops, University of California, Publication, 3311, 1992およびアメリカならびに日本における筆者の調査

していないことが要求されるので，その収穫熟度の判定は厳格になされる。なりはじめのバナナの果掌（hand）が認められるようになってから収穫までの期間は，品種によって異なるが100日程度とされる。果実は緑色で角張った形状を有し，デンプンの蓄積（ほぼ20%）が十分であることが品質として求められる。外見から three-quarters full と呼ばれている。洗浄と殺菌処理は，果実の汚れや病原菌の除去に必要で，輸入国では市場価値を向上維持させることに役立つ。薬剤の利用は，ポストハーベスト農薬として問題とされることが多い。2006（平成18）年5月からは残留基準が定められていない農薬が含まれる農産物は流通が原則として禁止されるポジティブリスト制が導入されるようになった。輸送中の果実は健全で緑色を保持する必要があるので，熟度の進行を抑えるために包装と低温障害の発生に注意を払った低温管理が求められる。輸入国では，緑色果実を熟させるためのエチレン処理とその後の市場における品質保持を考慮した取り扱いが要求される。冬期にはバナナ果実をはじめとして熱帯果実に低温障害を受けたと判断される果実が市場に出回っていることがある。

マンゴー果実（Ⅱ）は，一般に結実から約15〜16週の未熟な段階で収穫される。しかし，内容成分が十分に蓄積し，その後の成熟に伴う品質の向上が保証されねばならない。蒸熱処理は炭疽病の発生防止や殺虫のために行われるが，果実内部の温度上昇による生理的影響を受けない条件下で実施されている。殺虫のためにくん蒸剤として臭化メチルが多く用いられてきたが，オゾン層を破壊することが明らかにされ，使用が禁止される方向にある。それに代わる方法として，高温処理，低温処理，MA処理などが検討されている。パパイアについても同様な取り扱いがなされている。

イチゴ果実（Ⅲ）では，カリフォルニアの例で，収穫は気温の低い早朝に行われ，収穫時に選別されて輸送用容器に詰められる。直ちに差圧予冷により冷却し，パレット積みごと厚さ$100\mu m$ポリエチレン袋で密封され，続いて，袋内のガス交換（テクトロール処理）がなされる。このMA条件は果実の生理活性を抑制するとともに，腐敗菌の発育も抑制することが示されている。日本へはほぼ1日かけて低温管理下で空輸される。

最後に，ブロッコリー（Ⅳ）の取り扱いについてみると，収穫後に耐水性段ボール箱に詰められ，パレット積みごと通気孔を通してシャーベット状の氷を

導入（pallet liquid-icing machine による）する。これは予冷の一つの方法であり，砕氷を用いて冷却する方法の中で，ブロッコリーの間に均一に細氷を導入でき，効果的に冷却を図ることができる。日本へは低温下で氷詰めの状態で輸送されるので，この方法は黄化の進行が速いブロッコリーの緑色と品質保持には有効である。

〔参考文献〕
- 農産物流通技術研究会編：農産物流通技術年報（'85年版），流通システム研究センター，1985
- Kader, A. A. 編：Postharvest Technology of Horticultural Crops, Second Edition, University of California, Publication3311，1992
- 日本バナナ輸入組合編：バナナの話，日本バナナ組合，1994
- 食品科学広報センター編：輸入果物とその安全性について，食品科学広報センター，1997
- Mitra, S. K. 編：Postharvest Physiology and Storage of Tropical and Subtropical Fruits, CAB International，1997
- 農産物流通技術研究会編：農産物流通技術年報（2002年版），流通システム研究センター，2002
- 農産物流通技術研究会編：農産物流通技術年報（2004年版），流通システム研究センター，2004
- 農林水産省統計部編：ポケット園芸統計，農林統計協会，2006
- 農林水産省総合食料局編：食料需給表（平成16年度），農林統計協会，2006
- 農林水産省総合食料局食料企画課編：我が国の食料自給率とその向上に向けて，農林水産省，2006

第9章　カット青果物とその取り扱い

9・1　カット青果物の種類と消費状況

　近年の社会情勢の変化を反映して，外食に接する機会が多くなったが，その食材料はわずかに手を加えたり，加熱するだけで摂食できる加工・半加工もしくは調理・半調理された食品が多くなっている。また中食や一般家庭の食生活においても加工品のみならず調理・半調理品の利用が急増し，消費者が食材料の素材そのものを購入するのではなく，ある程度の調理・加工処理が行われた食材料を購入することも多くなっている。

　このように各種の食材に変化が生じた理由として，外食産業では店舗の厨房面積の節減，調理技術修得者確保の困難，人件費の節減，廃棄物の削減によるゴミ処理減少，調理品の規格化，品ぞろえの充実などがあり，一般の家庭では調理の簡便化，調理技術の低下，食の個・孤食化，経済状況の変化，喫食時刻の不規則，家庭内調理分担などが考えられる。

　そのような食生活の状況変化のなかで，生の野菜や果実をその状態のままあるいはトリミング・剥皮してから可食状態に切断あるいは簡便に調理できるように調製したカット青果物の消費量が増加している。

(1) 商品的価値

　カット青果物は，簡便性と合理性ならびに廃棄物が生じないなどの特性を有しており，購入が手軽で，急場に間に合い，容易に複数の青果物の摂食が可能で，食生活上大きな利点がある。

　しかし，消費者はカット青果物に関して，鮮度低下が不明，添加物使用の不安，微生物汚染・衛生面で不安，栄養成分の低下が心配，価格が高いなどの問題点を抱いている。

(2) 種類・形態および消費動向

1) 種類・形態

品目ではタマネギ，キャベツ，レタス，ジャガイモ，ニンジン，ゴボウ，ダイコン，ピーマンなどをはじめとして，市販されているほとんどの野菜がカット青果物として製造・流通され，消費されている。

また，素材が同じであっても，キャベツは切断幅によって千切り・コールスローと短冊あるいはザク切りに，ニンジンでは切断形状によって，短冊，いちょう，スティック，ダイス，シャトーなどに分類され，カット青果物の流通・消費形態は多様である。

用途別にはそのまま摂食できる「生食用カット青果物」とテンプラや煮物用などの「加熱加工処理用カット青果物」に区分できる。また出荷・販売形態では，目的に応じて1種類の青果物のみを包装した「単品もの」と2～数種類のカット青果物を包装した「複合もの」に大別できる。

量販店で販売されている一般消費者用のカット青果物は，「複合もの」と「単品もの」の生食用カット青果物の類が多いが，そのまま利用される「とろろイモ」のほかに加熱調理用の「野菜炒めセット」や「鍋物セット」，「鍋焼きうどんセット」，「お好み焼き」など多種多様である（図9・1-1）。

カット果実のみが販売されていることは少なかったが，近年では種々のカット果実のミックスも量販店などでみられる。

図9・1-1　都市の量販店で販売されているさまざまなカット青果物

2）生産と消費動向

ⅰ）日本における生産状況　カット青果物の製造業者は首都圏と近畿ならびに東海を中心に分布し，これら3地区に大部分が立地している。

消費地立地型の生産形態は，数多くの製品を販売ルート別に生産する多品目少量生産が行われている。一方，業務用のレタスやキャベツは産地立地型の形態であり，少品目多量生産されている。

図9・1-2　アメリカ合衆国（ハワイ州）の量販店のカット青果物販売コーナー
（「速さ」と「簡便性」が謳われている）

図9・1-3　アメリカ合衆国（ニューヨーク州）のテイクアウト専門店のカット青果物

ⅱ）**日本における消費動向**　日本のカット青果物の消費量は増加を続け，日本の市場規模は年間約2,000億円とみられている。

首都圏と近畿ならびに東海の3大消費地における消費量のシェアが高く，都市圏を中心とした市場ニーズとなっている。

用途別には，ファーストフード店やファミリーレストランなどを中心とした外食産業からの業務用ニーズがもっとも多く，一般消費者による市販用ニーズがそれに続き，加工用シェアがもっとも少ない。

ⅲ）**諸外国における消費動向**　日本より早くからカット青果物を多方面で利用しているアメリカ合衆国の1994（平成6）年の消費量は5,800億円で，現在は2兆円との報告があり，かなり広範囲で普及している。外食産業に向けて，剥皮されたジャガイモが流通していたり，適当な大きさに切られたセロリやブロッコリー，みじん切りのタマネギなども流通している。量販店の果実・野菜売り場では，カット青果物や果実を単品もしくはミックスで袋詰めにして販売しているコーナーがかなり広いスペースを占めていたり（図9・1-2），種々のサラダやパスタ類とともにカット青果物を好みの量だけミックスでパックに入れてレジで秤量して支払うようになっている（図9・1-3）。

ヨーロッパ諸国（図9・1-4）のみならず，東南アジアやアフリカ諸国でもカット青果物は普及しており，利用する機会は世界的に増加している。

図9・1-4　パリ市内のカット青果物販売コーナー

9・2　カット青果物の製造工程と品質管理

(1) カット青果物の特性

　カット青果物は生の野菜や果実をトリミングあるいは剥皮後に切断したもので，調製後であっても切片そのものは生命活動を続けている。しかも無切断の青果物に比べて切断ストレスを受けているためにそれに呼応する諸代謝が誘導されたり，本来有する生理活性が活発になる。

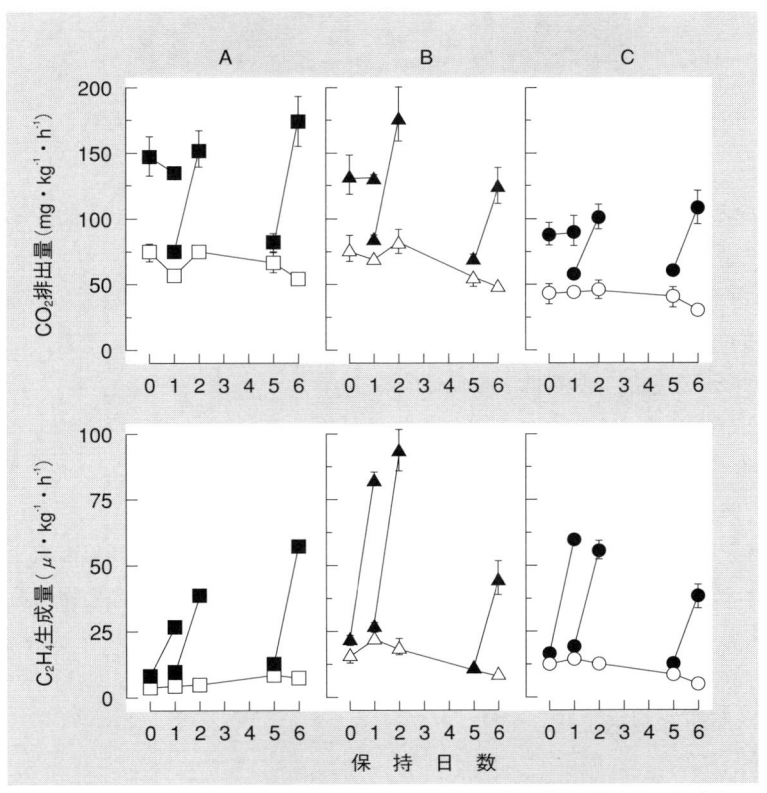

図9・2-1　異なる熟度で収穫したミニトマトを収穫直後と保持中（20℃）に切断したときのCO_2排出量（上）とC_2H_4生成量（下）
　　　　　A：緑白色果実，B：部分着色果実，C：完熟果実
　　　　　白抜き記号：無切断，黒塗り記号：切断直後と切断24時間後

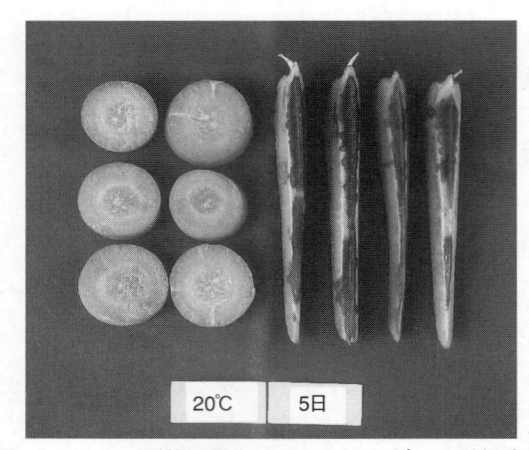

図9・2-2 形状が異なるカットニンジンの外観変化
スライスした切片は腐敗していないが，スティックは木部組織が腐敗して変色している。同一条件で5日間貯蔵した。

　その結果，切片内部で化学物質の変化が引き起こされたり，CO_2と傷害C_2H_4の生成量やO_2の吸収量の増加が顕著に起きる（図9・2-1）[1]。
　これらの増加は青果物の種類・品種や熟度あるいは組織が異なると差異がみられるが，基本的には切片の切断程度が顕著なほど呼吸量は多くなり，一般的には呼吸量の増加は品質低下を促進する。
　例えば，スライスしたニンジンの生理活性はスティックのニンジンより低く，同一条件で貯蔵した場合には，スライスニンジンの腐敗はスティックより遅い（図9・2-2）[2]。
　切片によるO_2吸収量の増加は包装内のO_2濃度を下げるので異臭の発生などを引き起こし，生成した傷害C_2H_4は同一包装内の他のカット青果物の黄化や組織の軟化などの老化現象を促進する。

（2）原料と製造工程
1）原　　料
　カット青果物に使用される原料のなかでキャベツの使用頻度が最も高く，消費量も多い。タマネギ，ニンジン，レタス，ジャガイモの使用も多く，これらの5品目の総計で流通量の半数を占めている。

原料の約55%は卸売・仲卸売業者から購入されており，農業生産者や農業協同組合を通じての購入を合わせると約80%になる。

2）製造工程

カット青果物の一般的な製造工程の概略は，原料の選択・選別→原料のトリミングと洗浄・滅菌→切断→滅菌→洗浄→水切り→選別・計量・ブレンディング→包装→箱詰め→保管（冷蔵庫）→出荷，である。

（3）品質管理
1）品質低下要因

ⅰ）**外観変化**　カット青果物の調製後に変色が顕著に現れるのは，切断面の褐変や緑黄色カット青果物の製品全体の退色であり，これらは腐敗に先立つもっとも顕著な品質低下要因である。

切断面の褐変はPPOによるフェノール物質の酸化に起因しており，緑黄色カット青果物の黄化は，緑色色素であるクロロフィル含量の減少に起因している。そして，後者の変色は，傷害C_2H_4によって促進される。

ⅱ）**生理・化学的変化**　切断ストレスによって生理活性が高まり，それに伴って切片内の化学成分の変化は生じるが，一般的には外観上の変色や組織の軟化がみられるまでの栄養成分や繊維質の急激な減少は少ない。

ⅲ）**微生物学的変化**　微生物による腐敗がカット青果物のもっとも重大な品質低下要因である。しかも，その腐敗は糸状菌によって引き起こされるのではなく，細菌によるものであり，組織が水浸状になったり軟化状態になる。

野菜や果実を通常の技術で栽培した場合には，生体内に微生物が存在することは避けられないことであり，カット青果物の原料そのものが収穫・出荷時点で種々の微生物に汚染されている。生食する限りにおいては，カット青果物も無切断の青果物も微生物に関しては同じ条件である。しかしながら，無切断の青果物では個体自身が有する自己防衛生体反応によって，ある程度の微生物の繁殖と組織破壊は防がれている。一方，カット青果物では，切断することにより自己防衛能力が低下するために腐敗しやすくなる。

腐敗速度を遅らせるために殺菌あるいは滅菌処理が必要となるが，過度の滅菌処理はカット青果物の組織そのものに損傷を引き起こし，二次的な微生物汚

染を受けやすくする。また原料の内部にも微生物が存在しており，組織が複雑であるためにカット青果物は，加工食品と異なり製造過程で滅菌処理や洗浄などの処理を行っても微生物フリーにすることは不可能なことである。

カット青果物の製品としての特性をなくすことなく，現在考え得るいかなる滅菌処理を行ってもカット青果物の微生物を完全になくすことは不可能で，滅菌処理によって除去できなかった微生物の繁殖を抑制することが流通過程での品質低下を引き起こさないためにももっとも重要なことである。

iv）切片の形状と腐敗速度　カット青果物は，切断ストレスを受けているために生理活性が高まり，微生物の影響も受けやすい。切片の切断程度が大きいほど，それらの影響を受けやすく腐敗速度が速くなる。しかし，ニンジン（図9・2-2）[2]，ピーマン[3]，バナナ（図9・2-3）[4]，キュウリ[5]では，これらの個体を維管束に平行に切断した切片は直角に切断した切片より生理活性が高くなり，腐敗速度が速くなることが報告されている。腐敗速度に差異が生じる理由として，切片の単位重量あたりの切断面積の広狭が関与するのではなく切断面の細胞の損傷程度が異なること[6]や切断面における癒傷組織の形成速度に差異があること[7]が明らかにされている。

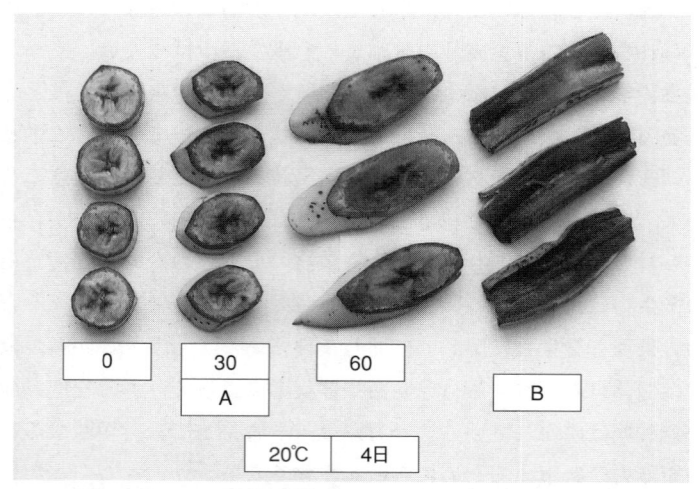

図9・2-3　形状が異なるスライスバナナの外観変化

維管束に対する切断面の角度が小さいほど，果肉の軟化と褐変が速い。同一条件で4日間貯蔵した。

2) 製造過程の品質管理

ⅰ) **原料の特性**　大部分のカット青果物の原料としては一般の生食・加工用の野菜や果実が使われている。これは，生食・加工用の野菜と果実が有する品質特性とカット青果物に必要とされる品質が一致するためである。

しかし，矢野ら[8]はカットキャベツに適する品種の選定を行い，その基準として，比重，中肋の形状，クロロフィル含量，葉肉の貫入抵抗，多汁性，辛味成分含量などの条件をあげており，キャベツはカット青果物用の品種が検討されている野菜の一つである。

なおカット青果物の製品歩留まり率が低いと出荷できる製品量が少なくなり，廃棄物の処理経費も高くなるので歩留まりはカット青果物の製造関係者にとって重要な評価項目である。

ⅱ) **製造工程**　製造工程のなかで，カット青果物の品質に大きな影響を及ぼすのは原料の選択・選別と切断であり，製造後の品質保持に影響を及ぼすのが切断，滅菌，洗浄，水切り，包装，保管などである。

ⅲ) **製造工程における品質管理**　カット青果物の製造過程では，原料に付着している土壌や小動物を除去し，異物の混入を避けなければならない。

栄養成分の減少と微生物の繁殖を避けるためには，製造工程全体を低温で管理しなければならない。

また，製造中や流通過程での品質低下を抑えるために，切片の水洗を欠かすことができない。そのため製造過程では，多量の水を使うが，水質や温度がカット青果物の品質に及ぼす影響は大きく，水切り（図9・2-4）も重要な工程である。

ⅳ) **切断と品質管理**　流通過程のカット青果物の腐敗速度に，滅菌処理や洗浄ならびに保管などが影響を及ぼすのは明らかであるが，切断方法も切片の腐敗速度に影響を及ぼす。例えば，鋭利な切断歯で切断したカット青果物の腐敗速度は，切れにくい切断歯で調製したカット青果物より遅い。

3) 流通過程の品質管理

ⅰ) **温度制御による品質管理**　カット青果物の流通過程での品質低下を抑制するためには低温保蔵が適するという報告が多く，品質保持の基本は低温管理であり，成分変化を遅らせ，微生物の繁殖を抑制する方法としてもっとも効

図9・2-4 カットレタスの製造過程における切片の水洗（手前）と水切り（中央から左）工程

果的な方法である。

　しかし，低温管理されていた製品の温度が急に上昇すると異臭の発生や成分変化ならびに微生物の繁殖が急激に起きるために，流通過程における低温条件の中断は絶対に避けなければならない。

　ある種の野菜や果実では，低温貯蔵中に低温障害が発生し，品質の低下が速くなることは知られているが，カット青果物のように流通期間が限定される場合には，低温障害が発生する品目でもカット青果物にしたときには低温管理が必要である。例えばピーマンは低温障害が発生する野菜の一つであるが，カットピーマンの切断面の褐変や腐敗ならびにアスコルビン酸の減少は貯蔵温度が高いときのほうが速かった[3]。

　また，蓄冷剤の正しい使用は，カット青果物の低温管理の補助手段となりうるが，鮮度保持効果の過信は禁物である。

　ⅱ）**湿度制御による品質管理**　　カット青果物は切断面からの水分蒸散が激しいので，乾燥を防ぎ，品質を保持するためには保持環境湿度を高く保つことは重要なことであるが，湿度が高いことや製品に水滴が付着することは微生物の繁殖を促進することにもつながるので，高湿度の場合は低温管理との併用が必須条件となる。

iii) **包装資材による品質管理**　カット青果物をプラスチックフィルムなどで包装すると水分損失を抑制するのみならず，カット青果物自身の呼吸作用により，包装内の O_2 濃度の低下と CO_2 濃度の上昇を誘導し，MA 条件となる。この MA 条件は，褐変や緑色の退色などをある程度抑制したり，成分変化を遅らせる効果もみられるが，包装内の過度の低 O_2 条件はアセトアルデヒドやエタノール蓄積などを引き起こし，異臭の発生やガス障害を誘導するので，包装フィルム自体に適度の透過性が必要である。

保持時間が短時間であれば発泡スチロールなどの保冷容器の使用も，品質保持に有効である。

iv) **環境ガス制御による品質管理**　カット青果物の保持環境ガスの O_2 濃度を下げて CO_2 濃度を上げる CA 貯蔵あるいは MAP は品質保持に効果があるが条件管理が難しいので，低温条件との併用は避けられない。

また，貯蔵環境中の C_2H_4 は切片の軟化や退色などを促進するので，切片からの発生を抑制するか除去しなければならない。

例えば，カットニンジンでは貯蔵環境中に C_2H_4 が存在すると，1 ppm の濃度であれば，わずか 1 日で切片に苦味が発現し，切断面には褐色のピッティングが発生する（図 9・2-5）[9]。

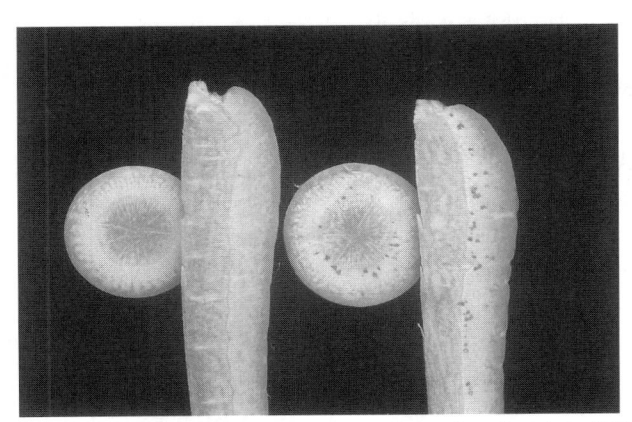

図 9・2-5　C_2H_4 ガスに曝露されたカットニンジン（右，左は無処理区）の切断面に生じたピッティング（維管束周辺の師部組織にみられる褐色の小さな陥没）

ⅴ）添加物と鮮度保持剤による品質管理　カット青果物の製造過程では，次亜塩素酸ナトリウムや強酸性電解水[10]が使用され，切片の微生物密度を低下させている。また，切片への塩化カルシウム処理も微生物制御に効果があり，可食性の被膜剤の使用も品質保持に効果があるが，これらの処理は切片の表面付近の微生物を減菌しているだけであり，添加物のみによる品質保持には限界があるので，品質保持のためには低温管理との併用は避けられない。

また，包装内の C_2H_4 やアルデヒドを除去する鮮度保持剤も実験的には品質保持効果が認められているが，経費の問題も残されている。

〔引用文献〕
1) Abe, K. *et al.*：*J. Japan. Soc. Agr. Tech. Manag.*, **9**, 53, 2002
2) 阿部一博ら：日食工誌, **40**, 101, 1993
3) 阿部一博ら：日食保蔵誌, **23**, 243, 1997
4) 阿部一博ら：園学雑, **67**, 123, 1998
5) 阿部一博ら：園学雑, **64**, 633, 1995
6) 阿部一博ら：園学雑, **66**（別2），988, 1997
7) 阿部一博ら：食科工, **44**, 213, 1997
8) Yano, M. *et al.*：*J. Japan. Soc. Food Sci. Tech.*, **37**, 478, 1990
9) 阿部一博ら：日食工誌, **40**, 506, 1993
10) 阿知波信夫：日食保蔵誌, **32**, 91, 2006

〔参考文献〕
・園芸学会編：新園芸学全編，養賢堂，1998
・カット青果物と切り花の生産及び品質管理技術，エヌ・ティー・エス，1999
・長谷川美典編著：カット野菜実務ハンドブック，サイエンスフォーラム，2002
・矢澤　進編著：図説野菜新書，朝倉書店，2003

第10章　切り花の消費，輸送・貯蔵および品質管理

10・1　切り花の消費および流通

　日本の切り花の栽培面積は世界3位であり，多種多様な花が露地，施設で生産・出荷されている。市場の取引で厳しく品質が評価されるため，高品質・高価格の切り花が流通することになり，輸出に向けられる花はきわめて少なく，ほとんどが国内で消費される。近年，気候に恵まれたタイ，マレーシア，中国，コロンビアなどの国々から，切り花の輸入も増えている。

(1) 生産および輸出入における種類および流通量の推移

　切り花の国内生産量に輸入量を加えた流通量は，近年横ばいないし微減傾向にあるが，60億本を超えている（図10・1-1）。最も主要な品目はキクで流通量の30％弱に達し，主に葬祭用に使われる輪ギクがその半分強を占める。次い

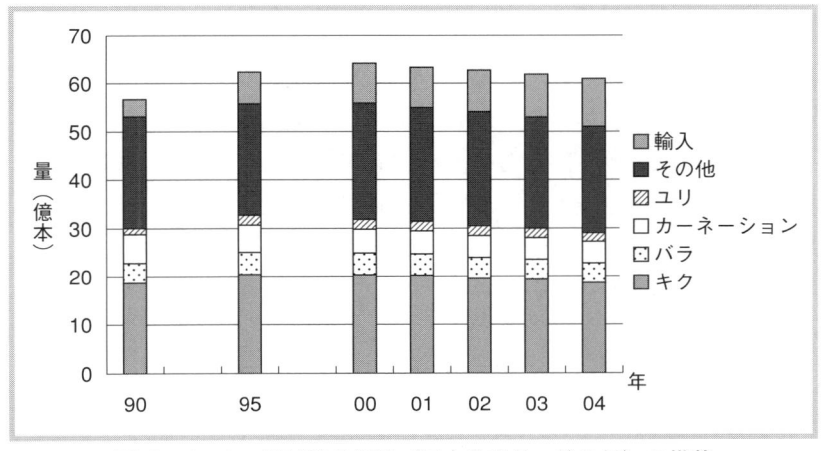

図10・1-1　切り花の需要（国内生産量＋輸入量）の推移

でカーネーション，バラ，ガーベラ，ユリと続き，スターチス，スイートピー，トルコギキョウ，デンドロビウム・ファレノプシスが1億本以上流通している品目である。切り葉はシダ類など4億本弱，切り枝はハナモモ，コデマリ，ユキヤナギなど3億本を超す流通量がある。ニーズの多様化が進むなかで，多品目少量生産に流れ，主要な品目はいずれも横ばい，あるいは微減の状況にある。

切り花・切り葉の輸入は，金額ベースでは2003年以降急増し，市場取扱高の8％に迫ろうとしている。数量でも2000年以降，増加傾向にあり，2004年には16％に達している。カーネーションでは最も高く24％弱，バラでは16％強に達する。キクは輪ギクも入れた全体では7％強と低いが，輸入されるものの大半はスプレーギクであり，市場の単価も輸入品の方が高い。このほか，デンドロビウム・ファレノプシス，オンシジウムなどのラン類，切り葉としてのドラセナ類，シダ，ベアグラスに，サカキ・ヒサカキ類などの輸入が多い。

（2）消費形態と生活環境

生花小売店のアンケート調査（2003年）によれば，切り花の用途は家庭用28％，ギフト用40％（通信配達用11％を含む），冠婚葬祭やパーティなどの業務用23％，稽古花用9％となっており，近年，業務用の比率が低下し，家庭用，ギフト用として店で売られる割合が次第に増えている。

切り花の消費額は，家計調査年報によると1991年まで増加していたが，92年以降は停滞ぎみで，この数年は減少している。また，仏花を含め切り花を買い求めているのは40％強の世帯にしかすぎない。鮮度の劣化が早いため，商品のロスが多いことなどから，小売り価格が高すぎることが問題である。消費者は納得のいく価格で，日持ちのよい花を求めており，このニーズに応えるような花店が増えれば，切り花の消費は伸びるはずである。

実際に，関西の生花店の店頭で行った調査でも，花を購入するのは40代以上の主婦を主体とする女性が大半であり，自宅に飾るための切り花を毎週1回購入する人が33％，毎月1回以上購入する人が49％と「習慣的購入層」が80％を占め，家庭で楽しむホームユース用の花は習慣的に買い求められる可能性が示された。だれでも気楽に立ち寄ることができるオープンな雰囲気をもち，しか

も鮮度のよい切り花を消費者の納得のいく価格で販売する小売店が消費者の身近な場所で増えれば，家庭で花を楽しむ機会がもっと多くなるだろう。

10・2　切り花の品質の評価と保持技術

(1) 品質評価の基準と方法
1) 外的品質と日持ち性

　切り花をどの段階で収穫するかを切り前（harvest maturity）と呼び，多くの品目でつぼみがまだ十分に開花していない段階で収穫する。したがって，切り花がもっとも観賞価値を発揮するのは収穫後数日を経てからであり，そのレベルとその後どの程度観賞価値が持続するかが品質を評価するうえで重要である。品質評価が行われる生産者や卸売市場の段階では，多くは目視によって，草姿（長さ，ボリューム，バランス，かたさ，曲がり，開花程度等），鮮度，色（花色，葉色），障害・病虫害発生の有無等その時点での外的品質が総合的に評価されているが，同時にその持続の程度を予測して品質評価を行う必要がある。収穫後の外的品質の変化を時間軸に対してプロットした関数を f(t) とする

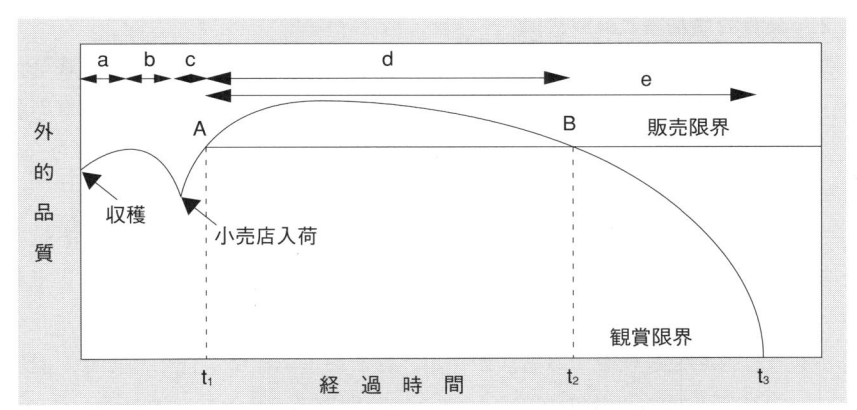

図10・2-1　収穫後乾式輸送された切り花の品質変化の模式図

収穫後の外的品質の変化を f(t) とすると，外的品質が同じ A，B で購入された切り花の日持ち性はそれぞれ，$\int_{t_1}^{t_3} f(t)dt$，$\int_{t_2}^{t_3} f(t)dt$ で表される

a：生産者段階（収穫，水あげ，調整，選花，箱詰め），b：輸送・卸売市場，c：水あげ（小売段階），d：棚持ち期間（小売段階），e：品質保持期間

と，切り花の品質は∫f(t)dtで評価されるべきであり，これを日持ち性（longevity）と呼んでいる（図10・2-1）。外的品質の変化のパターンは3ないし4通りに類型化され，ガーベラやスターチス・シヌアータのように収穫後徐々に低下するタイプ，カーネーションのように収穫時の外的品質が維持され，突然急激に低下するタイプ，バラ，ユリのように収穫後数日を経て最高の品質に達し，その後徐々に低下するタイプがあり，シュッコンカスミソウやハイブリッドスターチスのような多花性の切り花では3番目のパターンをとるが，適切な処理を行うことにより外的品質のピークが収穫後かなり時間を経過してから出現するようになる。

　日本国内で流通している切り花の品質表示には，階級表示と等級表示が採用されている。ただし，等級に関して現状はほとんど秀品のみが流通している。これまでの仕事花中心の需要では，切り花の階級表示の要素として長さやボリュームがもっとも重要視され，輸送後の水あげの際に茎を切り戻す必要からも長い切り花が高品質であるとされた。しかし，家庭需要の増加とバケット低温流通の普及により，従前のような長さやボリューム一辺倒の品質評価は見直されつつあり，上記の日持ち性がより重要視されるようになった。

2）品質評価基準と品質評価

　外的品質の変化は時間の関数であると同時に，品種の遺伝的特性，栽培前歴，前処理や収穫後の取り扱い，さらには切り花が保持される環境により影響を受ける。したがって，その切り花の外的品質がどこまで高まり，日持ち（品質保持期間，vase life）が何日であるかを予測することは難しい。ただし，一定の条件下で一定の基準で評価された日持ちは，一般的な消費条件下での日持ちを考えるうえでの目安となるので，オランダでは標準条件を設定したうえでレファレンステストを定期的に実施することで，卸売市場に出荷された切り花の潜在的な日持ち性を検査する方法が採用されている。標準条件としては，温度20℃，相対湿度60％，白色蛍光灯による12時間照明（光強度は床面で$10\mu mol\cdot m^{-2}\cdot s^{-1}$）下で，清潔なガラス容器に脱塩水を入れてそこに複数本の切り花を生ける。オランダ生花市場協会（VBN）が定めた品質評価基準（検査事項：表10・2-1）に沿って品質評価が行われ，一般（共通）検査除外基準事項および個別検査除外基準事項において三つ以上の項目で除外基準を下回った場合に品

10・2 切り花の品質の評価と保持技術　357

表10・2-1　バラ切り花の品質検査事項

一般検査除外基準事項	寄生動物	
一般記録事項	損傷，水質，病気	
個別検査除外基準事項	花	ベントネック，灰色カビ病，咲き終わり，弁縁の乾燥
	茎	曲がり
	葉	葉の離脱，葉やけまたは乾燥，黄変・褐変，萎凋
個別記録事項	開花，花弁の変色，茎の灰色カビ病，茎の損傷	

検査は結果に基づくものであり，原因は考慮しない。
一般検査除外基準事項および個別検査除外基準事項の三つ以上の事項で除外基準を下回った場合，これを除外する。
出典　オランダ生花市場協会切り花品質検査基準より抜粋

表10・2-2　20℃で保持した主要切り花の品質低下要因

品質低下要因	品　　目
花褐変	ガーベラ，カラー，キク，キンギョソウ，グラジオラス，コデマリ，シュッコンアスター，ダッチアイリス，ダリア，バラ，ユリ類，リンドウ
茎葉褐変	シャクヤク，スターチスシヌアータ
不開花	キンギョソウ，グラジオラス，シュッコンカスミソウ，ハイブリッドスターチス，リアトリス，
花弁・花蕾離脱	アルストロメリア，キク，コデマリ，シヤクヤク，ストック，チューリップ，バラ，ユキヤナギ，ユリ類
花色退色	アルストロメリア，オリエンタルユリ，デルフィニウム，トルコギキョウ
茎葉黄変	アルストロメリア，エゾギク，キク，キキョウ，コスモス，ソリダスター，デルフィニウム，スイセン，ユリ類，リンドウ
花萎れ・乾燥	エゾギク，コスモス，カーネーション，キキョウ，シュッコンカスミソウ，スイートピー，スイセン，ストック，ソリダスター，トルコギキョウ，ハイブリッドスターチス，バラ，ブーバルジア，フリージア，リアトリス
花茎徒長，曲がり	チューリップ，キンギョソウ，ストック，グラジオラス
茎の腐り	エゾギク，ガーベラ，キク，ダリア，リアトリス

2要因以上が問題となった品目はその両方を示した。
キンギョソウ，スイートピー，デルフィニウムはSTS処理された切り花を供試。

質保持期間の終了と判断される。得られた結果は，切り花の潜在的な日持ち性を示すと同時に，前処理や収穫後の取り扱いが適切に行われているかどうかを判断する指標にもなる。日本においても同様の方法を採用した切り花の日持ち保証制度の構築が検討されており，その際消費の実情を反映して標準条件の温

度を25℃に高め，品質評価の基準もオランダ生花市場協会の基準より厳しく設定している。

切り花の品質を低下させている要因は品目によってまちまちであるが（表10・2-2），一般に保持温度が異なっても品質低下の主要因はあまり変化しない。切り花の品質保持期間の判定は主観的になりやすく，品質評価を行おうとする際には品目ごとに品質低下の主要因を的確に把握することが重要であり，数値等の客観的な基準を設定して判定を行うことが望ましい。

（2）市場における流れ

日本国内の切り花の80％程度が市場流通しており，生産者あるいは集出荷組合から卸売市場に出荷された切り花が生花商（小売店）を中心とした買参人に競り落とされ，小売店から消費者に渡る経路が物流の主経路である。卸売市場では，競りによる価格決定を経た箱単位の分荷，仲卸の先取りによる束単位（通常1束10本）の分荷のほか，予約相対取引により商品が卸売市場を通過しない（卸売市場は決済のみを行う）流れがあり，1999（平成11）年の市場法の改正以降予約相対取引の割合が増加している。輸入切り花についても多くはいったん市場出荷され，価格決定を経て花束加工業者等に流れる。一連の流れのなかで，小売店における切り花の滞留が消費者の手に渡った段階での日持ち性の低下につながっており，またこの段階での流通ロスがもっとも大きい。

（3）品質保持の方法
1）低温流通

低温流通が切り花の品質管理の基本となっている。切り花の品温が高いと，呼吸消耗により日持ちが低下するだけでなく，呼吸熱によるむれの発生，導管内微生物の繁殖，灰色カビ病の発生，開花の進行等の品質低下を招く。温帯性の品目で10℃以下，熱帯・亜熱帯性の品目では10～15℃が目安であるが，バラのように急速に開花が進む切り花では5℃以下で管理しなければならない。

収穫後水あげを行いながら速やかに品温を下げて，そのうえで調整・選別・出荷作業を行う。その際，水温が低いと水あげ不良が起こる。結束・箱詰め後は差圧通風予冷を行って切り花の品温を十分に下げてから冷却した輸送コンテ

ナに積み込む。真空予冷は，冷却時間は短くてすむが，切り花が萎れたり，凍結したりすることがあるので好ましくない。また，強制通風予冷では冷却に長時間を要する。

低温で輸送された切り花は卸売市場において低温で荷受けし，卸売市場から小売店へも低温で輸送される必要がある。

2）水管理と湿式輸送

通常収穫した切り花には数％の水欠差（飽和水分欠差）があり，これを空気中に放置すると蒸散が進み水欠差が大きくなって萎れる。このような水ストレスは日持ちを低下させる原因となるので，収穫後は速やかに吸水させて水欠差を取り除くことが必要である。この生産者段階で行う水あげ（hydration）において水があがらない品目は少ないが，収穫に使用する鋏や水あげ用のバケツが汚れていると導管内に微生物が進入してその後の流通過程で増殖することから，小売店や消費者が行う水あげ（rehydration）の際に吸水不良の原因となる。水あげには水道水あるいは抗菌剤の入った清潔な水を用いる。また，長時間空気中にさらされた切り花では水中で茎を切り戻す水切り（recut under water）が有効である。

乾式箱詰め輸送では，輸送中に水ストレスがかかり，品目によってはその後の水あげ不良が生じたり日持ちの低下を招く。そこで，切り花を吸水可能な状態で輸送する湿式輸送，とりわけ切り花を立てて輸送するバケット低温流通が重要な品質保持技術として位置づけられるようになった。オランダを中心とするEU市場では以前からバケット低温流通方式が採用されており，小売店までバケットに入ったまま切り花が届けられ，バケットは回収されて洗浄後再利用される循環型の流通システムが確立している。日本では2001（平成13）年より広域的なバケット低温流通システムが始動し，バラをはじめとして普及をみた。バケット流通では輸送時に使用する水の微生物管理が重要で，チアゾリン系化合物等の抗菌剤の添加が必要となる。同時に低温流通が必須である。バケット低温流通では小売店等での水あげ作業が不要となり，より短い切り花でも商品性をもち，入荷後直ちに販売や生け込みができるなどのメリットがある。

3）品質保持剤処理

生産者が収穫後の水あげを兼ねて行う品質保持剤処理を前処理（pretreat-

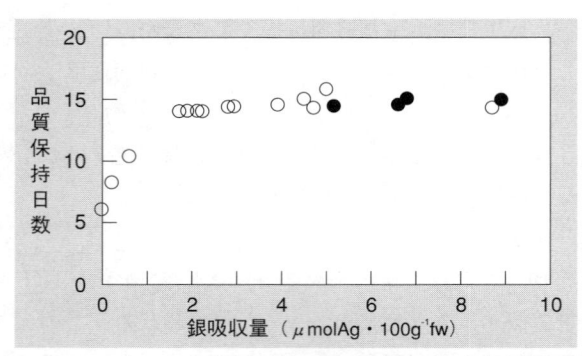

図10・2-2　カーネーション切り花の銀吸収量と品質保持期間との関係
●は障害の発生を示す
出典　宇田　明：STS溶液による切り花の品質保持期間延長に関する研究，兵庫県農業技術センター特別研究報告第21号，1996

ment, pulsing treatment) と呼び，品目に応じてエチレン阻害剤，糖類，抗菌剤 (8-hydroxyquinoline, 四級アンモニウム塩化合物，チアゾリン系化合物等)，非イオン系界面活性剤，蒸散抑制剤，ジベレリン等が添加されている。このうちもっとも広く用いられているエチレンの作用阻害剤である STS (anionic thiosulfate complex of silver) は，硝酸銀とチオ硫酸ナトリウムをモル比で 1：4〜8 に混合して作成される 3〜7 価の鎖イオンで，銀を負に帯電させることで導管内の移動性を高めている。クライマクテリック型の老化様式をとるカーネーション，シュッコンカスミソウ，ハイブリッドスターチス，落蕾(らくらい)が起こるデルフィニウム，キンギョソウ，スイートピー等の切り花には処理が必須であり，十分な効果を発揮させるには切り花100g 当たり 2〜5 μmol の銀が吸収される必要がある（図10・2-2）。また，シュッコンカスミソウ，ハイブリッドスターチス等の多花性の切り花では，つぼみの開花のために糖処理が有効で，通常ショ糖が数％の濃度で抗菌剤とともに添加される。硫酸アルミニウムはバラやアジサイの蒸散抑制・吸水促進に，ジベレリンはアルストロメリアやユリ類の葉の黄変防止に有効である。

　呼吸消耗による炭水化物の枯渇は膜機能の低下による老化の進行を促し，また吸水やつぼみの開花といった生長現象を抑制する。そこで，前処理に引き続いて小売店や消費者段階でも栄養剤としての糖の補給が行われ，これを後処理

(continuous treatment) と呼んでいる。通常抗菌剤とともに1～2％の糖が連続処理される。バラのブルーイング防止やトルコギキョウの花色を鮮やかにする効果も認められる。

4） 保持環境と貯蔵

切り花の日持ちは保持温度に強く影響され，障害が出ない範囲内で低いほうが日持ちがよくなる。しかし，温度以外の要因も品質に影響を及ぼし，特に光，湿度，風といった環境要因が重要である。切り花は直射日光の当たらないところで保持・観賞することが大前提であるが，室内光のような弱い光でも気孔が開くことから昼間は水ストレスが生じる。したがって，バラのような萎れやすい品目では，暗期を設けて昼間に悪化した水分状態を夜間に回復させることが必要となる。湿度（飽和水蒸気圧欠差）や風も切り花の蒸散に影響することから，基本的には水に生けた状態で低温，暗黒，高湿（病害が出ない範囲内），無風といった条件で保管することが望ましい。

切り花の長期貯蔵は，物日需要に対応する手段としては有効であるが，カーネーションやキクを除きほとんど行われていない。これは貯蔵後の切り花の日持ち性が著しく低下するためである。ただし，つぼみ段階で収穫した切り花は数週間の貯蔵に耐える品目も多く，貯蔵後に糖を含む開花溶液を用いて開花を促すことで，十分に実用に耐える切り花が供給できる。

〔参考文献〕
・Nowak, J., and Rudnicki, R. M. : Postharvest handling and storage of cut flowers, florist greens, and potted plants, Thimber Press, 1990
・フローリスト編集部編：改訂版 花の切り前，誠文堂新光社，1994
・宇田 明：STS溶液による切り花の品質保持期間延長に関する研究，兵庫県農業技術センター特別研究報告第21号，1996
・市村一雄：切り花の鮮度保持，筑波書房，2000
・Reid, M. S. : Postharvest handling systems : Ornamental crops (Kader, A. A., ed. : Postharvest technology of horticultural crops) (3rd ed.), p.315, Univ. CA, 2002
・日本花普及センター監修：切り花の品質保持マニュアル，流通システム研究センター，2006

第11章 園芸作物の形質転換と収穫後の品質

11・1 作物の品種育成と品質形成

(1) 品種育成の目的と方法

園芸作物の育種は，より優れた品質をもち，広い生態適応性を示す品種の育成を目的とする。また，病気や虫害に強い素質をもつ品種を育成することも重要な育種目標である。さらに，育成された品種が日持ちよく，貯蔵性に優れていることは，市場への安定した供給を可能にし，消費者ニーズに応えるものである。これまでさまざまな育種技術で新しい品種が育成されてきたが，その方法は，① 交雑育種法，② 突然変異育種法，③ バイオテクノロジーに大別される。また，新品種誕生までには，形質転換－選抜－固定－普及という長い道のりが必要で，今日の優れた品種の多くはこれらの過程を経て育成された。

1) 交雑育種法

交雑育種法はより優れた形質をもった品種を，在来品種に掛け合わすことにより，形質の転換を図るものである。日本では1920年代から組織的な交雑育種が進められていて，なかでも育種効果の高かったニホンナシでは，現在6世代目の育成品種で選抜が行われている。官庁で育成されたこれまでの交雑品種 (hybrid) はほとんど異品種間の交配で生まれており，ニホンナシでは交雑品種が栽培面積の約6割を占めている。しかし，果樹は遺伝的ヘテロ性が強く，遺伝様式が単純ではないため，同じ両親の組み合わせから再び同一品種が誕生する可能性は低い。このため今日では，この育種法は交雑世代を重ねることによって，遺伝的ホモ性を高める目的をもち，多くの交雑実生のなかから好ましい形質をもつ個体を選抜して，育成品種としている。交雑はこれまで品種育成法の主流となってきたが，新品種として誕生するまでに長年月を要するなどの欠点も合わせもっている。また，交雑不和合の品種からの育成はきわめて困難

である。

2）突然変異育種法

突然変異育種法は，放射線のγ線を植物体に照射することによって，種子や生長点の細胞に突然変異を誘発して，自然界でも低頻度でみられる変異実生や枝変わりを，高頻度に誘起するものである。日本では，1960（昭和35）年以来組織的な育種が行われており，独立行政法人生物資源研究所放射線育種場では野外照射が行われている。突然変異は細胞の遺伝子にγ線が衝突することにより，遺伝子の塩基配列に欠失が起こったり，塩基の入れ替わりが起こるなどし，あるいは構造変化して劣性になったりするもので，そのことにより誘発される形質は致死あるいは奇形となる場合が多い。しかし，なかには人間にとって好都合な形質をもつものが現れるため，その形質の計画的な選抜法を取り入れることにより，これまでの品種にみられない形質をもった突然変異体（mutant）を育成することができる。日本では2001（平成13）年までに268品種がいろいろな作物で育成され，登録されている。

3）バイオテクノロジー

園芸作物のバイオテクノロジーには，①組織培養，②細胞融合，そして，③遺伝子組換えの3種の育種法がある。

ⅰ）**組織培養法**　試験管内で無菌的な培養を行いながら，実生，種子，組織片，カルスの遺伝的変異を図り，個体を再生させる。幼胚培養による遠縁交雑実生の育成，実生接木によるウィルスフリー株や，接木周辺キメラ個体（histont）の育成，組織片やカルスからの再生個体にみられる変異体の選抜など，園芸作物の育種技術としてきわめて重要である。組織培養が成功するか否かはその植物の遺伝的再生力にかかっているとともに，再生には培地の培養成分や，管内の培養環境の選択が重要である。

ⅱ）**細胞融合法**　細胞融合は電気的細胞融合装置を使って二つの遺伝性の異なるプロトプラストを融合し，複2倍体（4n）を育成する育種技術である。二つの品種間の融合プロトプラストを個体として再生するには，各種の組織培養技術を必要とし，また，個体に成長するまでの強い再生力が遺伝的に備わっていることが重要である。1995（平成7）年までに育成された体細胞雑種（somatic hybrid）の例は5科17種に広がっている。

iii) **遺伝子組換え**　　遺伝子組換えは，①制限酵素を使って目的の遺伝子を切り出し，これを金またはタングステンでまぶした微小なペレットとして，これを種子や新梢の成長点の細胞に直接導入するか，②菌のプラスミドDNAの一部に，切り出した目的の遺伝子を組み込み，形質転換を図る植物の組織培養中の組織片に菌を感染させ，植物の染色体DNAに目的遺伝子を取り入れる育種法である。前者を直接法，後者を間接法という。目的遺伝子が再生植物体で機能しているか明確にするため，カナマイシンなどの選択培地で培養し，管内において強い選抜圧をかけ，あるいは再生植物体の組織片を用いてDNA鑑定を行う。遺伝子組換えで育成された形質転換体（transgenic plant）は，種を超えた遺伝子をもちえて，現存しない形質をもった新生の品種となる。

（2）獲得された形質の評価

　気候が温和で四季をもつ日本では，園芸生産物の旬を味わい愛でる国民性が長い間育まれてきた。したがって，育成された品種は完熟期の味覚や美しさで選抜され，評価されてきた。しかし，国際貿易を含め流通革命の最中にある現在，園芸生産物に日持ち性や貯蔵性や貯蔵病害耐性など流通上重要な形質が高品質に加えて強く求められるようになった。

　園芸作物の収穫後寿命は一般に晩生品種ほど長く，果皮のクチクラの発達した，着色系，高糖系，高プロリン系などの品種が日持ち性に優れるといわれている。また，低呼吸，低蒸散，低エチレン感受性，非貯蔵低温障害性などは，長寿命に必要な遺伝形質である。

1）交雑品種

　交雑品種では早生のニホンナシ'幸水'がおよそ20～30日の日持ち性を示すのに対して，中生の'豊水'のそれは1～2カ月である。さらに，晩生の'王秋'は数カ月の間軟化を示さない。また，低呼吸，低蒸散を示すリンゴ'ふじ'はCA貯蔵で約1年間の貯蔵寿命をもち，国内的にも国際的にも市場需給の安定をもたらしている。これまでの園芸作物の育種では高糖系が選抜されてきたので，全体的には交雑品種の日持ち性は改善されている。

2）突然変異体

　人為突然変異で育成されたニホンナシ'ゴールド二十世紀'は，'二十世

紀'ナシに黒斑病抵抗性を賦与した突然変異体で，1990（平成2）年種苗登録された。このため，従来よくみられた潜伏黒斑病菌の増殖による汚染果が，店頭でみられなくなった。ウンシュウミカンの突然変異で生まれた晩生で高糖系統の'青島'は，普通系統の貯蔵期間2カ月をさらに1カ月延ばし，店頭に3月一杯までミカン生果が並べられるようになった。

3）バイオテクノロジー品種

ⅰ）**組織培養**　試験管内実生にほかの品種を割り接ぎし，接木部からの再生枝が周辺キメラとなる場合がある。カンキツの'エクリーク15'は果皮がオレンジで果肉がウンシュウミカンの人工接木キメラであるが，オレンジの香りが新たな魅力となっている。同じように接木キメラは優秀な果肉を温存しながら，ほかの品種の果皮形質を利用でき，現在さまざまな品種あるいは種間で育成されつつある。

ⅱ）**細胞融合品種**　カンキツ'オレタチ'はオレンジとカラタチの細胞融合雑種で1983（昭和58）年に育成された。両親の形質を合わせもつが，果実品質がオレンジに著しく劣るので，台木としての利用が考えられる。同じく'シューブル'はオレンジとウンシュウミカンの細胞融合雑種で1987年に育成された。カンキツ類のこれまでの体細胞雑種は結実性が悪く，また品質上の優秀性がいまだ認められていないので，育種上評価は低い。

ⅲ）**形質転換品種**　遺伝子組換えで育成されリリースされた園芸品種はいまだ少ない。ウイルス耐性の品種が1992（平成4）年トマト，1994年ペチュニア，1996年メロンで育成された。その他，1994，1995，1996年にそれぞれ日持ち性トマト品種が米国カルジーン社，サントリー，カゴメ社から市販された。また，色変わりの花き品種が，1997年カーネーション，1998年トレニアで育成された。形質転換体の利用は安全性や環境問題をクリアしながら，また多様な形質転換を求めながら，今後活発になっていくものと思われる。

〔参考文献〕
・池田富喜夫：突然変異育種（渡辺・山口監修），pp.258〜264，養賢堂，1983
・池田富喜夫ら：果樹園芸，pp.258〜293，文永堂，2000
・鵜飼保雄：ゲノムレベルの遺伝解析，東京大学出版会，2000

11・2　バイオテクノロジーによる形質転換と品質形成

（1）遺伝子組換えによる作物の育成技術とその特徴

　園芸作物を遺伝子組換えで形質転換させるには，①目的とする遺伝子を単離して，②転換作物に目的遺伝子を組み入れ，さらに，③組み込まれた目的遺伝子の形質発現を確認する手順をとる。

1）遺伝子の単離

　園芸作物の形質転換は細胞核の染色体DNAから目的形質を支配している特定の遺伝子を，制限酵素を使って切り出すところから始まる。遺伝子は一つのタンパク質の遺伝情報をコードするDNA領域と，その転写を調節する領域からなる染色体DNAの単位である。高等植物には数万個存在するといわれ，また，1遺伝子は数百〜数千の塩基対からなっている。制限酵素の種類によって染色体DNA鎖の切断部の塩基配列は特定されるので，現在分離・生成されている70種ほどの制限酵素のうちから選択して用いる。

　園芸作物の日持ち性や貯蔵性にかかわる遺伝子は，①成熟ホルモンであるエチレンの生成を制御する酵素をコードする遺伝子群，②蒸散や水分生理にかかわる遺伝子群，③エネルギー転換や呼吸にかかわる遺伝子群，さらには，④原形質膜や液胞膜に介在し，細胞軟化や物質の透過性にかかわる酵素をコードする遺伝子群などである（表11・2-1）。シロイヌナズナではすでに染色体DNAの全塩基配列が解読され，およそ2.5万個の遺伝子領域が特定されている。それらのなかには上記の遺伝子も存在しているので，新たに単離した遺伝子との相同性を確かめるのに好都合な遺伝情報源となっている。

2）形質転換体への目的遺伝子の組み込み

　単離した目的遺伝子を用いて形質転換を図る作物の染色体DNAにこれを組み込むには，現在アグロバクテリウムのTiプラスミドをベクターとして感染させる間接法をとるのがもっとも確実である。カンキツ類の形質転換体の作出では，まず，①実生から輪切りした胚軸を取り出し，これを培養する。次に，②目的遺伝子をTiプラスミドに組み込んだアグロバクテリウムに培養組織を感染させる。そして，③カナマイシンとメボキシン抗生物質を含んだ選

表11・2-1　園芸作物のポストハーベスト形質にかかわる遺伝子

遺　伝　子	園芸作物	報　告　者
エチレン生成		
C2H4不感遺伝子 etri-1transgene	ペチュニア	Gubrium, et al. 2000
1-aminocyclopropane-1-carboxyl synthase		
pTOM30	トマト	Hamilton, et al. 1990
MA-ACS1-3	バナナ	Liu, et al. 1999
PPHACS2	カーネーション	Lindstrom, et al. 1999
1-aminocyclopropane-1-carboxyl oxidase		
ACO1-3	トマト	Bouzayen, et al. 1993
CMe-ACO1	メロン	Lasserre, et al. 1996
ACO	カーネーション	Savin, et al. 1995
細胞膜など		
Polygalacturonase gene	トマト	Giavannoni, et al. 1989
Pectin methylesterase gene	トマト	Tieman, et al. 1992
O-methyltransferase gene	タバコ	Atanassova, et al. 1995
Xyloglucan endotransglucosylase (FC-XET)	イチジク	Owino, et al. 2002
Aquapolin (Fps1) cDNA	パン酵母	Serrano, et al. 1986
Proton pumpAVP1cDNA	シロイヌナズナ	Gaxiola, et al. 2001
Fatty acid thioesterase (ChFatB2)	カノラ	Dehesh, et al. 1996
脂肪酸不飽和化酵素遺伝子 FAD8	シロイヌナズナ	Gibson, et al. 1994
Glycine rich protein gene	ペチュニア	Condit & Meadher, 1987
褐変など		
Polyphenol oxidese gene	ポテト	Bachem, et al. 1994
Catalase gene met	トウモロコシ	Guy, C. 1999
Ascorbic acid peroxidase gene	ホウレンソウ	Yabuta, et al. 2001
CU/Zn superoxidmutase gene	ペチュニア	Tepperman & Dunsmuir, 1990
β-tubulin gene	ダイズ	Creelman & Mullet, 1991
その他		
Prolin P5CScDNA	モスビーン	Kishow, et al. 1995
NADP-isocitrate dehydrogenase gene	カンキツ類	Sadka, et al. 2000
Malate synthase gene	キュウリ	Sarah, et al. 1996
ADP-glucose pyrophosphorylase gene	メイズ	Plaxton & Preiss. 1987
Heat Shock transcript element (HSFA1)	トマト	Nover, et al. 1996

択培地で共存培養する．その結果，④再生してくる形質転換体を選抜し，順化，養成する．また，目的遺伝子を含む径1～5μmの微小な金粒子を，パーチクルガンを用いて茎頂の成長点細胞に打ち込む直接法もとられる．この場合染色体DNAに入るチャンスは少ないので，成長点を多く用いる必要がある．その他レーザー穿孔法などの便法が考案されているが，いずれの方法でも遺伝子組換えは無菌操作下で行う必要があり，材料の高い生存能力が要求される．

トマト，カーネーション，カンキツ類などでは試験管培養での再生系がすでに確立され，マニュアル化しているので，この育種が園芸作物のなかでもっとも早くから発達した。

3）遺伝子組換えによる形質転換の確認法

　外来遺伝子が形質転換体に組み込まれたか否かは，交雑実生での形質の遺伝分離や個体発生上での遺伝子発現で確かめられる。また，実験室的には形質転換体からDNAを抽出し，制限酵素で切断し，増やしたいDNAの約15塩基分の配列をもつプライマーを用いて，ポリメラーゼ連鎖反応を行いDNAの増幅を図る（PCR法）。同様の操作を原品種でも行い，増幅されたDNAの電気泳動プロフイルの違いから形質転換を確認する。その他アイソザイム法も形質転換を明らかにする有効な手段である。

　遺伝子組換えは外来遺伝子の発現により獲得した形質をもつ新品種を，短期間に育成できる特徴をもち，また，全く種類の違う生物からの外来遺伝子も形質転換体で機能させることができる。しかし，目的とする形質が一つの遺伝子で支配されていない場合や，量的形質のように形質を支配する遺伝子を特定できない場合には，遺伝子組換えが困難であり，この技術の対象となりえない。

（2）遺伝子組換え作物の評価

　園芸作物で初めて販売された遺伝子組換え作物はトマト 'FLAVR SAVR™'である。果実の日持ち性が著しく改善され，果肉軟化が遅い特性をもち，1994（平成6）年5月にアメリカのカルジーン社から発表された。しかし，話題性の割にはこの品種の果実食味が悪く，1998年には早くも発売中止となった。遺伝子組換えをリードするアメリカでは1997年までに作物20種4,279品種がリリースされ，タバコ，綿，ダイズ，トウモロコシなどの作物のそれらが作付面積の大勢を占めている。遺伝子組換えによる形質転換体は現在，北米，中国，カナダ，アルゼンチン，オーストラリア，メキシコの穀物輸出国で大きく栽培，利用され，日本や欧州諸国での利用は少ない。特に，日本では青果物を含め遺伝子組換え食品（GMO）の販売は，安全性や環境問題から許可されているものは少ない。北アメリカでも生果トマトは1996年に4％の作付けシェアーを示したのを最高に，それ以降は1％程度に減少している。

これまで遺伝子組換えの目標が耐病性，耐虫性，除草剤耐性など農薬削減に置かれ，生産者への恩恵のみが強調された感があり，消費者の遺伝子組換え食品に対する期待に応えるような育種が行われなかったところに問題がある。消費者の求める食品としての利便性や嗜好性に合った形質転換体を育種する必要がある。それらは，テクスチャー，フレーバー，難軟化性，難褐変性，抗変異原性などに，さらには日持ち性，貯蔵性において従来の品種より格段に優れた形質転換体であろう。

先のトマト'FLAVR SAVR'では，ポリガラクツロナーゼをコードするPG遺伝子発現をアンチセンスmRNA手法で転換し，PG酵素の機能を抑えて果肉軟化を遅らせることにより，日持ち性が高くなった。一方，トマト'Ails Craig'の形質転換体の場合は，エチレン生成の主要酵素であるACC合成酵素の遺伝子組換えを行って，エチレン生成を抑え着色や成熟の遅れのみられる日持ち性トマトが育成された[1]。エチレンの前駆物質であるACCを合成する酵素をコードしているトマト遺伝子（ACS c DNA）には，少なくても10個のアイソホームがあり，果実の成熟過程での発現が経時的に異なった[2]。したがって，植物ごとにACS遺伝情報はやや異なるものと思われ，組み込むACS遺伝子のオリジンの違いが青果物の日持ち性に影響することが予想される。

低温障害の要因となる低い不飽和脂肪酸度を改善するために行われた，シロイヌナズナのグリセロール-3-リン酸アシル化酵素遺伝子を組み込んだタバコは，親品種65%から形質転換体80%へ改善され，低温障害耐性を示した。このように，青果物の収穫後の日持ち性や貯蔵性は，鮮度の劣化にかかわる多くの要因を分子生物学的に遺伝子操作することで，飛躍的に改善されていくものと思われる。

花きの形質転換体は食品としての安全性を考慮する必要が少なく，速やかな普及が考えられる。切り花の6割余を占めるカーネーション，キク，バラでは多くの形質転換体が報告されている。特にカーネーションでは，IBAとthidiazuronを含むIT培地が確立され，再生が容易になったため，さまざまな形質転換がなされた。ペチュニアのフラボノイド3',5'-ヒドロキシラーゼ遺伝子を組み込んだカーネーションは青紫色の花色を呈し，1999年に'ムーンダスト'の名で市販された。また，カーネーション'Carn363'はトマトエチレン

生成酵素（pTOM13）と相同のカーネーション遺伝子を組み込んだ形質転換体で，日持ち性が著しく改善された[3]。また，雄性不稔性のカーネーション'White Sim'の形質転換体Rl-3はアグロバクテリウムのT-DNAのrolC遺伝子を組み込んだもので，3倍の花軸数と高い発根性を獲得した[4]。ピンク花色のキク'Moneymaker'の形質転換体はアントシアニン生合成の主要酵素であるカルコン合成酵素のアンチセンスRNAで形質転換を図ったもので，白色の花をもつ。その他多数の花卉で遺伝子操作が行われ，遠縁の遺伝子の導入で飛躍的な品種改良がなされつつある。

　花きの形質転換体の場合には，種子や花粉の飛散による遺伝子環境汚染が問題となることが予想されるので，不稔性や無性繁殖性を付加した育種が必要となろう。もともと種子のない花卉を形質転換のための育種材料とし，あるいはあらかじめ雄性不稔の遺伝子で形質転換を図るなど，目的遺伝子との多重組換えが日本では特に必要であろう。

〔引用文献〕
1）Nagata, M., et al.: *XXIV Intern. Hort. Congr.*, 171, 1994
2）Zarembinski, T. I., & Thedojio, A.; *Plant. Mol. Biol.*, **26**, 1579～1597, 1994
3）Cornish E. C., et al.: *Austral. Natn. Univ. Abst.*, **65**, 1991
4）Zuker, A., et al.: *Biotech. Adv.*, **16**, 33～79, 1998

〔参考文献〕
・池上正人：植物のバイオテクノロジー，理工図書，1997

第12章 食品や農業生産に由来する廃棄物の処理と利用

12・1 廃棄物問題の概略

(1) 産業・一般廃棄物の発生と法規制

　世界における産業発展，経済発展に伴い廃棄物は増大し，その処理に関して自国内，あるいは国間で多くの問題が発生してきた。特に有害物質の廃棄に関しては，先進国間の問題だけでなく，発展途上国との間の問題となっている。このような問題を規制するために，1989（平成元）年にスイスのバーゼルで開催された国際会議で「有害廃棄物の国境を越える移動及びその処分の規制」（バーゼル条約）に関する条約が採択され，1992（平成4）年に発効した。この年にリオデジャネイロで地球環境サミットが開催され，「環境と開発に関するリオ宣言」が採択された。その後，急速にいわゆる地球環境の保全に関する問題が取り上げられ，日本においても1993（平成5）年「環境基本法」の制定，1994（平成6）年「環境基本計画」の閣議決定，1995（平成8）年「容器包装リサイクル法」の制定と2000（平成12）年完全施行，その他各種リサイクル法の制定と施行，2000年「循環型社会形成推進基本法」や「食品循環資源再利用促進法」などが制定された。

　日本における廃棄物は，産業廃棄物と一般廃棄物に分けられる。一般廃棄物（1999年，約5,000万 t）は産業廃棄物以外の廃棄物で，さらに「ゴミ」と「し尿」に分類され，「ゴミ」は商店，オフィス，レストランなどの事業活動によって生じた「事業系ゴミ」と一般家庭の日常生活に伴って生じた「家庭ゴミ」に分けられている。産業廃棄物（1999年，約4億 t）は，事業活動に伴って生じた廃棄物で，汚泥，動物のふん尿，がれき類が全体の約8割を占め，業種別では農業，電気・ガス，熱供給，水産業，建築業がそれぞれ約20％を占めている。これら廃棄物の回収・再利用を進めるために，廃棄物の排出抑制（レデュ

ース），再使用（リユース），再生利用（リサイクル），略して3Rが推進されている。個別のリサイクル率にはかなりの違いがあり，全体では約35%，一般廃棄物では約13%のような数値となっている。また，日本における総物質投入量のうちの廃棄物の発生量は約28%と算出（2001年）されるところからも，3Rの推進は廃棄物を排出する地域での取り組みが求められている。

（2）食品や農業生産に由来する廃棄物の性状と分類

前述のような背景の下に，「持続性の高い農業生産方式の導入の促進に関する法律」（持続農業法，1999年10月施行），「家畜排せつ物の管理の適正化及び利用の促進に関する法律」（家畜排せつ物法，1999年11月施行），「食品循環資源の再利用等の促進に関する法律」（食品リサイクル法，2001年11月施行）などが整備され，地域社会における3Rの取り組みが進められている。このような法的の対象となっている食品や農業生産に由来する廃棄物は，家畜排せつ物，農業用使用済プラスチック，食品廃棄物，家庭系食品等廃棄物などで，食品生産にかかわる廃棄物としてみると，図12・1-1のように生産現場で排出されるものは産業廃棄物に，流通段階や消費段階で排出されるものは一般廃棄物に類別される。家庭系以外の廃棄物は事業系廃棄物として再生利用義務が課せられている。

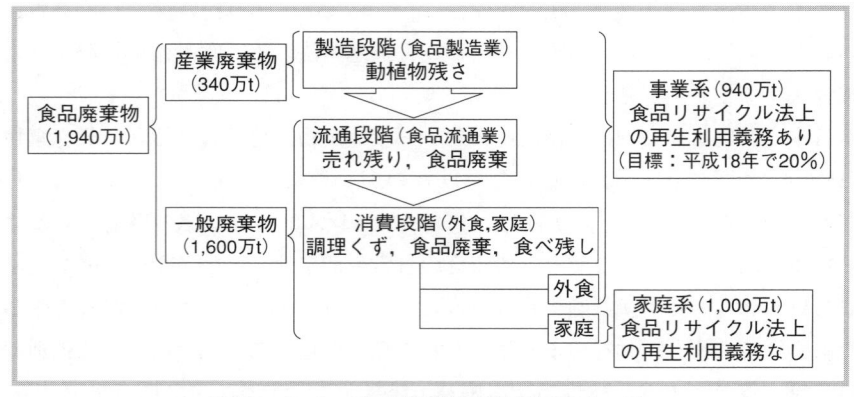

図12・1-1　食品廃棄物の分類（平成8年）
資料　厚生省（現厚生労働省）資料等から農林水産省が推計

12・2　食品や農業生産に由来する廃棄物の有効利用

　一般に廃棄物の再利用における問題は，それに対応する技術は言うまでもないが，経済性を有するか，再利用のために安定的回収とその量が得られるかなどである。これの点において，食品や農業生産に由来する廃棄物の再利用は多くの問題を包含している。

(1) バイオマス資源としての有効利用

　バイオマスとは，バイオ（生物資源）のマス（量）を表し，「再生可能な，生物由来の有機性資源で化石資源を除いたもの」とされている。平成14 (2002) 年から「ゴミゼロ資源循環型イニシアティブ」に関する研究が進められ，現在循環利用率の低いバイオマスの活用技術の開発に力が注がれている。主なバイオマスには，廃棄物系（家畜排せつ物，食品廃棄物，廃棄紙，下水汚泥など），未利用系（稲ワラ，麦ワラなど），資源作物（糖質資源，デンプン資源，油脂資源などとなる作物）があるが，ここでは廃棄物系バイオマスでみると，畜産排せつ物や食品廃棄物のガス化を図り，ガスを利用した電力産生と廃熱の活用によるリサイクル飼料の生産と焼却灰の肥料化のシステムが試されている。また食品廃棄物の生ゴミの利用として，乳酸発酵による乳酸の生産と生分解性プラスチックとして関心がもたれているポリ乳酸系樹脂の製造が注目されている。さらにバイオマスからの有効成分（例えば他食物繊維，β-アミラーゼ，γ-アミノ酪酸など）の抽出・分離についても研究されている。

(2) 包装・容器・農業用使用済みプラスチックの再生処理

　青果物や花きの流通においては，段ボール箱と発泡スチロール容器の利用が多くなっている。段ボールの使用後の回収率は高く，段ボールへの再生システムも整備されている。これに対して使用済みプラスチックシート・容器の全体的な回収は問題が多いが，焼却処理は減り，再生処理の割合が増えている。

（3）カンキツ・ブドウ，渋ガキなどにみる廃棄物の利用事例

　一般に食品加工における廃棄物はできるだけ少なくし，副産物が得られるような技術が開発されてきた。農産原料を用いた加工において排出される廃棄物については，多くは飼料化や肥料化が図られてきた。カンキツでは果汁製造における搾汁に伴い果皮を主体とした搾り粕が生成する。これを乾燥粉末にしとして米菓，豆腐，魚肉練り製品などに添加する方法，含有されるペクチンやカロテノイドの利用などが検討された。また，ブドウでは，ブドウ酒製造において発生する圧搾粕を用いたコンポスト化（小宮山ら，1995）やブドウ種子に含まれるポリフェノールの生活習慣病防止作用を期待した利用（有井，2000）など，さらにブドウ種子油やブドウ粕飼料の利用なども試みられている。規模が大きいカルフォルニアの青果物の選果場における廃棄率は約10〜15％になり，廃棄青果物は主に家畜用飼料とアルコールの生産に向けられている。

　生産現場における作物廃棄物は肥料にされる場合が多いが，含有される有効成分の利用が図られる場合もある。例えば，渋ガキに含まれるタンニンは柿渋として，古来，防腐剤，防水剤，染料などとして用いられてきた。最近，自然素材の有効性が見直され柿渋の利用も注目されている。そこで栽培中の摘果した渋ガキの小果実から柿渋をとり，搾り滓は肥料にする方式を採用しているところもある。

〔参考文献〕
・農林水産技術会議事務局編：かんきつ果皮の有効利用，農林統計協会，1981
・Kader, A. A 編：Postharvest Technology of Horticulyural Crops, University of California, Publication3311，1992
・農産物流通技術研究会編：農産物流通技術年報（2002年度版），流通システム研究センター，2002
・農林統計協会編：食料・農業・農村白書（平成13年度），農林統計協会，2002
・環境省編：環境白書（平成14年度），きょうせい，2002
・農産物流通技術研究会編：農産物流通技術年報（2003年度版），流通システム研究センター，2003
・小宮山美弘ら：山梨県工業技術センター研究報告，**9**，59〜62，1995
・有井雅幸：食品と開発，**35**(6)，11-14，2000

索引

あ

RQ 値 …………… 103
青カビ病 …………… 328
青草臭 …………… 45
悪　臭 ………… 164, 178
アグロバクテリウム
　…………………… 367
アコニターゼ ……… 134
浅　漬 …………… 70
アスコルビン酸
　………………… 167, 170
アスコルビン酸-グル
　タチオンサイクル 170
アスコルビン酸酸化
　酵素 …………… 60
アスパラギン ……… 158
アセチル CoA ……… 162
後処理 …………… 360
アニオンラジカル … 165
アブシジン酸 ……… 114
アミグダリン ……… 61
アミノ酸 …………… 155
アミラーゼ ………… 130
アリルイソチオシアネ
　ート処理 ………… 217
アルコール脱渋法 … 263
アルコール脱水素酵素
　…………………… 134
アルタナリア属菌 … 328
安全性試験 ………… 317
アントシアニン
　……… 56, 82, 144, 151
アンモニウムイオン
　…………………… 158

い・う

EMP 経路 ………… 101
育　種 …………… 363
生け水 …………… 231
異性化酵素 ………… 62
イソ遺伝子 ………… 122
イソクエン酸脱水素
　酵素 …………… 134
イソチオシアネート
　…………………… 176
イソフラボン ……… 143
1-MCP … 120, 193, 313
1-MCP 処理 … 120, 185
一次代謝 …………… 90
一重項酸素 ………… 166
萎　凋 …………… 112
一般廃棄物 ………… 373
遺伝子組換え … 365, 367
インターネット卸売
　市場 …………… 240
インベルターゼ …… 130
浮皮果 ………… 96, 283

え

HWB 処理 ………… 206
栄養機能 …………… 24
ACC 合成酵素 …… 124
ACC 酸化酵素 …… 122
疫病菌 …………… 329
液　胞 …………… 27
エクスパンシン …… 140
エステル ……… 163, 173
エチレン ……… 112, 114
エチレン除去剤 …… 276
エチレン処理 ……… 120
エチレン生成 … 96, 122
エチレンの信号伝達系
　…………………… 187
MA 条件 …………… 351
MA 貯蔵
　… 128, 177, 289, 301
MA 包装 …………… 302
エリスロース 4 -リン酸
　…………………… 102
L-ガラクトノ-1, 4-ラ
　クトン …………… 167
塩化カルシウム処理
　…………………… 217
園芸作物 …………… 2
塩ストレス ………… 75

お

- 黄化 …………………… 116
- オーキシン …… 114, 181
- 大谷石採石場跡地利用
  …………………… 291
- オキザロ酢酸 ……… 102
- オフフレーバー …… 310
- 卸売市場 ……… 237, 358
- 温湯処理 ……… 206, 298
- 温湯・熱水処理 …… 272
- 温度環境ストレス … 171
- 温度係数 …………… 111

か

- 加圧ジャム …………… 67
- 外　観 ……………… 251
- 外観要素 ……………… 24
- 階級選果 …………… 246
- 外　装 ……………… 247
- 外的品質 …………… 356
- 解糖系 ………… 92, 100
- が　く ………………… 87
- 核　酸 ………………… 41
- 果　梗 ………………… 87
- 過酸化水素 ………… 166
- 可視光線 …………… 253
- 果実缶・びん詰 ……… 66
- 果実硬度 ……………… 83
- 果実の香気 …………… 47
- 果汁飲料 ……………… 65
- 加水分解酵素 ………… 61
- ガス交換 ……………… 87
- ガス障害 …………… 201
- ガス分離膜方式 …… 309
- カタラーゼ …………… 60
- 褐色斑点症 ………… 121
- 活性酸素 …………… 165
- カット青果物 … 215, 341
- カット野菜・果実 … 70
- 褐　変 …… 58, 148, 347
- 褐変物質 ……………… 58
- 果肉褐変 ……………… 83
- 果肉の軟化 …… 137, 189
- 加熱加工処理用カット
  青果物 …………… 342
- カ　ビ ……………… 325
- カフタリック酸 …… 143
- 果　粉 …… 86, 95, 273
- 通い箱 ……………… 247
- ガラクツロン酸 …… 136
- カラリング ………… 274
- カリウム ……………… 30
- カルシウム …………… 30
- 加　齢 ………… 193, 318
- カロテノイド
  …… 53, 83, 149, 153
- カロース ……………… 37
- 皮　目 ………………… 86
- 感覚心理的機能 ……… 24
- 環境ガス …………… 177
- 環境ガス条件 ……… 301
- 環境酸素濃度 ……… 112
- 環境問題 ……………… 7
- 還元型 NAD ……… 100
- 還元型 NADP …… 100
- 緩衝材 ……………… 277
- 観賞植物 ……………… 12
- 乾燥果実 ……………… 66
- 乾燥予措 …………… 260
- γ 線 ………………… 315
- 甘味度 ………… 37, 129
- 観葉植物 ……………… 15
- がん予防14か条 …… 10
- 含硫アミノ酸 ……… 174
- 含硫揮発性成分 ……… 45

き

- 機械的損傷 …… 113, 324
- 危害分析重要管理点
  …………………… 20
- 気　孔 ………………… 85
- 気孔蒸散 ……………… 87
- 基質段階のリン酸化
  …………………… 106
- キシログルカン
  ……… 37, 38, 137, 140
- キシロース …………… 34
- 北川式簡易法 ……… 275
- 機能性成分 …………… 48
- 機能性フィルム
  ……… 220, 277, 304
- キノコ ……………… 221
- 揮発性含硫化合物 … 174
- 揮発性成分 …………… 47
- キュアリング
  ……… 87, 96, 204, 298
- 急冷処理 …………… 207
- 強制通風方式 ……… 296
- 強制通風冷却 ……… 258
- 切り枝 ……………… 354
- 切り葉 ……………… 354

索　引　379

切り花 …… 12, 229, 353
切り花の日持ち …… 361
切り前 …………… 355
均衡相対湿度 ……… 94
菌　糸 …………… 326
近赤外分光法 ……… 254

く

クエン酸合成酵素 … 133
クチクラ ………… 86, 95
クチクラ蒸散 ……… 87
屈折率計示度 ……… 252
クライマクテリック型
　………… 109, 141, 180
クライマクテリック型
　果実 …………… 115
クライマクテリックラ
　イズ …………… 110
グリコシダーゼ …… 61
グリーンアメニティ
　………………… 15
グリーンノート …… 45
グルコース ……… 35
グルタミン ……… 158
クレブス回路 …… 101
クロロゲン酸 ……… 143
クロロフィル
　………… 53, 149, 151

け

毛 ………………… 87
形質転換 ………… 367
形質転換体 ……… 365
系　統 …………… 73

ケストース ………… 35
結合水 …………… 27
結　露 ………… 283, 304
ケルセチン …… 52, 143
検疫有害動植物 …… 334
嫌気条件 ………… 177
健康日本21 …… 3, 11, 33
健全性試験 ……… 317

こ

高温障害 …… 111, 199
高温処理 … 154, 204, 297
高温ストレス耐性 … 212
抗　菌 …………… 278
抗菌性フィルム …… 303
交差汚染 ………… 18
交雑育種法 ……… 363
交雑品種 ………… 365
交差防御 ………… 209
抗酸化物質 ……… 167
高酸素 …………… 201
高湿冷温貯蔵 ……… 98
酵　素 …………… 59
酵素的褐変 ……… 58
高二酸化炭素 …… 201
高二酸化炭素障害 … 310
呼吸活性
　……… 28, 96, 100, 103
呼吸鎖 …………… 100
呼吸商 …………… 102
呼吸代謝 …… 100, 107
呼吸調節比 ……… 103
呼吸調節率 ……… 103
呼吸熱 …………… 107

黒斑病 …………… 328
黒腐病 …………… 328
コーヒー酸 ……… 143
コールドチェーン
　………… 238, 256, 293
個　装 …………… 247
虎斑症 …………… 83
コルク細胞 ……… 95
コンテナ ………… 241

さ

差圧通風予冷 …… 358
差圧通風冷却 …… 258
細　菌 …………… 330
再循環方式 ……… 309
催色処理 ………… 274
最適 CA 条件 …… 218
サイトカイニン
　………… 114, 181
栽培環境条件 ……… 73
細氷冷却 ………… 258
細胞間隙 ………… 88
細胞融合法 ……… 364
細胞壁 …………… 136
作物廃棄物 ……… 376
殺　菌 …………… 272
殺　虫 …………… 272
殺虫効果 ………… 308
酸化還元酵素 ……… 59
酸化的損傷 ……… 198
酸化的リン酸化
　………… 104, 105
産業廃棄物 ……… 373
残存呼吸 ………… 105

残留農薬基準 ……… 15

し

地穴貯蔵 ………… 291
シアン …………… 119
シアン耐性呼吸 …… 105
CA貯蔵 …… 128, 154,
　　　　177, 290, 301, 304
シイタケ ………… 50
ジェネレーター方式
　………………… 308
萎　れ ……… 28, 232,
　　　　　　　234, 282
萎れ防止 ………… 69
紫外線 …………… 76
色素の退色 ……… 57
軸腐病 …………… 328
資源有効利用促進法
　………………… 248
自己触媒生成 …… 180
自己抑制生成 …… 180
自殺特性 ………… 126
市場病害 …… 275, 323
システミン ……… 158
システム2-エチレン
　………………… 180
システム1-エチレン
　………………… 180
自然乾燥 ………… 67
自然対流方式 …… 296
湿度制御 ………… 350
湿度調節剤 ……… 277
渋戻り …………… 268
ジベレリン …… 114, 181

脂肪酸 …………… 160
脂肪酸組成 ……… 44
ジャケット方式 … 296
ジャスモン酸 …… 114
ジャム類 ………… 65
主　因 …………… 325
収穫後の貯蔵性 … 76
収穫・調整 ……… 244
臭化メチルくん蒸 … 335
自由水 …………… 27
周年供給 ………… 74
周　皮 …………… 86
熟　度 …………… 252
樹上脱渋法 ……… 264
出　荷 …………… 248
出荷規格 ………… 245
常温貯蔵 ………… 291
常温輸送 ………… 284
傷害エチレン … 126, 215
傷害呼吸 ………… 217
蒸気圧差 ………… 95
衝　撃 …………… 285
蒸　散 …… 92, 95, 231
照射食品 ………… 314
蒸熱処理 ………… 272
食生活指針 ……… 3
食性病原菌 ……… 18
食品衛生法 ……… 244
食品照射 ………… 314
食品ロス率 ……… 8
植物検疫 ………… 333
植物ホルモン …… 113
食物繊維 ………… 25
ショット法 ……… 275

ショ糖 …………… 38
真空調理 ………… 69
真空予冷 ………… 359
真空冷却 ………… 258
振　動 …………… 285

す

水欠差 …………… 359
水性ワックス …… 274
水分活性 ………… 27
水分欠乏ストレス … 29
水分蒸散 ………… 87
水分低下 ………… 320
スクラバー方式 … 308
スクロース ……… 35
スクロース合成酵素
　………………… 130
スクロースリン酸合成
　酵素 …………… 130
スーパーオキシドジス
　ムターゼ ……… 166
スーパーオキシドラジ
　カル …………… 165
スタキオース …… 35
スチルベン ……… 144
ストレス ………… 171
ストレスエチレン … 119
3R ……………… 374

せ

生　花 …………… 13
青果物 …………… 8
青果物の標準規格 … 245
青果物の品質基準 … 24

生合成関連酵素遺伝子
　　……………… 182
青酸ガスくん蒸 …… 334
青酸配糖体 ………… 61
整　枝 ……………… 80
成熟過程 …………… 320
生食用カット青果物
　　……………… 342
生体調節機能 ……… 24
生体膜 ……………… 45
生体膜の相転換説 … 197
生長調節物質処理 … 313
製　氷 ……………… 290
生分解性フィルム … 220
生理障害 ……… 83,84
生理的損傷 ………… 324
雪下栽培 …………… 292
切　断 ……………… 349
切断傷害 …………… 215
切断ストレス … 193,347
雪中貯蔵 …………… 292
施　肥 ………… 75,80
セルラーゼ ………… 140
セルロース
　　………… 37,137,140
潜在的汚染点 ……… 18
洗　浄 ……………… 217
全体最適化 ………… 242
せん定 ……………… 80
鮮　度 ……………… 251
鮮度保持材（剤）
　　…………… 276,352

【そ】

造　花 ……………… 13
相対湿度 …………… 94
速乾燥ワックス …… 274
組織培養法 ………… 364
ソルビトール脱水素
　酵素 …………… 130
ソルビトール6リン酸
　脱水素酵素 …… 130

【た】

代謝水 ……………… 100
耐虫性 ……………… 206
耐病性 ……………… 206
タクアン漬 ………… 71
脱　渋 …… 147,262,298
脱水素酵素 ………… 60
多糖類 ……………… 136
タマネギ …………… 52
炭水化物 …………… 34
炭疽病菌 …………… 329
タンニン …………… 264
段ボール箱 ………… 247

【ち】

チアベンタゾール … 312
蓄冷剤 ………… 277,350
中性脂質 ……… 44,163
直接法 ……………… 253
直膨式 ……………… 296
貯　蔵 ……………… 292
貯蔵タンパク質 …… 157
貯蔵適正温度 ……… 296
貯蔵病害 …………… 323
貯蔵用被膜剤 ……… 312

【つ】

追　熟 …… 108,179,307
追熟型果実 ………… 180
追熟障害 …………… 176
追熟処理 …………… 269
追熟誘導操作 ……… 98
追熟抑制 …………… 298
追跡システム ……… 19
接　木 ……………… 76
接木キメラ ………… 366
漬　物 ………… 68,70

【て】

TCAサイクル ……… 92
TCA回路 …………… 101
低温管理 ……… 290,349
低温馴化 …………… 208
低温障害 …… 111,171,194
低温ショック効果 … 207
低温ショックタンパク
　質 ……………… 208
低温ストレス ……… 195
低温耐性 ……… 204,209
低温貯蔵 …… 127,153,
　　　　　　　293,294
低温流通 …………… 358
低酸素障害 ………… 309
低湿度ストレス …… 178
低分子糖質 ………… 37
適温域 ……………… 74
摘　果 ……………… 79

適正製造基準 ……… 18
適正着果量 ………… 79
適正農業規範 ……… 18
滴定酸度 ………… 252
デザイナーフード計画
　………………… 49
鉄 ………………… 30
テルペン化合物 … 172
転移酵素 …………… 60
電子線 …………… 315
電子伝達系 ……… 103
天日乾燥 …………… 67
デンプン ………… 36
デンプン合成酵素 … 130
デンプンの分解 … 39
転流糖 …………… 80

と

糖果 ……………… 66
導管閉鎖 ………… 231
等級選別 ………… 246
凍結乾燥 ………… 68
糖酸比 …………… 43
糖新生 …………… 102
糖代謝酵素 ……… 129
糖度 ………… 37, 252
糖の蓄積機構 …… 132
土壌水分 ………… 75
突然変異育種法 … 364
突然変異体 ……… 365
トラック輸送 …… 241
トリカルボン酸回路
　………………… 101
トリックル法 …… 274

トレーサビリティ … 240

な

内装 ……………… 247
内部組織 ………… 88
内部品質推定値 … 255
仲卸業者 ………… 237
ナトリウム ……… 30
軟化 ……………… 83
軟化抑制 ………… 298

に

におい成分 ……… 48
二酸化炭素 ……… 112
二酸化炭素排出量 … 8
二次代謝 ………… 90
ニストース ……… 36
2-デオキシリボース
　………………… 35
日本型食生活 …… 3
日本農林規格 … 65, 244

ぬ・ね

ヌクレオチド …… 41
ネガティブ・フィード
　バック生成 …… 180
熱ショック処理 … 204
熱ショックタンパク質
　………………… 209
熱処理 ……… 199, 271
熱風乾燥 ………… 67

の

農産物直売所 …… 238
ノン・クライマクテリ
　ック型 … 109, 141, 181

は

灰色カビ病菌 …… 329
バイオテクノロジー
　………………… 364
バイオマス ……… 375
バケット低温流通 … 359
バーシャルシール包装
　………………… 277
播種期 …………… 73

ひ

光利用 …………… 255
非酵素的褐変 …… 58
微細孔フィルム … 303
微生物汚染 ……… 347
微生物汚染度 …… 16
微生物制御 ……… 352
ビターピット …… 84
ビタミンA ……… 33
ビタミンC ……… 31
非追熟型果実 …… 180
ピッティング …… 351
比伝導度 ………… 253
ヒドロキシルラジカル
　………………… 165
非破壊品質評価法 … 253
p-クマル酸 …… 152
p-クマロイルCoA … 144

索　引

ヒートショック …… 233
被膜剤 …………… 314
氷　室 …………… 290
日持ち性 ………… 230
病害防除 ………… 313
表皮系 ……………… 95
表皮系構造 ………… 85
表皮細胞 …………… 85
表面積／体積の比 … 85
ピルビン酸 ……… 101
ピルビン酸脱炭酸酵素
　……………………… 134
疲労破壊 ………… 285
品質基準 ………… 245
品質評価基準 …… 356
品質保持期間 …… 356
品　種 ……………… 73

ふ

フィードバック阻害
　……………………… 107
フェニルアラニン
　………………… 144, 157
フェニルアラニンアン
　モニアリアーゼ … 215
フェノール酸 …… 143
フェノール性物質 … 55
フェルラ酸 ……… 143
不完全菌類 ……… 326
副次経路 ………… 105
袋掛け ……………… 82
普通貯蔵 ………… 293
普通方式 ………… 308
物流センター …… 238

物流モーダルシフト
　……………………… 281
フードマイレージ …… 7
腐　敗 …………… 347
腐敗速度 ………… 348
ブライン式 ……… 296
フラクタン ………… 36
フラクトース ……… 35
ブラシノステロイド
　……………………… 114
プラスチックフィルム
　包装 …………… 302
フラバノン ……… 143
フラボノイド
　…… 55, 143, 144, 150
フラボノイドの分解
　……………………… 153
フラボン ………… 143
ブランチング処理 … 69
フルクトキナーゼ … 130
ブルーイング …… 232
プロアントシアニジン
　……………………… 143
プロアントシアニジン
　ポリマー ……… 264
プロテアーゼ …… 157
プロテイナーゼ … 157
プロテイナーゼインヒ
　ビター ………… 158
プロトペクチン …… 36
プロビタミンA …… 33

へ

ペクチニン酸 ……… 36

ペクチン ……… 136, 138
ペクチン酸 ………… 37
ペクチン質 ………… 36
ペクチン分解酵素 … 61
ベジフルネット … 239
ペニシリウム属菌 … 328
ペプチダーゼ ……… 62
β-ガラクトシダーゼ
　……………………… 139
β-グルカナーゼ …… 38
β 酸化 …………… 161
ヘミセルロース … 139
パルオキシゾーム … 162
ペルオキシダーゼ
　…………… 60, 152, 167
変温耐性 ………… 285
変　色 …………… 347
ペントースリン酸経路
　………………… 92, 101

ほ

胞　子 …………… 326
放射線照射 ……… 314
防　除 …………… 275
包　装 …………… 246
防曇フィルム …… 303
防　黴 …………… 278
防黴剤 …………… 275
飽和水蒸気圧 ……… 93
干ガキ …………… 268
ポジティブ・フィード
　バック制御 …… 185
ポジティブ・フィード
　バック生成 …… 180

ポジティブリスト制
　…………………… 339
ポジティブリスト制度
　……………………… 16
ポストハーベスト農薬
　…………………… 339
ポストハーベスト病害
　…………………… 323
ホスホエノールピルビ
　ン酸カルボキシラー
　ゼ ………………… 133
ホスホリラーゼ …… 130
没食子酸 …………… 143
ポリガラクツロナーゼ
　…………………… 138
ポリガラクツロン酸
　…………………… 136
ポリフェノールオキシ
　ダーゼ ……… 60, 148
ポリメトキシフラボノ
　イド ……………… 143
保　冷 ……………… 239

ま

前処理 ……………… 359
豆　臭 ……………… 164
マルトース ………… 35

み

水あげ ……………… 359
水切り ………… 349, 359
水ストレス ………… 75
ミトコンドリア …… 100
緑カビ病 …………… 328
ミバエ ……………… 272

む～も

無機多孔質練込みフィ
　ルム ……………… 303
む　れ ……………… 107
メチオニン ………… 156
メチオニン-ACC 経路
　…………………… 117
滅菌処理 …………… 347
毛状突起 …………… 87

や

薬剤処理 …………… 312
やけ病 ………… 83, 310
野菜飲料 …………… 68
野菜缶・びん詰 …… 68
Yang サイクル …… 118

ゆ

有機酸 ………… 42, 132
有機酸の蓄積機構 … 134
遊離アミノ酸 … 40, 155
輸出検疫 …………… 335
輸送環境特性 ……… 278
輸送機関 …………… 241
輸送病害 …………… 323
輸送冷却 …………… 258
輸入検疫 …………… 334
ユーレップギャップ
　……………………… 19

よ

養液栽培 …………… 75
容器包装リサイクル法
　…………………… 248
予措乾燥 …………… 96
予約相対取引 ……… 358
予　冷 …… 69, 238, 257
予冷処理 …………… 153

ら

ラジオアイソトープ
　…………………… 314
ラシオディプロディア
　属菌 ……………… 328
ラフィノース ……… 35

り

リアーゼ …………… 62
リガーゼ …………… 62
リゾープス属菌 …… 328
リポキシゲナーゼ
　……………… 60, 161
リボース …………… 35
流　通 ……………… 237
流通革新 …………… 237
流通情報システム … 239
rin 果実 …………… 138
リンゴ酸酵素 ……… 134
リンゴ酸脱水素酵素 133
リン酸化 …………… 105
リンスとブラッシング
　装置 ……………… 299
rin トマト ………… 188

れ

冷却システム ……… 296

索　　引

冷水浸せき処理 …… 207
冷水冷却 ………… 258
冷　凍 …………… 68
レスペラトロール … 144
レンチオニン …… 176
レンチナン ……… 50

ろ

老化 … 116, 178, 193, 318
老化過程 ………… 321
老化抑制 ………… 205

わ

わい化栽培 ……… 81
ワックス ……… 86, 95
ワックス処理 …… 273

A〜W

ABA …………… 181
ACC …………… 117
ACO …………… 182
ACS …………… 182
ADP …………… 101
ATP ……… 100, 101, 104
CTSD …………… 263
EC ……………… 217
Eurep GAP ……… 19
GAP …………… 18

GMP …………… 18
HACCP ………… 20
JAS …………… 65
MAP …………… 218
NADH …………… 104
NADP …………… 100
NMR …………… 254
PPC …………… 18
ripening ………… 108
STS …………… 360
The 5 a day …… 9, 33
wounding ……… 135

園芸作物保蔵論
―収穫後生理と品質保全―　　定価（本体4,600円＋税）

2007年（平成19年）3月30日　初　版　発　行
2016年（平成28年）8月1日　第3刷発行

編者代表　茶　珍　和　雄
発　行　者　筑　紫　恒　男
発　行　所　株式会社　建 帛 社
　　　　　　　KENPAKUSHA

〒112-0011　東京都文京区千石4丁目2番15号
　　　　　　TEL (03) 3944-2611
　　　　　　FAX (03) 3946-4377
　　　　　　http://www.kenpakusha.co.jp/

ISBN978-4-7679-6116-3　C3061　　　亜細亜印刷／ブロケード
Ⓒ茶珍和雄ほか，2007.　　　　　　　　　Printed in Japan

本書の複製権・翻訳権・上映権・公衆送信権等は株式会社建帛社が保有します。

JCOPY　〈(社)出版者著作権管理機構　委託出版物〉

本書の無断複写は著作権法上での例外を除き禁じられています。複写される場合は，そのつど事前に，(社)出版者著作権管理機構（TEL03-3513-6969，FAX03-3513-6979，e-mail：info@jcopy.or.jp）の許諾を得て下さい。